中国地质大学大事记
（1952—2022）

中国地质大学大事记编委会　编

图书在版编目(CIP)数据

中国地质大学大事记:1952—2022/中国地质大学大事记编委会编. —武汉:中国地质大学出版社,2022.8
ISBN 978-7-5625-5416-5

Ⅰ.①中… Ⅱ.①中… Ⅲ.①中国地质大学-大事记-1952-2022 Ⅳ.①P5-40

中国版本图书馆 CIP 数据核字(2022)第 191784 号

中国地质大学大事记(1952—2022)	中国地质大学大事记编委会 编
责任编辑:舒立霞　　　选题策划:毕克成　江广长　张旭　段勇　　　责任校对:徐蕾蕾	
出版发行:中国地质大学出版社(武汉市洪山区鲁磨路388号)	邮编:430074
电　　话:(027)67883511　　传　　真:(027)67883580	E-mail:cbb@cug.edu.cn
经　　销:全国新华书店	http://cugp.cug.edu.cn
开本:787 毫米×1092 毫米　1/16	字数:717 千字　　印张:28
版次:2022 年 8 月第 1 版	印次:2022 年 8 月第 1 次印刷
印刷:武汉市籍缘印刷厂	
ISBN 978-7-5625-5416-5	定价:98.00 元

如有印装质量问题请与印刷厂联系调换

中国地质大学大事记
编委会

顾　　　问	赵鹏大	殷鸿福	张锦高	郝　翔
	杨昌明	赵克让	徐乃和	胡轩魁
	霍绍周			
主　　　编	黄晓玫	王焰新		
副　主　编	傅安洲	成金华	唐辉明	赖旭龙
	王　华	王林清	刘　杰	刘勇胜
	唐忠阳	储祖旺	蒋少涌	
执行主编	侯志军	帅　斌		
执行副主编	邓云涛	朱　丹	李周波	
编　　　委	王　方	侯祖兵	杨贵仙	李　悦
	张　磊	陈　磊	刘春芝	林　莉
	霍少孟	段平忠		

前　言

中国地质大学的前身北京地质学院，是在党和国家领导人的亲切关怀下，伴随着新中国的朝阳成立的第一批理工科高校。成立伊始，学校就汇聚了一批享誉中外的地学大师和最优质的教育资源，继承了近代中国地质教育的血脉和学脉。红色科学家执掌教鞭，优秀革命家掌舵领航，红色基因从建校之初就融入了学校的骨血，成为学校办学治校最鲜明的底色。1960年，中共中央确立北京地质学院为全国重点院校，学校成为新中国教育体系的第一方阵。

岁月如歌，风雨兼程。学校历经北京地质学院、湖北地质学院、武汉地质学院、中国地质大学等四个办学阶段，最终在荆楚大地生根发芽、茁壮成长。学校先后获国家批准设立研究生院，入选国家"211工程"和"优势学科创新平台"建设，首批入选国家"双一流"建设。

习近平总书记强调，"历史是最好的老师"，"学习历史，是中华民族的优良传统，也是我们党的优良传统"。重视办学历史、定期开展史志编纂工作，是学校一脉相承的传统，也是学校事业发展的一件大事。大事记的编写是学校长期坚持的一项典型的编年记事工作。按照具体的时间顺序如实记录当年当月乃至当日所出现的关键人物和所发生的重要事件，不仅是大事记编写必须坚守的基本要求，也是史志编纂者的基本素养，更是学校存凭留史、资教育人的信誉基础。

《中国地质大学大事记（1952—2022）》主要记载了学校筹建成立、稳步发展、南迁办学、定址武汉和追求卓越中的重大事件、重要会议及重要人物。涉及学校的组织机构历史更替、重要领导历史贡献、二级单位设置变化、学科专业发展变迁、党政工团重大事件、体制机制重大变革、重要制度建立完善、办学机制继承发展、知名人士为校贡献等内容。

本书采用编年体，以时叙事，每事一条，每条一记，摘其大事，疏而不漏，要而不繁。所选史实，尽全力考据，确保时间准确、事件准确、人名准确、数据准确。因各种因素限制，考据亦未能穷尽。日不详者，排于本月之末；月不详者，排于本年之末。

抚今追昔，鉴往知来。中国地质大学已经进入地球科学领域国际知名研究型大学建设新阶段，创建地球科学领域世界一流大学成为全体地大人矢志追求的"地大梦"。在即将迎来学校70周年校庆之际，我们特别编印《中国地质大学大事记（1952—2022）》，旨在铭记学校砥砺奋进的历史进程，铭记学校事业发展的重要时刻，铭记前辈榜样的奋斗足迹，铭记师生校友的共同记忆，进一步凝聚全体地大人智慧和力量，以史为鉴、以史明理、以史励志，并藉此致敬历史、逐梦未来。

编　者

2022 年 8 月

目 录

1952 年	（1）
1953 年	（4）
1954 年	（9）
1955 年	（13）
1956 年	（17）
1957 年	（22）
1958 年	（27）
1959 年	（32）
1960 年	（37）
1961 年	（43）
1962 年	（47）
1963 年	（54）
1964 年	（60）
1965 年	（65）
1966 年	（69）
1967 年	（71）
1968 年	（72）
1969 年	（73）
1970 年	（75）
1971 年	（77）
1972 年	（79）
1973 年	（81）

1974 年 …………………………………………………………………………………… (83)
1975 年 …………………………………………………………………………………… (85)
1976 年 …………………………………………………………………………………… (89)
1977 年 …………………………………………………………………………………… (91)
1978 年 …………………………………………………………………………………… (94)
1979 年 …………………………………………………………………………………… (98)
1980 年 …………………………………………………………………………………… (102)
1981 年 …………………………………………………………………………………… (106)
1982 年 …………………………………………………………………………………… (111)
1983 年 …………………………………………………………………………………… (116)
1984 年 …………………………………………………………………………………… (121)
1985 年 …………………………………………………………………………………… (127)
1986 年 …………………………………………………………………………………… (133)
1987 年 …………………………………………………………………………………… (139)
1988 年 …………………………………………………………………………………… (146)
1989 年 …………………………………………………………………………………… (152)
1990 年 …………………………………………………………………………………… (158)
1991 年 …………………………………………………………………………………… (164)
1992 年 …………………………………………………………………………………… (171)
1993 年 …………………………………………………………………………………… (179)
1994 年 …………………………………………………………………………………… (185)
1995 年 …………………………………………………………………………………… (191)
1996 年 …………………………………………………………………………………… (198)
1997 年 …………………………………………………………………………………… (204)
1998 年 …………………………………………………………………………………… (210)
1999 年 …………………………………………………………………………………… (217)
2000 年 …………………………………………………………………………………… (223)
2001 年 …………………………………………………………………………………… (230)
2002 年 …………………………………………………………………………………… (237)
2003 年 …………………………………………………………………………………… (245)
2004 年 …………………………………………………………………………………… (252)
2005 年 …………………………………………………………………………………… (258)
2006 年 …………………………………………………………………………………… (265)
2007 年 …………………………………………………………………………………… (272)
2008 年 …………………………………………………………………………………… (280)

2009 年	(288)
2010 年	(296)
2011 年	(303)
2012 年	(312)
2013 年	(322)
2014 年	(334)
2015 年	(348)
2016 年	(359)
2017 年	(369)
2018 年	(382)
2019 年	(391)
2020 年	(400)
2021 年	(412)
2022 年	(427)
后　记	(436)

1952 年

7 月

14 日 北京地质学院筹备委员会(简称"学院筹委会",下同)成立。李四光任主任委员,李曙森、宋应任副主任委员,委员有尹赞勋、高之杕、孙云铸、马杏垣、袁复礼、张席禔、池际尚、王炳章、韩德馨。学院筹委会确定苏联专家罗格诺夫协助工作。

16 日 学院筹委会办公室成立,在北京大学地质馆办公。宋应任主任,陈子谷、高之杕、马杏垣、池际尚任副主任。办公室下设秘书组、教学组、人事组、设备组、房屋组。

17 日 学院筹委会向地质部汇报工作:①拟设以下 6 系:矿产地质系(规模为 350 人)、煤田地质系(规模为 250 人)、石油地质系(规模为 200 人)、工程地质系(规模为 200 人)、普通地质系(规模为 100 人)、物理探矿系(规模为 100 人)。②北京大学地质系、清华大学地质系、天津大学地质系、中国矿业学院矿山地质系四校原有学生共 341 人,将集中于沙滩(北京大学地质馆旧址)学习,其中二年级 210 人,三年级 131 人。③学校设备除清理各校原有仪器、标本外,暑假动员部分学生分赴各地采集标本。④校舍确定在北京大学工学院(端王府夹道)。新生 1300 人,均在工学院上课。从长远计,申请在城外另选新校址。⑤物理探矿人才因师资缺乏,需集中培养,拟设一个规模为 400 人的专修科。

8 月

11 日 教育部[52]下高矿曾字第 004 号文通知:唐山铁道学院采矿系地质组和中国矿业学院矿山地质系调整并入到新组建的北京地质学院;组(系)的全体教师、学生及图书设备仪器等原则上均调整到北京地质学院。

本月 清华大学、北京大学、天津大学、唐山铁道学院调整到北京地质学院的系主任、教授、副教授名单公布。清华大学:张席禔(教授、系主任)、袁复礼(教授)、冯景兰(教授)、杨遵仪(教授)、池际尚(副教授)、蓝仲雄(副教授)、周卡(副教授)。天津大学:王炳章(教授、系主任)、苏良赫(教授)。北京大学:尹赞勋(教授)、王鸿祯(教授)、张炳熹(教授)、马杏垣(教授)。唐山铁道学院:袁见齐(教授)、边兆祥(教授)、杨杰(教授)。

9月

1日　学院临时党支部成立,由16名党员组成,陈子谷代表临时党支部作9月份工作计划报告。

7日　学院筹委会向地质部汇报工作:①教学方面:在富民及罗格诺夫指导下,完成了8种地质探矿专修科的教学计划;②人事方面:建立了地质俄文速成教学及辅导核心;③基建方面:修缮工程已全面动工,西郊新校址已经财委会批准,正式进行划地等具体工作;④设备方面:预算已获批准,正大力购置,清华大学地质系的设备已开始向城内迁移。

7日　学院临时党支部在当月工作计划中提出:准备工会的成立;准备学生会的成立。

14日　学院筹委会向地质部汇报工作:①教学方面:完成了7种专业、9种教学计划;②人事方面:10日公布了教育部分配来的32名教员名单,准备9月19日召开欢迎大会,拟于9月22日进行干部地质俄文速成实验教学;③设备方面:已购置设备的金额达十余亿元(编者注:人民币旧币),月底完成购置任务90%。

本月　据学年初统计资料载:学院招收新生1207人,其中研究生4人、本科生1104人、专科生99人。

10月

14日　学院筹委会拟请王鸿祯教授为北京地质学院筹备委员会沙滩区行政负责人,负责沙滩区的行政工作。

25日　学院筹委会向教育部呈报各重要行政负责人选,建议如下:院长刘型,副院长尹赞勋,教务长尹赞勋(兼),副教务长张席禔、李广信,总务长陈子谷,副总务长杨遵仪,地质矿产勘察系主任王鸿祯,地质矿产勘察系副主任马杏垣、张炳熹,工程地质系主任袁见齐,物理探矿系主任薛琴访(暂代)。

30日　"北京地质学院"印章启用,"北京地质学院筹备委员会"印章停止使用。

31日　教育部提请中央人民政府委员会批准任命刘型为北京地质学院院长、尹赞勋为北京地质学院副院长。

1952年

11月

1日　学院举行开学典礼。教育部副部长曾昭抡,地质部部长李四光和副部长何长工、副部长刘杰出席典礼并讲话。院长刘型作报告,决定将11月7日(苏联十月革命纪念日)定为北京地质学院的"校庆日"。

8日　学院建校委员会成立,成员包括:刘型、尹赞勋、张席禔、陈子谷、杨遵仪、张炳熹、王鸿祯、周卡、谭承泽、张黯。

10日　中共北京市委组织部学校支部工作科批复:同意成立中共北京地质学院总支及总支委员会,由陈子谷等7人组成总支委员会。

13日　学院公布各教研室主任名单:体育教研室主任刘冠军、物理教研室主任薛琴访、化学教研室主任张黯、数学教研室主任蓝仲雄、电机教研室主任朱锡爵、机械教研室主任李世忠、测量教研室主任周卡、矿物结晶教研室主任王炳章、普地教研室主任马杏垣、岩石矿产地质教研室主任张炳熹、古生物地史教研室主任王鸿祯。

15日　据学院教职员工人员统计表载:全院有教授、副教授29人,讲师15人,助教94人,职员116人,工友175人,总计429人。

27日　教育部批复:同意池际尚为北京地质学院地质矿产勘查专修科主任。

12月

3日　中共北京市委组织部通知:肖英加入北京地质学院党总支委员会,担任总支书记。

8日　学院临时党支部在工作总结中提出:协助成立工会筹委会。

24日　教育部通知:政务院通过提请任命刘型为北京地质学院院长、尹赞勋为副院长。

29日　地质部同意北京地质学院成立政治辅导处。

本月　学院成立学生会,选举执行委员会执委。

本月　学院第一届学生会通过《北京地质学院学生会会章(草案)》,共五章。

1953年

1月

6日　学院任命袁见齐为水文工程地质系主任,免去所兼矿产地质勘探系普通地质教学研究指导室副主任职,遗缺由郝诒纯充任;原地球物理探矿系电工教学研究指导室改为电工教学研究指导组,仍由朱锡爵任组长。

14日　毛泽东主席签发中央人民政府任命通知书,任命刘型为北京地质学院院长。

20日　学院卫生所成立,并向北京市卫生局报请备案。

2月

4日　根据北京市委在"三反"基础上结束整党的指示精神,学院宣布整党基本结束(共进行半个月)。

13日　学院第二次院务委员会作出关于出版校刊的决定:校刊定名"北京地质学院校刊",于1953年2月13日出创刊号,刘型致发刊词;成立校刊委员会。会议还明确了校刊的任务、内容等。

3月

28日　学院召开党员大会,宣布党总支成立,临时党支部结束。选举总支委员会,当选委员有肖英、陈子谷、韩代望、丰原、刘普伦、马杏垣、臧胜远、李永升,增补1名委员尹凤翔。会上韩代望传达学院组建党组织的计划,陈子谷代表临时党支部作总结报告,肖英代表总支作工作计划报告。

28日　青年团北京地质学院委员会成立,下设1个团总支、7个分支部。

4月

14日　院长刘型主持召开第三次院务委员会会议。会议通过北京地质学院《教学管理暂行规程》《人民助学金暂行条例》《干部福利条例》《教职工宿舍收租条例》;决定成立文娱健康委员会,由陈子谷任主任委员,刘冠军任副主任委员;决定成立监察组,由路拓、肖英、区学派3人组成,路拓为组长。

14日　高等教育部批复:同意任命肖英为北京地质学院政治辅导处主任、丰原为副主任,马杏垣为副教务长;同意韩代望为院长办公室主任兼干部科长,尹凤翔为政治辅导处宣教科科长,王华为学生科科长,杨遵仪兼地质专修科主任。

21日　地质部、高等教育部和中共北京市委联合检查组来学院全面检查工作。

25日　地质部来函:经政务院第172次政务会议通过并提请中央人民政府委员会批准,任命路拓为北京地质学院副院长。

5月

11日　学院第二届工会基层委员会在院工代会上选举产生,选出委员19人。韩代望任主席,蓝仲雄、郝诒纯任副主席。大会总结了第一届委员会的工作,并提出今后工作任务。

17日　学院师生在官园体育场举行第一届田径运动大会。

本月　地质部副部长何长工来学院检查工作。

6月

12日　学院颁发《教职工请假期间薪金发给办法的规定》。

24日　学院公布《政治辅导处工作职责条例》。政治辅导处为学校政治工作机构,负责在校内贯彻实施党和政府有关方针政策。政治辅导处在院长领导下由主任、副主任负责全处工作,下设宣传科、学生科、组织科。

本月　苏联专家加里宁给全体教职工作报告。报告内容如下:①苏联高等学校的教学工作组织及方法的几个问题;②苏联的高等教学工作量计算规范;③教研室基本任务及其工作的组织;④解答各教研室提出的问题;⑤苏联高等学校检查学生成绩的方法。加里宁于1952年11月由东北工学院调北京地质学院工作,1953年6月期满回国。

7月

3日　院长刘型给参加实习的教职工作动员报告。学院第一次野外实习即将开始,这次野外地质教学实习在周口店进行,马杏垣教授为周口店实习队领队。

8月

31日　院长刘型在全院干部大会上提出本年度工作任务如下:①在现有基础上提高教学质量;②培养和提高师资;③翻译与编译教材;④逐步展开科学研究工作;⑤加强政治思想工作;⑥加强行政工作;⑦保证工作人员的身体健康。

9月

11日　学院发出通知:①原院办公室改称为院长办公室,由总务长陈子谷兼主任;②原干部科改称为人事科,统一教职工学生的人事管理与总揽全校统计表报工作,直属院领导;③免去韩代望院办公室主任职务,调任政治辅导处副主任兼管人事科工作;④任命任湘为科学研究委员会秘书,兼教务处生产实习科科长;⑤原政治处学生科改称为青年工作科;⑥刘普伦兼政治辅导处宣教科科长;⑦成立助学金评议委员会,副教务长张席禔为主任。

24日　学院发出通知:本学期本科新生在宣化中等地质技术学校上课,地球物理探矿专修科新生在院本部上课。

本月　高等教育部顾问、苏联专家列别捷夫来学院检查工作,根据参观印象对学院工作提出几点意见:①建议学院领导注重学院基本建设工作与教学工作的协调,保证实验环节与教学环节不脱节;②学院领导应特别关注教师的业务提高;③科学研究工作不能等待,应由学院副院长负责科研工作;④必须加强对教研组的领导;⑤要加强系主任工作;⑥要充分发挥专家作用。

10月

7日　学院第四次院长办公会议决定:助教及某些教职员调薪升级问题,按照高等教育部、地质部指示,组织调评委员会,韩代望任该委员会主任;委员会负责研究计划,提出方案,经院务委员会讨论通过，并经有关单位评议后报调评委员会审核，呈上级批准。

12日　教务处贯彻学院检查教学效果的决定，明确12—18日为检查学生自学情况阶段、19日为教研室检查工作阶段。院长刘型听取各系主任汇报初步检查结果，并指出：决定教学计划好坏的中心环节仍然是教学工作的质量，特别是课堂讲授的质量，要使学生能保证"身体好、学习好、工作好"，需要教研室很好地配合。

20日　本届团委会（于10月14日选举产生）召开第一次会议，出席委员15人。会上一致推选李武元担任书记，王良、陶世龙担任副书记，呈请青年团北京市委批示。会上决定了团委会各种会议呈报制度，并对本学期团委的工作进行了讨论，确定了工作重点。

21日　新生部在宣化举行开学典礼，院长刘型在会上作报告。

11月

7日　学院热烈庆祝"俄国十月革命节"和"一周年校庆"。北京市中苏友好协会宣传部部长张子凡报告了访苏观感，院长刘型作题为《为大力培养祖国社会主义工业建设人才而努力》的报告。

12月

7日　院长刘型、副院长尹赞勋到高等教育部迎接苏联专家帕夫林诺夫教授（博士）来学院教学。帕夫林诺夫是莫斯科地质学院矿产地质及勘探系的系主任，专长构造地质。帕夫林诺夫参观了学院本部与沙滩区的实验室及图书馆，22日开始给教师讲课。

25日　副院长尹赞勋赴高等教育部欢迎苏联专家拉尔钦科与卡惹夫尼可夫到学院教学。拉尔钦科教授专长勘探业务，曾任莫斯科地质学院院长。卡惹夫尼可夫教授来自列宁格勒综合性工业大学，专长水力学及地下水力学。

本年

学院1952—1954年专业设置表如下：

系	专业、专门化	学制	备注
矿产地质及勘探系（大系）	矿产地质及勘探专业 其中：金属非金属矿产地质及勘探专门化 煤田地质及勘探专门化 地质矿产勘查专门化	四年	矿产贸易专修科学生于1953年暑假毕业

续表

系	专业、专门化	学制	备注
矿产地质及勘探系（大系）	石油及天然气地质及勘探专业	四年	矿产贸易专修科学生于1953年暑假毕业
	地质矿产勘查专修科	二年	
	矿产贸易专修科	二年	
水文地质及工程地质系	水文地质及工程地质专业	四年	
地球物理探矿系	地球物理探矿专业	四年	
	地球物理探矿专修科	二年	
共3个系	4个专业、3个专门化、3个专修科		

1954 年

1月

31日　学院党总支委员会决定,举办工农干部文化补习班。参加补习的有28人,计划要求两年将高中理论基础补完,并学习一门外语。

2月

8日　苏联水文地质专家瓦·恩·托卡列夫和米·米·克雷洛夫相继应聘来学院教学。

9日　学院公布组织机构调整:①成立人事处,任命丰原为副处长;②撤销青年工作科,其工作并入团委。

12日　学院公布《关于专家工作的几项暂行规定》(简称《规定》)。《规定》指出:成立专家工作室,直属院长领导,负责检查贯彻专家建议及与专家合作发挥其作用等情况;专家均分配在教研室工作。

3月

17日　学院教学实习委员会成立,并召开第一次会议。委员会由刘型、陈子谷、肖英、韩代望、王炳章、马杏垣、王鸿祯、池际尚、杨遵仪等14人组成。会议研究了暑假教学实习的有关事项。

18日　学院公布《接受外校教师进修暂行办法》。

25日　学院公布《关于外校进修师资生产实习暂行规定》。

29日　院长刘型主持召开本学期第二次院务会议。矿产地质及勘探系主任王鸿祯、地球物理探矿系主任薛琴访汇报教学效果检查情况,副教务长马杏垣对这次教学检查作总结。会议听取张席禔关于高等教育部委托修订各地质院校统一教学计划的报告,决定由刘型、尹赞勋、马杏垣、王鸿祯、张席禔、薛琴访、袁见齐、傅承义等组成修订教学计划核心组。会议决定成立毕业生工作委员会及春季体育运动筹备委员会。会议通过了《资料管理办法》。

4月

12日　学院公布《关于接受校外人员旁听课程的规定》。

5月

5日　九三学社北京地质学院支社在新生部举行成立大会。副院长尹赞勋致开幕词,张席禔作九三学社北京地质学院直属小组一年半的工作总结,张席禔、尹赞勋、郝诒纯当选支社委员。

7月

5日　北京地质学院与东北地质学院在高等教育部、地质部指导下订立联系合同,以密切两所学校的联系与合作,更好地发挥苏联专家的作用。

8月

5日　中央人民政府工业教育司、高等教育部召开北京地质学院与东北地质学院专业设置及专家使用问题座谈会。院长刘型、副院长尹赞勋、专家顾问组长帕夫林诺夫出席会议。

18日　高等教育部分配入北京地质学院4位越南留学生名单。这是学院第一次接受外国留学生。

9月

3日　学院公布《关于招收函授生暂行办法》《1954—1955学年招收研究生暂行办法》。

24日　高等教育部批复:同意北京地质学院增设煤田地质、石油地质、探矿工程3个教研室,并由杨起副教授担任煤田地质教研室主任,李世忠副教授担任探矿工程教研室主任,黄作宾担任机械教研室副主任。

27日　中共北京市高等学校委员会通知：刘型、肖英、韩代望、王荣卿、丰原、薛毅、马杏垣、任湘、苏坡、李武元、李贵、陈子谷、吕录生等13人为北京地质学院党总支委员。

10月

5日　高等教育部、地质部共同主持的全国地质类专业教学大纲审订会议在北京地质学院举行。会议审订了普通地质学、岩石学、水文地质学等23种课程、26个类的教学大纲。

9日—10日　中国新民主主义青年团北京地质学院第一次代表大会召开，出席大会的代表有411人。李武元代表上届团委会作题为《1953年度工作总结和1954年度方针任务》的报告。会议通过《1954年度方针任务报告的决议》《拥护中华人民共和国各民主党派各人民团体解放台湾联合宣言的决议》。大会选出团委委员19人，李武元任书记。

16日　学院举行第三届学生代表大会。大会讨论通过了上届学生会的工作总结及今后工作方向的报告，选举了第三届学生会执行委员会和各系分会正副主席，通过了《关于拥护各民主党派各人民团体为解放台湾联合宣言的决议》。

22日　苏联莫斯科地质勘探学院探矿工程专家波波夫由莫斯科来学院教学。

11月

4日　中共北京市高等学校委员会批复：同意肖英任北京地质学院党总支书记、韩代望任党总支副书记。

7日　学院庆祝苏联十月革命节及学院成立二周年。

本月　学院公布《优秀生、优秀班暂行办法》。

12月

24日　学院公布机构调整如下：①根据高等教育部、地质部指示，决定自1954—1955学年度开始，将矿产地质及勘探系分为矿产地质及勘探系和可燃性矿产地质及勘探系；②为加强科学研究工作，提高教学质量，成立科学研究处，下设科学研究科、研究生科、编译出版科，副院长尹赞勋兼任科学研究处主任。

> 本年

暑假期间,学院师生结合学生的生产实习,参加了地质部统一组织的普查找矿工作,为国家完成了艰巨的矿产地质普查任务。地质部颁发北京地质学院普查找矿奖金3亿元(编者注:人民币旧币),作为学校仪器设备补助费。

1955年

1月

10日 学院公布《1955—1956学年度教学工作要点》。1955—1956学年度是学院在教学改革过程中具有重要意义的一年,按四年制过渡性教学计划,将有6个专业900余人在本年度毕业,第一次走完四年制全部教学过程;同时,本年内将有7个专业从二年级起改为五年制,教学质量要求更高。为了完成这些重大任务,必须系统地、全面地、创造性地学习苏联先进经验,结合学院实际情况,做到提高质量,减轻师生负担,不超学时,贯彻培养全面发展建设人才的教育方针。

12日 院务委员会通过《北京地质学院考试考查规程》。

3月

12日 学院召开教研室主任会议,传达贯彻高等教育部"关于研究和解决高等工业学校学生学习负担过重问题"的指示。会议指出,必须钻研教学法,提高教学质量,坚决贯彻高等教育部提出的"学少一点、学好一点"的方针,并初步提出一些改进教学的具体意见。

26日 学院选举肖英、王哲民为北京市党代表大会代表。

4月

6日 学院举行第一届科学报告会。高等教育部、地质部、水利部、中国科学院及各兄弟院校代表等30余人到会。4篇科学研究报告提交会议,它们是:地史古生物教研室王鸿祯教授的《从中国东部古老岩系的发育论中国大地构造的划分》、普地教研室朱志澄教授的《中条山的几个地质构造现象》、矿床教研室冯景兰教授的《黄河流域地形及动力地质作用问题》、普地教研室袁复礼教授的《新疆天山北部山前拗陷带及准噶尔盆地陆台地质》。

7日　学院新生部召开全体教师大会，党总支书记、新生部主任肖英作题为《在教学中如何贯彻政治思想教育》的报告。

10日　学生会科学研究工作组举行第一次科学研究报告会，由普查三年级1班房山侵入体科研小组报告了他们半学期来的科学研究活动和成果。参加报告会的有袁见齐、陈光远等老师和同学共50余人。

5月

3日　地质部批复：同意新生部主任肖英任教务长，调副教务长丰原任新生部主任；免去尹赞勋原兼任的教务长职务。

10日　高等教育部同意北京地质学院将38箱矿石标本送苏联列宁格勒矿业学院矿业陈列馆。

本月　学院尹赞勋教授、张文佑教授当选中国科学院第一批学部委员。

6月

28日　学院举行毕业典礼，欢送87位矿产地质及勘探专业毕业生。这87位毕业生是从清华大学、北京大学、西北大学、天津大学及唐山铁道学院地质系（组）转来的同学。6月20日他们参加并通过国家考试，取得了"地质工程师"称号，其中优秀者占38%、良好者占48%。

8月

26日　苏联专家顾尔维奇·克维特柯夫斯基来学院讲学。顾尔维奇曾任莫斯科地质勘探学院地球物理探矿系副主任，著有《地震勘探》一书。院长刘型聘请顾尔维奇为地球物理探矿系系主任顾问。

9月

6日　学院公布《一般学生人民助学金实施细则》《干部学生、干部研究生人民助学金的实施细则》，均自10月起施行。

14日　苏联岩石学专家列别金斯基来学院讲学。列别金斯基任教于德涅泊尔大学地质系,来学院除系统地讲授岩石学外,着重讲授沉积岩石学及费得洛夫法。

17日　应届毕业生唐修义当选全国青年社会主义建设积极分子大会代表。

10月

12日　中共北京市高等学校委员会同意北京地质学院成立党委会。

15日　学院举行第四届学生代表大会。学生会副主席贾文懿同学作第三届学生会执行委员会工作报告。院长刘型、团委书记李武元在大会上讲话。大会选举第四届执行委员会委员14人,推选张曦同学为中华全国学生联合会执行委员会执委。

22日　学院出台《关于加强教学法工作与组织编写教材的决定》。

30日　学院党员大会召开,选举产生首届院党委会。院长刘型在会上传达党的七届六中全会精神,提出学院建设意见。陈子谷代表院党总支作题为《一九五五——一九五六学年度的工作任务》的报告。全院共有党员408人,参加会议的有353人。选举产生院党委委员15名,分别是陈子谷、韩代望、尹凤翔、李武元、马杏垣、刘颖、肖英、刘型、丰原、王良、苏坡、张庭森、臧胜远、任湘、王哲民。陈子谷任党委书记,韩代望任党委副书记。选举结果上报高校党组。党委会拟设党委办公室、组织部、宣传部。党委会下设1个直属支部和6个党总支部。

11月

7日　院长刘型在建院3周年纪念会上作题为《各级教师当前任务与努力方向》的报告。报告指出:学历不足、转专业方向或准备开课的教师必须进修必要的课程,在苏联专家指导下补课,必须发展教学法研究工作,要积极地、逐步地开展科学研究工作。教务长肖英作题为《三年来学院教学工作的巨大成就》的报告。

7日　中共北京市高等学校委员会批复:同意陈子谷、韩代望、尹凤翔、李武元、马杏垣、肖英、刘颖、刘型、丰原、王良、苏坡、张庭森、臧胜远、任湘、王哲民等15人为北京地质学院党委委员。

10日　匈牙利矿产资源勘探设备展览代表团团长贝西率领部分团员,由地质部物探局办公室主任周镜涵及总工程师顾功叙陪同来学院参观访问。

18日　高等教育部批准北京地质学院成立学术委员会。委员有刘型、尹赞勋、肖英、张席禔、马杏垣、张炳熹、袁见齐、王鸿祯、薛琴访、杨遵仪、王炳章、池际尚、傅承义、潘钟祥、杨起、张忠胤、周卡、张黯、蓝仲雄、刘冠军、李世忠、樊立堂、朱锡爵、黄作宾、冯景兰、袁复礼、苏良赫、涂光炽、陈子谷、孟宪民、程裕祺、顾功叙、张宗祜、侯德封、张文佑等35人。常委有刘型、尹赞勋、肖英、张席禔、马杏垣、张炳熹、袁见齐、王鸿祯、薛琴访、杨遵仪、王炳章、池际尚、傅承仪和陈子谷等14人。其中,刘型为主席,尹赞勋为副主任,肖英为秘书。

22日 学院启用"中国共产党北京地质学院委员会"印章,"中国共产党北京地质学院总支委员会"印章停止使用。

12月

10日 学院召开全院师生大会,隆重纪念"一二·一""一二·九"运动。

13日 学院学术委员会发布《关于进一步加强向苏联专家学习的决定》。

1956 年

1 月

1 日　在北京市大中小学学生联欢会上,市长彭真为北京地质学院石油及天然气地质及勘探专业二年级 4 班第一团小组题词:"努力提高我们祖国的科学文化水平,早日掌握原子能。"彭真勉励同学们说,社会主义建设需要很多的资源,但祖国丰富的矿藏很多地方还没有探明,这就要靠地质学院的同学。

7 日　学院举行 4 位老教授教学成就展览会,祝贺冯景兰教授任教 32 周年,袁复礼、王炳章教授任教 31 周年,张席褆教授任教 26 周年。展出内容有他们从事教学活动的情况、从事地质调查研究工作的报告、论文著述、野外工作的图片和他们采集的矿物标本、化石。

7 日　学院学术委员会讨论通过了《1955—1956 学年度第二学期教学工作任务》,提出要继续加强教学思想领导,大力贯彻"全面发展"的教育方针,深入学习苏联教学经验,结合实际情况认真掌握教学内容、改进教学方法,坚决贯彻"学少一点、学好一点"的原则,防止学生负担过重,进一步提高教师政治思想水平与科学知识水平,总结教学改革经验,提高教学质量。

15 日　教务长肖英给部分专业提前参加工作的学生作动员报告。为提前完成第一个五年计划中的地质普查和勘探任务,地质部和高等教育部决定抽调学院 240 名同学(普查专业 150 人、金属及非金属专业 60 人、煤田专业 30 人)提前半年参加工作。

30 日　学院党委作出《关于加强知识分子工作的决定》。决定指出:党内要深入学习毛泽东主席在关于知识分子问题的会议上的讲话和周恩来关于知识分子问题的报告与总结。

2 月

7 日　副院长尹赞勋调往中国科学院,任生物地学部副主任。

24 日　为了培养掌握专业知识的地质勘探工作领导干部,学院开办干部特别训练班。

26 日　学院举行第四届工会基层委员会改选大会。第四届工会主席张席褆讲话。副主席刘颖作第四届工会基层委员会工作总结报告。大会选举第五届工会基层委员会委员25人,其中张席褆任主席,刘颖、陈光远任副主席。

3月

17日—18日　学院举行第二届团员代表大会。团委书记李武元作上届团委会工作总结和1956—1957年团委工作规划(草案)报告。大会对优秀生、优秀班进行表扬和奖励。19人被选为第二届团委委员。

4月

9日　学院推选矿床教研室冯景兰教授和印刷所工人高宝臣出席北京市先进生产者代表大会,推选水文教研室庄乐和参加北京市青年社会主义建设积极分子大会。

28日　学院推选出54名三好学生出席北京市高等学校"三好学生"大会。54名优秀生名单如下:汪德坤、陈爱光、邱掌珠、郑於文、严宏谟、汪集旸、徐乃和、刘馥、贾文懿、聂勳碧、周国藩、丁丁、郭师会、叶大元、吴振环、李述靖、谭岳岩、曹佑功、庞家黎、曹静云、杜国清、李庆年、吴钦、蔡祖善、李裕民、丘镜美、冯骐、王庚斌、江绐英、万顺忠、程再帝、曹荣龙、袁鄂荣、徐振曦、刘肇昌、邓晋福、许维忠、叶俊林、安秦庠、谷上礼、丁伟民、邓光容、左德堃、金季媛、赵修祜、陶一川、杨柳舒、石兢、云琼瑛、欧阳自远、李明诚、张一伟、陈东俊、沈理。

28日　学院学生科学技术研究协会成立。这是在院学术委员会和科学研究处领导下的全校性学生学术团体。

5月

4日　学院举行第一次学生科学报告会。报告会收到论文13篇,经评委评议,12篇论文获奖。

9日　中国科学院副院长李四光来学院作有关地壳运动的学术报告。地质部副部长许杰,中国科学院地质研究所、石油工业部等部门专家,东北地质学院苏联专家别列捷也夫教授、乌雷桑教授,相关兄弟院校师生代表,学院党政负责人、苏联专家帕夫林诺夫教授及全院师生,共计2000余人参加了报告会。

9日　高等教育部委托北京地质学院召开修订地质类专业教学计划会议。参加这次会议的有东北地质学院、中南矿业学院、北京矿业学院、北京石油学院等。各院校的苏联专家亦参加会议并进行指导。

12日　学院公布《北京地质学院学生科学技术研究协会章程》。

24日　全国人大常委会副委员长李济深率领全国人大代表徐铸成、李凤,全国政协委员林沙及其民革小组刘孟纯等8人来学院考察调研,听取了教务长肖英对学院发展情况及现存问题的介绍,并参观了陈列馆和实验室。

27日　学院民盟支部、九三学社支社邀请参加科学院规划工作的冯景兰、王鸿祯教授作题为《如何向科学进军》的报告。

6月

4日　中共北京市高等学校委员会批复:同意刘普伦为北京地质学院党委委员、党委常委。

5日　苏联列宁格勒矿业学院寄赠北京地质学院宝贵的地质标本共8箱,约250块。

6日　中国科学院联络局批准学院周卡教授参加在瑞典斯德哥尔摩举行的国际摄影测图学会。

21日　阿富汗王国文化代表团团长、地质学家苏丹·阿赫玛德·波帕夫博士、地理学家阿克拉姆博士和历史学家拉希姆博士来学院参观访问。

7月

3日　学院学术委员会讨论通过《1955—1956学年度工作总结提纲及1956—1957学年度工作任务》。会议强调:教学工作应继续遵循"全面规划、加强领导"的总方针和"全面发展、提高质量"的教育方针,贯彻执行学院教学工作规划,按期完成教学改革,积极培养学生独立工作能力,制定科学规划,切实开展科学研究,大力提高师资水平,厉行全面节约,特别要改进工作作风,为进一步提高教学质量而奋斗。

24日　学院工资改革工作委员会成立。

31日　根据高等教育部指示,学院有117名同学调北京石油学院学习。

8月

8日　学院赠寄莫斯科地质勘探学院62箱矿物岩石标本。这些标本是在苏联专家拉尔钦科指导下采集的。

26日　苏联石油地质专家格·叶·梁布兴教授、地球物理专家格·费·诺维科夫副教授应聘来校任教。

29日　高等教育部批复：同意王大纯副教授任北京地质学院水文地质及工程地质系副主任，李世忠副教授兼任北京地质学院探矿工程系副系主任；免去杨遵仪教授兼任的水文地质及工程地质系系主任职。

31日　苏联地球化学专家瓦·克·拉蒂斯副教授应邀来院讲学。

9月

1日　学院举行夜大学开学典礼。教务长肖英、副教务长张席禔在会上讲话。讲话指出：夜大学是根据高等教育部指示开办的，其教学计划基本上与正规四年制的教学计划相同，夜大学毕业相当于正规大学四年制毕业。

3日　地质部通知，将北京地质学院副教务长丰原调往成都地质学院担任副教务长。

15日　《北京地质学院学报》编委会正式成立，冯景兰担任主任编辑。编委会成员有冯景兰、王炳章、王鸿祯、刘普伦、李世忠、苏良赫、周卡、袁复礼、张忠胤、张席禔、薛琴访、杨遵仪、秦馨菱等13人。

24日　学院发布《关于保证教师六分之五业务活动时间的决定》，要求严格控制非业务活动的时间，除规定的会议及活动外，对临时需进行的大活动，不经党委批准不得举行。

10月

13日　高等教育部批复：同意苏良赫、袁见齐为副博士研究生导师。

11月

7日　学院举行热烈庆祝苏联十月革命三十九周年及建校四周年大会。

13日　全国人大代表茅以升、李书成、吴有训、左志仁来北京地质学院考察调研。

17日—24日　北京地质学院第二次党员代表大会召开,由124名党员代表全院688名党员出席党代会,民主党派、党外人士10人获邀列席会议,会期8天。会上有34位代表发言。尹凤翔代表上届党委会作题为《一年来党的工作的基本总结》的工作报告。本次党代会选举产生了由以下20人组成的院党委会:王良、尹凤翔、刘型、刘普伦、任湘、肖英、孙清水、杨树和、李贵、王哲民、陈子谷、王大纯、李武元、苏坡、李庚尧、陈发景、刘颖、王恒礼、李德山、屠厚泽。产生了由以下9人组成的院党委常委会:刘型、肖英、尹凤翔、陈子谷、李庚尧、孙清水、刘颖、李贵、刘普伦。

27日　地质部同意杨遵仪教授担任北京地质学院石油地质勘探系主任。

1957年

1月

8日 高等教育部通知：经与地质部研究，同意将"北京地质学院"更名为"北京地质勘探学院"。

11日 北京地质勘探学院向高等教育部报批学院专业设置如下：①地质测量及找矿专业；②金属及非金属矿产地质及探勘专业；③煤及油页岩矿产地质及探勘专业；④放射性矿产地质及探勘专业；⑤石油天然气地质及探勘专业，下分石油及天然气地质调查专门化和石油及天然气地质探勘专门化；⑥水文地质及工程地质专业；⑦金属及非金属地球物理探勘专业；⑧石油地球物理探勘专业；⑨放射性矿产地球物理探勘专业；⑩探矿工程专业，下分钻井专门化及掘进专门化。

17日 学院初步制订了科学研究规划草案。这个规划草案的特点是分工合作、综合研究、集体配合、学院包一个区域的作法。学院的科学研究规划，纳入了全国科学研究规划之中，并担任了一定的研究任务。

25日 学院反浪费厉行节约展览会开幕。

30日 学院行政会议决定，成立图书馆委员会，王鸿祯任主任委员，委员10人。

本月 《地球科学》创刊，刊名为《北京地质勘探学院学报》。

2月

7日 国务院第42次全体会议通过：肖英、张席禔、王鸿祯、陈子谷任北京地质勘探学院副院长；免去路拓北京地质勘探学院副院长职务。

14日 毛泽东主席在中南海亲切接见学院学生会文化部部长张曦。

16日 普查系三年级二班的同学向团中央书记胡耀邦拜年。胡耀邦会见了同学们。同学们把准备好的礼物（矿物标本）送给了胡耀邦，这些礼物引起胡耀邦很大兴趣。他对同学们

说:"送给你们春节的礼物是要充分作好思想准备,迎接艰苦奋斗!"

22日 苏联地质部长安托洛波夫一行在地质部党组书记、副部长何长工,副部长许杰,地质部苏联专家组长库索奇金陪同下来学院访问。肖英、张席褆、王鸿祯、陈子谷和院长办公室主任李庚尧陪同。

23日 院长办公室设立接待室,每日15时至16时听取全院师生员工对学校各方面的建议和意见。

3月

2日 学院举行第五届工会会员代表大会。张席褆代表上届工会基层委员会向大会作了一年来工作总结报告。王冬夫作了关于工会财务收支情况的报告。肖英代表党委会宣布选派专职干部做工会工作并加强思想教育工作。大会选出工会基层委员会委员13人。

2日 学院举行第五届学生代表大会。王恒礼同学代表上届学生会执行委员会作总结报告。陈子谷讲话。大会通过了《北京地质勘探学院学生会章程》和第五届学生代表大会决议。魏玉蓉、高广全、王恒礼等23位同学当选为第五届学生会执行委员会委员。

4日 工会第五届基层委员会第一次会议召开。会议决定任命李庚尧为主席、张席褆为副主席。

9日 北京地质勘探学院华侨联谊组举行成立大会。学院共有来自东南亚一带的华侨同学140多名。

20日 "中共北京地质勘探学院委员会"新印章启用,"中共北京地质学院委员会"印章停止使用。

23日 学院公布《教学管理暂行规程试行办法》。

4月

4日 中共北京市高等学校委员会批复:刘型兼任北京地质勘探学院党委书记,肖英兼任党委副书记,尹凤翔任党委副书记。

17日 地质部党组书记、副部长何长工来学院,向全体四年级同学作报告。

20日 《北京地质勘探学院学术会议与院行政会议试行组织条例》颁布实施(简称《条例》)。《条例》指出:为了贯彻集体领导,决定建立院学术会议与院行政会议制度,讨论和决定上级指示和全院各项工作的具体措施;由院长分别兼任院学术会议主席和院行政会议主席;院学术会议原则上每月召开一次,院行政会议原则上每周召开一次(每年召开一次扩大会议)。

20日—21日　学院举行第三届团代会。主要是总结过去一年的工作,制订今后的工作任务,讨论如何保持青年的革命朝气,发挥青年的战斗作用,迎接即将召开的青年团第三届全国代表大会。团委书记孙清水代表上届团委会作工作报告。大会选举出下届团委委员11人。

5月

3日　学院向地质部报送院学术委员会委员调整名单41人。

10日　学院党委会召开,研究党员领导干部参加第一批整风问题,决定由肖英、陈子谷、尹凤翔、李庚尧、刘颖等5人组成领导小组。

17日　中共中央副主席、全国人大常委会委员长刘少奇在中南海接见学院50多名毕业生代表,并和大家进行了3个多小时谈话。刘少奇勉励他们说:"今天的地质勘探工作者是建设时期的游击队员、侦察兵和先锋队",并将苏联领导人伏尔希洛夫赠送给他的猎枪转赠给学生。此前,学生们将他们在野外采集的岩矿标本送给刘少奇。

本月　冯景兰教授、傅承义教授当选中国科学院学部委员。

6月

8日　全院党、团员大会召开。党委副书记肖英作关于全面深入开展反击右派斗争的初步总结报告。

14日　全院召开师生员工大会。党委副书记肖英代表党委作上一阶段整风运动的检查报告。

8月

31日　学院整风运动进入整改阶段。学院党委对教学改革工作做了回顾,并拟订了开展科学研究工作的意见。

9月

15日　地质部党组书记、副部长何长工和石油系全体同学进行座谈。何长工谈到国家石油的远景及其重要性。他说:"向毛主席汇报工作时,毛主席特别问到了石油问题。"何长工还希望同学们注意"团结、互助、友爱",好好锻炼身体,努力学习政治和业务。

16日　学院行政会议讨论决定:①成立科学研究科,由科研副院长领导;②撤销教学研究科、供应科;③任命各种科科长及系主任助理。

18日　学院由96个班的1000多名学生组成的义务劳动大军,到海淀区"前进""叶丰"生产合作社帮助农民收秋。

18日　地质部批复:同意袁见齐、马杏垣任北京地质勘探学院院长助理;将矿产地质及勘探系分为地质测量及找矿系、矿产地质勘探系,杨遵仪、张炳熹分别任系主任;潘钟祥任石油天然气地质勘探系主任。

29日　学院行政会议决定:成立院陈列馆;成立工厂管理科;任命苏良赫教授兼陈列馆馆长;任命各科室科长、副科长。

10月

12日　共青团中央书记处书记胡克实来学院给同学们作题为《谈谈青年发展的两条道路》的报告。

28日　学院召开师生员工大会。副院长肖英作关于精简机构和干部下放参加农业生产的动员报告。

11月

7日　学院陈列馆举行开馆典礼。

8日　为庆祝苏联十月革命四十周年和学院建校五周年,学院举行第三届科学报告会。大会由副院长肖英、张席禔主持。

12日　学院行政会议决定精简机构,批准190名同志下乡参加农业生产。当天召开欢送会,欢送第一批教职员工去农村参加生产劳动。

12月

5日　学院党委会讨论通过《关于各级领导深入实际开展工作的决定》(简称《决定》)。《决定》指出:①负责教学工作的院长、院长助理、各系主任每月最少听课两次,教研室负责人必须定期听课;②党委委员、党总支书记,各处负责人每月至少到学生或职工饭厅和宿舍了解学生、职工生活情况1~2次;③领导干部要按义务劳动计划定期和群众一起参加义务劳动;④团专职干部应经常深入到学生中了解他们的学习、思想、生活情况;⑤实习期间党政工团组织工作组到实习地点了解实习情况;⑥每学期党委组织教师、民主党派、职工、学生座谈会4~6次;⑦党委书记、副书记、院长、副院长、院长助理每周规定两个单元时间接待群众来访;⑧各单位负责干部要熟悉本单位的工作情况和干部的学习、工作、生活、思想情况;⑨每年召开一次党、团、工会、学生代表会议;⑩各领导深入工作的情况汇报问题,应按系统向直属单位领导汇报,每学期末由院办公室、党委办公室分别总结一次领导深入工作的情况与问题。

27日 学院党委举行常委、总支书记联席会议,讨论整风整改阶段的重点,决定用两周时间对整改工作进行全面复查。

学院1957—1958年专业设置表如下:

系	专业、专门化	学制	备注
地质测量及找矿系	地质测量及找矿专业	五年	该系于1957年9月下旬成立
矿产地质及勘探系	金属及非金属矿产地质及勘探专业	五年	
	煤及油页岩矿产地质及勘探专业	五年	
石油及天然气地质及勘探系	石油及天然气地质及勘探专业	五年	
水文地质及工程地质系	水文地质及工程地质专业	五年	
地球物理探矿系	金属及非金属矿产地球物理勘探专业	五年	
	石油及天然气地球物理勘探专业	五年	
探矿工程系	探矿工程专业	五年	
6个系	8个专业		

1958年

1月

3日 学院党委召开党员和核心组干部大会,布置贯彻严肃与宽大相结合的处理右派分子的方针。党委副书记尹凤翔作题为《关于对右派分子处理问题》的报告。

20日 学院学术委员会通过试行《北京地质勘探学院教学设备暂行管理细则》。

27日 学院党委决定在全体工人中展开"社会主义教育运动"。

2月

1日 苏联磁法勘探专家A·A·罗加却夫教授和钻探力学专家M·M·安德列也夫副教授应聘来学院工作。

25日 地质部任命周守成为北京地质勘探学院院长助理。

3月

2日 学院召开全院师生员工大会,副院长肖英作本学期工作任务的报告。报告指出,党委决定本学期开展一个声势浩大的、以反浪费反保守为纲的、深入的群众性整风运动,其中心内容是两反(反浪费、反保守)、三比(比干劲、比先进、比多快好省)、三勤(勤俭办学、勤俭生产、勤工俭学)、四结合(理论与实际相结合、教学与生产相结合、脑力劳动与体力劳动相结合、知识分子与工农相结合)。

2日 学院150名体育积极分子参加北京市体育积极分子大会。

20日 学院投票选举人民代表。苏良赫、史桂智、李紫金当选北京市第三区人民代表。

23日 全院师生员工参加修建十三陵水库誓师大会,副院长肖英在会上讲话。由3250

人组成的劳动大军于24日、25日开往十三陵水库,计划劳动10天。

4月

20日　苏联专家梁布兴教授、罗加却夫教授、格勒契什尼柯夫副教授、诺维柯夫副教授、安德列也夫副教授,在副院长肖英的陪同下赴周口店实习站参观。

23日　地质部党组书记、副部长何长工到学院向四年制石油系四年级应届毕业生作报告。他要求:每个人不仅要做到学业上的毕业,而且也要在政治上毕业,要红透专深,甘当小学生。

26日　学院招生委员会成立,张席褆任主任,李庚尧任副主任,袁见齐任命题委员会主任。根据教育部的指示,1958年不再举行全国统一招生,由各校自行招生。

5月

5日　苏联放射性铀矿专家 B·H·克特良尔教授到学院作学术报告并与师生座谈。

14日　苏联磁法勘探专家罗加却夫教授离院回国。他在学院三个半月的工作期间,讲授了磁法勘探课,提出了20多个地区的磁测航测中的问题及建议,作了12个专题演讲和报告,具体指导了8名教员,并指导了学院科研工作。

本月　周口店实习站由东山口旧址迁至周口店村内原石灰厂院内。

6月

16日　学院召开第三次党员代表大会。会议选举肖英、杨树和、王良、王哲民、顾荣起、吕录生、李贵、尹凤翔、李武元、鲁方、王大纯、周守成、李庚尧、孙清水、宋跃章、马杏垣、聂克、臧胜远、任湘、苏平、刘普伦、屠厚泽、陈发景等23人为院党委委员;选举王恕铭、周玉田、魏玉荣等3人为候补委员。

18日　为适应国家石油工业飞跃发展的需要,学院石油系10个班调到成都地质学院。

21日　北京地质局在北京地质勘探学院正式成立。北京地质局的技术力量是由北京地质勘探学院和在北京进行地质勘探工作的各系统的地质队组成的。

本月　学院公布《1958—1962年地质干部培养规划(草案)》。规划5年内培养高级地质人才9389名、中级地质人才21 500名,共计30 889名。

本月　学院公布《1958—1962年教学改革和改进教学工作,提高教学质量的规划(草案)》。具体要求：①大力开展"三勤"，以组织生产队承包国家地质勘探任务为主，并适当配合少量的其他形式的生产；②改革教学制度；③教学各环节密切结合生产，联系实际，贯彻社会主义建设的总路线和国家的经济技术政策，提高教学质量；④修订完成一套符合社会主义的地质勘探学院所需的教学资料及充实改进现有设备；⑤改进教学方法；⑥完成教学组织制度方面的改革和建设。

7月

5日　国务院全体会议第78次会议通过任命高元贵为北京地质勘探学院院长。

7日　由学院石竞、王富洲、丛珍（女）、王贵华（女）、袁扬（女）、彭淑力等6名登山运动员参加的中国男女混合慕士塔格登山队，于6月13日开始登山活动，7月7日登上海拔7546公尺（米的旧称）的慕士塔格山顶峰，创造了登山队集体安全攀登海拔7500公尺以上高山人数最多的世界纪录。丛珍、王贵华和其他6名女子登山运动员，创造了女子登山高度的世界纪录和女子攀登海拔7500公尺以上高山人数最多的世界纪录。袁扬登到7500公尺的高度，打破了女子登山高度的世界纪录。石竞、袁扬任登山队副队长。

8月

9日　为了贯彻"全民办地质、全党办地质"的方针，以适应大办工业的需要，学院成立地质干部训练班。第一期训练的学员共1400人，当日分别在院本部及周口店实习站开学，训练班为期5个月。

18日　中共北京市高等学校委员会批复，同意高元贵、肖英、尹凤翔、周守成、聂克、李庚尧、刘普伦、孙清水、吕录生、鲁方、李武元、王哲民、马杏垣等13人为中共北京地质勘探学院党委常委。

9月

8日　学院举行1958—1959学年度开学典礼。院长高元贵作了报告，地质部党组书记、副部长何长工到会并讲话。

15日　学院党委召开野外生产队长会议，会期6天。党委副书记周守成指出，坚持教育与野外生产相结合、组成各种形式的地质队，是北京地质勘探学院贯彻中央教育方针的最主要的、最好的形式。党委副书记尹凤翔就党的领导、政治思想工作作发言。副院长肖英作两个月来生产工作基本情况总结。

16日 中共北京市高校党委会批准:高元贵任北京地质勘探学院党委第一书记,肖英任党委第二书记,尹凤翔、周守成、聂克任党委副书记。

20日 北京市高等学校、中等专业学校支援钢铁生产誓师大会在北京大学召开。承担找矿任务的北京地质勘探学院有1500名师生参加了大会,王兆纪同学代表学院在会上表了决心。参加本次大会的还有首都16所院校的5000余名师生。中共中央副主席、国务院总理周恩来,中共中央书记处书记、北京市委第一书记彭真等参加大会并作了重要指示。

30日 学院民兵组织——"尖兵师"举行成立大会。党委第一书记高元贵为"尖兵师"政治委员。尖兵师将在国庆节通过天安门接受毛泽东主席检阅。

10月

7日 中共中央副主席、国家副主席朱德参观高校红专跃进展览会的北京地质勘探学院展品。

13日 国家体育运动委员会登山运动处来信祝贺北京地质勘探学院第一批登山运动员远征列宁峰。彭淑力1958年9月登上了苏联境内海拔7134米的列宁峰,达到国家健将级标准。石竞、王富洲也登上了列宁峰。袁扬登上了列宁峰6900米高处,为我国女子登山运动开创了新的纪录,使我国女子登山运动达到了国际水平。袁扬荣获"国家一级运动员"称号,其他人员获得"国家等级运动员"称号。

30日 地质部批复:同意"北京地质勘探学院"更名为"北京地质学院"。

本月 学院组建首支高校登山队。目的是使登山运动进一步与地质专业相结合,让登山技术更好地为社会主义建设事业服务。

12月

20日,学院登山队见秋、白进孝、艾顺奉、朱鸿、韩温溪等54人(其中包括10名女队员)成功登顶甘肃祁连山主峰(七一冰川),开创了中国冬季登山的先例。

25日 北京市海淀区1958年除"四害"讲卫生庆功发奖大会召开。北京地质学院被评为"海淀区红旗单位",受到表彰。

本年

学院1957—1958年专业设置表如下:

系	专业、专门化	学制	备注
地质测量及找矿系	地质测量及找矿专业	五年	
	地层古生物专门化	四年	该两专门化于1958年下半年成立
	岩矿鉴定专门化	四年	
矿产地质及勘探系	金属及非金属矿产地质及勘探专业	五年	
	煤及油页岩矿产地质及勘探专业	五年	
	放射性元素地质勘探专业	五年	该专业于1958年下半年成立
石油及天然气地质及勘探系	石油及天然气地质及勘探专业	五年	
水文地质及工程地质系	水文地质及工程地质专业	五年	
地球物理探矿系	金属及非金属矿产地球物理勘探专业	五年	
	石油及天然气地球物理勘探专业	五年	
	放射性矿产地球物理勘探专业	五年	该专业于1958年下半年成立
探矿工程系	探矿工程专业	五年	
6个系	10个专业、2个专门化		

1959年

1月

8日　为支援工农业生产的大跃进,经地质部批准,北京地质学院普查、勘探、物探五年级学生60人提前毕业,支援青海、重庆、沈阳、太原、江西等地质勘探部门。

27日　经上级批准,北京地质学院设立放射性系(放射性稀有分散元素地质及勘探系)。党委副书记聂克给勘探、物探两系的二三四年级同学作报告,并公布从勘探、物探两系调到放射性系的学生名单。新系的党、团、行政组织先后成立。

31日　苏联地质部副部长索罗博夫,在地质部党组书记、副部长何长工和苏联专家陪同下来学院参观访问。

2月

4日　学院召开贯彻执行党的教育方针的丰收大会。党委第一书记、院长高元贵代表党委作了关于贯彻执行党的教育方针的基本总结。

6日　学院党委决定校刊更名为《北京地质学院校刊》,即日出版的第311期校刊开始使用新名。

12日　学院举行第四届科学报告会。会上报告的论文有126篇,内容均紧密结合生产实际。

12日　学院隆重召开"庆祝贯彻执行党的教育方针先进集体和先进个人评比发奖大会",有133名红旗手和29个先进集体获奖。

3月

13日　北京地质学院院务委员会成立。由党委提名,经地质部批准,院务委员会成员31

人。高元贵为主席,肖英、张席褆为副主席。《院务委员会条例》(简称《条例》)同日公布。《条例》指出,院务委员会是学校行政领导最高权力机构,正副院长是院务委员会当然正副主席,院长定期向院务委员会汇报工作,并负责执行院务委员会决议。

20日 苏联专家善采尔教授来学院讲学,为期2个月。善采尔教授曾于1956年赴中国与袁复礼教授在长江三峡一起工作过。

21日 苏联莫斯科地质勘探学院校刊2月16日出版纪念中苏友好同盟互助条约签订9周年专刊,曾在北京地质学院工作过的苏联专家帕夫林诺夫教授和格列契什尼柯夫副教授分别发表了题为《两个首都的高等学院的合作》《在北京地质学院工作的一年》的文章。

5月

2日—4日 学院举行第四届团员代表大会。安静中致开幕词,孙清水代表上届团委作工作报告。党委第一书记高元贵、副书记聂克参加大会。党委副书记尹凤翔代表学院党委对青年团的工作提出要求。大会通过了第四届团员代表大会《关于工作报告的决议》《关于组织参加生产劳动向院党委的保证书》《对帝国主义和印度扩张主义分子干涉我国内政的抗议书》,选出27名团委委员和9名出席北京市团代会的代表。

5日 学院第四届团代会第一次全体会议召开。会议讨论了团委委员分工,常委由9人组成,孙清水为书记,安静中为副书记。

27日 经地质部批准,学院组织机构由二级制改为三级制,撤销干部教育办公室,成立教务处、科学研究处、生产管理处、人事处,并将总务处与院办公室合并;为了适应教学工作的需要增设"地质矿产三系",原地质测量及找矿系改称为"地质矿产一系",原矿产地质及勘探系改称为"地质矿产二系"。其中,马杏垣为科学研究处处长(兼);袁见齐为教务处处长;池际尚为地质矿产一系副主任,翟裕生为地质矿产二系副主任,刘普伦为地质矿产三系主任,任湘为地质矿产三系副主任;陈发景为石油及天燃气矿产地质系副主任;屠厚泽为探矿工程系第二副系主任;李永升为水文地质及工程地质系副主任;宋耀章为生产管理处处长;鲁方为人事处处长,李贵为人事处副处长;吕惠东为院办公室副主任。

28日 学院登山队46人(其中女生12人)登上海拔4113米的陕西太白山主峰,超过了中华全国总工会登山队1956年有33人登上此峰的纪录。

6月

8日 苏联孢子花粉专家扎克里斯卡雅副博士来学院为古生物教研室讲课并帮助进行科学研究和建立实验室。

7月

1日　学院师生员工举行隆重集会,纪念中国共产党诞生38周年。147名党员在会上举行入党宣誓。党委第一书记、院长高元贵向全体师生作题为《党的三十八年的英勇斗争历史》的报告。

12日　学院发布《关于接受外校进修教师的办法(修正草案)》。

20日　学院颁布《生产劳动成绩考核试行办法》。

25日　学院第七届毕业典礼举行。地质部党组书记、副部长何长工参加毕业典礼并作报告。何长工说:"北京地质学院这一届毕业生是第一批五年制毕业生,也是贯彻执行党的教育方针以来经受劳动锻炼的第一批毕业生。"

9月

5日　地质部批复:同意王大纯任北京地质学院水文地质及工程地质系主任。

10月

10日　教育部批复:北京地质学院可以和苏联莫斯科地质勘探学院进行联系,订立互助合同。

16日　苏联专家奥斯特洛乌斯柯教授赴北京地质学院一年期讲学期满回国。

11月

4日　蒙古人民共和国地质局局长策仁道尔吉和总地质师鲁预增,在地质部副部长卓雄、技术司司长梁向明等陪同下,到北京地质学院参观访问。贵宾盛赞说,像这样规模的地质学院只在苏联见过,并表示要派学生到中国来学习。

8日　北京市20所高等院校在北京地质学院进行举重比赛。北京地质学院荣获团体冠军。

14日　学院党委组织部通知:经院党委常委会议通过,任命任湘为三系代理党总支书记。

22日　学院举行登山报告会。国家体委登山处处长史占春、慕士塔格山登山队队长许竞及 4 名藏族女运动员,应邀参加报告会。党委副书记周守成在会上讲话。女子登山运动员袁扬、丛珍、王贵华在第一届全运会闭幕式上荣获体育金质荣誉奖章。

24 日　学院发布《北京地质学院考试测验暂行规则草案》《北京地质学院学生学习成绩检查暂行办法》。

27 日　苏联科学院通讯院士索科洛夫由地质研究所所长孙云铸陪同来学院参观访问。

12 月

12 日—13 日　学院举行第六届学生代表大会,会期两天。出席本次会议的代表共 421 人。党委第一书记、院长高元贵,副书记尹凤翔、聂克,团委书记孙清水出席大会。魏玉荣代表上届学生会向大会作工作报告。大会选举第六届学生委员会委员 29 名,通过了《学生会章程》等。

17 日　根据中共中央、国务院《关于确实表现好了的右派分子的处理问题的决定》,学院宣布摘掉一批改造好的右派分子的帽子(共 18 人)。

26 日—27 日　学院举行第六届工会会员代表大会。党委第一书记高元贵和党委副书记聂克对工会工作作了《两年半来的工作总结及今后一学年工作任务的报告》并获大会通过。大会选出第六届工会委员会委员 29 名。工会第六届基层委员会举行第一次会议,选举李庚尧为主席,李贵、李永升、苏良赫、张永巽为副主席。

本年

学院学生丛珍与在第一届全运会上取得优异成绩的运动员一起,受到国务院总理周恩来、国家体委主任贺龙的接见并合影。

学院 1959—1960 年专业设置表如下:

系	专业、专门化	学制	备注
地质矿产一系	地质测量及找矿专业	五年	
	地层古生物专门化	四年	
	岩矿鉴定专门化	四年	
地质矿产二系	金属及非金属矿产地质及勘探专业	五年	
	煤田地质及勘探专业	五年	
地质矿产三系	放射性元素地质勘探专业	五年	
	放射性矿产地球物理勘探专业	五年	该系于 1959 年初成立
	稀有及分散元素地质勘探专业	五年	

续表

系	专业、专门化	学制	备注
石油及天然气地质及勘探系	石油及天然气地质及勘探专业	五年	
水文地质及工程地质系	水文地质及工程地质专业	五年	
地球物理探矿系	金属非金属矿产地球物理勘探专业	五年	
	石油及天然气地球物理勘探专业	五年	
探矿工程系	探矿工程专业	五年	
7个系	11个专业、2个专门化		

1960年

1月

3日　学院第五届科学报告讨论会闭幕,报告会上宣读论文75篇。党委第二书记、副院长肖英在本届科学报告讨论会上作了题为《我院一九五九年科学研究工作基本总结和一九六〇年我院科学研究工作任务》的报告。

8日　苏联专家格拉西莫娃、普利道夫斯基和萨维里耶夫来学院工作。

9日　学院第一届院务委员会举行第8次会议,讨论通过《中共北京地质学院委员会、北京地质学院关于评选先进集体、先进工作者办法的决议》。会议决定于1960年2月27日—29日召开全院先进集体、先进工作者大会。

18日　学院第一届院务委员会第9次会议讨论通过《一九六〇年科学研究工作计划和部署的说明》。

27日　院领导高元贵、肖英、张席禔等接见前来任教的苏联航测专家米哈依洛夫教授。米哈依洛夫是第一位来中国的航空地质测量方面的苏联专家。

2月

3日　学院向地质部呈报关于教师基本情况:全院共有教师654人,其中教授13人、副教授9人、讲师78人、助教525人、教员29人。

4日　学院学生会主席魏玉蓉和普查四年级党支部书记王暄堂参加在北京举行的中华全国第十七届学生代表大会,并在会上作《永远做建设时期红色游击队员》的发言。

12日　教务处印发《关于修订教育计划的几点意见》(简称《意见》)。《意见》指出:学院的培养目标是"培养具有社会主义觉悟即有一定的马列主义理论水平的、掌握现代科学技术的、身体健康的高级地质人才"。

25日　党委第二书记肖英率14个先进集体代表、44位先进工作者出席北京市文教群英会。

25日 地质部《关于地质学院若干重大问题的决定》指出：①根据我国社会主义高速度和地质工作大发展的需要，确定北京地质学院的发展规模为9000人；②确定1960年北京、长春、成都3所地质学院共同增设勘探机械设计与制造、勘探仪器设计与制造、物探仪器设计与制造、无线电设备设计与制造4个专业；③确定各学院从1960年起实行四、五年并存的学制；④积极贯彻"两条腿走路"的方针，既大办全日制学院，又大办职工业余教育。

2月27日—3月1日 学院第一届先进集体、先进工作者代表大会召开。出席大会的先进集体共183个，先进个人685人。高元贵代表党委作题为《高举毛泽东思想红旗 为建设共产主义的地质学院而奋斗》的报告。地质部副部长许杰发表题为《高举毛泽东思想红旗 为多快好省地培养地质干部而努力》的讲话。在闭幕式上，肖英传达了北京市文教战线群英会精神。北京地质学院被评为北京市文教战线的红旗学院，授予的红旗上题词为"高举毛泽东思想红旗，坚持党的总路线，鼓足干劲，力争上游，为实现文教工作的继续大跃进而奋斗"。

3月

3日 副院长张席褆会见前来学院访问的罗马尼亚国家地质委员会主席、科学院地质地理学部主任科达尔查院士，罗马尼亚布加勒斯特大学地质系主任、科学院地质地理所所长雅诺维奇教授。

19日 学院第一届院务委员会举行第10次会议，讨论通过《关于组织教学研究讨论会的计划（草案）》，决定于1960年4月下旬召开学院第一次教学研究讨论会。

31日 党委第二书记、副院长肖英向全院师生员工作题为《关于深入开展科学研究和技术革新、技术革命运动》的报告。报告提出，学院的任务是：高举毛泽东思想红旗，实现以科学研究、技术革新、技术革命为中心的全面跃进。

本月 学院印发的《七年来业余教育工作总绪》《三年来夜大学工作总结》《函授教育工作总结》载：①学院1956年开办了夜大学，设有矿产地质及勘探、水文地质及工程地质两个专业，共招生302人。②学院1958年6月开办函授教育，3年来培养了608名函授生，设有金属、水文、石油3个专业，3种学年制（即一、三、四年制）。编写函授教材30余种，学习方法指导书43种。③开放了为期几个月的找矿勘探、水文地质及工程地质、钻探、简易化学分析等训练班，专门鉴定人才的古生物训练班及地质干部训练班等，参加人员近千人。

4月

9日 地质部副部长卓雄等5人参观学院各系开展的科学研究和技术革命运动展览会，

并进行指导。

15日　学院召开民兵"尖兵师"命名大会。院民兵师经过10多天的整顿,全院师生员工和家属7390人,共组成5个团(25个营、77个连、250个排)。国家军委工程司令部、政治部、海淀区人民武装部等单位负责人应邀参加本次大会。

5月

6日　学院颁布《北京地质学院资料管理办法(草案)》。

14日　北京市先进工作者、学院先进工作者、探工系副主任屠厚泽和北京市先进集体、学院体育教研室登山教练组,被推选为北京市出席全国文教群英会的代表。

21日　学院第一届院务委员会第11次会议召开。会议讨论通过:①"五一"后的工作方针和任务。②决定建立以下教研室:物探仪器教研室、勘探(地质)仪器教研室、无线电教研室、物探测井教研室、海洋物探教研室、地球化学勘探教研室、勘探机械教研室,原水文工程地质教研室根据需要分成水文地质教研室和工程地质教研室。③建立北京地质学院附属中学。

22日　北京市高等学校田径运动会在北京航空学院举行。学院81名运动员参加比赛,以男、女总分118.5分的成绩获第六名。潘春义同学获男子铅球冠军。学院棒球队、垒球队再次获高校冠军。

25日　中国登山队登上了世界第一高峰——海拔8848米的珠穆朗玛峰,创造世界登山史上从北坡登上珠峰峰顶的纪录。参加这次攀登珠穆朗玛峰的运动员中,有8名运动员来自北京地质学院。他们是:王富洲、石竞、袁扬(女)、丛珍(女)、彭淑力、李玉柱、刘东鲁、纪克诚。王富洲与另两位队友贡布、屈银华成功登顶。

6月

2日　学院登山队白进孝、刘肇昌、何海之、艾顺奉、周聘渭、王洪宝、王文章、丁源章等8人成功登上青海昆仑山阿尼玛卿Ⅱ峰,并进行了1∶100万地质调查工作。

20日　肖英写信给全国应届高中毕业生,题目是《愿你们参加到"建设时期的游击队"行列》。

22日　学院呈报地质部1961年增设新专业如下:①海洋地质专业,五年制;②海洋勘探专业,五年制;③航空地球物理勘探专业,五年制;④油矿地质专业,五年制;⑤石油地球化学专门化(设在石油地质勘探专业内);⑥水文地球化学专业,五年制;⑦土质学与土质改良专业,五年制;⑧岩矿综合利用专业,五年制;⑨高山地质专门化;⑩数学专业,五年制;⑪物理专业,五年制;⑫化学专业,五年制;⑬政治经济专业,四年制。

8月

3日 地质部批复同意北京地质学院建立第八系,即无线电及地质仪器制造系。

9月

本月 学院颁布试行《北京地质学院函授生管理制度(草案)》《北京地质学院夜大学管理制度(草案)》。

10月

2日 《人民日报》第八版《图片报道》载:北京地质学院数百名登山运动员组成的队伍,簇拥着"攀登世界最高峰"的巨幅图画,踏着坚强的步伐通过天安门广场。这象征着我国登山运动员在党的领导下取得的辉煌胜利,也象征着我国亿万人民无高不可攀、无坚不可摧的大无畏精神。

22日 中共中央发布《关于增加全国重点高等学校的决定》。北京地质学院为新增加的全国重点院校之一。

23日 《光明日报》刊载题为《北京地质学院胜利完成今年野外生产任务 广大师生在劳动化道路上前进一大步》的报道。

11月

4日 学院印发《有关研究生管理工作的规定(草案)》。

28日 学院印发《北京地质学院一九六○年科研工作基本总结》。

12月

2日 学院监察委员会印发《关于进一步加强支部监察工作的指示》,指出:党的监察工作的中心任务是保证党的方针、政策在各项工作中的正确贯彻执行,同一切违法乱纪现象作斗

争;不仅要检查党员在遵守纪律、执行政策方面的问题,对非党员违反纪律的问题也要进行检查。

15日—19日　地质部根据中央在发展中进行"调整、巩固、充实、提高"的八字方针,召开北京、长春、成都三所地质学院院长会议。会议主要讨论《地质部关于全日制高、中等地质院校发展规划调整方案(草案)》中有关高等学校的发展规模、专业设置、学制等问题。

28日　地质部党组给中央文教小组、教育部党组呈报《关于北京地质学院发展规模、专业设置、年制问题的意见》载,北京地质学院发展规模为6400人(原计划10 000人),其中包括研究生、进修教师、训练班等400人;专业设置和学制问题,见专业调整意见(如下)。

调整专业、专门化统一名称	学制
1.地质测量及找矿专业	五年
(1)岩石矿物专门化	四年
(2)地层古生物专门化	四年
2.金属非金属地质勘探专业	五年
3.煤田地质勘探专业	五年
4.石油、天然气地质勘探专业	五年
油矿地质专门化(增设)	五年
5.放射性元素地质勘探专业	五年
6.稀有元素地质勘探专业	五年
7.同位素地质勘探专业(增设)	五年
8.水文地质及工程地质专业	五年
9.金属非金属地球物理勘探专业	五年
10.石油、天然气地球物理勘探专业	五年
11.放射性元素地球物理勘探专业	五年
12.海洋地质及地球物理勘探专业	五年
13.航空地球物理勘探专业(增设)	五年
14.地球物理测井专业	四年
15.地球化学探矿专业	五年
16.探矿工程专业	五年
石油钻井专门化(增设)	五年
17.勘探机械专业	五年

续表

调整专业、专门化统一名称	学制
18.地质仪器专业	五年
19.无线电电子学专业	五年
20.矿产综合利用及加工技术专业（增设）	四年
共计 20 个专业,4 个专门化,其中 2 个专业、2 个专门化为四年制	

本年

国家体委授予学院棒球队员李孟起和女子垒球队员鄂秀满、魏燕来 3 位同学"运动健将"称号。

1961年

1月

23日 学院第六届科学报告会开幕。

3月

6日 北京市教育局批准学院院务委员会通过的职称普升决定:刘冠军、王大纯由副教授提升为教授;李永昇、张咸恭、褚秦祥、陈发景、张永巽、屠厚泽、黄作宾、杨式溥、张瑞锡、赵鹏大、潘兆橹、彭志忠、朱上庆、翟裕生、程光华、魏执权、任湘、赵守诚等18名讲师提升为副教授。

15日 学院第一届院务委员会第13次会议讨论通过出席北京市1961年群英会的先进工作者、先进集体及其代表的候选人名单。

4月

12日 《光明日报》报道:自1月23日开幕至今的北京地质学院第六届科学报告讨论会,在两个多月的时间内以"中国区域大地构造"和"综合快速找矿勘探"两大专题为中心,先后进行了29个题目的讨论,内容涉及支援农业、快速综合普查勘探、地质理论、发展地质科学新技术新方法和水文工程地质等方面。报告讨论会认真贯彻了党的"百花齐放、百家争鸣"的方针。

26日 学院党委第19次常委会讨论学院的体制问题。会议确定两条原则:一是精简院级机构、人员,充实基层,加强系总支、系办公室工作;二是有关人事、物资、财务、教学管理等权限均由院统一领导。根据以上原则,会议决定:①撤销常委会原决定成立的保卫处、业余教育处、电化教学科、技术革新科、印刷出版科等机构,将保卫科与保密科合并,原属业余教育处领导的函授科划归教务处,夜校工作划归工会,出版科与印刷厂合并;②系党总支的干部编制一般为5~8人,其中专职4~7人,兼职3人;③加强系办公室工作,减少总支和系主任行政事务;④加强学生政治思想工作,一、二年级设立级主任和党支部书记。三、四年级仍设半脱产党支部书记;⑤减少兼职老教师的行政事务工作;⑥适当紧缩党委职能机构。

27日 根据教育部(1961)教人师刘字345号文件精神,学院计划1961—1962学年度接收进修教师80人。

5月

11日 党委宣传部、团委布置开展"建设时期游击队员"及"井冈山精神"的传统教育活动。

16日 学院党委第21次常委会议讨论批准:纪群为石油系党总支书记;王克昌为勘探系党总支书记;王大纯为水文系党总支第一副书记;陈发景为石油系党总支第一副书记;屠厚泽为探工系党总支第一副书记;李一民、褚秦祥为八系党总支副书记;黄建志为生产处党总支副书记。

22日 学院第一届院务委员会第15次会议讨论通过《关于1961年野外生产劳动的几项规定(草案)》《1961年招生工作计划》。

6月

27日 学院党委常委会研究决定:顾荣起为普查系党总支书记,免去其八系党总支书记职务;于志为八系党总支书记;孙清水为党委组织部副部长;免去王哲民普查系党总支书记职务。

7月

15日 学院第一届院务委员会第16次会议讨论通过《关于延长暑假并统一放假时间的几项通知》和《关于本院职工放暑假问题的几点意见》。

8月

2日　地质部《关于当前函授教育几个问题的通知》指出:部属各院、校函授招生地区仍决定按原规定不变,北京地质学院仍保持每年招生500名;函授教职工和学员比例在1:100到1:300的幅度内考虑,每专业最少应配备一名较优秀的函授专职老师,经费列入院预算。

14日　地质部批复:同意北京地质学院撤销生产处,成立总务处;同意任命宋耀章为总务处处长,免去其生产处处长职务;任命吕惠东为总务处副处长,免去其院办副主任职务。

22日　教育部下达全国重点学校1961年补充师资方案,确定分配北京地质学院47人。另外,对于1956年内部招收学生培养作为师资的毕业生55人,也留给原校作师资。

9月

20日　地质部《关于专业设置调整问题》指出:北京地质学院原发展规模为6400人,现在调整为5000人;对北京地质学院专业设置调整为:取消油矿地质专门化、航空地球物理勘探专业、矿产综合利用及加工技术专业。已设置的18个专业、3个专门化年制均改为五年制。

23日　学院党委常委会决定,从即日起组织十七级以上党员干部学习"农村人民公社六十条"和"教育部直属高等学校暂行工作条例(草案)"(即高教六十条)。

10月

18日　《北京地质学院本学期工作要点(草案)》指出,本学期工作的方针任务是:继续高举党的三面红旗,加强党的领导,加强思想政治工作,管好群众生活,团结全党和全体师生职工,艰苦奋斗,克服当前的暂时困难,继续坚持党的教育方针,巩固成绩,克服缺点,努力提高教学质量。

11月

21日　党委宣传部整理《北京地质学院教职工讨论教育工作六十条的意见》呈报地质部。

12 月

8日　地质部教育司批复同意北京地质学院撤销第八系,原有2个专业(即电子无线电专业与地质仪器制造专业)与3个教研室(即无线电教研室、仪器制造教研室、电工教研室)合并到物探系。

27日　学院党委常委会讨论通过以下有关机构和干部变动情况:调任杨树和为总务处党总支部书记,免去其探工系党总支部书记职务;调任于志为探工系党总支部书记,免去其八系党总支部书记职务;调任黎红星为新设党委武装部副部长,免去其原普查系党总支部副书记职务;调任李一民为勘探系党总支部副书记,免去其原八系党总支部副书记职务。

30日　学院第一届院务委员会第18次会议通过:①1962年学院工作方针任务:继续高举党的三面红旗,坚持党的教育方针,坚持党的百花齐放、百家争鸣的方针,贯彻执行党的八字方针,坚决试行高校工作六十条;鼓足干劲,艰苦奋斗,巩固成绩,克服缺点,深入开展思想政治工作,大抓农副业生产和群众生活,贯彻以教学为主,为更好地提高教学质量而奋斗。②有关组织机构调整:翻译室并入外语教研室;石油系的石油教研室分设为石油地质教研室与油矿教研室;成立研究生科,由科研处领导;根据附属高中的工作需要,撤销原教导组、总务组,设立教导处与总务处。

1962年

1月

5日—7日 中共北京地质学院第四次代表大会召开。出席代表169人,代表全院党员1001人。会议特邀民主党派和党外人士18人列席,其他列席代表52人。肖英代表上届党委会作工作报告,高元贵作大会总结。地质部党组代表、教育司司长袁牧华向第四次党代会致贺词。大会选举出新的党委委员27人,分别是(以姓氏笔画为序):于志、丰原、王良、王大纯、王克昌、任湘、孙清水、刘普伦、吕录生、吕惠东、李永昇、李贵、李武元、李庚尧、肖英、宋耀章、周守成、陈发景、高元贵、马杏垣、纪群、屠厚泽、杨树和、翟裕生、顾荣起、鲁方、聂克。

8日 学院召开系主任、教研室主任会议。党委第二书记肖英在会上就"关于制订培养提高师资与干部问题"进行了发言。他分析了学院建院以来在培养师资方面取得的成绩,提出了培养提高师资、干部的要求及培养提高的方法。

9日 学院第四届党委第一次全体会议召开,选举丰原、肖英、吕录生、李庚尧、李武元、宋耀章、周守成、马杏垣、高元贵、鲁方、聂克等11人为党委常委;选举高元贵为党委第一书记,肖英为党委第二书记,周守成、聂克为党委副书记;选举聂克、鲁方、李贵、杨树和、孙清水、王钟秀、赵鹏大、白玉山、李鹏九等9人为监委委员,选举聂克为监委书记(兼),鲁方为监委副书记。

18日 北京市委大学科学工作部批复:同意高元贵等11位同志为学院党委常委;同意高元贵继任院党委书记,肖英改任院党委副书记,周守成、聂克同志继任院党委副书记;聂克兼任院党委监委书记,鲁方同志任院党委监委副书记。

26日 学院党委向北京市委大学科学工作部呈报出席全国人民代表大会列席人员名单为:党委副书记聂克、党外人士袁见齐教授。

31日 学院第四届党委常委第四次会议讨论院务委员会改组和制订贯彻《教育部直属高等学校暂行工作条例(草案)》的规划问题。

2月

12日 学院分两批对团支部委员以上干部进行培训,贯彻团中央"共青团政治思想工作纲要"(即"三十八条")。党委宣传部部长吕录生作了传达报告。

15日 学院党委印发《中共北京地质学院委员会工作制度(草案)》。

24日 学院第一届院务委员会第19次会议讨论通过:①1961年教学工作总结。一年来学院调整了课程安排,改进了教学内容,加强了教学第一线的师资力量,保证了教材的供应,教学秩序稳定,教学质量显著提高。②1961年科研工作的总结及1962年安排。1962年的科学研究工作仍应坚持科研为社会主义建设服务的总要求,大力开展学术活动,做好重要科研成果的鉴定、推广与推荐出版等工作,加强科技情报与培养研究生的工作。③1961年抓生活、劳逸结合工作总结。

28日 最高人民法院院长谢觉哉参观北京地质学院并题词:打进地里,准备上天。

3月

2日 地质部任命北京地质学院院务委员会委员如下:高元贵任主任,肖英、张席禔任副主任,周守成、袁见齐、马杏垣、李庚尧、丰原(女)、鲁方(女)、宋跃章、杨遵仪、池际尚(女)、袁复礼、苏良赫、周卡、翟裕生、冯景兰、王炳章、杨起、任湘、潘钟祥、陈发景、张永巽(女)、王大纯、张咸恭、薛琴访、谭承泽、刘本巽、李世忠、屠厚泽、刘冠军、张明哲、安静中任委员。

16日—18日 共青团北京地质学院第五次代表大会召开,选举团委委员27人,安静中当选为团委书记,石淑珍、魏玉蓉当选为团委副书记。

17日 学院第一届院务委员会第20次会议召开。会议宣布3月2日地质部任免北京地质学院院务委员会委员的名单,并讨论通过《贯彻执行高教暂行工作条例(草案)》《1962年规划(草案)》《研究生管理工作暂行条例(草案)》《1962年教学工作规划》。

21日 学院第四届党委常委第12次会议听取马杏垣汇报羊城会议(知识分子座谈会)情况,传达北京市委大学科学工作部吴子牧关于党内甄别工作的报告,审批团委委员的分工。

27日 学院召开全院教职工党员大会,党委副书记聂克作甄别工作的报告。

4月

10日 学院第七届工会会员代表大会召开。会议听取并批准《两年多来工会工作总结报

告》《关于财务工作总结报告》,选出基层委员35人。

10日　学院举行第七届学生代表大会。会议听取并通过上一届学生会工作报告,选出学生会委员25人。

12日　学院第四届党委常委第15次会议召开。会议审批工会、学生会主席人选,同意李庚尧任工会主席,苏良赫、张永巽、刘冠军、曹震、张寿懋、王冬夫等6人任工会副主席;同意邢念信任学生会主席,宋启文、刘文德、赵伊娜、赵金满等4人任学生会副主席。

5月

16日　学院第四届党委常委第21次会议专门讨论人员精简问题。

24日　地质部对北京地质学院人员编制比例作如下规定:①校本部教职工与本科学生之比以1∶3.3计算(其中教师以1∶6.5计算);②研究生、留学生、进修教师、老干部班教学人员按1∶5计算;③函授教学人员与学生之比按1∶50计算,职工以1∶100计算;④实习、试验工厂人员按在校学生总数2%计算;⑤农副业人员按教职工总数的2.5%计算;⑥幼儿园教职工与幼儿之比按1∶8计算;⑦因长期患病以及其他特殊原因不能继续工作的,可按教职工总数的3%列为编外人员。根据以上规定,北京地质学院人员编制总数控制在1846人之内。

6月

11日　学院第四届党委常委第22次会议讨论决定:①成立精简工作小组,由肖英、李贵、孙清水等8人组成。②成立机关总支,由李贵、黎洪星、王钟秀、曾庆桥、高云鹏、王冬夫、孙清水等7人组成。教务处、科研处合成1个总支,由黄桥任副书记。老干部班仍为直属支部。

11日　地质部批准北京地质学院任免下列干部:薛琴访任地球物理探矿系主任;李世忠任探矿工程系系主任;张咸恭任水文地质系副主任;杨起任地质矿产二系副主任。

16日　地质部关于北京地质学院研究生、留学生、进修教师、老干部班等教职工编制,可按1∶3.3计算(其中教师以1∶5计算)。故学院编制控制总数由1846人更改为1902人。

16日　学院党委会讨论专业设置问题。具体调整意见如下:①保留的专业:普查、地层古生物、勘探、水文、金属物探、石油物探、探工、石油、放射性地质、放射性物探共10个专业;②合并的专业:地球化学和岩矿二专业合并成地球化学及岩矿专业;③改成专门化的专业:煤田、稀散、测井3个专门化;④取消地质仪器、勘探机械、无线电、海洋地质及物探4个专业。经上述调整后,学院共11个专业、3个专门化。

26日　学院第四届党委常委第25次会议形成决议如下:①基本同意武装部关于整顿民兵组织的计划;②成立校庆筹备委员会,由16人组成,张席褆任主任委员;③成立招生委会,丰原任主任委员,李武元任副主任委员。

7月

18日　学院第四届党委常委第26次会议讨论招生、放暑假、机构调整等问题。对机构调整的初步意见是:勘探系包括矿床、勘探、煤田、石油、油矿、稀散等6个教研室;普查系包括普地、区地、地史、古生物、矿物、岩石、地化等7个教研室;为了加强对基础课和公共课的领导,成立基础课委员会,包括数学、物理、化学、测量、体育、俄文等6个教研室。

24日—26日　学院第四届党委常委第27次会议召开。会议听取吕录生传达北京市委大学部关于学生思想工作会议精神、周守成传达教育部工作会议精神、肖英汇报精简工作情况、李武元汇报统战工作中的几个问题、宋耀章汇报调整保密组织问题;经讨论同意调整保密委员会,由李庚尧任主任,李贵、李武元任副主任。

8月

7日　地质部教育司提交地质部党组讨论地质学院专业设置调整意见,建议北京地质学院保持3500~4000人的规模,平均每年有1500~1800名毕业生。会议指出:北京地质学院是全国重点学校,应着重于提高质量;地质类理科专业可办全些,其他老专业中撤销地质测量及找矿专业,以便集中力量把地质基本理论专业办好;物探类专业基础较好,可以作为重点之一。专业设置调整意见如下:

序号	现有专业设置	教育司调整初步意见
1	地质测量及找矿专业	地质学专业(理科性)
	其中:地层古生物专门化	地层古生物专业(理科性)
	岩石矿物专门化	合并于地球化学专业
2	地球化学及地球化学探矿专业	地球化学专业(理科性)
3	金属非金属矿产地质勘探专业	金属非金属矿产地质及勘探专业
4	煤田地质勘探专业	其中:煤田地质及勘探专门化
5	稀有元素地质勘探专业	稀有元素地质及勘探专门化
6	放射性元素地质勘探专业	放射性元素地质勘探专业
7	石油、天然气地质勘探专业	石油、天然气地质及勘探专业
8	水文地质及工程地质专业	水文地质及工程地质专业
9	石油、天然气地球物理勘探专业	石油、天然气地球物理勘探专业

续表

序号	现有专业设置	教育司调整初步意见
10	金属非金属矿产地球物理勘探专业	金属非金属矿产地球物理勘探专业
	其中:地球物理测井专门化	其中:地球物理测井专门化
11	放射性元素地球物理勘探专业	放射性元素地球物理勘探专业
12	海洋地质及地球物理勘探专业	撤销
13	探矿工程专业	探矿工程专业
	其中:石油钻井专门化	撤销
14	勘探机械专业	撤销
15	地质仪器专业	撤销
16	无线电电子学专业	撤销
	共16个专业 4个专门化	共11个专业 3个专门化

24日　学院工会推选陈华慧、曹震、孙天德3人为北京市教育工会第三届代表大会候选人。

9月

1日　《光明日报》第一版报道:"北京地质学院领导干部七年坚持业余学习,掌握了地质专业知识,提高了业务领导水平。"

1日　《人民日报》第二版报道:"北京地质学院党政干部勤学专业知识,七年中他们抓紧业余时间,按部就班地坚持学完数、理、化基础知识和主要地质专业课程。由于懂得地质专业知识,他们在贯彻执行党的教育方针和具体政策中,能做到胸中有数,使党政领导和教学活动密切地结合起来。"

5日　学院第四届党委常委第30次会议,讨论专业、教研室、系的调整问题。会议决定:地化专业暂设在普查系;同意将普查系变成理科性的系,改名为地质系,下设地层古生物、地球化学、构造地质3个专业;原来的区测专业改名为构造地质专业。

12日　学院1962—1963学年度第一学期教务工作要点指出:本学期要继续调整和稳定教学秩序,深入进行教学改革,努力贯彻"少而精"的原则,加强基础理论、基本知识、基本技能的教学,严格要求学生,树立刻苦钻研、勤奋学习的优良学风,不断提高教学质量。

15日　学院第二届院务委员会第4次会议召开。会议听取院长高元贵关于专业设置问题的汇报;通过教材编审委员会名单(共18人),由张席禔任主任委员,袁见齐、丰原、袁复礼为副主任委员。

21日　学院第四届党委常委第33次会议,讨论通过十年总结提纲及关于精简问题和定编原则。

21日　国家科委地矿组编制的地质科学十年科技规划指出：在地矿组区域地质构造及矿床成矿规律等11个分组的规划中，北京地质学院承担了"燕山西段区域地质的综合研究"等29个项目，并列为负责单位；在地学组（主要是基础学科，包括部分技术学科）古生物学、地质学、矿物学、岩石学及地球化学等6个方面承担了50个研究课题。

29日　学院行政会议讨论通过《关于贯彻执行财政纪律的若干规定》。

10月

4日　北京市委大学科学工作部通知：中共中央批准高元贵任北京地质学院党委书记。

16日　地质部关于修订地质学院各专业教学计划分工：北京地质学院负责修订金属非金属矿产地质及勘探（其中包括稀有元素地质及勘探专门化、煤田地质及勘探专门化）、金属非金属矿产地球物理勘探、石油及天然气地球物理勘探、探矿工程、地层古生物学、放射性元素地质及勘探、放射性元素地球物理勘探、地质学等8个专业的教学计划。

17日　学院第四届党委常委第35次会议召开。会议讨论校庆10周年庆祝活动的有关问题，学习中共八届十中全会文件并研讨整顿教学秩序。

20日　学院召开全院大会，党委副书记聂克在会上作一年来贯彻"高教六十条"的成绩和问题的报告。

31日　学院行政会议讨论通过《北京地质学院贯彻执行〈教育部直属高等学校暂行工作条例（草案）〉（简称"高教六十条"）的工作报告》。主要内容为：①学院贯彻"高教六十条"，主要是调整学校发展规模和专业设置；贯彻以教学为主，提高教学质量，改变领导体制；贯彻知识分子政策；加强总务工作等。②1962—1963学年度上学期工作方针是继续高举毛泽东思想红旗，进一步贯彻"八字"方针和党的教育方针，以稳定教学秩序、提高教学质量为主，继续全面贯彻《教育部直属高等学校暂行工作条例（草案）》。

11月

10日　学院举行校庆10周年庆祝活动。副院长肖英代表院党委、院务委员会向全院作报告。报告回顾了学院10年发展的过程，总结了各方面取得的成绩，指出了今后的努力方面，特别提出将"刻苦钻研、实事求是、艰苦朴素、严肃活泼"作为校风。地质部副部长何长工，地质部、石油部、煤炭部有关司局负责人，相关兄弟院校代表，在京地质学界老领导、老专家等约50人，应邀参加了大会。

10日—13日　学院举行"庆祝校庆十周年第八届科学研究报告讨论会"。会上宣读53

篇学术论文和报告,其中大会报告的有3篇,即《中国中、新生代地质发展概况与今后展望》（张席禔）、《中国含钾沉积形成规律的几个问题》（袁见齐）、《中国东部前寒武纪大地构造发展的样式》（马杏垣等）。

19日　教务处发布《关于我院各专业培养目标的初步意见》。文件对11个专业在培养目标上的要求作出了具体规定。

本月　校庆期间,学院举办了反映学院10年来发展成长的《校史图片展览会》。地质博物馆新开"西藏、阜新、贵州地层古生物陈列室"和"周口店教学基地陈列室"。

12月

7日　地质部批复同意刘普伦担任北京地质学院图书馆主任。

15日　学院党委会讨论通过《关于系党支委员会工作的若干规定》《关于教研室党支部工作的若干规定》《关于学生党支部工作的若干规定》《关于政治辅导员工作的若干规定》。

22日　学院召开行政会议,讨论和决议事项如下:①同意学院1963年招收研究生工作计划和安排,决定成立研究生招生工作组,由黄桥任组长。②关于学院各专业(专门化)年级执行年制和执行教学计划毕业的问题。③加强函授教育,设立函授处。④关于加强档案管理问题:维持党政档案室和资料情报室不变。⑤有关机构调整如下:将原属教务处领导的教学辅助科、出版科(含其所属印刷厂)划归总务处领导;将原属教务处领导的图书馆和原属科研处领导的博物馆改为院直接领导,与其他处并列。⑥通过《院治安管理暂行规定》。

26日　学院普地教研室副主任、讲师陈华慧被选为中国教育工会北京市三次代表大会第三届委员会委员。

本年

学院1962年教学工作总结指出:本年度,学院继续执行调整、巩固、充实、提高的方针和全面贯彻执行《教育部直属高等学校暂行工作条例(草案)》,在教学工作中着重调整专业、年制,调整教学计划,稳定教学秩序,加强基础理论和基础知识、基本技能的训练工作。

学院印发的《北京地质学院1962年科学研究工作基本总结》载,学院1962年的科学研究工作,初步明确了学科方向;参加了讨论制订国家地质科学十年科研规划并承担研究项目,编制了十年科研规划;进行了科学研究成果的推广工作等。

1963年

1月

3日　学院第四届党委常委第43次会议,讨论通过了《关于召开第五届党代会的通知》,并初步讨论了党委向大会的工作报告。

7日　本年第一次院行政会议,讨论修订教学计划问题。

10日　学院第四届党委常委第44次会议,听取马杏垣关于学院1963年科研规划情况的汇报。

29日　学院向地质部呈报建立学院12个研究室机构,具体如下:农肥矿产资料研究室;农业水文地质研究室;实验矿物岩石研究室;勘探技术研究室;核子勘探研究室;海洋地球物理勘探研究室;燕山地质研究室;前寒武纪大地构造研究室;中、新生代地质研究室;岩浆岩研究室;晶体结构与成因矿物研究室;石油地质研究室。

2月

1日　学院第四届党委常委第45次会议,讨论通过了《1963年工作要点》(简称《要点》)。《要点》指出今年的工作方针是:继续高举党的三面红旗和毛泽东思想红旗,深入贯彻党的八届三中全会精神,坚持党的教育方针,全面深入地贯彻执行"高校工作六十条",大力加强党的建设,开展大规模的、深入的党内教育,深入细致、扎扎实实地进行思想政治工作,发动群众,鼓足干劲,做好各项工作,特别是在努力提高教学质量和积极开展科学研究方面做出显著的成绩。

6日　学院第四届党委常委第46次会议,听取了马杏垣关于研究生工作会议和今年学院研究生工作计划的汇报,同意加强学院研究生工作。

9日　本年第二次院行政会议,讨论通过了《1963年行政工作计划纲要》(简称《纲要》)。

《纲要》提出今年的主要工作包括：①进一步稳定教学秩序，编制教学建设的长远规划，努力提高教学质量；②在以教学为主的前提下，把科学研究提到更重要的地位上来；③大力提高师资水平；④做好直接为教学和科学研究服务的工作；⑤制定、健全并执行各项工作条例和管理制度；⑥加强保卫保密工作。

16日　本年第3次院行政会议决定事项如下：

(1)同意试行《北京地质学院教学工作管理规程》。

(2)通过1963年教学工作任务，教学工作以进一步稳定教学秩序、编制教学建设的长远规划、努力提高教学质量为重点，继续加强"三基"（即基础理论、基本知识、基本技能），贯彻教学内容"少而精"的原则；提倡"三严"（即严格的要求、严肃的态度、严密的方法），发挥教师的主导作用和学生的主观能动性，贯彻因材施教的原则；坚持理论联系实际的原则，在教学中深入开展调查研究。

19日　教务处组织专业课和地质基础课教学工作情况交流会。区地教研室谭应佳汇报了教研室贯彻"少而精"的情况，古生物教研室杨式溥汇报了教研室如何发挥老教师的作用、培养中层教师的情况。副院长肖英就教学中如何贯彻"少而精"的原则、教材编写问题等作了要求。

20日　学院第四届党委常委第48次会议讨论通过了1963年保卫工作计划，酝酿了下届党委候选人，同意下届党委委员人数仍为27人。

27日　学院第四届党委常委第49次会议召开。党委副书记聂克传达市委组织工作会议精神，提出党员要重新登记。会议讨论并基本通过《一九六三年组织工作安排意见》和《关于对党员和党员干部教育的意见》。

本月　党委副书记、副院长肖英调至北京市委大学科学工作部工作。

3月

11日　学院第四届党委常委第51次会议召开。党委书记、院长高元贵传达北京市委大学科学工作部布置的上半年工作任务，并具体讨论了学院本学期工作安排。

16日　本年第4次院行政会议讨论通过以下事项：

(1)通过《北京地质学院1963年科学研究工作计划》，指出今年的科学研究工作在坚持科研为社会主义建设服务的总方针和以教学为主的前提下重点抓好：年度科学研究计划；加强科学研究力量的组织安排和校内外协作；贯彻"双百"方针，积极开展学术活动；加强科学研究的管理工作，做好科研成果的鉴定和推广；试行教育部培养研究生工作条例，加强研究生的招收和培养工作；加强地质资料的整理使用，大力开展科技情报工作。

(2)通过《北京地质学院总务处1962年工作总结及1963年工作计划》。

20日　北京市委大学科学工作部批复同意顾荣起任学院党委组织部部长。

23日—24日　中共北京地质学院第五次代表大会召开,会期2天,出席代表148人,代表全院党员839人,列席代表72人,大会发言25人。会议选出新的党委委员27人,分别是(以姓氏笔划为序):于志、丰原、王良、王大纯、王克昌、王钟秀、马杏垣、刘普伦、任湘、孙清水、吕惠东、吕录生、安静中、宋耀章、杨树和、李贵、李永昇、李武元、李庚尧、陈发景、周守成、纪群、高元贵、屠厚泽、翟裕生、顾荣起、聂克。

25日　学院第五届党委会第1次会议召开,选举党委常委、党委书记和监委。选举丰原、吕录生、宋耀章、李贵、李武元、李庚尧、周守成、马杏垣、高元贵、顾荣起、聂克等11人为党委常委;选举高元贵为党委书记,丰原、李庚尧、周守成、聂克为党委副书记;选举白治云、李贵、李鹏九、杨树和、聂克、顾荣起、高云鹏、曹震、黎洪星等9人为监委委员;选举聂克为监委书记,杨树和、顾荣起为副书记。

4月

13日　本年第6次院行政会议召开。会议讨论通过《北京地质学院1963年博物馆工作计划》;通过试行《关于标本的采集及管理暂行规定》《图书馆暂行管理规定》《关于请示报告制度的几项暂行规定》《关于处理群众来信来访工作的几点规定》《关于对外接待暂行规定》。

15日　学院第五届党委常委第4次会议讨论开展"五反"运动(即反铺张浪费、反贪污盗窃、反投机倒把、反官僚主义、反分散主义)及干部问题。经研究决定:①全院成立"五反"办公室。②同意提任宋耀章为总务长,吕惠东为总务处长,丰原为教务长,李武元为教务处长,陶世龙为教务处副处长,吕录生为处长级,刘普伦为院办公室主任。③通过统战工作计划和监察工作计划。

18日　学院召开副科级以上干部大会。党委副书记周守成代表党委作"五反"运动的动员报告,并宣布院"五反"工作计划;党委书记高元贵讲话。

20日　学院第二届院务委员会第8次(扩大)会议听取教学工作、科研工作的汇报。

24日　学院第八届学生代表大会召开。会议听取并通过了《学代会工作报告》,选举出新的基层委员21人。

25日　学院第八届学生委员会第1次会议召开。会议通过学生会干部分工:胡轩魁任主席,宋启文、刘文德、王家林、赵精满任副主席。

30日　学院第五届党委常委第6次会议召开。会议研究关于开展"五反"运动的问题,通过《组织工作在"五反"运动期间的安排意见》。

5月

3日　学院第五届党委常委第7次会议召开。会议听取袁见齐关于修订教学计划情况的

汇报,同意教务处对校历安排的初步意见。

5日　学院第八届教职工代表大会召开。党委书记高元贵作了形势报告。大会通过了学院工作报告、第七届财务工作总结报告和经费审查工作报告;选举出新的基层委员29名,宋耀章任工会主席,高云鹏、刘冠军、彭志忠、王冬夫任工会副主席。

5日　共青团北京地质学院第六次代表大会召开,出席大会代表518名。安静中代表上届团委会作了工作报告。党委副书记聂克作了指示。大会选举产生团委委员27人,安静中任书记,石淑珍、魏玉蓉任副书记。

29日　学院召开全院教职工大会。党委副书记周守成在会上作《彻底揭开,认真整改,把反浪费运动搞深搞透》的动员报告。

6月

11日　学院召开整改经验交流会。党委书记高元贵、副书记周守成代表党委就如何继续深入做好思想工作、推动整改工作等问题作了要求。

21日　党委书记兼院长高元贵,党委副书记周守成、聂克、李庚尧和其他党委负责人以及各处长参观了探工系、水文系、物探系和普查系测量教研室的整改成果。党委认为各单位的整改工作已开花结果,希望坚持下去、继续努力。

28日　学院印发《北京地质学院1962—1963年度教学实习、生产实习工作指示要点》。

7月

16日　学院党委印发《关于加强集体领导,改进领导作风,坚决克服官僚主义、分散主义的若干规定》。

19日　学院印发《学生公益劳动暂行管理办法(草案)》。

8月

13日　受教育部委托,地质部召开全国性的修订教学计划会议。北京地质学院党委书记、院长高元贵带队,共48人出席(列席)会议,并提交《教学工作中贯彻"少而精"问题》的材料。地质部部长李四光、副部长何长工到会并讲话。李四光在会议上提出"充实基础知识、提高鉴别能力、启发独立思考、培养优良学风"培养干部的四点要求。

30日　本年第7次院行政会议听取科研处对1963年录取研究生情况的汇报。经教育部批准,学院今年录取研究生 3 名。

9月

5日　学院第五届党委常委第 25 次会议召开。会议初步研究本学期工作安排,并对"五反"和几个具体问题作出决议:①调整"五反"工作领导机构,高元贵任组长,周守成任副组长;②体制问题,原则同意设立行政副系主任。

14日　学院第二届院务委员会第 10 次(扩大)会议召开。会议听取院长高元贵对本学期工作安排的报告,听取参加地质部修订教学计划会议情况的汇报,听取对本学期教学工作及 1963 年下半年科研工作的安排。

16日　学院第五届党委常委第 26 次会议召开。会议传达北京市委大学科学工作部对下半年工作的布置,听取教务工作、科研工作、宣传工作、组织工作、工资问题和"五反"工作等汇报,审查并通过宣传部和组织部的工作计划。

25日　本年第 9 次院行政会议同意机构调整方案如下:将普查系改为地质系;撤销石油系;将石油及天然气地质及勘探专业合并于勘探系;成立基础课委员会;各系设行政副主任;将总务处分为两个处,即总务处与教学辅助处;将科研处领导的资料室划归院直接领导,成立院资料室。

10月

5日　地质部通知,经 1963 年 9 月 14 日国务院全体会议第 135 次会议通过,任命袁见齐、马杏垣、周守成为北京地质学院副院长。

12日　本年第 10 次院行政会议召开。会议通过《北京地质学院长远基建计划和 1964 年基建计划》,听取总务处关于生活问题的汇报和教务处关于教务工作的汇报。

17日　学院 1963 年毕业生调配派遣人数为 1059 人,其中党员 90 名、团员 664 名,学业上等 396 名、中等 569 名、下等 94 人(内含结业分配 8 人)。

19日　学院 1963—1968 年计划出版教科书共 54 种,其中 11 种已由工业出版社出版初版,其余 43 种是新编的教科书。

11月

27日—30日　北京市教育局在学院召开高等学校实验室工作会议。北京市 34 所设有

实验室的高等院校参会。学院出席大会的代表有丰原、李武元、褚秦祥、屠厚泽、朱自尊、吴焕仁、苑官荣等,另有60人列席大会。北京市教育局长魏明在会上作了题为《进一步加强领导 改进实验室工作 更好地为教学和开展科学实验而努力》的报告。学院测量教研室王乃鼎作了题为《我们怎样把上万件仪器管好用好》的发言。

29日　学院党委、院务委员会印发《北京地质学院全面学习讨论在教学中贯彻"少而精"原则的工作计划》。

12月

7日　本年第13次院行政会议讨论通过《北京地质学院标本采集和管理制度》《北京地质学院资料管理制度(试行)》《北京地质学院图书管理制度》。

9日　地质部批复同意学院建立9个科学研究室:①农肥矿产资源研究室;②农业水文地质研究室;③实验矿物岩石研究室;④勘探技术研究室;⑤核子勘探研究室;⑥地球物理勘探研究室;⑦燕山地质研究室;⑧前寒武纪地质构造研究室;⑨成因矿物及晶体结构研究室。

本年

学院文工团演出的话剧《年青的一代》,鼓舞广大青年树立革命理想,不怕困难,不畏艰险,献身祖国建设事业。该话剧在地质部有关单位和北京市演出后,引起热烈反响。

1964 年

1 月

2 日　北京地质学院制订并颁布《教学计划专业培养目标(草案)》。培养目标中分别对地质学、地层古生物学、地球化学、煤田地质及勘探、放射性矿产地质及勘探、放射性地球物理勘探、探矿工程等专业的各自特殊要求作出具体规定。

20 日　学院组织第一批师生 129 人到密云县 6 个公社参加农村社会主义教育运动,党委副书记聂克作动员报告。

23 日　学院第五届党委常委第 35 次会议召开。会议传达北京市委常委、大学科学工作部部长吴子牧关于学习"大庆"经验的报告,讨论干部的配备和寒假期间的工作安排问题,确定增设系副主任。

2 月

19 日　学院召开第二届院务委员会第 13 次会议。会议决定对学院的领导体制、组织机构作如下调整:①将原教务科改为教务行政科,并另设教务科;②将总务处所属原行政科划分为两个科(行政科与基建维修科);③将勘探系所属矿物教研室归地质系领导;④将原石油系所属石油教研室和油矿教研室划归勘探系领导;⑤在各学生班设立班主任;⑥鉴于学院勘机专业已撤销,故撤销探工系勘机教研室;⑦撤销物探系物理仪器制造教研室;⑧撤销物探系地质仪器制造教研室;⑨撤销物探系海洋物探教研室;⑩将物探系无线电教研室与电工教研室合并为无线电电工教研室;⑪撤销总务处所属副业科。会议还任免教研室主任以及科级干部 47 人。

本月　学院印发《教师工作量试行办法》《实验室管理制度(试行)》。

3月

16 日 学院组织第二批师生共 1823 人到房山县 9 个公社、海淀区 1 个公社参加农村社会主义教育运动。

18 日 中共中央在北京召开高等教育工作会议。教育部所属各高等院校校长及各省市高教局长 108 人出席会议,党委书记、院长高元贵参加会议。

本月 学院学习讨论教学中贯彻"少而精"原则的主要收获:①多数教师开始认识到贯彻"少而精"原则是当前提高教学质量的关键;②初步找到了影响提高教学质量的具体问题;③培养了关心教学的风气,促进了以教学为主的思想,推动了当前的教学工作。

本月 学院 1964 年工作计划的纲要指出,1964 年总的任务是:高举毛泽东思想的红旗,开展一个持久的、群众性的学习毛泽东著作的运动;一切为了培养又红又专的地质人才(即本科学生、研究生和函授生,其中以本科学生为主);一切为了"前线",机关工作要为基层服务,部门工作要为教学、科学研究、社会主义教育和劳动教育服务;大力加强党的工作,特别是加强党的思想政治工作。

4月

9 日 学院组织第三批师生共 1662 人到房山县 9 个公社参加农村社会主义教育运动。

27 日 学院第五届党委常委第 45 次会议召开。会议讨论关于 13591 班先进事迹的宣传问题和关于第三个五年计划学院科研事业发展规划问题,原则同意科研处提出的学院科研事业发展规划。

28 日 学院组织第四批师生共 1582 人到房山县参加农村社会主义教育运动。

5月

5 日 学院印发《关于减轻学生当前负担过重的几项紧急措施的规定》。

18 日 学院第五届党委常委第 47 次会议决议:北京市委已批准北京地质学院恢复校刊,校刊的中心任务是宣传培养人才,进行政治思想教育,树立样板,大抓阶级教育和教育工作会议精神的贯彻,以推动教学革命和思想革命。校刊名称为《北京地院》,版面 2~4 个,每月出刊 2~4 期,面向全院师生职工。为保证校刊质量,每期大样都须送交党委书记审阅,重大问题的社论由书记亲自撰写。

21日　学院印发《关于试验人员的任务、要求和努力方向》。

30日　学院第九届田径运动会召开。地质部党组书记、副部长何长工在闭幕式上作了指示,勉励全院师生成为文武双全的人。

6月

3日　学院第一次实验室工作经验交流会召开。会议总结了建院以来实验室的发展及基本情况,指出了实验室工作中存在的主要问题,明确了当前实验室工作的任务。有8个实验室在会上交流经验。

25日　学院第五届党委常委第49次会议召开。会议决定机构调整如下:院部所属单位成立院部党总支;成立机关党总支;总务处和教辅处共同组成总务党总支。

7月

14日　学院《关于1964年教学实习和生产实习工作的几点意见》指出,今年的教学实习和生产实习是在学习毛主席的教育思想和传达市政治工作会议后的第一次实习,总的精神和要求是:贯彻毛主席的教育思想,学习解放军和大庆的革命精神、科学精神,积极而又稳妥可靠地进行实习教学的改革,加强实习中的思想政治工作,充分发挥教师的主导作用和学生学习的主动性、积极性,提高实习教学的质量,创造新的经验。

本月　学院召开行政会议,讨论修订《院函授教育管理暂行规程》。

8月

17日　北京市委常委会讨论通过:高元贵继任北京地质学院党委书记;周守成、聂克继任北京地质学院党委副书记;丰原、李庚尧兼任北京地质学院党委副书记。

9月

5日　学院举行第十二届毕业典礼和1964—1965学年度开学典礼。本年度录取新生796名。

15日　彭志忠副教授在北京市人民代表大会上被选为出席第三届全国人民代表大会的

代表。

21日　学院第五届党委常委第53次(扩大)会议召开。根据市委大学部要求,会议决定今年拟抽调130名干部、教师分别参加"五反""四清"和建分院的筹备工作。

10月

7日　党委副书记李庚尧主持召开学生思想政治工作会议,提出"政治工作的基本任务是用毛泽东思想和总路线精神教育青年"。会议通过《加强学生思想政治工作的决定》。

9日　据学院师生参加农村社会主义教育运动《总结报告》载:自今年3月—5月,北京地质学院分4批参加房山县9个公社的农村社会主义教育运动,共5162人,占全院教职员、学生总数的88%;其中有党委委员13人(包括书记和常委),院、处、科干部30人,正副教授24人、讲师78人、学生4277人(占在校学生总数的94%)。

16日　学院印发《北京地质学院教学改革的长远设想》。

28日　党委书记、院长高元贵出席高等教育部召开的全国高校理工科教学工作会议。

本月　北京地质学院半工半读调研小组与地质部教育司共同进行短期实地调研,征求地质队对半工半读试点工作、学生参加生产劳动等方面的意见。

11月

11日　中共中央批准高元贵继任北京地质学院党委书记。

26日　学院第五届党委第10次(扩大)会议决定成立政治部。

30日　学院颁布《北京地质学院金属非金属矿产地质与勘探专业试办半工半读教育方案(初稿)》《北京地质学院探矿工程系钻探专业试办半工半读教育方案(初稿)》《关于半工半读的组织管理、政治思想教育和生活待遇等若干问题的初步意见》。

12月

5日　学院召开全院教职员大会。党委书记、院长高元贵传达高教工作会议精神,要求做到3个落实:①制订一个长期教学改革的规划。②在教师队伍中开展学习毛泽东教育思想的运动;在党内整顿党组织(主要是教师队伍中的党组织)实质上是在教师队伍中开展自觉革命,进行思想改造的运动。③进一步加强思想政治工作,成立政治部,设立政治辅导员。

19日　学院举行第九届学生代表大会。党委、团委代表出席大会并致贺词。各兄弟院校代表和学院越南留学生代表应邀出席大会。上届学生会副主席宋启文代表上届学生会作工作总结报告。大会通过了学生会章程（草案）、工作报告及其决议、提案整理报告，选举商锡钧等27人为本届学生会委员。

21日　北京市委大学科学工作部批复：同意李庚尧代理监委书记。

1965 年

1 月

3 日　学院举行庆祝大会,庆祝刘少奇等当选为国家领导人。党委副书记李庚尧在会上号召全院师生以实际行动,努力学习毛主席著作,以无产阶级革命接班人的五项条件严格要求自己。

12 日　党委副书记李庚尧主持召开负责学生工作的党总支副书记会议,研究 1965 年学生的思想政治工作。

25 日　学院基干武装连和二三四年级民兵副排长以上干部开始寒假集训,600 多名民兵将参加为期一周的训练。

2 月

19 日　学院第五届党委第 11 次(扩大)会议召开,专题讨论教育革命的问题,决定教育思想革命、整顿党组织、机关革命化三大运动同时并进。

24 日　全院教师和有关部门职员大会召开。党委书记、院长高元贵在会上作《1965 年全院工作方针和工作安排》的报告。报告指出:进一步加强思想政治工作,特别是学生的思想政治工作,结合整顿党的组织进行学生中的建党工作。

3 月

8 日　《人民日报》第三版《庆祝"三八"国际劳动妇女节　首都举行精彩航空表演　北京六千多女动运员参加越野赛跑》的报道载:"长期练习赛跑的北京地质学院女学生们有二百七十多人参加比赛。她们说,我们搞地质工作的,需要锻炼出一副铁脚板;我们不计较名次,是为革命而锻炼。"

12日 《人民日报》第二版《北京地质学院教师以革命精神进行教学改革 既挑教学业务担子 又挑思想工作担子》的报道载:"北京地质学院教师组织学生野外实习,把政治和业务结合起来,使学生受到思想锻炼,养成吃大苦耐大劳的作风,发扬积极主动的学习精神,学习质量显著提高。"同时发表了《教书必须教人》的短评。短评指出:"北京地质学院的教师在野外实习中,采取了教书又教人的做法,针对学生中存在的怕艰苦、怕劳累的思想,要求学生学习解放军吃大苦耐大劳的革命精神,征服1000多米高的猫耳山;针对学生学了地质学知识不会运用的情况,引导学生活学活用毛主席著作、找差距抓矛盾,独立分析和判断错综复杂的地质现象。"该版还登载了北京地质学院教学实习教学小组写的《改进教学方法的一次尝试》及李明哲写的《我的教学思想的转变》。

25日 学院修订《金属非金属矿产地质及勘探专业半工半读教育方案》和《探矿工程系探矿工程专业试办半工半读教育计划》。

4月

17日—18日 学院举行民兵比武体育大会。党委书记、院长高元贵,副院长袁见齐、马杏垣等出席大会,并观看了民兵们的精彩表演。

22日 学院召开师生大会,地质部部长李四光在会上作报告。他勉励全体师生以无产阶级革命接班人的五项条件要求自己,努力实现革命化;号召大家克服个人主义和本本主义,全心全意为人民服务;大胆革命,打破框框,破除迷信,为革命事业攀登地质科学高峰。

本月 学院院务委员会听取副院长马杏垣作题为《高举毛泽东思想红旗 为实现我院科学研究革命化而奋斗》的汇报。汇报的主要内容为:①重新认识科学研究在高等学校的位置。它的任务首先是培养人,因此科学研究工作必须与教学正确地结合起来,在教学为主的前提下积极开展科学研究工作。②重新组织学院科学研究工作。科学研究的方向是为社会主义建设服务,为生产服务,选题应兼顾基础理论、国民经济中的重大问题和新科学技术3个方面。

5月

18日 地质部部长李四光接见学院应届毕业研究生,勉励他们树立雄心壮志和严谨的科学态度,为找出更多的矿藏和发展地质科学作出贡献。李四光、高元贵还与师生们合影留念。

6月

18日　学院党委、院务委员会联合印发《关于保证安全生产的紧急指示》。

28日　为响应毛泽东主席"到江河湖海里去游泳,到大风大浪中去锻炼"的号召,学院470多名民兵参加了横渡颐和园昆明湖的活动。党委副书记聂克、副院长袁见齐和系主任们观看了这次横渡。

7月

26日　王焕任北京地质学院党委书记。

8月

9日　中共中央批准:免去高元贵中共北京地质学院委员会书记职务;免去肖英北京地质学院副院长职务。

18日　学院科学考察登山队登上四川甘孜藏族自治州境内5920米的雀儿山主峰,同时进行地质科学考察。

22日　地质部在济南召开部属职工学习毛泽东著作积极分子代表会议。学院岩石教研室莫宣学出席。大会356名代表中有北京地质学院历届毕业生10人。

本月　根据地质部决定,1965年8月北京地质学院三系迁至成都地质学院。(编者注:三系全称为"稀有元素和放射性元素矿产地质系",包含稀有元素矿产地质、放射性元素矿产地质和放射性元素矿产地球物理探矿3个专业。)

9月

1日　学院举行开学典礼,党委副书记聂克作题为《怎样正确对待新的大学生活》的报告。

5日　北京市高等院校游泳比赛在北京地质学院游泳池举行。这次比赛有26所院校484名运动员参加。学院代表队获得男女团体总分第三名(去年总分第六名)、男子总分第二名、女子总分第五名,并打破3项上届高校记录。

7日　学院拟订《中共北京地质学院各级政治机构设置、人员编制方案的意见(草案)》。

15日　地质部半工半读教育工作会议在北京地质学院召开。

10月

16日　学院党委印发《关于切实减轻学生负担　促进学生德、智、体全面发展问题的若干规定(草案)》。

11月

24日　中共地质部政治部批复：部党委同意北京地质学院成立政治部，政治部下设：办公室、组织处、宣传处、干部处；地质系、勘探系、水文系、探工系、物探系、基础课委员会均成立政治处。

29日　学院第五届党委第15次会议召开。会议讨论今后教改方针，认为总的精神是"两个原则"：大力贯彻"七·三"批示精神和理论联系实际；"三个办法"：即以贯彻"少而精"为主，贯彻启发式教学，因材施教；"一个目的"：培养无产阶级革命接班人。

12月

15日　学院政治部召开学生政治指导员和年级主任座谈会。各系党、团总支书记参加了座谈会。党委副书记聂克要求大家系统全面地总结政治思想工作经验，强调在工作中运用典型推动工作。

22日　《北京地质学院1965年群众性体育运动的初步总结》载：在今年高校的田径运动会上，学院成绩由上届的男女总分第九名跃居第六名，有17人次打破11项院纪录，1名运动员打破1项高校纪录。高校游泳比赛男女总分由上届第六名跃居第三名，6名运动员打破了3项高校纪录。男子排球队由去年的高校甲级队上升为北京市甲级队。男子棒球队保持了高校冠军。足球队也由高校甲级队上升为北京乙级队，由高校的第八名跃居第四名。

1966年

1月

14日　学院第五届党委常委第79次会议召开。会议讨论通过电工小组高生梁为出席北京市毛主席著作学习积极分子会议代表；研究编制、参加"四清"干部名单、民兵组织配备等。

31日　学院第五届党委第17次（扩大）会议，传达高等教育部半工半读会议精神。

2月

12日　中共北京市委召开学习毛主席著作经验交流会。党委副书记聂克，电工教研室、石油物探教学组代表和水文系三年级学生梁云中出席大会。

19日　地质部党委研究决定：在王焕住院期间，由高元贵代理党委书记。

3月

14日　学院第五届党委常委第82次会议召开。会议听取外事工作会议的汇报，决定由副院长马杏垣主管外事工作。

15日—29日　学院政治部举办"学习解放军　学习大庆先进事迹"展览。

4月

3日　北京市第六届人民代表北京地质学院选区选举日讨论和确定选区的代表候选人。经选民充会讨论，确定傅占竹（学生）、刘世洪（工人）、陈三培（教师）、苏良赫（教师）为本院选区候选人。

6日　学院第五届党委常委第83次会议召开。会议研究成立高山登山队。

17日　学院第十一届田径运动会召开。本次运动会共设有29个比赛项目,参加运动员834人,12名男同学达到了二级运动员的标准,物探系获得男女团体总分第一名。

18日　学院第五届党委常委第84次会议召开。会议讨论教改问题,确定1966年教改方针任务为:高举毛泽东思想红旗,突出政治,重点进行教学内容的改革和教材的建设,教学内容的改革要落实到教材上。

5月

5日　学院第五届党委常委第85次会议召开。会议主要讨论开展"文化大革命"的问题,决定先集中十七级以上干部进行学习,摸底排队,开展学术辩论。

11日　学院召开全院教职工大会,王焕作"文化大革命"运动的动员,全体干部开始半天学习、半天上班。

14日　上午,学院第五届党委常委第87次会议召开。王焕传达地质部关于"文化大革命"部署的会议精神,要求大家进一步认识"文化大革命"的意义。下午,党总支书记以上干部会议召开,传达北京市委大学科学工作部召开的紧急会议精神,主要是宋硕关于高校"文化大革命"情况的指示。

27日—29日　学院召开第七届团代会和学生学习毛主席著作积极分子代表会。安静中代表上届团委作工作报告。会议选举团委委员33人,黄振群当选为团委书记。院长高元贵作了题为《关于突出政治 大学毛主席著作》的报告。

10月

22日　副院长张席禔因病逝世,享年76岁。张席禔教授是我国新生代地层和古生物研究的先驱者之一。

1967年

2月

2日 石油地质专业师生50多人组成的教育革命试点队伍,到山东923厂进行教育革命试点工作。

17日 学院军政训练结束,驻院开展军训的解放军离校。

1968 年

8 月

18 日　北京地质学院 51634 班和 51652 班同学及教师组成 30 余人的"井冈山"教改队，到江西遂川大坑（水电站）工地，与上海勘测设计院第二勘测队进行"三结合"教改试点。

25 日　首都工农兵毛泽东思想宣传队进驻学院。

9 月

本月　据学年初统计资料载，全院有教职工 1695 人（其中专任教师 753 人、教辅人员 225 人、行政人员 370 人、工勤人员 347 人），毕业生 1159 人，在校学生 2613 人。

12 月

31 日　据党员统计资料载，学院有中共党员 659 人。

1969 年

1月

7日　学院开始整党。

6月

本月　地质部向中央提交书面报告,请示将北京地质学院迁离北京,并获得批准。地质部将中央领导批准北京地质学院外迁的决定告知驻校军宣队指挥部。

7月

本月　学院整党基本结束。

9月

1日—20日　根据地质部希望将北京地质学院迁往西北、陕南、甘南地区的指示,学院派调查组在陕西、甘肃两省进行了选点调查。选址的第一站为陕西省西安市。选址的第二站为甘肃省陇西、武山、靖远地区。

10月

26日　中共中央下发《关于高等学校下放的通知》(中办〔1969〕第72号)(简称《通知》)。

按照《通知》要求,包括清华大学、北京大学等13所在京高校外迁,北京地质学院也是其中之一。

11月

18日 学院在江西峡江县仁和公社成立"五七干校"。王焕任校长,侯力平、首都军宣队高云安任副校长。

1970 年

3月

本月　选址小组向湖南省委汇报了迁校石门县的意向,获得同意。

4月

本月　军宣队向地质部提交了《关于选择湖南省石门县作为北京地质学院新址的报告》,迅速得到批准。

5月

本月　学院通过铁路从北京运往湖南石门的各类物资共计13车皮。

6月

本月　军宣队派专人前往武汉市,就学院迁址江陵问题请示湖北省委并得到同意。军宣队立即通知北京留守人员停止向石门发送物资,向国家计划革命委员会地质局请示将校址由湖南石门改为湖北江陵。

7月

本月　根据上级通知,"文化大革命"前入学的最后一批大学生接受毕业分配,离开学院到工作单位报到。

9月

18日　国家地质总局《关于北京地质学院迁往湖北江陵基本建设问题的批复》:同意将北京地质学院原拟迁往湖南省石门县计划改为迁往湖北省江陵县(编者注:今荆州市荆州区)。

10月

26日　国家计划革命委员会通知(〔1970〕计地生字120号),将北京地质学院迁往湖北省,并改名为"湖北地质学院"。

本年

学院在湖北省丹江市(编者注:今丹江口市)成立"五七地质队",在江陵成立湖北地质学院(校本部)。

1971年

1月

1日 "湖北地质学院革命委员会"在江陵正式挂牌,"湖北地质学院"公章启用。

2月

16日 湖北地质学院丹江"五七地质队"领导小组由陈田、张苗生(军代表)、郑田庆、冉宗培、方玉禹、陈宝铭、霍成禹组成。

20日 荆州军分区军宣队进驻学院,接替首都军宣队履行管理职能,荆州军分区副政委李清德任军宣队指挥长。

3月

22日 石油地质专业普通班26名学员(全部来自湖北"五七油田")开学,陈发景任专业教学负责人。

25日 石油地质专业第一批38名短训班学员(来自湖北"五七油田"的石油工人)进入江陵校部学习,袁见齐、高运安等迎接。

25日 综合找矿专业普通班111名学员和金属物探专业普通班39名学员在丹江口"五七地质队"开学,霍承禹、关康年、杨巍然、方玉禹和李金铭等教师担任专业教学负责人。

4月

1日 河南省水利局水文地质人员短训班(3个月)在河南省虞城县开学,由沈照理负责,共培训学员26人。

5月

本月 池际尚、谭应佳、赵克让等10名教师到福建省大田县汤泉村,为福建省各地质队选送的74名学员进行为期半年的综合找矿培训。74名学员于11月中旬结业。

本年

湖北地质学院春季开始招收工农兵学员;在湖北、江西、福建、河南与有关部门共同举办了为期3个月至半年的综合找矿、石油地质、煤田地质与煤矿开采、水文地质、矿石分析等专业的短训班,共培训学员393名;完成了一定的生产和科研工作;各专业试编出各类教材24种。

1972年

2月

8日 学院在充分讨论与交流的基础上,形成了《关于湖北地质学院体制与专业设置问题的请示报告》,申请设立地质系、煤田地质及石油地质系、水文地质及工程地质系、地球物理探矿系、勘探机械制造系、基础课委员会6个系(委),设立找矿勘探、地质力学、岩矿综合分析鉴定、古生物地层、石油地质、煤田地质、水文地质及工程地质、金属及非金属地球物理探矿、石油及天然气地球物理探矿、勘探仪器制造、勘探机械制造11个专业和4个直属部门,上报国家计划革命委员会地质局审批。

10日 湖北省文教局下达学院1972年招生计划,地质力学专业和英语专业各招收工农兵学员30人(其中英语专业招收应届高中毕业生)。

15日 军宣队指挥长李德清主持召开全院招生工作会议,确定当年各专业生源地和名额分配(地质力学专业:河南、湖南、广东、广西各5名,云南4名,贵州3名,四川2名,西藏1名;英语专业:荆州、宜昌和襄阳地区各10名)。

5月

20日 驻学院军宣队指挥部、院革委会印发《1972年—1973年度教育革命工作计划初步意见》。

7月

7日 湖北省革命委员会计划委员会关于湖北地质学院计划任务书的报告的批复:同意湖北地质学院按5个系13个专业、学生2000人、教职工1700人进行规划,总建筑面积

86 220平方米,总投资初步估计需811.4万元。

8月

9日 湖北省革命委员会关于成立湖北地质学院武汉分院的批复:同意湖北地质学院在武汉地质学校的教学点改为"湖北地质学院武汉分院"。

9月

2日 湖北省革命委员会同意湖北地质学院在江陵城东门内建校,征用土地435亩。

4日 学院英语专业普通班59名新生抵达武汉,开始正式上课。

本月 《湖北省革命委员会关于湖北地质学院有关问题的通知》指出:①北京地质学院迁到湖北,不能再返回北京;②地院当前主要任务是在湖北选点建校;③国家计划革命委员会地质局决定,武汉地质学校明年暂不招生,现有校舍除保证地校教职员工必要的生活用房外,要尽量借给地院使用。在地院临时党委建立前,地院军宣队要对学校工作继续实行政治领导,加强对武汉教学点的领导,抽3~5名院级干部组成领导小组,下设1个办事机构。

11月

17日—28日 由学院6名地质教师组成的先遣小组对黄石、大冶、武昌、咸宁、蒲圻等5个市县进行了初步踏勘,着重了解当地的地质条件,为正式踏勘校址的工作进行了必要准备。

12月

27日 中共湖北省委员会批复同意成立"中国共产党湖北地质学院临时委员会",委员有高元贵、王焕、李清德、徐新甫、朱见香、周守成、马杏垣、刘庆芳、王良、李武元、宋耀章、崔皆华、黄国华。书记高元贵,副书记王焕、李清德、徐新甫。

27日—28日 以高元贵为组长的选址小组前往黄石市考察。

28日 中共湖北省委组织部同意高元贵任湖北地质学院革命委员会主任,王焕、李清德、徐新甫、朱见香、周守成、马杏垣、刘庆芳、袁见齐任院革委会副主任。

29日—30日 选址小组前往武昌县(今武汉市江夏区)考察。

1973 年

1月

15日—18日 学院临时党委在武汉分院举行第1次党委会议。会议主要讨论决定以下几个问题:①关于书记和委员的分工。高元贵负责全面工作,王焕领导政治部(兼政治部主任),李清德抓"批清"工作,徐新甫领导基建工作。委员中朱见香担任武汉分院主任,周守成领导总务工作,马杏垣领导教务工作,刘庆芳负责"批清"工作(任"批清"办公室主任),王良负责政治部工作(任政治部副主任),宋耀章负责基建工作(任基建办公室主任),李武元负责教务工作(任教务处处长),崔皆华未分工,黄国华负责办公室工作(任院办公室主任)。②关于组织机构问题。暂定设政治部、教务处、总务处、院办公室、监委、人武部、团委、基建办公室及地质测量与找矿、矿产地质与勘探系、水文地质与工程地质系、地球物理探矿系、探矿工程系、地质力学系和基础课委员会。

本月 高元贵代表学院临时党委和革命委员会,向湖北省革命委员会和国家计划革命委员会地质局提出:江陵不适宜办全国重点地质院校,请求重新选址。

2月

本月 选址小组赴鄂州西郊勘察选址。

3月

21日 学院临时党委第2次会议在武汉举行,党委书记高元贵主持。会议讨论研究了学校的"批清"运动、审干工作和选校址问题,制订并通过《关于进一步开展批林整风的计划》《批清工作计划及审干工作计划》。

6月

5日　选址小组赴咸宁地区考察,地区革命委员会推荐了咸宁县城、蒲圻县城、羊楼洞镇、赤壁公社和汀泗桥镇等地点,并派专人陪同选址小组进行了踏勘。

12日　选址小组再次赴孝感地区,对孝感县城、花园镇进行现场踏勘。

12月

20日—24日　学院临时党委第3次会议在武汉举行,党委书记高元贵主持。会议重点讨论解决学院"批清"过程中发生的"搞过了一点"的问题。湖北省委宣传部部长焦德秀,副部长余英、王德平,省教育局副局长孔一列席了会议。为了贯彻这次党委会精神,学院临时党委决定在北京召开党委扩大会。

本年

国务院下发《关于湖北地质学院建校地址问题请示报告的批复》(国发〔1973〕63号),同意学院在湖北省范围内另选一个合适地址建校。

1974年

1月

9日—12日 学院临时党委在北京召开第4次（扩大）会议。会议贯彻第3次党委会精神，落实"批清"政策，解决"搞过了一点"问题，徐新甫、王焕、李清德、高元贵在会上作了发言。

7月

27日 湖北省革命委员会下发《关于湖北地质学院定点建校问题的批复》（鄂革〔1974〕67号）：同意湖北地质学院在武汉市建校。

10月

10月21日—11月3日 学院临时党委召开第5次全体会议。会议目的是贯彻毛主席关于"安定团结"的指示和中共中央（74）26号文件，解决学院迁校建校问题。

11月

9日 党委书记、革委会主任高元贵代表党委向学院第5次党委（扩大）会作题为《团结起来 坚定不移地执行国务院指示 迅速认真地做好迁校建校工作》的工作报告。

16日 湖北省委书记韩宁夫，省委宣传部部长焦德秀、副部长朱九思列席湖北地质学院第5次党委扩大会，并对迁校建校工作作指示。

20日　学院临时党委向湖北省委及省委宣传部报告党委第5次全体会议及党委扩大会议情况:同志们经过学习,坚定了在武汉市定点建校的决心和信心,要迅速做好迁校建校工作。拟在会后即进行3项工作:①在武汉、江陵、北京三点贯彻第5次党委会精神,采取自上而下、先党内后党外的步骤,层层发动;②党委和院级领导机关在1975年1月初迁来武汉办公,各系1975年春节后迁至武汉办公;③迅速充实基建办公室人员。

12月

9日　国家计划革命委员会地质局批复湖北地质学院1975年基本建设安排施工面积2万平方米,投资300万元。

20日　湖北省革命委员会计划委员会批复:同意湖北地质学院按3000名学生的规模进行划地和设计工作。

28日　湖北省革命委员会(鄂革文〔1974〕062号)批复:同意湖北地质学院更名"武汉地质学院"。

1975 年

1月

7日 武汉地质学院北京留守处成立,留守处在院党委直接领导下,做好迁校中的各项工作,重点是机关迁武汉后的组织工作。宋耀章任留守处主任。

2月

20日 武汉地质学院江陵留守处成立,赵克让任留守处主任。

3月

3日 经湖北省委宣传部同意,武汉地质学院党委派高元贵、王良、李武元、宋耀章等4人回京动员迁校。

4日 根据湖北省委召开的"加强大专院校工宣队问题"的会议精神,中南冶金勘探公司、湖北省地质局各派3名工宣队队员进驻武汉地质学院。

4日—12日 武汉地质学院北京留守处举办第一期干部理论学习班,参加学习的人员共119人,主要学习毛主席关于理论问题的指示。

9日—11日 武汉地质学院党委派往北京的4人先后两次召开在京党委委员碰头会,研究了理论学习问题和迁校的具体工作部署。

14日 在党委书记、革委会主任高元贵主持下,武汉地质学院召开党委在京委员及北京留守处核心组成员联席会议。会议决定继续组织好第二期干部理论学习班,并抓好在京广大群众的学习。

19日 武汉地质学院在京全体教职工大会召开。高元贵传达临时党委第6次会议精神,作迁校建校动员,并对教育革命、队伍的整顿和建设等问题作了安排和部署。

4月

1日 "武汉地质学院江陵留守处"印章启用,原"湖北地质学院"印章自即日起不再使用。

6日 湖北省委宣传部批复:同意刘永贵、刘声扬任武汉地质学院临时党委委员、副书记;令狐泽宣、王富仁任武汉地质学院临时党委委员、革委会副主任;刘献录任武汉地质学院临时党委委员、教务处副处长;唐忠华任武汉地质学院临时党委委员、政治部副主任。

20日 武汉市革委会城市建设委员会批复:武汉地质学院建校地址定在武昌喻家山和来旺山(编者注:今南望山)的南麓、华中工学院以西、武汉邮电科学院以东、181厂以北地区进行建设。

5月

5月29日—6月27日 武汉地质学院临时党委在武汉举行第7次会议(宣传队进驻地院以来第一次会议),出席会议的党委委员共15人。会议学习了中央9号、13号文件、中央领导讲话等,总结了第5次党委会以来迁校工作中的经验教训,制订了今后以迁校建校为中心的各项工作的方针和措施。

6月

19日 武汉地质学院临时党委第7次会议决定撤销"湖北地质学院武汉分院",并向湖北省革命委员会报告。

7月

10日—15日 到北京的党委委员举办第一期干部学习班,贯彻武汉地质学院第7次党委会精神,统一对迁校的认识,充实和健全总支和支部领导班子,研究落实迁校具体措施,并定下第一批及第二批迁汉人员名单及出发日期。

8月

8日　国家计划革命委员会、教育部给湖北省革命委员会发来电报:武汉地质学院为地质方面的骨干院校,迁校问题长期拖延,大大影响了国家迫切需要的地质技术力量的补充。该院全体教职工必须于暑假全部迁汉,并安排今年秋季对几个急需专业招进一部分新生。安排好全部教职工和新招学生用房。该院新址逐步建成后,所借用房即可退还。

20日　武汉地质学院临时党委决定,坚决执行国家计划革命委员会、教育部8月8日电报指示,在全院立即掀起一个大宣传、大落实的群众运动的高潮,发挥各级党组织的战斗堡垒作用和全体党员的先锋模范作用,党委成员要带头,户口粮油关系在京的党委成员带头把户口、粮油关系迁来武汉,其他人员暑期分三批全部迁汉。

29日　中共湖北省委组织部批复同意魏康钧、马耀东、顾荣起、李永升、梁桂芝、赵兰雄增补为中共武汉地质学院临时委员会委员。

9月

3日　中共湖北省委宣传部批复:同意许贵海任武汉地质学院临时党委委员。

5日　国家计划革命委员会地质局召开武汉地质学院关于将原北京地质学院校产移交给国家计划革命委员会地质局的会议。出席会议的有国家计划革命委员会地质局顾言和武汉地质学院周守成及双方有关人员,明确自即日起由北京留守处和地质局驻院管理处组成班子,办理交接工作。

6日　湖北省委书记赵修、韩宁夫召集省委宣传部、省计委、省建委、省物资局等相关负责人就武汉地质学院基本建设问题召开专题会议,高元贵、徐新甫、王革等参加。

10月

本月　国家地质总局召开会议,听取武汉地质学院汇报迁校情况,地质总局孙大光等出席。武汉地质学院党委副书记王焕汇报回京动员迁校的情况和已迁校到武汉人员及安置情况。孙大光听取汇报后,指示要抓好3件事:一是巩固已迁汉人员的思想;二是新生入学上课的准备工作;三是加强基建工作。

11 月

19 日 《湖北省革命委员会关于湖北地质学校合并到武汉地质学院的批复》同意将湖北地质学校所属教职工及校舍、设备全部合并到武汉地质学院。湖北地质学校即行撤销,现有在校学生,仍按原培养目标、原教学计划继续学习,安排毕业分配,今后不再招收中专学生。

21 日 学院成立建校领导小组,邹作盛任组长,徐新甫任第二组长,杨锦江、刘永贵任副组长,王培生、王革、李熙林、刘玉龙、赵兰雄等为领导小组成员。

1976年

1月

29日　国家地质总局下达武汉地质学院1976年基本建设规模为学生2000人,建筑面积8万平方米,总投资755万元,1976年暂列投资380万元。

2月

23日　国家地质总局《关于武汉地质学院基建规划设计的函》,指出为使武汉地质学院建设合理布局,今后按3000名学生的规模进行规划,安排征地面积。

3月

4日　学院临时党委扩大会议专题讨论开门办学问题,提出:根据"开门办学"的需要来改变教学组织形式,如教学连队等;要坚持教学、科研、生产三结合,摆正科研与开门办学的关系,努力建立以科研、生产带动教学的三结合新体制。

5日　湖北省委研究同意高元贵要求离职休息的申请,免去高元贵中共武汉地质学院临时委员会书记、武汉地质学院革命委员会主任职务,由王焕任中共武汉地质学院临时委员会代理书记、武汉地质学院革命委员会代理主任。

5日　学院临时党委印发《1976年开门办学的初步计划》。

4月

23日　学院印发《关于开门办学安全保密工作的暂行规定》。

8月

26日 学院临时党委决定派工作组赴京继续动员迁校工作,工作组核心组组长为刘永贵。

9月

17日 中共湖北省委组织部同意张锦高、刘显金任中共武汉地质学院临时委员会委员。

12月

9日 《国家地质总局关于增加基本建设投资的通知》同意武汉地质学院1976年基本建设投资调整为405万元。

1月

15日　国家地质总局发文《关于武汉地院在江陵的房屋移交给湖北省地质局的通知》,指出:武汉地质学院将原在江陵选点所占用房屋的全部产权,移交给湖北省地质局接管使用。武汉地质学院的房屋建成前,地院需在江陵使用的房屋可继续使用。

5月

10日　学院临时党委会议讨论通过《武汉地质学院考勤请假暂行规定》《关于办理转移教职工户口的决定》。

17日　湖北省革命委员会下达武汉地质学院1977年基本建设投资为380万元。

21日　中共湖北省委组织部任命彭山为武汉地质学院临时党委委员、副书记。

6月

22日　学院临时党委转发教务处《关于我院开门办学中教学工作的几点意见》。

7月

7月21日—8月12日　学院临时党委(扩大)会议传达十届三中全会文件和地质部工业学大庆会议精神,明确1977年要抓好的几项主要工作:深入揭批"四人帮";整顿纪律,执行考勤制度;迁校、稳定职工队伍;抓好教育革命、科研工作;关心群众生活等。

9月

本月　学院临时党委举行扩大会议。会议中心议题为：解放思想、加快步伐，安定团结、以只争朝夕的革命精神，为尽快把学院办成全国重点院校而努力奋斗。

10月

19日　学院临时党委扩大会议召开。党委副书记徐新甫传达湖北省科学大会筹备会议精神及有关中央领导对科学工作、教育工作的指示，以及省委关于贯彻落实《中共中央关于召开全国科学大会的通知》的决定和省委书记陈丕显的讲话。

28日　学院临时党委《关于在原武汉地校点成立领导小组的通知》指出，机关迁至新校址后，在原地校点成立院党委领导下的领导小组，成员有彭山、朱见香、魏康钧、赵歧国、张世廉、纪言。彭山任组长，朱见香、魏康钧任副组长。领导小组可代表院党委委员处理地校点的日常工作。领导小组下设办公室。

11月

21日　学院向湖北省呈报专业设置如下：区域地质调查及矿产普查专业、地层古生物专业、矿产地质及勘探专业、石油及天然气地质勘探专业、煤田地质及勘探专业、水文地质及工程地质专业、金属及非金属地球物理探矿专业、石油及天然气地球物理探矿专业、探矿工程专业、勘探机械专业、坑探工程专业、地质力学专业、岩矿分析专业。计划1979年增设：地震地质专业、岩矿鉴定专业、工程地质专业、地下地球物理探矿专业。

21日　学院全体党委成员和教职工代表举行欢送工宣队员大会。

23日　工宣队离院。学院党委负责人送工宣队员回原单位。

12月

8日　学院举行科学报告会，此次报告会以各系举办为主。

16日　国家地质总局下达武汉地质学院1977年基本建设投资25万元。调增投资后，全年总投资为405万元。

本年

据学院1977年招收情况统计表载,年度招收新生159人。

国家计划委员会批复,同意武汉地质学院在原批准建设规模的基础上扩大到在校学生4000人,总建筑面积除充分利用原地校的校舍等设施外,新建部分不超过14万平方米,总投资控制在2200万元以内。

1978年

1月

本月　学院制订区域地质调查及矿产普查、地球化学找矿、矿产地质及勘探、煤田地质及勘探、岩矿分析、水文地质及工程地质金属及非金属地球物理探矿、探矿工程、勘探机械设计与制造地质力学找矿、数学教师训练班等11个专业的教学计划。

2月

11日　湖北省革命委员会计划委员会、基本建设委员会下达武汉地质学院1978年基本建设计划总投资400万元，主要建设项目为教室、实验室、图书馆、学生宿舍及食堂等。

3月

2日　国家地质总局关于武汉电算站建设所需生产、生活用房以及相应的基建投资包括在已批准的武汉地质学院总建筑面积和总投资之内；同意从原规划精密楼面积5000平方米中划出2800平方米建设电算站机房及辅助用房，总投资控制在70万元以内。

9日　国家地质总局经与国家计划委员会研究同意，武汉地质学院1978年基本建设总投资由400万元调整为600万元，其中设备购置费50万元。

18日—31日　在北京召开的全国科学大会上，学院获得10张奖状；受到表扬的重大科技成果共28项，其中单独完成的成果有6项，即：矿物晶体结构（X光实验室），我国发现一批新矿物（X光实验室），中国东部前寒武纪大地构造发展的样式（马杏垣、游振东、谭应佳、蔡学林等），工艺岩石研究（岩石教研室：苏良赫、张狮、周询、翁润生），等时角法精密快速联测天文时间、经纬度和方位角（测量教研室：游永雄），DDW-1型无参考线虚分量仪（物探系）。

本月　池际尚、袁见齐当选第五届湖北省人大代表。

本月　学院临时党委印发《关于1978年工作要点》(简称《要点》)。《要点》指出：①抓紧揭批"四人帮"，认真学理论，坚持大批判。②整顿各级领导班子，整顿领导机关。重点是思想作风整顿，同时对各级组织进行整顿、充实和加强。③深入教育革命，搞好科学研究。今年计划招生510人，筹建恢复5个科学研究室，恢复"学报"等。④全院全党动员，完成今年繁重的基建任务。⑤搞好后勤，办好食堂。

4月

28日　学院临时党委呈湖北省委宣传部：经请示国家地质总局，同意照顾一部分年老教授户口留北京（共19名）。

5月

4日　张国柱调任学院临时党委书记，临时党委原书记王焕调国家地质总局工作。

15日　中共湖北省委批准周卡、陈发景、彭志忠、李世忠、陈光远、张瑞锡、郝诒纯、杨起、朱上庆等9人为武汉地质学院教授。

19日　湖北省科学大会在武汉召开。学院党委副书记徐新甫等18人参加大会，5名先进科技工作者、3个先进科研集体及31项重大科研成果在会上受到表扬、奖励。5名先进科技工作者是：郝诒纯、沈今川、张爱云、付良魁、高从友；3个先进科研集体是：地质系矿物X光科研室、探工系农田水井钻科研组、勘探系石油教研室。

本月　学院印发《武汉地质学院关于野外实习保密工作的暂行规定》。

6月

23日　国家地质总局确定武汉计算站编制为56人，计算站的行政及非生产人员不得超过8％。

7月

1日　学院临时党委通报表扬沈今川、刘文华、赖焕斌、郑毅、谭承泽、温玉辉、谭学芳、杨忠梅、罗淑英、张锦高、徐乃和、高新云、任宝汉、叶俊林等14名共产党员。

4日 教育部副部长李琦、高教二司副司长辛叶强等召集袁见齐、杨遵仪、郭兴、赵克让、杨光荣等到教育部开会,传达中共中央副主席邓小平关于武汉地质学院在北京建立研究生部问题的批示。邓小平第一次批示为:"由教育部研办。"第二次批示为:"好意见,由教育部商同地质总局处理。"

7日 国家地质总局教育组王震约见武汉地质学院政治部王良,传达中共中央副主席邓小平关于建立北京研究生部问题的批示,并转告地质总局党组研究的意见。

18日 武汉地质学院附属中学成立。

8月

18日 国家地质总局同意追加武汉地质学院基建投资300万元,追加投资后,本年基建投资调整为900万元。

9月

13日 国家地质总局、教育部《关于建立武汉地质学院北京研究生部的报告》(简称《报告》)呈送中共中央副主席邓小平、国务院副总理方毅。《报告》对建立武汉地质学院北京研究生部提出如下意见:①建立研究生部,以办好武汉地院,使之尽快成为名副其实的重点高等学校为前提。以充分发挥不能迁往武汉的19名老教授的作用为基础,配备必要的助手和教学辅助、行政管理人员。研究生部要与地质科学院等单位,在教学、实验等方面密切协作,充分利用这些单位的电算中心站、遥感遥测中心站和各种实验室。武汉地院要积极创造条件,在武汉招收和培养研究生,开展科学研究,使学院在武汉尽快形成教学、科研两个中心;北京研究生部的教师要经常到武汉讲课、作学术报告,促进学院提高教学质量,有的老教授也可以到北京大学地质系讲课。②研究生部的任务:培养研究生;根据国家需要和老教授的专长开展科学研究。③学制及规模:学制3年,学生规模150人(每年招研究生50人)。④教职工编制:本着精兵简政的原则,根据研究生部的具体情况,教职工编制不超过85人,其中教师60人(包括19名老教授及其助手和必要的科技情报资料人员)。⑤校舍:拟在原北京地院校舍中本着精简原则由国家地质总局予以安排。⑥领导体制:研究生院设立党委,党的关系由总局代管;业务、行政由武汉地质学院领导。研究生部设正、副书记各1人,正副主任2~3人,下设办公室,配备精干的办事人员,分工负责政工、教务、科研、后勤、行政等方面的工作。

10月

19日　国家地质总局同意武汉地质学院对总体规划及1978年计划作个别调整。调整后的总建筑面积为14.18万平方米,其中1978年施工面积为82 585平方米,总投资850万元;武汉计算站为面向中南大区的电算站,独立的建设项目。调整计划后,计算站1978年基建总投资为365万元,其中土建投资65万元。

本月　学院制定《武汉地质学院1978年至1985年教育事业、科学技术事业发展规划》。

11月

4日　学院专业设置如下:地层古生物学专业、岩石矿物学专业、找矿地球化学专业、煤田地质专业、石油及天然气地质勘探专业、岩矿分析专业、水文地质专业、地质力学找矿专业、钻探工程专业、勘探机械专业、勘探掘进专业、构造地球物理专业、探矿地球物理专业。

24日　学院根据教育部《全国重点学校暂行工作条例》,印发了《武汉地质学院关于调整机构的意见》,对党委系统和行政机构进行调整。

12月

2日　国家地质总局批准武汉地质学院建立11个研究室:钾盐地质研究室、构造地质研究室、数学地质研究室、物探方法研究室、钻探技术研究室、矿物晶体结构及晶体化学研究室、石油地质研究室、遥感技术应用研究室、岩矿测试技术及方法研究室、水文地质研究室、地球化学及地球化学找矿研究室。

12日—18日　学院召开临时党委(扩大)会议,听取关于审干复查工作的汇报,并作出《关于落实党的政策的若干决定》。

本月　"武汉地质学院北京研究生部"印章启用。

本年

学院年度招收新生949人,其中本科生877人、研究生72人。毕业学生476人。

学院基本建设已完成工程如下:学院办公楼、印刷厂、机工厂、附中、附小、幼儿园、医院、职工食堂、单职工宿舍。

1979 年

1 月

13 日　湖北省革命委员会计划委员会、基本建设委员会下达武汉地质学院 1979 年基本建设重点项目计划投资 650 万元。主要建设内容有：基本建成物探楼、水工楼、健身房、学生食堂、浴室及地质勘探楼、图书资料陈列馆主体结构等。

本月　在全院教职工大会上，学校临时党委宣布为在"文化大革命"中被打成叛徒、特务、走资派、反动学术权威的所有冤、假、错案人员平反昭雪。

2 月

12 日—28 日　学院临时党委扩大会议召开。会议传达贯彻中央十一届三中全会精神，传达贯彻湖北省委扩大会议和地质总局局长会议精神，讨论学院前一阶段揭批"四人帮"运动，迁校问题，把工作着重点转移到教学、科研上等事宜。

15 日　学院印发《有关各职能部门经费审批权限的暂行规定》。

4 月

6 日　学院临时党委研究决定：①党委机关建立党总支，包括组织部、宣传部、武装部、保卫部、统战部、党委办公室、人事处、纪律检查委员会、政治教研室、团委和工会，由王良负责组建工作。②院办（包括中小学）、教务处、科研处、教辅处建立党总支，由李永昇负责组建工作。③总务处调整健全党总支（包括农场），由刘普伦负责调整健全党总支工作。④基建处党总支维持原基建办公室党总支。

27 日　学院临时党委会议决定：①成立 1979 年度招生委员会和 1976 届学生毕业分配委

员会。②成立学院生产领导小组,负责组织全院生产活动,研究生产中存在的问题,提出解决的办法。朱见香任组长,刘普伦任副组长。③批准5名助教提升为讲师。

5月

12日 学院临时党委(扩大)会议召开,着重讨论科研工作。会议决定:①本着既把武汉地质学院办成重点院校又办好北京研究生部的精神,对1978年招收的67名研究生(其中北京30名、武汉37名)及1979年计划招收的98名研究生(其中北京60名、武汉38名)作统筹安排。②今年科研工作应以国家下达的科研项目为重点。③尽快落实地质总局批准武汉地质学院今年建立的11个研究室。积极恢复出版学报。尽快成立院学术委员会。

21日 学院院务行政会议召开,决定院务行政会暂定每周一次。

6月

13日 学院临时党委研究同意建立机关、地力系等几个单位。

25日 学院人事处印发《关于由工人提为干部的几点意见》。

29日 国家地质总局《关于武汉地质学院恢复学报的函》,建议今年先试刊两期,内部发行,待明年初公开发行创刊号。

7月

1日 全院党员集会,纪念中国共产党诞生五十八周年。76名新党员进行了入党宣誓。党委副书记彭山代表党委授予池际尚、任宝汉、张国桦、王秀荣、谭承泽、王新(学生)等6人"优秀共产党员"称号,表扬了各党总支提名的60名党员。党委副书记徐新甫讲话。

3日 国家地质总局批复同意学院建立物探实验场地,占地面积20 000平方米。

18日 国家地质总局通知学院从1979年起恢复试办地质函授大学。

27日 学院报国家地质总局教育司复刊后的武汉地质学院学报编辑委员会由王鸿祯教授担任主任委员。设学报编辑室,由袁宝华任主任。拟出季刊,公开发行。

8月

7日 学院临时党委与基层党组织协商:党委研究通过,成立党委纪律检查委员会,委员由徐新甫、顾荣起、张世廉、任宝汉、陈狄先、侯杰三、孙树科、王暄堂、王葆瑜、白明义、任志华等11人组成。

29日　地质部党组批准,同意武汉地质学院北京研究生部党委由聂克、李武元、宋耀章、池际尚、谢增荣、关侠、江祖如、朱思贵、许登仕等9人组成。聂克任书记,李武元、宋耀章任副书记。

10月

10日　学院报地质部科技司"国庆三十周年献礼的科学研究成果"40项。

23日　学院临时党委举办由党委委员、各单位负责人参加的干部学习班,学习叶剑英在建国30周年庆祝大会上的讲话,着重讨论对建国三十年历史的认识、实践是检验真理的唯一标准等问题。

本月　学院制定《七八级十七个专业、三个师资班的教学计划》《七九级十七个专业的教学计划》。

11月

1日　原北京地质学院各民主党派(民进、民盟、九三学社等)成员24人联名给中共中央副主席邓小平、全国人大常委会副委员长朱蕴山写信,要求恢复北京地质学院。

7日　全国人大常委会副委员长朱蕴山将原北京地质学院各民主党派成员的信转呈中共中央副主席邓小平。

12日　邓小平在原北京地质学院各民主党派成员来信中批示:"秋里、任重同志酌处。什么学校都办到北京,是不可能的。"

12日　学院临时党委研究决定:成立学院业务评审小组,袁见齐任组长,池际尚、王鸿祯任副组长。

22日　学院临时党委领导向被团中央、团省委命名为"新长征突击手"的楼海同学,被团省委命名为"新长征突击手"的林兵同学及院团委命名的"新长征突击手"授奖。

27日　地质部通知学院,1979年基建计划调整为904万元。调整计划中,设备购置费69万元、土建及其他基建费835万元。

29日　学院印发试行《武汉地质学院办公室工作制度》。

29日　国务院秘书长金明向全国人大副委员长朱蕴山写信,报告国务院对于北京地质学院恢复问题的研究意见如下:

关于恢复北京地质学院的问题,情况比较复杂。因为,当时迁出的学校很多,多年来,情况有了很大的变化,现在都迁回北京是不可能的。

据地质部称,武汉地质学院(即原北京地质学院)的基本建设进展较快。国务院批准总规模为4000学生,新建校舍14万平方米(加上并入该院的原武汉地质学校校舍共18万平方米),现在武汉地质学院校舍已初具规模,现有在校学生2200多人。另外,原北京地院校舍一部分已被地质部下属单位占用。

因此,在目前国家财力困难的情况下,权衡利弊,不宜恢复北京地院,应当集中力量办好武汉地院和办好武汉地院在京的研究生部。望认真做好武汉地院教职员工的思想工作,说服大家以大局为重,齐心协力,全力以赴,办好武汉地院,为培养国家急需的地质科技人才作出新的贡献。

12 月

3 日　地质部调整学院1979年基本建设,增加投资30万元,调整后投资为934万元。

15 日　学院临时党委研究决定:建立院保密委员会,由党委副书记徐新甫及有关部处负责人7人组成。

19 日　学院临时党委研究决定:成立院考评升级委员会,主任为徐新甫,副主任为王良、田苏、王健。

本年

学院年度招收新生598人,其中本科生529人、研究生69人。在校学生2430人,其中本科生2296人、研究生134人。

1980年

1月

10日 武汉地质学院临时党委决定成立院学术委员会。其成员要求是：在专业上有较深的造诣，在学术上有较高的水平；学术委员会的组成既要根据学科需要，又应适当照顾专业。

23日 教育部批复同意将武汉地质学院北京研究生部的规模调整为550人。

26日 地质部下达学院1980年基本建设计划投资475万元。

3月

4日 地质部要求武汉地质学院按教育部同意的规模对北京研究生部统筹安排，争取在1985年达到其教职工编制暂定为450人，即教师200人、职工250人。

5日 学院印发《野外实习用品标准及若干规定》。

4月

1日 学院成立印刷出版科。

4日 地质部研究同意学院工程总概算调整为3737万元。追加1980年基建投资225万元。追加投资后，基本建设总投资为700万元。

10日 学院制定《武汉地质学院教职工奖励制度暂行办法》。

10日—14日 地质部召开全国地质系统地质找矿评功授奖大会。学院矿物晶体结构与晶体化学研究室获评地质部"地质找矿重大贡献集体"；池际尚、张国榫、任宝汉获评"地质系统劳动模范"。

23日 学院印发《教师考核评比内容》《党政干部考核评比内容》《工人考核评比内容》《附

中、附小教师考核评比内容》。

5月

19日　地质部部长孙大光来武汉,就办好武汉地质学院问题做一个月的调查。他广泛听取院党委、教师、干部和学生的意见,并同湖北省委负责人就办好武汉地质学院问题交换意见。

24日　学院临时党委印发《关于严格党的组织生活的几项规定》。

本月　学院制定《1980年职工升级预测方案原则》《关于野外实习安全保密工作的规定》。

本月　地质部派出以主管教育的副部长谭申平为首的工作组到武汉地质学院,针对学院存在的问题,协同党委重点抓好4项工作:①加强领导,统一思想,把武汉地院办成名副其实的重点大学;②坚持以武汉为重点、以教学为中心的方针,千方百计提高教学质量;③将地质部宜昌地质矿产研究所并入武汉地质学院,创出一条教学和科研相结合的新路子(编者注:后因故未并入);④认真办好武汉地质学院北京研究生部。

6月

6日　全院教职员工大会召开。地质部部长孙大光在会上讲话,主要内容有:迁校问题;如何把武汉地质学院办成重点院校;关于加强和改善党的领导问题。湖北省副省长李夫全在会上讲话。

6日—7月15日　学院临时党委召开党委扩大会议。以谭申平为首的地质部工作组参加会议。会议中心任务是:贯彻国务院领导去年对学院建设的意见,结束不安定局面,把武汉地质学院办成一个重点学院,为培养国家急需的地质科技人才作出贡献。

15日　教务处制订《地质力学》《找矿地球化学》《地球物理勘探》《钻探工程》等5种教学计划,并呈报地质部教育司。

本月　学院临时党委印发《教学与生产实习思想政治工作要点》。

本月　地质部党组决定:派赵仁生、陈子谷到武汉地质学院参加领导工作。

7月

2日　地质部部长孙大光以《关于办好武汉地质学院的调查报告》为题,向中共中央书记处、国务院汇报在武汉地质学院的调研情况。

6 日　王鸿祯、陈光远、彭志忠 3 名教授出席在巴黎举行的第二十六届国际地质大会。

8月

9 日　学院印发《安全用电、节约用电管理暂行规定》。

19 日　中共湖北省委文教部同意武汉地质学院谭承泽、黄择言、张永巽、屠厚泽、杨式溥、潘兆橹、赵鹏大、付良魁、黄作宾、王濮、翟裕生、魏执权、於崇文、何镜宇、曹添等提升为教授，殷鸿福等 106 人提升为副教授。

9月

2 日　国家计划委员会同意武汉地质学院按已确定的在校学生 4000 人的规模补建校舍。补充建设部分校舍，可按地质部提出的投资 800 万元、建筑面积 4 万平方米的控制指标设计。

26 日　地质部同意武汉地质学院追加投资 50 万元，用于购置教学急需的实验设备。追加投资后，基建总投资为 750 万元，其中设备购置投资 100 万元。

本月　教务处下发《1980 年度第一学期教学工作安排》，提出实行教师工作量制度。

本月　学院印发《科研计划管理试行办法》《科研成果管理试行办法》《科研经费管理试行办法》。

10月

9 日　武汉市人民政府研究同意武汉地质学院在东西湖兴办农场，武汉地质学院迁入 66 人，人员必须是职工直系亲属，入农业户口，吃自产粮油。

26 日　武汉地区高校田径运动会结束，武汉地质学院获得男女团体总分第三名。

30 日　美国俄亥俄州阿克伦大学地质系主任阿瑟伯福德教授来学院讲学。

11月

7 日　湖北省委研究决定：调武汉地质学院临时党委副书记徐新甫到湖北省档案局工作。

11 日　学院临时党委为贯彻教育部颁发《关于加强高等学校马列主义课的试行办法》，决定加强政治教研室领导力量并在参加会议、发文件等方面，先按系处级待遇。同时决定把开设的政治课改名为马列主义课,把政治教研室改名为马列主义教研室。

19日 中央同意武汉地质学院13人任职:王鸿祯任院长,池际尚(女)、周守成、陈钟惠、翟裕生、陈子谷、刘普伦、王良任副院长,朱见香任顾问,张国柱任党委书记,赵仁生、彭山、马耀东任党委副书记。

21日 院长王鸿祯给地质部部长孙大光、副部长谭申平写书面报告,就怎样把武汉地质学院及其北京研究生部办好谈了个人的初步设想:①从长远说,武汉地质学院应成为一个一般的重点高等学院,担负培养本科学生和逐步开展函授、夜大学等教育任务;②北京研究生部应成为一个以培养高级地质人才、培训地质技术骨干为主,同时进行综合性研究、开展国际交流的基地;③体制措施上有分有合;④在条件允许的情况下,切望增加拨款;⑤在建制上应把北京研究生部当作一个实体单位,有一个长期规划措施;⑥在教学和科研的人员调度配合上,着眼于"合",有统一规划;⑦学院本身的领导体制和改进工作,加强党的领导是根本;⑧具体的院领导机构设置,可考虑设院务委员会作为集体行政领导机构;⑨要精简机构,提高效率,根本在于改变干部的人员成分构成。

25日 地质部部长孙大光在院长王鸿祯的书面报告上批示:"文中所提问题均极重要,请申平同志去汉时请地院党委及院领导认真研究,在思想认识基本一致的基础上定出具体措施方案。"

本月 教务处制订《地质科技英语(走读班)、计算机应用(走读班)教学计划》。

本月 王鸿祯、池际尚、杨遵仪、袁见齐、郝诒纯等5位教授当选为中国科学院地学部学部委员。

12月

2日 学院召开全院干部大会。党委书记张国柱宣读地质部政治部关于王鸿祯、张国柱等13人职务任免的通知;院长王鸿祯讲话,回顾了地院发展的顺利时期和艰难阶段。地质部副部长谭申平出席大会并讲话。

11日 院长王鸿祯和全院同学见面,并作了题为《献身祖国地质事业 勇攀地质科学高峰》的讲话。王鸿祯概述了现代地质科学技术的一些重大特征,我国地质事业的发展和成就,回顾了学院发展的经过及学院对国家地质事业的贡献。他要求同学们全面发展,做到又红又专。

18日—21日 学院召开第八次团员代表大会、第九次学生代表大会。共青团湖北省委书记王敬璋参加大会并讲话。

本月 学院印发《野外实习用品配备标准及若干规定》《低值易耗品的赔偿制度》《产品质量检验制度》,修订了《关于教员野外劳保用品(工作服、登山鞋)积累使用期的规定》。

1981 年

1 月

3 日　学院党政负责人张国柱、马耀东、池际尚、刘普伦接见院学生会常委,就学代会上同学们所提出的问题和要求作答复,并宣布今后每周用一个下午的时间分别在院部和汉口点接待同学们。

12 日　根据《中华人民共和国学位条例》规定,学院成立"武汉地质学院学位委员会"。

14 日　学院临时党委复函武汉地质学院北京研究生部,同意成立北京研究生部学术委员会。

24 日　学院临时党委召开机关科级以上干部会议。党委书记张国柱在会上要求各部门在总结 1980 年工作的基础上,制订 1981 年工作安排;认真贯彻中央工作会议精神,加强思想政治工作。

2 月

9 日　学院临时党委召开全委会议,讨论通过《关于办好武汉地质学院若干问题的意见》。

12 日　学院党委书记院长会议在北京召开,北京研究生部领导列席会议。地质部部长孙大光、副部长谭申平、教育司司长陈静波等参加会议并讲话。会议学习了 1980 年中央工作会议文件,联系武汉地质学院实际进行讨论。会议回顾了学院 1980 年的工作,重点讨论办学方针,进一步统一对"两地办好,以武汉为重点"的认识。

26 日　地质部下达学院 1981 年基本建设计划投资 700 万元,施工面积 57 650 平方米。

27 日　地质部同意设立"武汉地质学院汉口分部",下设分部办公室、教务办公室及总务办公室。汉口分部的人员编制从严掌握。

3月

16日　学院临时党委召开扩大会议。会议讨论通过院党委关于加强学生思想政治工作、加强党的组织建设以及动员学院定编在院部而仍滞留北京人员来武汉院部工作等3个决定。

28日　学院书记院长会议讨论武汉地质学院北京研究生部有关工作。会议作出17项决定，其中有：1981年研究生部经费为全院经费的20%；北京研究生部教学研究机构，除地质部批准的6个研究室外可增设：煤及黑色页岩、地层古生物、实验岩石及工艺岩石、岩浆岩、金属矿床及勘探方法、遥感、地球化学、成因矿物等8个科研组；同意研究生部设纪律检查委员会。

本月　学院《1980年工作简要总结与1981年工作安排意见》指出：1980年是学院建设重要转折的一年，学院贯彻邓小平副主席及国务院的指示精神，极大地促进了工作整顿，大局基本安定，结束了迁校的折腾，走上了稳定发展的轨道。1981年全院工作总的要求是：坚决贯彻"经济上进一步调整，政治上进一步安定"的方针，坚持"两地办好，以武汉为重点"，以教学为主，加强与改善党的领导，加强思想政治工作，注重队伍建设，全面加强管理，充分发挥教研室等教学研究组织的作用，千方百计提高教学质量与科学研究水平。

4月

11日—15日　学院学术委员会议分别在武汉、北京两地召开，重点讨论了学院申报授予学位的学科门类和专业，并对报送武汉地质学院第一批硕士生、博士生的指导教师名单进行了审议。

30日　武汉地质学院北京研究生部主任、九三学社中央委员、中国科学院学部委员袁见齐被批准为中国共产党预备党员。

本月　学院临时党委下发《关于加强学生思想政治工作的决定》（简称《决定》）。《决定》指出：①当前学生思想政治工作的中心任务是大力宣传四项基本原则，坚持以四项基本原则为主的思想政治教育。②成立形势任务教研室。③建立一支坚强的有战斗力的政工干部队伍。各系设一名专职党总支副书记主管学生思想工作和宣传工作；实行专职政治辅导员制度、班主任制度；党委设立青年工作部；党委由副书记彭山、马耀东，院行政由副院长刘普伦主管学生思想工作和生活管理工作。

5月

4日　学院临时党委印发《关于加强党的组织建设的决定》。

14 日　地质部同意武汉地质学院自 1982 年起出版《地球科学——武汉地质学院学报（英文版）》，向国内外公开发行，每年出版一期。

22 日　地质部党组研究同意增补池际尚、陈钟惠、翟裕生、刘普伦、田苏为武汉地质学院临时党委委员；同意临时党委设常委会，由张国柱、赵仁生、彭山、马耀东、池际尚、周守成、陈钟惠、陈子谷、刘普伦担任党委常委。

6 月

11 日　学院临时党委召开全委会，传达地质部政治部《关于武汉地质学院临时党委常委人选及增补党委委员的批复》，同意教务处提出的成立武汉地质学院高教研究室的意见，调整院临时党委纪律检查委员会。

11 日　地质部同意追加学院 1981 年度基建投资 250 万元，其中土建 200 万元、设备 50 万元。追加投资后，基建投资为 950 万元。

13 日　学院学术委员会在武汉召开会议，着重讨论条件比较成熟的、群众公认的、教学上有贡献的、学术上有成就的以及工作上确实需要的少数同志提升为副教授。会议认为，关于确定与提升讲师的工作，条件具备、经系学术委员会提出就可审议。

本月　湖北省教育局召开高等学校科研工作座谈会，翟裕生等 5 人参加。学院找矿勘探教研室数学地质组、湖南科研队被评为"先进科研集体"，於崇文、孙孝庆、王启军、黄南晖、李大佛被评为"先进科研工作者"。

本月　学院成立高等教育研究室，聘请一批热心教学研究与改革、经验丰富的教师为兼职研究人员。

本月　《地球科学》复刊，复刊刊名为《地球科学——武汉地质学院学报》。

7 月

1 日　学院师生员工隆重集会，热烈庆祝中国共产党成立六十周年。党委书记张国柱讲话，号召大家认真学习党的十一届六中全会文件，坚决贯彻全会精神。

3 日　学院临时党委召开常委会会议，决定人事处工作基本上由院行政领导负责管理，副科级及教研室副主任以上干部的考察、任免、提升等，由人事处会同党委组织部共同研究，提出意见，由党委组织部报党委讨论。

15 日　学院临时党委常委会讨论调整北京研究生部党委成员为：李武元、顾荣起、宋耀章、关侠、朱思贵、杨式溥、孙孝庆。

16 日　学院印发《工会工作条例》。

本月　学院临时党委决定:建立科技档案室。

8月

22日　湖北省副省长李夫全在武汉地质学院召开现场会,解决学院第二期建校工程征用土地问题。武汉市副市长王杰、王家吉及省建委、省文教办等有关领导参加会议。会议听取副院长周守成等的汇报,同时根据国家的要求和二期工程被征用地实际,商定解决的具体办法。

10月

13日　学院临时党委常委会决定:测试中心相当于系(处)单位,暂由陈钟惠、翟裕生两人代管,科研处协助管理。

16日—19日　湖北省高等院校1981年田径运动会在武汉地质学院举行。学院运动员获男女团体总分第一名、男子团体总分第一名、女子团体总分第一名。

19日　地质矿产部教育司批复学院:为庆祝和总结建院三十年来的办学成就,发扬优良传统和校风,进行思想政治教育,交流学术经验,促进学校各项工作,同意武汉地质学院在明年举行建院三十周年庆祝活动,但庆祝活动的规模不宜搞得过大,邀请校友以武汉、北京两市为主。

30日　湖北省委批复,同意武汉地质学院临时党委全委会关于纪律检查委员会的选举结果。武汉地质学院临时党委纪律检查委员会由赵仁生、孙树科、田苏、张士廉、任宝汉、任志华、王葆瑜、邵锡昌、屠厚泽、刘甸瑞等10人组成,赵仁生任书记,孙树科任副书记。

11月

2日　学院临时党委会议研究图书馆建设问题,决定设立图书馆委员会,作为图书资料情报的咨询机构。

3日　学院书记院长会议听取关于职工教育问题的汇报,决定成立院职工教育领导小组,设立培训处。其任务是:编制院内外职工培训长远规划和年度计划,负责函授、夜大学、电大班以及上级下达的各类短训班的招生、学籍管理、组织教学等工作。

9日—13日　学院召开思想政治工作会议。会议传达教育部"学校思想政治教育工作会议"、地质部"全国地质系统思想政治工作座谈会"精神,讨论通过《学生政治辅导员工作条例》

《班主任工作条例》《关于加强共青团工作的决定》《关于加强形势任务教研室工作的意见》。

10日　学院临时党委常委会研究决定：成立院毕业生分配委员会，由周守成任主任，马耀东、周振宇任副主任，下设办公室；成立会计、统计职称评定小组和医务人员职称评定小组。

12日　美国艾达荷大学矿业和地球资源学院院长米勒教授夫妇来学院讲学。

14日　地质矿产部成立学位委员会。王鸿祯、池际尚、袁见齐、潘钟祥、陈钟惠、赵鹏大当选为地质矿产部学位委员，池际尚为学位委员会副主任。

18日　经地质矿产部党组同意，学院临时党委派副院长王良到北京研究生部主持行政工作，并加入研究生部党委。

26日　经国务院批准，武汉地质学院为首批博士、硕士学位授予单位。可以授予博士学位的学科、专业点8个，可以指导博士研究生的导师12人。分别是：矿物学（陈光远、彭志忠），岩石学（含沉积学）（池际尚、苏良赫），矿床学（袁见齐），古生物学及地层学（王鸿祯、杨遵仪、郝诒纯），石油地质（潘钟祥），水文地质（王大纯），应用地球物理（谭承泽），探矿工程（李世忠）。

可以授予硕士学位的学科专业点共15个，分别是：矿物学、岩石学（含沉积学）、矿床学、构造地质学、地质力学、地球化学、古生物学及地层学、煤田地质与勘探、石油地质、水文地质、工程地质、应用地球物理、探矿工程、数学地质、遥感地质。

12月

12日　学院临时党委常委会决定：测试中心为院直属单位，并成立直属党支部。

1982年

1月

13日—15日 学院临时党委两次召开常委会议,讨论研究组建武汉地质学院北京研究生部领导班子与整顿教学办公用房问题,并形成意见如下:

(1)建议中共武汉地质学院北京研究生部委员会由11人组成(以姓氏笔划为序):王良、白明义、关侠、朱思贵、宋耀章、李武元、李祯、李风林、杨式溥、郭兴、顾荣起。

建议党委常委会由5人组成:李武元、王良、宋耀章、朱思贵、顾荣起。

建议党委书记由李武元担任,党委副书记由宋耀章担任。建议北京研究生部主任为袁见齐,副主任为王良、郝诒纯、李世忠、朱思贵。

(2)决定武汉地质学院北京研究生部教学、科研、生产、办公及生活用房一律由研究生部统一管理。

2月

5日 学院临时党委召开全委会,讨论培训学生干部的具体计划。会议决定从今年开始,对学生实行品德评语等级制度。品德评等共分优、良、中、差四等。评定时间初步定为每学年野外实习后、新学年开始时进行,并纳入教学日历。

9日 地质部下达学院1982年基本建设计划投资1100万元,施工面积92 127平方米。

3月

1日 湖北省教育局同意学院筹建教学设备维修厂,性质为大集体,规模暂定50人,所需工人按有关规定从本院待业青年中择优录用。开业后,要建立各项管理制度,实行独立核算、自负盈亏、按劳分配的原则。

12日　学院临时党委常委会研究决定：成立科研党总支部委员会和培训处。

15日　水文系52781班学生刘一新被共青团中央、教育部评为"全国三好学生标兵"。

15日　学院印发《武汉地质学院授予学士学位工作细则(讨论稿)》。

4月

2日—12日　学院召开临时党委扩大会议。会议学习贯彻党中央关于进一步打击经济领域中违法犯罪活动的指示和湖北省委常委扩大会议精神，分析学院实际情况，讨论进一步开展打击经济领域中的违法犯罪活动及反对资本主义思想腐蚀的斗争。

13日　学院临时党委研究决定：成立院知识分子工作检查小组，由党委副书记赵仁生、副院长周守成负责此项工作，检查知识分子政策落实情况。

29日　全国政协副主席、地质部原副部长何长工来到武汉地质学院北京研究生部，会见1978级研究生和部分1979级、1980级研究生。何长工与师生进行亲切交谈。他回顾了毛泽东、周恩来等老一辈无产阶级革命家对地质教育的重视，并为庆祝武汉地质学院成立三十周年题词"为攀登地质科学高峰，培养更多出色的地质工作人才"。

5月

11日　学院临时党委常委会议听取教务处关于今年野外实习的组织工作和教学计划修订情况的汇报，原则同意周口店、北戴河两个实习点配备一定的党政领导干部，并决定由教务处起草《武汉地质学院授予学士学位工作细则》。

14日　地质矿产部党组决定：李武元任武汉地质学院北京研究生部党委书记(副司局级)；免去聂克武汉地质学院北京研究生部党委书记职务，离休。

本月　学院制定《野外实习经费开支办法》。

6月

10日　地质矿产部政治部通知，地质矿产部派往武汉地质学院工作的赵仁生回部工作，免去其党委副书记职务。

22日　湖北省地质学会在省地质博物馆举行"湖北省地质科技成果展览"，学院有45项科研成果参加展出。

本月　学院临时党委常委会讨论通过《武汉地质学院治安管理暂行条例》。

本月　学院临时党委印发《1982年野外实习思想政治工作要点》。

7月

1日　学院首次招收攻读博士学位研究生。岩石学专业,研究方向为岩浆岩与成矿,指导教师池际尚教授;矿物学专业,研究方向为晶体结构和晶体化学,指导教师彭志忠教授;矿物学专业,研究方向为成因矿物学,指导教师陈光远教授。

3日　学院临时党委批准成立学院图书馆委员会,由翟裕生任主任委员,马耀东、袁宝华、董绍玉任副主任委员,另有委员13人。

8月

12日—19日　首届全国大学生运动会在北京举行。学院有21人参加普通高校组田径比赛,获男女团体、女子团体总分第一名,男子团体总分第三名,获奖牌36块,并被授予"五讲四美文明礼貌运动队"。

20日　地质矿产部部长孙大光,副部长朱训、夏国治前往武汉地质学院北京研究生部,看望参加全国首届大学生运动会田径赛区比赛的学院领队、教练员和运动员。

20日—25日　学院书记院长会议在北京召开。会议学习了教育部部长何东昌"谈当前高教工作中的几个问题"的讲话;围绕如何理解和贯彻党的教育方针,继续加强党的领导,明确武汉、北京"两地办好,以武汉为重点"的办学原则,以及对学院武汉、北京的办学条件等问题进行了讨论。

24日　联合国志愿人员Henson到武汉地质学院担任英语口语教学工作,任期2年。

9月

9日　联合国教科文组织地学处高级官员E·冯·布朗夫妇、英国地质学家S·P·安德鲁斯彼得、加拿大地质学家T·J·巴莱特一行4人访问学院。

25日—27日　学院临时党委两次召开党员代表会议,选举张国柱、杨巍然为出席中共湖北省第四次代表大会的代表。

28日　湖北省文教部召开武汉地区高校先进党支部、优秀党员表彰大会,授予学院探工系机械制图、力学教研室党支部、地质系古生物教研室党支部"先进党支部"称号,授予赵鹏大、杨巍然、褚秦祥、任宝汉、孙治定、王润斋、陈贵明、董勇、熊北蓉(学生)"优秀党员"称号。

本月　学院恢复函授教育。

10月

18日　学院第一期支部书记、副科级以上干部学习党的十二大文件学习班结束。

20日　国家科学技术委员会自然科学奖励委员会宣布,全国共有122项重大科研成果获得国家自然科学奖,地质方面28项,其中学院独立或作为第一主持单位完成并获奖的有2项:矿物晶体结构及晶体化学研究室彭志忠等人完成的《若干矿物晶体结构和晶体化学的研究》、矿物晶体结构及晶体化学研究室与中国地质科学院等有关单位共同完成的《我国发现的一批新矿物》。另外,学院还有3项参与合作研究的成果获奖。

26日　地质矿产部副部长夏国治来学院检查和指导工作。

26日　科研处印发《科技档案工作条例》。

11月

5日—7日　在武汉地区高校田径运动会上,学院代表队获男子团体总分第一名、女子团体总分第一名、男女团体总分第一名。

6日　全国三好学生标兵、学院研究生团支部书记刘一新,在湖北省第七次团代会上被选为出席共青团第十一次全国代表大会的代表。

7日　学院3000多名师生员工热烈庆祝建院三十周年,举行文艺晚会。院长王鸿祯代表院领导讲话。

9日　学院举行博物馆开馆仪式,党政领导出席,院长王鸿祯剪彩。博物馆设有普通地质、矿物、岩石、古生物、构造地质和矿床陈列室,展出面积约1000平方米,各类标本3000多块。

20日　湖北省劳动局批复同意武汉地质学院成立劳动服务公司。劳动服务公司为集体所有制性质。

12月

13日　地质矿产部《关于建立武汉地质学院干部培训部的通知》指出:①决定在原武汉地质学校校址建干部培训部,作为武汉地质学院的一个教学单位。同意对外称"地质矿产部武汉干部学校",为县团级单位。②由武汉地质学院负责领导培训部的工作,负责科级干部的任免、科级机构的设置和人事调动;协助部制定培训规划;组织教师队伍完成部下达的年度培训任务。③培训任务和规模:主要担负部系统地质技术干部、行政、领导干部、管理干部和高中师资的培训任务,总规模为800人。④人员编制及师资配备:培训部教职工总人数定为250人,其中任课教师130人。教职工尽可能从武汉地质学院内部调剂解决。任课教师应定编在汉口培训部,教师职称评定和晋升等随武汉地质学院有关教研室进行。⑤培训经费:培训部的办学经费由部解决,在经济上实行独立核算。⑥同意维修校舍13 000平方米。

15日　学院对从1978年到1982年原划右派逐人进行复查。经复审,原划右派481人全部改正,并对因错划右派而无工作的88人进行安置。

17日—29日　学院召开首次研究生工作会议,重点学习《中华人民共和国学位条例》等文件,讨论修订武汉地质学院《关于制订攻读硕士学位研究生培养方案的几项具体规定》《关于出国预备研究生管理工作的暂时规定》《关于试行学分制的几点意见》《关于研究生学籍管理暂行规定》《关于建立研究生管理体制的初步设想》《关于研究生野外实习的有关规定》,部署和安排1983年研究生工作。副院长翟裕生在会上作工作报告,副院长周守成作题为《同心协力　开拓前进　为开创我院研究生工作新局面而努力》的总结报告。北京研究生部负责人朱思贵、郭兴详细介绍了4年来研究生培养管理工作的经验和体会。

25日　武汉地质学院北京研究生部和北京地质学会联合举行座谈会,热烈祝贺袁复礼教授从事地质工作和教育工作六十年。

25日　学院保密委员会讨论通过《武汉地质学院科技档案保密试行规定》。

1983 年

1 月

6 日　学院 1982 年度学生先进集体、先进个人表彰大会召开。

13 日　地质矿产部教育司转发学院关于吴东升在一次翻车事故中舍己救人事迹的情况反映,号召大家学习吴东升的高尚品德和勇敢精神,树立革命的人生观和共产主义世界观。

2 月

4 日　湖北省委、省政府授予杨巍然"劳动模范"称号。

22 日　地质矿产部批复同意学院一次征地 160 亩。

3 月

10 日　学院印发《武汉地质学院学生学籍管理办法》。

12 日　地质矿产部下达学院 1983 年基本建设规划投资 1100 万元,施工面积 51 594 平方米。

4 月

9 日　中共湖北省委统战部通知,经政协湖北省第四届常委委员会第三十次会议协商通过,潘兆橹、范永香当选政协湖北省第五届委员会委员。

17 日—28 日　地质矿产部部属地质学院修订专业目录工作会议在学院召开。

19日　地质矿产部教育司批复同意学院从1983年起试办"电子技术班",学制五年。

19日　地质矿产部《关于武汉地质学院干部培训部组建实施方案的批复》主要内容如下:①应按中央对干部"四化"的要求,建设好培训部的领导班子。在武汉地质学院党委领导下,研究培训部的机构设置和政工、教学、后勤人员的配备及其他筹建工作。②根据培训部的实际发展情况,人员配备的比例指标可分3个阶段,即1983年底达到总编制的1/3,1984年底达到总编制的1/2,1985年底基本达到规定的总编制数。③关于购置常规教学设备和家具的问题。鉴于国家已给武汉地院200万元的设备投资,原地校的设备和家具在汉口的原则上不要搬迁。

26日　学院临时党委印发《武汉地质学院管理改革意见(要点)》和《关于保证完成国家人才培养和科研任务,挖掘潜力,大力组织对外服务的决定》。

5月

8日　院长王鸿祯作为教育界代表、副院长池际尚作为科学技术界代表、郝诒纯教授作为九三学社代表,当选中国人民政治协商会议第六届全国委员会委员。

11日　晶体结构及晶体化学研究室彭志忠教授当选第六届全国人民代表大会代表。

21日　地质矿产部批复学院干部培训部1983年经费预算:①筹建干部培训部,要贯彻勤俭办学方针。设备配备按1985年在校学生达至400人的计划安排。②核定修缮费15万元、设备购置费7万元,人员经费、公务费等经常性费用暂仍在本院教育事业费中开支。③房屋修缮,按修缮、基建分别列入经费预算和基建计划。

26日　学院召开外事工作会议。副院长翟裕生传达教育部外事局长李涛在武汉高校教育外事工作会议上的讲话,总结了学院近年来外事工作情况。

6月

22日　学院颁发"园丁荣誉纪念章",15人获此殊荣。副院长刘普伦代表党委向获得"园丁荣誉纪念章"的教师表示祝贺。"园丁荣誉纪念章"由全国儿童少年工作协调委员会授予具有25年以上教龄的幼教、小教和中教工作者。

29日　学院印发《1983—1990年科学技术研究初步规划纲要》。

29日　学院临时党委讨论同意对因"反右"及历史老案影响学历的毕业生或基本学完专业课的原北京地质学院学生,区别情况补发证书或发给学历证明。

本月　中央乐团合唱团应邀来学院演出。

7月

14日 学院临时党委召开会议。地质矿产部教育司副司长毕孔彰宣布学院班子调整名单:李武元全面主持党委工作;赵鹏大全面主持行政工作;马耀东协助负责党委工作;陈钟惠负责教学行政工作;翟裕生负责科研行政工作;王兆纪负责后勤行政工作。

20日 地质矿产部副部长夏国治到北戴河实习站看望师生员工。

28日 学院领导张国柱、周守成、朱见香等与13位志愿到边疆的应届毕业生座谈。

本月 连绅当选武汉市政协第五届委员会委员。

8月

8日—12日 学院新的领导班子召开第一次全体会议,讨论制定学院新班子关于加强自身建设的若干规定。会议根据地质矿产部政组〔1983〕433号文关于调整武汉地质学院领导班子的通知内容,讨论决定班子成员分工,决定成立老干部处。

13日 院长办公会议讨论下阶段工作安排。决定:①建立和健全院行政管理系统,今后凡属重大带政策性的全局问题,由院党委研究解决;较重大的行政问题,由院长办公会议解决;日常工作由各主管院长分工解决。院长办公会议每周一次,主要讨论有关较重大的行政问题;互通情报、交流信息;确定和安排重大活动和工作。院行政会议每两周一次,主要内容为部署和讨论一个阶段的重要工作,是一个综合性会议。②建立"工作简报"制。暂定两周一期,内容包括改革动态、经验交流、问题研究、批评表扬、意见及建议等。

20日 院长办公会议决定:①下半年院行政工作除努力抓好现行教学、科研工作外,重点要抓管理改革,主要精力应放在建立岗位责任制,定编、定岗、定工作规范,以求提高办事效率和工作质量。②学院今年招夜大3个班(电子、地勘、勘机专业),每班40人。

22日 学院党政负责人全体会议传达中央领导和湖北省委负责人关于严厉打击刑事犯罪活动的指示,决定成立院严厉打击刑事犯罪活动领导小组,由马耀东牵头。会议就人事方面问题作出两项决定:①在机构改革期间(半年至一年)人事调动冻结;②严格按照调动程序办理人事调动,院领导个人一律不直接受理。

30日 学院顾问朱见香离职休养。

本月 学院学生会副主席郝红飞出席全国学联第二十次代表大会,并被选为大会主席团成员。学院学生会当选为二十届全国学联委员会委员单位。

9月

7日　学院召开教职工大会。院长赵鹏大代表新领导班子在会上作了《振奋精神　立志改革　脚踏实地　严格认真　努力开创新局面　为建设新时期的新地院而奋斗》的报告。

9日　学院制定《关于人员定编和若干情况和问题——武汉地质学院教职工编制现状及1985年人员编制规划》。

10日　院长办公会议决定：①建立信息、传递系统；②水文工程、工程地质、地层古生物和石油地质4个专业各招收1个研究生班，每班10人；③集体所有制企业职工调动统一归口人事处，考核接收由院劳动服务公司负责，实行工资浮动制。

15日　湖北省工会授予基础课部外语教研室讲师姚今淑"优秀工会积极分子"称号。

22日　英国剑桥大学汉布雷博士应邀来学院作有关冰川方面的学术报告。

24日—29日　地质矿产部科技司在学院召开鉴定会，通过由探工系教授屠厚泽研究成功的"岩石破碎原理"、讲师李大佛研究成功的"电镀金刚石钻头"两项技术成果。

10月

5日　池际尚教授、张爱云副教授出席第五次全国妇女代表大会，池际尚为特邀代表。

25日　我国著名地质学家、武汉地质学院勘探系原主任潘钟祥教授，因病医治无效，在北京逝世，享年76岁。

25日—27日　武汉地区1983年高校田径运动会在学院举行。学院获男女团体总分第一名、男子团体总分第一名、女子团体总分第一名，6人打破5项全国大学生运动会纪录。

26日　中共地质矿产部党组转发中共中央宣传部通知，中央同意李武元任武汉地质学院党委书记；赵鹏大任武汉地质学院院长；马耀东仍任武汉地质学院党委副书记；陈钟惠仍任武汉地质学院副院长；翟裕生仍任武汉地质学院副院长；王兆纪任武汉地质学院副院长；王鸿祯任武汉地质学院顾问，免去其院长职务；张国柱任武汉地质学院顾问，免去其党委书记职务；池际尚任武汉地质学院顾问，免去其副院长职务；免去王良武汉地质学院副院长职务。

11月

23日　全国地质系统首次职工篮球赛在学院举行。中国煤矿地质工会副主席卢宗英、地质矿产部副部长夏国治、地质矿产部政治部副主任吕录生等出席开、闭幕式。学院男、女代表队均获冠军。

26日　院长办公会议研究加强教学管理、稳定教学秩序、提高教学质量,决定成立"申请世界银行贷款领导小组",副院长陈钟惠兼任组长。

12月

3日　澳大利亚新英格兰大学地球物理系 R·格林教授来学院讲学,物探系教授谭承泽、副教授褚秦祥等与格林教授就有关问题进行座谈。

3日　院长办公会议听取在秦皇岛附近选择实习基地情况的汇报,决定在秦皇岛山东堡建立实习站。

5日　地质矿产部党组同意学院临时党委副书记彭山,副院长周守成、刘普伦等3人离休。

19日　法国地质矿产调查局(BRGM)地质系统计学专家 F·罗必达来学院进行为期3天的讲学活动。

24日　武汉市人民政府研究批准学院征用洪山区洪山公社南望大队土地160亩。

25日　学院举行文艺晚会,纪念毛泽东诞辰九十周年。

1984年

1月

6日　学院《关于汉口培训部组建实施方案》呈地质矿产部教育司。主要内容：①组织机构与领导班子。培训部接受武汉地质学院和部教育司的双重领导。培训部成立分党委，在院党委领导下进行工作。领导及机构设置意见：设分党委书记、副书记、主任（校长）、副主任（副校长）；下设：分党委办公室、培训部办公室、政工科、教务科、总务科、保卫科、财务设备科、膳食科、学员管理科。②1984年教学任务。秋季正式招生。设备管理专修科1个班，地质管理工程专修科2个班，每班30人，共计90名学员，学制暂定2年。③财务经费：由部单独拨教育经费，审定年度财务计划。

16日　院长办公会议讨论电算站工作和院科技档案工作。决定：①电算站今后对外仍用地质矿产部中南电算站，对内为院电算中心，作为院内二级单位，由院长直接领导。今后的主要任务是为全院教学、科研和管理现代化服务，要建立技术员负责制，站长、总工程师岗位负责制。②健全科技档案组织。

本月　地勘楼竣工验收会议召开。

本月　学院有3个研究课题获准中国科学院科学基金资助。它们是：物探系"应用物探方法研究地热地区地温场的分布"、矿产系"压实与流体运移"、地质系"（首批）二十种矿物晶体形貌测量研究"。

本月　国际矿物协会新矿物和矿物名称委员会全体委员，一致同意批准学院X光室杨光明工程师研究发现和定名的两种新矿物——黑硼锡镁和骑田岭矿。

2月

5日　党委原副书记、北京研究生部党委原书记聂克，因病医治无效逝世，享年69岁。

7日　地质矿产部政治部批复同意武汉地质学院北京研究生部领导班子由下列人员组

成:王良任党委书记(副院级待遇),石准立任主任(副院级待遇),朱思贵任党委副书记兼副主任,郭兴任副主任;原任研究生部领导职务同时免除。

17日 地质矿产部下达学院1984年基本建设计划投资850万元。

20日 经征得湖北省委文教部同意,地质矿产部党组决定:武汉地质学院党委由李武元、马耀东、赵鹏大、陈钟惠、翟裕生、王兆纪等6人组成;原临时党委成员自然免职。

27日 学院党委研究决定:成立武汉地质学院居民委员会及其下属单位。

本月 学院被评为武汉市"1983年度'五讲四美三热爱'先进集体""组织公民义务献血先进单位"。

3月

1日 国际地质对比计划203项目工作组在北京举行会议,对中、古生代地层界线进行学术交流。项目组长杨遵仪教授主持会议并作了题为《中国二叠—三叠纪事件研究进展及展望》的报告。殷鸿福、吴顺宝、杨逢清、丁梅华、徐桂荣等作了学术发言。

4日 学院举行庆祝登山协会成立暨院登山队建队25周年大会。学院登山协会是经国家体委批准的第一个基层登山协会。

11日—24日 美国芝加哥大学A·M·齐格勒教授应邀来学院及北京研究生部作中生代和古生代世界古地理、古气候与煤和蒸发岩的关系,中生代古地理及生物古地理等学术报告。

12日 学院党委研究决定:恢复组织员制度。

24日 院长办公会议决定:原学位委员会的职能由院学术委员会承担,不另设学位委员会,京汉两地仍组成统一的学术委员会。

26日 地质矿产部批复武汉地质学院干部培训部学员规模由800名增至1200名,在1987年实现。1984年培训部学员规模为100名,其中:职工教育干部研究班40名、技术干部进修班(以1975—1976年毕业的大专生为主)60名。1985年学员规模为400名。

28日 学院党委召开(扩大)会议,研究如何把学院的工作重心进一步转移到教学和科研上来,着重讨论进行教学改革,提高教学质量。党委书记李武元主持会议。院长赵鹏大在会上提出教研室要搞好"五定",即定任务、定重点学科方向、定编制(教学、科研)、定教学质量标准、定师资培训计划。会议还研究了建立健全教育管理规程和规章制度、提高师资水平、改变课程设置、改革注入式教学方式和加强学生管理5个方面的工作。

4月

4日—5日 湖北省科委在学院召开鉴定会,评审通过"武汉幅自然资源系列图"。"武汉幅自然资源系列图"是省科委1983年下达由学院遥感地质研究室负责,与普通地质教研室、测量教研室、水文地质教研室共同承担的项目。

11日　矿产系勘探教研室、医院妇产科荣获湖北省第二次"'五讲四美三热爱'先进集体"称号,物探系无线电教研室朱锡爵荣获"先进个人"称号。

20日　学院召开外事工作会议,研究如何加强外事工作。会议通过《我院外事工作规划设想及1984年外事工作计划》《外事工作规章制度(试行稿)》。

27日　学院党委印发《关于建立全院岗位责任与考核制度意见》。

5月

9日　国务院学位委员会讨论通过第二批博士和硕士学位授予单位及学科、专业和指导教师名单。学院又获批3个学科、专业可授博士学位(地球化学、矿产普查与勘探、煤田地质与勘探),10名教授为博士研究生导师(於崇文、张本仁、赵鹏大、杨起、王濮、何镜宇、张瑞锡、翟裕生、杨式溥、朱上庆),矿产普查与勘探专业获批可授予硕士学位。

10日　国家计划委员会同意学院总概算由6690万元调增到7410万元。

10日—11日　应中国科学院邀请,英国皇家学会会员、剑桥大学地质系主任维廷顿(H·B·Whittington)教授和夫人在学院进行学术交流和参观访问。

22日　湖北省教育厅根据国家地质矿产部精神,同意学院成立集体所有制性质的地质建筑安装联营大队。

27日　学院女子毽球队获全国毽球锦标赛第五名。

30日　学院红十字会成立,田苏任名誉会长,副院长王兆纪任会长。

6月

1日　学院党委同意武汉地质学院北京研究生部下设系处级机构。机构及名称如下:党委办公室、组织部、宣传部、纪律检查委员会、人事处(和组织部配一套班子)、行政办公室、教务处、科研处、总务处、财务设备处、中心实验室、一系(构造、古生物、地力、遥感)、二系(岩石、矿物、地化)、三系(矿床、勘探、钾盐)、四系(煤田、石油)、五系(水文)、六系(物探)、七系(探工)。

4日　地质矿产部整党工作小组决定:蒋霞波、耿繁荣为驻武汉地质学院整党工作联络员。

4日—11日　加拿大多伦多大学地质系主任、古生物专家G·诺利斯教授来学院进行沟鞭藻专题讲学。

5 日　　教育部批准学院使用世界银行贷款,加强重点学科建设,并同意成立外资贷款办公室。

10 日　　学院登山队员梁定益、包德清登上海拔 6050 米的阿尼玛卿第三峰。

19 日　　地质矿产部政治部批复:中共武汉地质学院北京研究生部委员会由王良、石准立、朱思贵、郭兴 4 人组成,王良任书记、朱思贵任副书记。

19 日　　学院举行第一届管理科学报告会。

25 日　　湖北省副省长王利滨,省人大常委会副主任任仲华、张进先、唐哲,武汉军区第一副司令员李光军,空军司令部第一副司令员王德平,武汉市副市长何浣芬,省军区及省市各厅、局、委负责人考察学院人防工程。学院领导赵鹏大、马耀东、王兆纪等陪同参观,并汇报有关情况。

7 月

9 日　　为贯彻湖北省高教会议精神,学院召开干部会议,院长赵鹏大作题为《我院改革工作的几点初步意见》的报告。报告提出:①建立"教学、研究、服务"联合体,完善学院实现 3 种功能的组织机构。有条件的教研室建立起研究室及一些专业级、系级、跨系级的研究所;建立"武汉地质学院科学技术开发服务公司";加入"武汉市黄鹤智力联合开发服务公司"。②扩大系和教研室自主权,实行系主任负责制。③打破"大锅饭",试行新的预外提成分配办法。④鼓励和扶持"拔尖人才"。⑤在后勤部门实行企业化、半企业化管理试点。

12 日　　学院领导李武元、赵鹏大、马耀东、陈钟惠、王兆纪等会见自愿到大西北、大西南等边疆地区工作的 29 位应届毕业生,并与同学们亲切交谈。

17 日　　地质矿产部教育司批复同意学院在不增加编制的前提下成立电教中心,电教中心为处、系级单位。

25 日　　学院印发《中国黄鹤教育科技联合开发中心、武汉地质学院教育科技服务公司章程(草案)》。

本月　　学院党委保密委员会印发《关于资料借阅规定》《关于地形图和航空管理的若干规定》。

8 月

4 日—14 日　　第二十七届国际地质大会在莫斯科举行。中国地质代表团 78 人在地质矿产部副部长朱训带领下参加大会,杨遵仪、张本仁教授为代表团成员。

7 日　　地质矿产部批复,同意把武汉地质学院汉口培训部分建出来,改名为"武汉地质科技管理干部学院",属司局级单位。该学院的主要任务:举办二、三年制的专修科,培养地质部门紧缺的专门人才;举办一年以内的短训班,对高中级科技干部进行知识更新;建立技术开发中心和培训部分技校与子弟中学教师等。该学院的规模为1200人。办学经费按国务院国发〔1983〕87号文件规定,从干部训练费中支付,单列户头,在经济上实行独立核算。武汉地质学院要在教学业务、师资等方面给武汉地质科技管理干部学院以扶持。

27日　湖北省教育厅同意成立"武汉地质学院教育科技服务公司"。

29日　地质矿产部教育司下达学院1985年基本建设投资(不含教学设备补助投资)控制数为1000万元。

9月

5日　地质矿产部批复同意成立武汉地质学院"长江电镀金刚石钻头研制公司"。该公司为学院下属单位,财务收入纳入学院账号,但对外时名称可以独立。

13日　参加中日联合登山技术训练的学院登山队员包德清、熊纪平、王勇峰、刘强于9时50分成功登上阿尼玛卿第二峰。

24日　测试中心总工程师沈今川副教授应邀参加建国35周年国庆观礼活动。

26日　学院印发《武汉地质学院机要文件管理规定》。

10月

17日　学院隆重举行中日联合攀登阿尼玛卿二峰登顶成功庆祝大会。中国登山协会常务副主席史占春、许竞等参加大会。许竞宣布了中国登山协会的有关决定。

18日—20日　湖北省第二届大学生田径运动会在武汉水利电力学院举行。学院获男子乙组团体总分第一名、女子乙组团体总分第一名、乙组男女团体总分第一名。

19日　学院召开"培养新型地质人才　从一年级抓起"综合改革工作会议。院长赵鹏大在会上简要介绍了全国部分重点高校改革的一些情况,并对学生工作提出了要求。

11月

1日　学院印发《武汉地质学院硕士、博士学位授予工作细则》。

23日　学院向地质矿产部呈报经院党委讨论通过的学术委员会、学位委员会、院务委员会、计算机管理委员会、《地球科学》学报编委会等5个委员会的组成情况。

26日 学院党委决定实行院领导接待日制度,即设定每周一天时间由党政负责人接待师生来访、听取意见、直接答复和处理问题。

12月

2日 李大佛讲师研制的《坚硬致密"打滑"地层电镀钻头》成果,经地质、冶金、铁道等系统专家评审小组评审答辩,荣获国家科学技术委员会和国防科学技术工业委员会颁布的发明奖三等奖。

7日 地质矿产部调整学院1984年基本建设计划,投资减少50万元,调整后的投资为800万元。

8日 学院整党办公室成立。

22日 学院党委印发《武汉地质学院整党工作计划要点》。

25日 地质矿产部政治部批复同意学院临时党委原书记张国柱离休。

29日 学院文书档案室被湖北省档案局评为"省先进档案室",荆木兰被评为"省先进档案工作者"。

本年

经国家教育委员会批准,学院被列为世界银行第二个大学发展项目院校之一,获得贷款资助金额为408万SDR(特别提款权,按本年10月的汇率折算为400万美元),国内配套资金1120万元人民币。

1985年

1月

8日—11日 学院召开首次函授站工作会议。会议讨论确定函授教学的专业布点,修改通过《武汉地质学院函授站站务工作细则》。

10日 九三学社北京市委员会、北京地质学会和武汉地质学院北京研究生部联合举行庆祝会,祝贺我国著名矿床学家袁见齐教授和著名地层古生物学家杨遵仪教授从事地质工作及地质教育五十周年。

24日 地质矿产部下达学院1985年基本建设计划(拨改贷部分),总投资623万元,施工面积19 121平方米。

本月 教育部批准学院本科专业名称整理调整方案如下:

序号	专业编号	专业名称	学校原设专业名称	备注
1	0102	石油地质勘查	石油及天然气地质	
2	0103	煤田地质勘查	煤田地质	
3	0104	水文地质与工程地质	水文地质	合并
			工程地质	
4	0105	地球化学与勘查	找矿地球化学	
5	0106	勘查地球物理	地球物理勘探	合并
			石油及天然气地球物理勘探	
6	0108	探矿工程	钻探工程	合并
			勘探掘进工程	
			勘探机械	
7	1509	工业分析	岩矿分析	

本月 地质矿产部决定向从事地质事业满30年的男职工和满25年的女职工颁发纪念章、荣誉证和荣誉金。学院有557名教职工领取荣誉证书和荣誉金。

2月

6日 全院教职工大会举行,欢迎出席全国地矿系统第二次评功授奖大会的沈今川、张国桦、李大佛载誉归来。在此次评功授奖大会上,学院2项独立完成或为主完成的项目、3项合作完成的项目获地矿部科技成果一等奖,11项独立完成和为主完成的项目获二等奖,张国桦、杨巍然、沈今川被评为地矿系统劳动模范。沈今川简要地介绍了全国地矿系统第二次评功授奖大会的盛况。党委书记李武元、副院长翟裕生讲话。

6日 文化部致函地质矿产部,同意成立武汉地质学院出版社,社号414。

7日 地质矿产部部长办公会议讨论通过武汉地质科技管理干部学院的领导关系及有关问题。给武汉地质学院、武汉地质科技管理干部学院补充通知如下:①科技管理干部学院是地质矿产部在职科技干部的重要培训基地,对外称武汉地质科技管理干部学院,对内是武汉地质学院分院,由武汉地质学院领导。科技管理干部学院为司局级单位。科技管理干部学院院级领导班子的任免、调动,由部政治部提出并征求武汉地质学院意见后报部批审任命。②科技管理干部学院系(处)级以下各级领导干部的调配、任免以及工资调整等,由科技管理干部学院自行办理;机构设置、教职工配备,由科技管理干部学院根据地矿部下达的编制指标和工资总额自行决定;科技管理干部学院的教育经费、基建设备费等,由该院单独造报计划,地矿部直接下达。自筹资金由该院根据当地政府有关规定自行支配使用。③科技管理干部学院所需的专职骨干教师,由武汉地质学院负责配备。④科技管理干部学院属成人教育体系,职工教育规划、年度计划、专业设置,根据部确定的四项办学任务和学院发展规模,由本院负责制定,征求武汉地质学院意见后,报部审批执行。武汉地质学院要把搞好科技管理干部学院作为一项工作任务予以重视;武汉地质科技管理干部学院要多争取和尊重武汉地质学院的领导,同心协力,共同把武汉地质科技管理干部学院办好。

9日 院长办公会议决定:成立计算机系,设立地图制图专业;计算机系同计算中心实行一套班子,两个牌子;地图制图专业设在基础课部。

26日 经国务院学位委员会第六次会议审议通过,王鸿祯、彭志忠、赵鹏大、池际尚、李世忠被邀请为国务院学位委员会学科评议组第二届成员。

本月 学院印发《武汉地质学院地质科学技术成果奖励办法》。

3月

5日 湖北省古生物学会在学院举行成立大会。学会筹备小组组长殷鸿福副教授向大会作了筹备工作报告。

1985年

6日　学院印发《武汉地质学院关于在三、四年级学生中对教学计划规定课程试行自由听课制度的决定》。

7日　学院全体教师大会召开。院长赵鹏大指出,要加快学院建设步伐,将学院建成在国际国内享有一定声誉、教学和科研有较高水平的综合地质科技大学。

21日　学院党委研究决定:成立地球化学系、计算机系。

29日　学院新的院务委员会第一次全体会议召开,宣布院务委员会组成。

本月　学院印发《武汉地质学院教材管理工作的若干规定》。

4月

6日　中国民主同盟武汉地质学院支部成立并举行成立大会。

8日　全国政协委员王鸿祯、池际尚、郝诒纯等参加全国政协六届三次会议。郝诒纯被大会增选为全国政协常务委员。

10日　全国人大代表彭志忠出席第六届全国人民代表大会。

13日　教育部批准同意:武汉地质学院增设计算机及应用专业,学制四年;工业管理工程专业,学制四年。自1985年秋季起招生。

15日　地质矿产部下达学院1985年教育事业费预算,全院为1028万元,其中北京研究生部227.6万元。

5月

9日　全院教师大会召开。院长赵鹏大指出,学院当前的改革工作,应努力做到"一个为主、两个中心、三项功能",即以教学为主,教学、科研二个中心,培养人才、科学研究和社会服务三项功能。

17日　学院职工思想政治工作研究会成立。

31日　学院党委决定:翟裕生(兼)任出版社社长,石准立(兼)、褚松和任副社长;游振东任总编辑,彭一民任副总编辑;王鸿祯、杨遵仪任顾问。

本月　学院成立"外资贷款办公室",主要规划建设岩矿测试中心、岩土力学和材料力学实验室、地球物理实验室等3个系列的实验室。

6月

12日　学院红十字会会员、水文系学生方丽萍赴新加坡参加亚太地区红十字会青少年夏令营。

14日—15日 学院首届教职工代表大会召开,会议正式代表333人,特邀代表和列席代表54人。会议通过《关于认真学习贯彻〈中共中央关于教育体制改革的决定〉的决议》,选举了院工会第十届委员会委员35人。

21日 中华全国体育总会增补学院党委书记李武元为中国登山协会副主席。

30日 学院制定《关于函授部和函授站收费标准及办法的几点规定》。

本月 学院制定《关于使用世界银行贷款工作管理条例(试行)》。

本月 连绅当选武汉市政协第六届委员会委员、常委。

7月

2日 湖北省总工会同意马耀东兼任武汉地质学院工会主席、秦奕麟任工会副主席。

15日 经学院党委研究决定:学院工资制度改革工作由党委集体领导,下设工资制度改革办公室。

19日 学院党委研究决定:成立计算站和计算机系党总支部。

8月

8日 地质矿产部同意颁发武汉地质学院丙级勘察设计证书,证书编号为"地设证字第9号"。设计任务:主要承担本院范围内小型工业与民用建筑设计。

23日 地质矿产部调整学院1985年基本建设计划(拨改贷部分),增加投资130万元,增加施工面积9980平方米。调整后,学院计划投资为753万元,施工面积为25 570平方米。

9月

9日 地质矿产部决定:将武汉地质学院北京研究生部、北京地质管理干部学院、中国地质科学院研究生部合并,成立"北京地质教育中心",为地质事业培养高层次、高质量的人才。"北京地质教育中心"为司局级单位。

20日 经过笔试、面试和综合考核,学院决定在1985级新生中选拔30名学生组成首届"地球科学实验班"。

本月 学院印发《武汉地质学院在职青年教师进修硕士学位暂行办法》《武汉地质学院学生人民助学金暂行办法》。

10月

20日—25日　加拿大数学地质专家阿格特伯格(F·P·Agterberg)博士到学院讲学。

23日　学院为著名水文地质专家王大纯教授从事地质工作五十周年、从事地质教育四十周年举行庆祝活动。院长赵鹏大代表学院向王大纯教授颁发了荣誉证书。

27日　武汉地区大专院校红十字会现场工作会在学院召开。

31日　武汉地区高等学校1985年田径运动会闭幕。学院田径队获男女团体总分第四名、男子团体总分第四名、女子团体总分第二名。

31日　中共湖北省委副书记沈因洛、省教委副主任张叙之、科教部秘书长王振中等来学院与师生员工进行座谈,听取意见。

11月

7日　学院召开庆祝教师节表彰先进教师大会。院长赵鹏大宣读了党委决定,对全院(包括北京研究生部和汉口分院)执教三十年以上的教师和三十年以上的教育工作者颁发荣誉证书。

7日　国家体委副主任何振梁在湖北省体委副主任王栋才及省教委、省高校体协负责人陪同下,到学院调研体育工作,了解高校办高水平运动队的有关情况。

15日　学院被评为"湖北省高校电教工作先进单位"。

22日　中国红十字总会副会长、党组书记谭云鹤一行4人,在湖北省、武汉市有关领导陪同下到学院考察调研。

28日　中国民主同盟湖北省委员会第29次会议决定,增补金淑燕为民盟省委员会文教工作委员会委员。

12月

3日　地质矿产部部长朱训到学院指导工作并题词:"武汉地质学院在迁校建校工作中取得了很大成绩。祝愿在发展地质教育事业方面,为我国整个地质事业的发展,为我国社会主义现代化建设作出更大的贡献!"

6日　国家教育委员会副主任朱开轩到学院指导工作。地质矿产部部长朱训、教育司副司长毕孔彰会见朱开轩,介绍部属地质院校教育改革的情况。院长赵鹏大和副院长陈钟惠、王兆纪向朱开轩汇报学院从北京迁来武汉后十年建校、专业设置、教育改革、师资、设备建设和学生的思想情况等。朱开轩说:"你们作出的贡献不少,希望继续努力,向理工结合、文理渗透,多学科、多层次的综合性大学发展。"

7日　经学院党委研究、湖北省纪委和省科教部批准,决定由下列13人组成中共武汉地质学院临时纪律检查委员会(以姓氏笔画为序):孙治定、孙树科、刘甸瑞、李士钧、李武元、邵锡昌、杨巍然、吴旭祖、张心平、赵延明、赵鹤云、郭步英、屠厚泽。李武元兼任书记;孙树科、郭步英任副书记。

21日　院长办公会议决定:印刷厂、教材科于1986年1月1日从生产设备处、教务处划归出版社。

21日　地质矿产部党组决定:调马耀东到三峡省地矿局筹备组工作,免去其武汉地质学院党委副书记职务。

1986年

1月

4日　地质矿产部决定：自1986年1月1日起，将地矿部武汉计算站彻底划归武汉地质学院管理。

11日　湖北省第二次中外教师外语教学研讨会在武汉地质学院召开。来自英、美、法、日、西德、澳大利亚、加拿大等7个国家在湖北省23所大专院校任教的80多名外籍教师和50多名中国合作教师参加了会议。湖北省教委副主任周春华在会上讲话。学院在会上交流了外语教学经验。

28日　湖北省委授予沈今川教授"优秀共产党员"称号。

2月

17日　院务委员会会议审议"七五"期间学院发展规划和战略措施。院长赵鹏大在会上谈了关于学院"七五"规划的10个问题：①专业设置及招生规模；②教育质量；③科学研究；④社会科技服务；⑤教师队伍及其他队伍建设；⑥物质建设；⑦重点学科建设；⑧后勤服务工作；⑨外事工作；⑩管理制度建设。与会人员进行了热烈讨论。

21日　学院召开处级以上干部及辅导员、团总支书记会议，传达全国高等学校思想政治工作会议精神和中央有关文件。院长赵鹏大作题为《加强校风、学风建设　为建设名副其实的中国地质大学而奋斗》的讲话，提出"艰苦奋斗、严格谦逊、团结活泼、求实进取"的十六字校风。

3月

1日　学院与湖北省地矿局签订教学、生产、科研三结合的协议书。

6日　学院召开全院教职工大会。院长赵鹏大作动员讲话。他回顾了学院从北京迁到武汉的十年中取得的成绩,指出今年学院已进入迁汉后的第二个发展十年,这后十年要在进一步完善物质建设的同时,着重抓好思想作风建设、教工队伍建设、重点学科建设和管理制度建设,号召大家坚守岗位,各司其职,教书育人,管理育人,服务育人,以严治校,以严治学。副院长王兆纪作题为《配合校风、学风建设　搞好环境卫生》的讲话。党委书记李武元向物探系电法教学组颁发湖北省委、省政府授予的1985年度"文明单位"牌匾和纪念册。

7日　应院长赵鹏大邀请,法国高等矿业学院院长J·C·萨玛玛(J·C·SAMAMA)教授到学院讲学并进行矿山考察。

15日　学院党委研究决定:成立石油及天然气地质与勘探系(简称石油系)、社会科学课部,任命王启军为石油系主任、宋昭为社会科学课部主任。

17日—21日　中央顾问委员会委员、地质矿产部原部长孙大光到学院指导工作,与教职工代表、学生代表进行座谈。孙大光对学院环境美化及建立教学、科研、对外科技服务三结合联合体等方面提出建议。

23日　学院首届研究生代表大会召开,选举产生新一届研究生会。

27日　经征得湖北省委同意,地质矿产部党组决定:任端芳任武汉地质科技管理干部学院党委副书记、党委委员;袁廷异、谢廷淦任武汉地质科技管理干部学院副院长、党委委员。

28日　国家科学技术委员会、地质矿产部发出《关于向著名中年科学家彭志忠同志学习的决定》,号召科技人员、地质战线职工学习彭志忠为国争光的雄心壮志、实事求是的科学态度、严谨的治学作风和襟怀坦白的道德情操。

29日　地质矿产部政治部发出通知,决定授予武汉地质学院、北京地质教育中心实验室主任兼矿物晶体结构和晶体化学研究室主任彭志忠教授"地质矿产部特等劳动模范"称号。

31日　我国地学界著名的结晶矿物学家、中国共产党优秀党员、六届全国人大代表、地质矿产部特等劳动模范、武汉地质学院和北京地质教育中心教授彭志忠,因患癌症不幸逝世,享年53岁。

4月

1日　学院党委发出《关于开展向彭志忠同志学习的决定》。

3日　学院召开全院学生大会。副院长陈钟惠在会上宣读了国家科学技术委员会、地质矿产部《关于向著名中年科学家彭志忠同志学习的决定》和地质矿产部授予彭志忠"特等劳动模范"称号等文件。院长赵鹏大发表了题为《向校风、学风建设的更高阶段迈进》的讲话。

14日　国务院批准11所全国重点高等院校为第二批试办研究生院的院校,学院成为全国33所试办研究生院的高校之一。

21日　学院印发《武汉地质学院培养在职学位进修生试行办法》。

26日　院长办公会议研究了环境保护问题,决定成立院环境保护领导小组,下设办公室。

5月

9日　学院决定:成立体育部,为系级教学单位。

23日　学院党委印发《端正党风责任制试行意见》。

6月

13日　学院"地质技术经济及管理现代化研究会"召开成立大会,选举产生首届理事会。该研究会直属中国地质技术经济管理现代化研究会领导,属二级学会。

14日　国家教育委员会同意地质矿产部所属武汉地质学院教师职务评审委员会有权审定教授、副教授任职资格。

19日　地质矿产部研究并商国家教育委员会同意,武汉地质学院教师职务评审委员会下设的地质学和地质勘探、矿业、石油2个学科评议组有权评审教授、副教授任职资格;高等数学、普通物理学、应用化学和测量学4个学科评议组有权评审副教授任职资格;其他学科需报送省学科评议组评审。

30日　地质矿产部教育司研究并请示国家教育委员会,原则上同意学院选拔少量优秀生进行"双学位"制试点。

7月

1日　湖北省地质学会通知,学院22篇论文获1985年省科协优秀论文奖,费琪、王燮培发表的论文《中国东部任丘古潜山油田中构造裂隙的重要意义》获一等奖。

1日　湖北省委科教部授予机工厂党支部、探工系机械制图力学教研室党支部"省先进党支部"称号,授予沈今川、杨巍然、张国桦、印纯清、任宝汉、董勇"省优秀共产党员"称号。

2日　学院召开党委扩大会,湖北省委省直科教口整党工作检查验收组任心廉通报整党工作检查验收情况。

15日　学院印发《关于干部管理体制改革的试行意见》。

16日　经征得湖北省委同意,地质矿产部党组决定:赵鹏大任武汉地质学院院长、党委书记;陈钟惠、王兆纪、杨巍然任武汉地质学院副院长、党委委员;冉宗培任武汉地质学院党委副书记;免去李武元武汉地质学院党委书记职务,离职休养。

18日 湖北省委省直科教口整党工作检查验收组同意学院整党工作结束。

28日 国务院学位委员会审议通过第三批博士、硕士学位授予单位及其学科、专业和博士生指导教师。学院新增构造地质学、工程地质、数学地质3个博士学科(专业点),新增和增列博士生导师18人。

29日 学院新组成的党委召开首次会议,就新班子成员分工、自身建设等问题进行研究。

30日 学院党委研究决定:成立学生工作处(同时为党委学生工作部)。

30日 学院党委研究决定,设立总务长,协助院长管理有关后勤工作,任命刘玉发为总务长,免去其总务处副处长职务。

8月

9日 全国第二届大学生运动会结束。学院13名大学生运动员代表湖北省高校参加运动会,获得2枚金牌、1枚银牌、2枚铜牌。

18日 地质矿产部政治部批复同意石准立兼任武汉地质学院研究生院院长、杨巍然兼任武汉地质学院研究生院副院长。

31日 地质矿产部呈报国家教育委员会《关于武汉地质学院研究生院建院情况和加强建设的报告》指出:①地矿部地政发〔1986〕164号文批复同意石准立同志(武汉地质学院研究生部主任、教授)任武汉地质学院研究生院院长,杨巍然同志(武汉地质学院副院长、副教授)任副院长。②关于研究生院机构设置的问题,经与武汉地质学院及北京研究生部领导成员协商,为了保持和发挥原有以培养研究生为主要任务的北京研究生部的作用,一致同意将武汉地质学院研究生院主体设在北京,将武汉地质学院北京研究生部改组为武汉地质学院研究生院。但由于远离本部而地处北京,命名为武汉地质学院北京研究生院。分处两地的武汉地质学院及北京研究生院是一个整体。结合当前两地办学的现状,研究生教育在京汉两地进行,而以北京研究生院为主体。③试办研究生院是一件重要的工作,地矿部将为办好研究生院加强领导,并在人、财、物等方面予以充分支持。

9月

2日 学院党委会决定:设立信息研究室。

11日 学院决定:设立审计室。

15日 湖北省人民政府授予学院"湖北省体育先进院校"称号。

26日 学院党委会决定:设立研究生处和外事处。

27日 院长办公会议研究研究生培养与管理改革及加强出版社建设问题。会议决定:从

1985年开始,研究生低年级阶段归研究生院管理,到高年级(即转入论文阶段)转到教研室,由系和教研室管理。

27日　张国榉的"球齿形硬质合金整体钎子"和李大佛的"WH-l型坚硬致密'打滑'层电镀钻头"获武汉黄鹤发明奖。武汉发明协会将推荐此两项发明参加全国第二届发明展览会。

30日　地质矿产部党组研究决定:调王兆纪任中国地质科学院副院长、党委委员(副局级),免去其武汉地质学院副院长职务。

10月

1日　博物馆正式展出鸭嘴龙骨架化石。

11日—17日　由美国艾达荷大学矿业与地球资源学院院长梅纳德·M·米勒教授率领的4人代表团访问学院。赵鹏大和米勒分别代表两校签署《武汉地质学院与艾达荷大学友好合作项目执行计划》。

17日—20日　矿产系矿床教研室罗春凤当选湖北省教育工会委员。

24日　学院党委研究决定:设立研究生党总支部,任命翁清豪为党总支书记。

29日　地质矿产部副部长张文驹来学院考察调研。

11月

1日—2日　武汉地区1986年高等学校田径运动会在武汉地质学院举行。学院代表队获甲组男女团体总分第二名、男子甲组第三名、女子甲组第一名。

2日　张国榉与成都探矿机械厂合作完成的"球齿形硬质合金整体钎子"在全国第二届发明展览会上荣获中国发明协会颁发的银牌奖。

30日　全国地矿系统劳动模范、武汉地区高等院校优秀共产党员、优秀教育工作者、武汉地质学院基建处原副处长任宝汉病逝,享年66岁。

本月　国家教育委员会授予水文地质实验室"全国高等学校实验室系统先进集体"称号。

12月

1日　国家科学技术委员会批准李思田、张国榉为国家级有突出贡献的中青年专家。

20日　经征得湖北省委同意,地质矿产部党组批准,毕孔彰任武汉地质学院党委书记,免去毕孔彰部教育司副司长职务;余际从任武汉地质学院党委副书记;免去赵鹏大武汉地质学院党委书记职务。赵鹏大兼任武汉地质科技管理干部学院院长;毕孔彰兼任武汉地质科技管理干部学院党委书记;任端芳兼任武汉地质科技管理干部学院副院长。

26日 经上级批准,武汉地质学院学报《地球科学》加入国际标准连续出版刊物系列,代号为 ISSN 1000-2383。

31日 学院红十字会被中国红十字总会评为"全国先进单位"。

本年

学院被武汉市绿化委员会评为1986年度市绿化先进单位。

学院被武汉市公安局评为1986年度安全先进单位。

1987年

1月

5日—7日 受国务院学位委员会和国家教育委员会委托,授予博士和硕士学位的地质勘探学科、专业目录修订会议在学院举行。会议由国务院学位委员会地质勘探、矿业石油学科评议组召集人,地质勘探学科、专业目录修订小组组长,院长赵鹏大教授主持。

12日 征得湖北省、河北省委同意,地质矿产部党组决定:调武汉地质学院党委组织部长赵延明到河北地质学院任党委副书记。

15日 学院成立院博物馆委员会,杨巍然任主任,颜慰萱、王顺金任副主任。

19日 地质矿产部下达武汉地质学院1987年基本建设总投资345万元,施工面积15 700平方米。

2月

4日 院长办公会议决定:①充实完善高教研究室。要求高教研究室对院现有教学改革进行总结,上升为理论研究,每月出一期《教改信息》。②原则同意在个别系、专业试行教务处提出的"申请免修、挂牌上课、学分制"等改革。

12日 学院党委决定:成立院学生工作领导小组,赵鹏大兼任组长,余际从兼任副组长。

24日 地质矿产部党组研究决定:免去袁廷异的武汉地质科技管理干部学院副院长、党委委员职务。

3月

4日 院长办公会议研究科研工作及图书馆工作。会议原则同意科研处提出的建立科学研究所的条件和征收科研项目管理费5%~8%的方案;同意成立对外协作科,负责科研产品开发工作。

6日 学院召开全院教职工大会,院长赵鹏大部署学院1987年工作。赵鹏大强调,1987年工作总任务是:深入贯彻中央十二届六中全会《关于社会主义精神文明建设指导方针的决议》,组织师生员工进行坚持四项基本原则、反对资产阶级自由化的学习和教育,发展学院安定团结的政治局面,贯彻落实学院六次党代会决议,以提高教育质量为中心,把培养"四有"人才作为学院的基本任务,深入进行教学改革和管理改革,继续抓好校风学风建设,搞好师资、政工、管理、后勤队伍建设的规划,在坚决贯彻艰苦奋斗、勤俭建国精神的前提下,进一步改善办学物质条件,搞好科研和社会科技服务,加强对外开放和横向联系,搞好民主办学,完成改建中国地质大学的各项准备工作。

12日 学院党委研究决定:关康年任党委组织部部长兼人事处处长;张汉凯任地质系副主任;赵永芳任矿产地质系副主任;免去赵延明党委组织部部长兼统战部部长职务。

21日 院长办公会议决定:将"信息研究室"更名为"调查研究室",属处级研究参谋机构。

30日 学院党委研究决定,对出版社干部任免如下:陈钟惠任社长(兼);石准立任副社长(兼);褚松和任常务副社长;游振东任总编辑;龙祥符、许高燕、彭一民任副总编辑;免去翟裕生兼任的社长职务。

本月 学院创办研究生院学报——《现代地质》,王鸿祯任主编。

4月

3日 学院被湖北省财政厅、湖北省档案局评为"会计档案工作先进单位"。

7日 学院研究决定将煤田地质勘查专业1984级一个班的学生转为矿管班。

8日 学院党委转发《院党政负责人在公务活动中形成的文字材料的归档办法》。

15日 经地质矿产部教育司批准,学院1985级地质管理专修科更名为"工业管理工程专修科"。

20日 地质矿产部研究同意学院在崇阳县白霓镇征地16亩建野外实习基地。

20日—24日 在湖北省高等学校实验室表彰和管理工作研讨会上,地质系古生物实验室被评为"湖北省高校先进实验室",物探系电法实验室魏新发被评为"湖北省高校实验室先进工作者",副院长陈钟惠当选为省高校实验室管理研究会理事长。

21日—24日 湖北省矿物岩石地球化学学会成立暨首届学术交流会在学院举行。徐国风教授当选为理事长,王人镜副教授当选为学会秘书长。

24日 中华全国总工会授予张国桦"五一劳动奖章"。

25日 应美国艾达荷大学矿业与地球资源学院院长米勒邀请,院长赵鹏大等4人赴美进行为期25天的考察访问。

5月

15日　地质矿产部核定学院1987年教育事业费预算为1040万元。

16日　为纪念刘少奇接见学院1957届毕业生代表30周年,全国政协主席邓颖超,国家副主席乌兰夫,中央书记处书记习仲勋,中央书记处书记、国务院副总理乔石,中央书记处书记王兆国等党和国家领导人接见学院70多名应届毕业生代表、20多名1957届毕业生代表以及北京大学地质系、中国科学技术大学研究生院和长春、成都、西安、河北4所地质学院的代表。邓颖超亲切地对同学们说:"中国的地下宝藏要靠你们去发现,你们任重道远,你们要到那里去开拓,你们要下决心到那里去,坚持下去就是胜利。""你们要注意身体健康,坚持锻炼,不然下地的本领就差了。"习仲勋也语重心长地说:"你们肩负重任,将来我国的现代化要有地下资源,要靠你们这些学地质的同学们。"中央领导勉励同学们为祖国建设献身、开拓、探宝,并与学生代表合影留念。地质矿产部部长朱训,副部长夏国治、张宏仁,国家教育委员会副主任朱开轩等参加接见。

17日　党委书记毕孔彰与应届毕业生代表一起拜访中央顾问委员会委员、地质矿产部原部长孙大光。孙大光亲切地询问了大家的学习、生活情况,说:"在座的有学水文地质、煤田地质的,这些专业都有新课题、新技术需要你们去研究、去发现。地质工作者不能把眼光只放在大城市,而应当看到国家的前途和人类的命运。要开拓新的领域,寻找新的能源。""从某种意义上讲,越是艰苦的工作,越能出人才,越能出成果。"

22日　国内外著名地质学家、教育家、中国地质学会创始人、武汉地质学院教授袁复礼因病医治无效,在北京逝世,享年94岁。

27日　地质矿产部教育司下达1987年武汉地质学院核定的编制数为2577人。

29日　地质矿产部调整1987年基本建设计划,武汉地质学院增加投资50万元,调整后计划投资为395万元。

30日—31日　中共武汉地质学院第六次代表大会召开。院长赵鹏大致开幕词。党委书记毕孔彰代表上届党委作了题为《同心同德　坚持改革　为建设第一流的社会主义综合性地质大学而奋斗》的报告。冉宗培作纪委工作报告。大会选举冉宗培、关康年、刘玉发、毕孔彰、杨巍然、余际从、张锦高、陈钟惠、赵鹏大等9人为党委委员;选举冉宗培、刘甸瑞、孙树科、张心平、张武雪、陈莹、郭步英等7人为纪律检查委员会委员。

6月

6日　学院党委印发《向张国桦同志学习的决定》。

18日—19日　中国地质技术经济及管理现代化研究会武汉地质学院分会召开首届学术年会。

23日　地质矿产部政治部批复同意毕孔彰任党委书记，冉宗培、余际从任党委副书记；冉宗培任纪委书记（兼），孙树科、郭步英任纪委副书记。

7月

6日　学院党委印发《党委自身建设的若干规定》《党风建设责任制试行意见》。

8日　地质矿产部批复武汉地质学院扩建设计任务书：①学生规模及教职工编制。根据地质事业发展对科技人员的需要和世界银行贷款要求，到1990年底，在校生规模由4000人增加到5500人，教职工编制控制在2870人以内。②专业设置。设置18个专业。③扩建校舍规模及总投资。扩建校舍总面积为59 200平方米，总投资控制在1960万元以内。④建设期限。1988年开始建设，"八五"期间全部建成。

8月

7日　地质矿产部批复武汉地质学院秦皇岛培训实习基地设计任务书：①同意该基地扩大建设规模。②培训实习基地建设规模每期能容纳1350名学生（武汉、长春地质学院各400名，北京研究生院与河北地质学院各200名，长春地质学校150名），教职工200人。③暂按建筑面积13 000平方米，投资350万元（包括征地和室外工程）进行设计。④关于征购土地。在秦皇岛市政府已批准的19.5亩地的基础上，请与当地政府联系再扩征20.5亩，共计40亩。⑤秦皇岛实习基地由武汉地质学院及其北京研究生院、长春地质学院、河北地质学院和长春地质学校合资建设。各家投资按培训实习学生数分摊。⑥鉴于前期准备工作的进行、建设过程的管理以及对外联系的需要，责成北京研究生院牵头，武汉、长春地质学院派人参加，组成基地建设筹备处。领导班子的组建工作，由地矿部教育司负责审定。

28日—29日　学院召开系、处以上干部学习讨论会。会议传达国家教育委员会党组书记、副主任何东昌在全国高等学校思想政治工作会议上的讲话等文件，党委副书记余际从代表院党委作了题为《加强政治思想工作　端正办学指导思想》的报告。

9月

1日　学院党委研究决定：调整教务总支部，建立社科总支部、测试总支部。调整后的教

务总支部由教务处、科研处、图书馆、博物馆、出版社联合组成,简称教务总支部。社会科学课部、体育部联合建立总支部,简称社科总支部。岩矿测试中心、电教中心联合建立总支部,简称测试总支部。

9日　地质矿产部研究决定,压缩武汉地质学院1987年教育事业费指标11万元,调整后的预算指标为1029万元。

18日　"中国共产党武汉地质学院委员会"印章启用,原"中国共产党武汉地质学院临时委员会"印章废止。

本月　中国管理科学研究院在《科技日报》上发布我国第一个学术榜,在全国(包括台湾)高等院校中,按世界科学计量指标排列,武汉地质学院名列第30位。

10月

10月31日—11月3日　全国首届地学大学生、研究生、青年工作者学术讨论会在学院举行。

11月

4日　国家教育委员会批复:同意地质矿产部将武汉地质学院及其在北京的研究生院、中国地质科学院研究生部、地质矿产部北京地质管理干部学院、武汉地质科技管理干部学院联合组成中国地质大学。

中国地质大学总部在武汉,分设武汉和北京两部。京、汉两部为中国地质大学在两地的相对独立的办学单位,分别实行地质矿产部与湖北省、北京市双重领导,以地矿部为主的领导管理体制。

中国地质大学成立后,各组成部分原有的经费、投资渠道不变。原"武汉地质科技管理干部学院"和"地质矿产部北京地质管理干部学院"应改称"中国地质大学武汉管理干部学院"和"中国地质大学北京管理干部学院",作为中国地质大学的下属机构。

中国地质大学内部机构设置、京汉两部任务分工,以及其他有关事宜,由地质矿产部研究决定。

7日　建校三十五周年庆祝大会在武汉和北京同时举行。

在北京的庆祝大会上,地质矿产部部长朱训庄重宣布:由北京地质教育中心和武汉地质学院等联合组成的中国地质大学成立了,这必将推动我国地质教育事业更加迅速地发展,为国家培养出更多的地质专门人才。校领导翟裕生发表讲话。我国地学界老前辈黄汲清教授、历届老领导代表肖英等在大会上讲话。1957届毕业生、北京市地矿局高级工程师郑怡宣读

《关于成立中国地质大学北京校友会》《设立中国地质大学青年科技奖励基金》《重新修复勘探队员塑像》等3个倡仪书。国家教育委员会、国家科学技术委员会、国家经济委员会、国家计划委员会、中国科学院、北京市和地矿部等有关领导和代表应邀出席。

中共中央书记处候补书记、中共中央办公厅主任、1965届毕业生温家宝特来电话祝贺母校建校三十五周年,祝贺中国地质大学成立。

在武汉的庆祝大会上,地质矿产部副部长张文驹代表地质矿产部党组宣读国家教育委员会对学校更名的批复文件并讲话。校长赵鹏大讲话。他回顾了学校三十五年来经历的三个大的阶段,现已进入一个全面振兴、向综合性的、高水平的大学发展的新阶段,即中国地质大学阶段。大会还宣读了各级领导和广大校友的题词和贺电,地质矿产部部长朱训题词:"总结经验,继续前进,为培养'四有'地质人才作出更大的贡献!"中央顾问委员会委员、地质矿产部原部长孙大光题词:"探索地球奥秘,寻找地下宝藏。"地质矿产部副部长夏国治题词:"发扬光荣传统,深化教育改革,努力培养优秀地质人才。"地质矿产部顾问、原副部长张同钰题词:"努力攀登地质教育和地质科学高峰。"地质矿产部科学技术委员会主任委员、原副部长程裕淇题词:"为社会主义建设培养更多的优秀科技人才,为阐明我国与全球的地质特征和形成演化作出更大的贡献。"

7日 上午9时,学校在正门口举行更名挂牌仪式。校长赵鹏大庄严宣布:"我们盼望已久和为之奋斗的中国地质大学成立了。这标志着我校从单科性专门学院进入以地质学科为主及地质学科相关的理、工、文、管各学科相结合的综合性地质大学的新阶段。"副校长陈钟惠、党委副书记冉宗培分别挂起了"中国地质大学"和"中国地质大学研究生院"的校牌。中国地质大学(北京)同时举行挂牌仪式。

10日 学校党委研究决定:①杨巍然主管档案工作。力争早日建立档案馆,并成立档案工作委员会,统一领导、协调档案工作。保证档案工作的必要经费。②成立矿产系非金属地质教研室。

12日 地质矿产部调整1987年基本建设计划,中国地质大学增加投资50万元,调整后计划投资445万元。

21日 在广州召开的第六届全国运动会上,中国地质大学(武汉)被授予"全国群众体育先进单位"称号。

23日 经国务院批准,赵鹏大为国务院学位委员会委员。

24日—26日 学校召开第二次研究生工作会议。副校长杨巍然作题为《全面提高质量 深化教育改革 开创研究生工作新局面》的工作报告,回顾了学校招收研究生以来各方面取得的成绩和存在的问题。

29日 中国地质大学登山协会与日本神户大学山岳部签订友好登山协议书。

30日 共青团湖北省委批复:同意马新生任共青团中国地质大学(武汉)委员会书记,刘亚东、温兴生任副书记。

12月

8日—12日　学校召开首届教职工代表大会第二次会议。会议听取并审议通过校长赵鹏大《为建设第一流的社会主义的综合性地质大学努力奋斗》的工作报告，通过了《关于修建地质工作者塑像的倡议书》。

16日　学校党委研究决定：成立校档案工作委员会，建立业余党校。

25日　学校党委印发《关于贯彻中共中央〈关于改进和加强高等学校思想政治工作决定〉的意见》。

25日　石油系助教何炜的硕士毕业论文《辽河裂谷西部凹陷下第三系油岩芳烃研究和稠油成因分析》获第二届中央国家机关青年优秀论文二等奖。

25日—28日　国家教育委员会召开全国高等学校优秀教材评审会议。中国地质大学获全国优秀教材特等奖两项：王鸿祯、刘本培编写的《地史学教程》，杨起（两位主编之一）主编的《中国煤田地质学》；获全国优秀教材奖两项：古生物教研室主编的《古生物学教程》，王大纯、张人权、史毅虹编写的《水文地质学基础》。获地质矿产部高校优秀教材奖7项，其中一等奖3项：付良魁主编的《电法勘探》，袁见齐、朱上庆、翟裕生主编的《矿床学》，邱家骧主编的《岩浆岩岩石学》；二等奖4项：杨森楠、杨巍然编写的《中国区域大地构造学》，李汝昌主编的《测量学》，孙作为主编的《物理化学》，潘兆橹主编的《结晶学及矿物学》。学校教材获奖数量占地矿系统优秀教材总数的30.4%。此外，朱志澄与成都地质学院徐开礼主编的《构造地质学原理》获地质矿产部优秀教材一等奖，马正、王世风参加编写的《油气田地下地质学》获地质矿产部优秀教材二等奖。

26日　武汉地区高校举行越野长跑比赛，中国地质大学（武汉）运动员荣获男女团体冠军。

本月　王鸿祯被聘为全国地质行业科学技术发展基金委员会主任。

本月　保卫处被武汉市公安局评为"1987年度先进集体"，吴继强、王淑云、张宏胜被授予"保卫工作先进个人"称号。

本月　武汉管理干部学院电镀金刚石制造工艺荣获第二届"武汉黄鹤发明奖"。

本年

中国地质大学（武汉）获国家自然科学奖三等奖12项，获国家教育委员会科技成果进步奖二等奖1项，获地矿部科技成果奖39项。

中国地质大学1987年设置本、专科专业22个，授予硕士学位学科、专业18个，授予博士学位学科、专业14个。

1988 年

1 月

6 日　校长办公会议听取副校长杨巍然关于学报机构调整以及有关问题的汇报。会议决定：①出版反映学校学术水平，反映主要学科成就的《地球科学》外文版，要加强同国外一些大学的交往和成果交流，扩大学校在国际上的影响。②积极筹备出版中国地质大学学报社会科学版。③《地球科学》中、外文版以原编委会为基础组成统一编委会，并着手组建社会科学版编委会。④中国地质大学学报成立统一编辑部，下设三室，即学报自然科学版《地球科学》编辑室、学报外文版编辑室、学报社会科学版编辑室。

7 日　地质矿产部副部长张文驹到校，召开部分系、部、处负责人及教师代表座谈会，听取"如何深化我国地质教育改革　端正办学方向"问题的意见。

12 日　学校党委决定：成立校改革工作领导小组，由毕孔彰任组长，赵鹏大、冉宗培任副组长；校改革工作领导小组的任务是协助党委调查研究，制定实行校长负责制方案，并组织实施。

12 日　地质矿产部办公厅向中国地质大学下发《关于办好中国地质大学问题的通知》。同意部教育司组织中国地质大学（武汉）、中国地质大学（北京）、中国地质大学武汉管理干部学院和中国地质大学北京管理干部学院负责同志联席会议形成的纪要，并就大学的领导职责、大学办事机构的设置及组成、各实体印章、迁校遗留问题等作具体批复。

27 日—28 日　学校召开函授工作会议。校长赵鹏大讲话。副校长陈钟惠作了题为《总结经验　努力开创函授工作的新局面》的报告。

本月　潘兆橹、晏同珍、郭秉文、范永香当选湖北省政协六届委员会委员，潘兆橹在六届一次会议上当选常委委员。

2 月

8 日　连绅当选政协武汉市第七届委员会委员、常委。

3月

7日　地质矿产部教育司授予中国地质大学卫生中级职务任职资格审定权。

20日　学校研制成功铊钡钙铜氧系超导材料。

31日　地质矿产部教育司根据国家教育委员会有关规定及湖北省教委职改办的批复,同意学校有权审定高等数学、普通物理学、应用化学、测量学等学科的教授、副教授任职资格;有权审定政治学科的副教授任职资格。

本月　郝诒纯、赵鹏大、张炳熹当选第七届全国人大代表,沈今川当选第七届湖北省人大代表。

本月　学校修订印发《关于具有研究生毕业同等学力人员申请硕士、博士学位试行办法》《关于同等学力人员申请硕士、博士学位暂行细则》。

4月

9日　中共地质矿产部党组决定,中国地质大学领导班子由下列人员组成。

中国地质大学校长:朱训(兼);常务副校长:吕录生;副校长:赵鹏大、翟裕生。

中国地质大学(武汉)校长:赵鹏大;副校长:陈钟惠、杨巍然、余际从。

中国地质大学(武汉)党委书记:毕孔彰;副书记:余际从。

中国地质大学武汉管理干部学院院长:赵鹏大(兼);副院长:任端芳(兼)、谢延淦,党委副书记:任端芳。

中国地质大学新领导班子组建后,原武汉地质学院、北京地质教育中心及武汉和北京管理干部学院党政领导班子成员职务自然免除。

9日　中国地质大学举行庆祝高元贵在校工作三十周年大会。

13日　"中国共产党武汉地质管理干部学院委员会""武汉地质管理干部学院"印章启用。

15日　国家自然科学基金会聘请张本仁为第二届地球化学学科评审组成员,聘请沈照理为第一届地质学科评审组成员。

22日　湖北省人民政府授予李思田"湖北省职工劳动模范"称号。

本月　学校决定在1987级本科生中选拔30名优秀生组建1987级地球科学实验班。

5月

6日　湖北省教育委员会批准"武汉地质学院教育科技服务公司"更名为"中国地质大学

（武汉）教育科技开发公司"，并由集体所有制单位改为全民所有制事业单位，实行企业化管理。该公司为技、工、贸相结合的经济实体。

10日　以几内亚自然资源和环境部办公室主任马马迪·索利·杨萨内为首的政府代表团一行4人来学校参观访问。

14日　学校举行科学技术协会成立大会。大会通过《中国地质大学（武汉）科学技术协会章程》，选举赵鹏大为第一届科协主席、杨巍然为常务副主席。

24日—26日　杨代华提交的"DSSH-1型机床微机控制系统"成果和苏桂珍提交的"激光全蒸发固体进样ICPES研究"成果获全国地矿系统青工"五小"和科技论文优秀成果一等奖。

26日　美国加里福尼亚大学格林教授来学校讲学，并检查学校世界银行贷款购置仪器设备利用情况。

29日　中国地质大学第一次校务会议在武汉召开。地质矿产部部长、校长朱训主持会议。会议确定办学宗旨，明确大学总部主要职能及领导体制，讨论通过《中国地质大学校务会议制度》《中国地质大学校（院）长联席会议制度》《中国地质大学常务副校长职责》和《中国地质大学办公室职责（试行）》。大学办公室自1988年6月1日开始办公，同时启用"中国地质大学"印章，在京、汉两地办公。

30日　地质矿产部部长、中国地质大学校长朱训，中国地质大学常务副校长吕录生等在赵鹏大、毕孔彰的陪同下，参观了学校大型设备及实验室。朱训还听取了学校党政领导的工作汇报。党委副书记、副校长余际从汇报了学生工作，副校长陈钟惠汇报了科技开发工作。

本月　陈敬中在世界上首次发现一种含锡、铝、镁、铁、锌、锰、钛、硅等多种元素的氧化物类新矿物，命名为"彭志忠石-6H"，被国际矿物联合委员会通过，国际编号88-010号。

6月

2日　中央顾问委员会委员、地质矿产部原部长孙大光来校考察调研。

2日　地质矿产部下发"中国地质大学"印章，学校即日启用新印章。

6日　湖北省高校工委第四调查组来学校进行历时两个月党内制度建设的调查。

10日　学校党委研究决定：①调整原武汉地质学院校务委员会，成立中国地质大学（武汉）校务委员会，由校长赵鹏大任主任委员；②成立中国地质大学（武汉）学术委员会，由校长赵鹏大任主任委员；③成立中国地质大学（武汉）学位委员会，由副校长杨巍然任主任委员；④讨论通过《校务会议工作条例（试行）》《校务委员会工作条例（试行）》，并决定于1988年7月1日起试行。

15日　学校成立九三学社省直属小组。

18日　校长办公会决定：1988年地质、矿产、探工（除安全工程专业外）实行按系招生，即一、二年级实行统一课程，三年级以后再酌情分专业。

27日　武汉管理干部学院党委研究决定：成立院务委员会；赵鹏大任主任委员，任端芳、谢延淦任副主任委员，委员23人。

28日　湖北省旅游地学研究会成立大会在学校召开。该研究会挂靠学校，是我国第一个省级旅游地学学术团体。会议通过《湖北省旅游地学研究会章程（草案）》，副校长陈钟惠当选为会长。

7月

20日　"中国共产党中国地质大学（武汉）委员会"印章启用，原"中国共产党武汉地质学院委员会"印章停止使用。

22日　国家教育委员会批准中国地质大学的矿物学、岩石学、古生物学及地层学、矿产普查与勘探和探矿工程为国家重点学科。

22日　武汉市科学技术委员会批准学校成立"中国地质大学地大新技术开发中心"。该中心为全民、集体、个体多种经济联营的科技开发企业。

26日　湖北省副省长韩南鹏来校了解学校的建设和发展、学生的思想状况、毕业生分配等情况。韩南鹏希望学校更好地为国家经济建设服务，为地方经济建设服务，并为学校题词："办好中国地质大学，培养'四有'人才"。

8月

5日　地质矿产部教育司批准中国地质大学（武汉）、武汉管理干部学院试办大专专修班。中国地质大学（武汉）设置的专业有矿管资源管理、安全工程、地图制图、地球化学找矿、应用地球物理、地质找矿（宝石鉴定与加工）；武汉管理干部学院设置的专业有文秘档案、劳动人事管理、设备管理工程、钻探工程。

27日　中国地质大学第二次校务会议在北京召开。会议主要围绕如何筹备开好4个实体的校（院）长联席会议及国家教育委员会批准学校5个重点学科点的建设规划及论证问题进行了讨论。

9月

3日　国家教育委员会外事局通知，于志平的"通讯与电子系统"荣获霍英东教育基金会首届青年教师基金及高校青年教师奖，梁传茂荣获霍英东基金，嵇少丞荣获侯德封奖。

4日　学校召开第2次校务会议,校长赵鹏大主持会议。会议决定:①为协助校长加强学校教学、科研、行政管理工作,设置教务长、秘书长。②根据中国地质大学研究生院在北京、武汉设分院的原则,决定中国地质大学(武汉)研究生院设院长、副院长职务。研究生院下设办公室、研究生处。研究生院办公室对外为二级单位,对内属研究生处三级单位。③对二级班子进行补充和调整,并就干部任免制度改革作出具体规定。④成立8个研究所和14个研究室。

5日　"中国地质大学(武汉)"印章即日起正式启用,原"中国地质大学(武汉)临时印章"停止使用。

7日　应校长赵鹏大邀请,美国夏威夷大学地质及地球物理系主任皮特森教授和麦克教授来校讲学,并商讨两校学术合作交流事宜。

12日　中国地质大学向国家教育委员会呈报校名英文称谓:CHINA UNIVERSITY OF GEOSCIENCES。

13日　29岁的温世明在赵鹏大教授指导下,通过博士论文答辩,成为我国第一位自己培养的数学地质博士。

22日　中国地质大学"校标"(编者注:今校徽)图案公布,张重光老师为主要设计人。

28日—29日　日本神户大学理学部部长安川克已教授和夫人来学校访问,并商谈日本神户大学和学校建立友好合作问题。

本月　学校全面实行教师职务聘任制。

10月

7日　学校举行庆祝大会,祝贺学校与日本神户大学联合登山队7名队员于9月25日成功攀登雀儿山主峰。

28日　赵鹏大主持召开第4次校务会议。会议决定:成立招生、分配办公室,暂由学生工作处领导。

31日　赵鹏大主持召开第5次校务会议。会议决定:设置宣传教育处,为行政二级单位,与党委宣传部合署办公。

本月　共青团湖北省委授予地质系分团委调研部、周口店实习站、长江三峡徒步旅行及社会调查小组、探工系马鞍山实习组、赴云南考察团等"暑期社会实践活动先进集体"称号;授予段继平、汤学耕、李为民、李文胜、李学国、胡一、先泽峰、刘旭东"先进个人"称号,授予校团委"优秀单位"称号。

11月

2日 赵鹏大被批准为国务院第二届学位委员会委员。

7日 学校举行地质工作者塑像揭幕仪式。

7日 学校召开思想政治工作研讨会,传达中央领导关于加强和改进思想政治工作、搞好形势教育的讲话精神。

10日 地质矿产部副部长张宏仁、部机关直属局局长蒋承松、部矿产开发局局长余鸿彰来学校调研并作地质事业形势报告。

13日 武汉地区高校第二十五届学生田径运动会闭幕。学校荣获女子乙组团体总分第一名、男子乙组团体总分第二名、男子甲组团体总分第八名。

24日 学校成立教材委员会,副校长陈钟惠任主任、胡家杰等14人任委员。

本月 马新生、刘亚东、温兴生、吕军、郭仁庆被共青团湖北省委授予"优秀团干部"称号。

12月

1日 第三十四届中国地质学会对理事会进行调整。朱训为理事长,翟裕生为副理事长,赵鹏大为常务理事,杨遵仪、李世忠、刘和甫、毕孔彰为理事。

1日 以罗森比斯为组长的世界银行专家咨询组一行4人来校检查世界银行贷款执行情况。

6日 湖北省高校工委批复同意毕孔彰、任端芳为中共湖北省第五次党员代表大会代表。

16日 湖北省教育工会授予应用化学系工会分会、总务处招待所工会小组"先进工会集体"称号;授予陈桂珍"优秀工会工作者"称号;授予周惟公、刘辅臣、赵根榕、田琦"优秀工会积极分子"称号。

17日 外事处更名为"国际合作处",调查研究室更名为"政策研究室"。

20日—26日 地质矿产部组织近30名专家来校对水文地质与工程地质专业进行全面教学质量评估。这是高等地质院校的首个专业评估点。

本月 湖北省在校大学生优秀科研成果评选结果公布,学校获优秀科研成果奖15项,其中一等奖1项。

本月 武汉管理干部学院WD-2型双刃阶梯金刚石锯片荣获1988年"武汉黄鹤发明奖"。

1989 年

1 月

6 日　学校召开教材工作暨优秀教材颁奖大会。副校长陈钟惠作题为《加强教材建设 为培养更好的地质人才作贡献》的报告。

7 日　社会科学课部更名为"社会科学系"。

12 日　武汉管理干部学院彭国翔等牵头研制的新产品——金刚石锯片切缝机试制成功。

28 日　学校成立监察室,为二级行政单位。

29 日　屠厚泽等研制的新型超硬材料——人造金刚石超硬镶嵌体,由地质矿产部科技司专家组鉴定通过。

2 月

14 日　经征得湖北省委同意,地质矿产部研究决定:刘玉发任中国地质大学(武汉)副校长。

14 日　经征得湖北省委同意,地质矿产部党组研究决定:关康年任中国地质大学(武汉)纪检委书记(副校级),李玉和任党委副书记。

14 日　老干部处更名为"离退休干部处"。

18 日　国家体委主任伍绍祖来校考察调研,并与部分高校负责人交流体育工作。

21 日　经征得湖北省委同意,地质矿产部党组批准任端芳任中国地质大学武汉管理干部学院党委书记兼副院长;吕文彦任中国地质大学武汉管理干部学院副院长、党委委员;免去谢延淦中国地质大学武汉管理干部学院副院长职务,保留副院级待遇。

3月

1日　学校印发《关于整顿校园秩序、优化育人环境活动的通知》。

2日　朱立任中国地质大学(武汉)工会主席(副校级)。

7日　赵鹏大主持召开第12次校务会议。会议讨论1989年着重抓好4项工作:①优化劳动组合、合理定编定岗,建立教学、科研、技术开发三支队伍;②建立党政管理干部和教师的考核制度;③加强德育教育;④整顿校园秩序,优化育人环境。

9日　学校颁发《1989年教职工宣传思想教育工作要点》。

13日　经征得湖北省委同意,地质矿产部研究决定,任命陈钟惠为中国地质大学(武汉)常务副校长。

20日　苏联莫斯科地质勘探学院副院长索科洛夫斯基教授、副院长卡马申科教授来学校进行友好访问。双方就恢复和发展两校友谊、加强学术交流和友好合作等问题交换意见,并签订科技友好合作协议。

21日　中国地质大学向世界银行申请贷款建立的"地质超深井钻探实验室"和"矿物岩石材料基础与应用研究实验室"顺利通过现场评估。

29日　地质矿产部教育司同意学校开办计算机应用、公共关系、地质经济管理、科技管理与科技统计、行政管理、石油地质、矿产勘查与开发、分析测试、水文地质与工程地质专业证书班。

4月

5日　学校劳动服务公司荣获湖北省劳动服务公司系统先进集体奖,李荫增荣获先进个人奖,彭芳华荣获武汉市劳动服务公司系统先进个人奖。

6日　学校校务会议决定:成立武装部;撤消生产设备党总支部,其下属生产设备处的3个支部归教务党总支部;基建处的两个党支部及财务处党支部归总务党总支部。

8日　湖北省档案局授予荆木兰"模范档案工作者"称号。

13日　学校成立修建处。

15日　经征得湖北省委同意,地质矿产部党组决定:任命李玉和为武汉地质管理干部学院党委副书记,免去其中国地质大学(武汉)党委副书记职务。

21日　全国首届尹赞勋地层古生物学奖颁奖仪式在学校举行,殷鸿福获此殊荣。

21日　中国古生物学会成立六十周年纪念活动、中国古生物学会第五届会员代表大会暨第十五次学术年会在学校举行。

22日　经征得湖北省委同意,地质矿产部党组决定:任命关康年为中国地质大学(武汉)党委副书记。

26日　学校印发《关于授予函授、夜大本科毕业生学士学位的暂行规定》。

5月

11日　国家科学技术委员会委托学校举办的全国首届科技管理与科技统计专业证书大专班开学。

本月　计算机系开发的"交互式计算机彩色绘图辅助设计系统"通过地矿部组织的专家鉴定。

6月

8日　国务院学位委员会通知,学校被列为自行审批一级学科的硕士学位授权学科、专业试点单位;地质学和地质勘探、矿业、石油两个一级学科的硕士学位授权学科、专业由学校自行审批。

9日　校长办公室印发《中国地质大学(武汉)学位评定委员会关于自行审批硕士学位授权学科、专业试行办法》。

14日　学校决定:将图书馆委员会调整组成图书情报委员会,杨巍然任主任委员,余际从、胡家杰、顾锡瑞、史元盛任副主任委员。

22日　学校确定《地球科学》编辑部为二级单位。

7月

9日—19日　第二十八届国际地质大会在美国华盛顿会议中心举行。王鸿祯、赵鹏大作为中国代表团正式代表出席大会。赵鹏大向大会提交题为《矿床大比例预测的理论和原则》的论文。李思田、路凤香、束今赋、项伟作为列席代表参加会议。

28日　应日本神户大学山岳部部长平进一正教授邀请,胡燕生率学校登山队赴日本进行登山训练及访问。

8月

8日　国家科学技术委员会批准中国地质大学创办新期刊《中国地质大学学报（外文版）》(Journal of Geology University of China)。

19日　学校印发《关于在学生中进行政治教育和法制教育的通知》。

9月

6日　中国地质大学第七次校务会议在北京召开。吕录生、赵鹏大、翟裕生出席会议。会议同意在中国地质大学研究生院下设中国地质大学（武汉）研究生院和中国地质大学（北京）研究生院，院长由各校自行任命，已刻印章即日启用；中国地质大学出版社总编室在京设置分社，将原来分编室附属其内。每年分一部分书号由北京掌握，经费自筹；对中国地质大学《关于京、汉两地分配高知楼的意见》方案进行研究。

8日　学校党委印发《1989年下半年教职工宣传教育和思想政治工作要点》（简称《要点》）。《要点》指出，本学期全体教职工要深入学习、宣传、贯彻党的十三届四中全会精神和邓小平重要讲话精神，认真开展爱国主义为主要内容的思想政治教育。

28日　学校举行表彰先进大会，宣布先进个人和优秀成果奖，并向获奖者颁发荣誉证书。张本仁荣获"全国教育系统劳动模范"称号；赵鹏大、刘本培获评"国家级有突出贡献专家"称号；张一球、吴信才荣获"全国优秀教师"称号；张淑贞、卢文忠、郭守国荣获"地质矿产部教书育人优秀教师"称号；廖恩霖、李爱菊荣获"湖北省优秀教师"称号；顾锡瑞、李建设、臧惠林荣获"湖北省优秀教育工作者"称号；关景太荣获"湖北省公安系统先进工作者（三等功）"称号。

於崇文等主持完成的《南岭地区钨铅锌等有色稀有矿床的控矿条件、物质成分、分布规律》获国家级科技进步二等奖；李思田等主持完成的《中国东部几个聚煤盆地形成演化和煤聚集规律》、池际尚等主持完成的《中国东部新生代玄武岩及上地幔研究》获地质矿产部科技进步一等奖；徐国风主持的《金属矿物旋转性研究》、盛绍基等合作完成的《痕量金微珠析出比色法》、王濮等主持完成的《系统矿物学》获地质矿产部科技进步二等奖；华欣主持完成的《碳质球粒陨石中镁橄榄石周边和内部的铁橄榄石、脉、晕及其成因信息》获国家教育委员会科技进步二等奖。

29日　湖北省最佳科技期刊、优秀科技期刊表彰大会在洪山礼堂举行。《地球科学》荣获湖北省最佳期刊奖，《地质科技情报》《地质科学译丛》等获湖北省优秀期刊奖。《地球科学》主编赵鹏大代表7家最佳期刊获奖单位在大会上讲话。

本月　国际地科联地质数据存储自动处理与检索委员会执委会通知，聘请赵鹏大担任国际地科联地质数据存储、自动处理与检索委员会(COGEODATA)亚洲地区代表。

10月

2日—8日　陈钟惠、潘兆橹、陈敬中应日本冈山理科大学校长加计勉、测试分析中心主任桥本初次郎邀请,到日本冈山、大阪、京都进行学术访问和讲学。

4日　湖北省教育委员会授予章书政、汪琼、高挥、顾锡瑞、王福盛"全省高等学校图书馆先进工作者"称号。

8日—9日　全国地质系统首届青少年田径运动会在学校举行。学校获地质院校男女团体总分第一名。

20日—22日　学校攀岩队代表地质矿产部参加在河南省焦作市举行的全国攀岩比赛,并获得男女团体总分第一名。

27日　学校隆重举行纪念李四光诞辰一百周年大会。副校长杨巍然作了题为《发扬李四光的革命精神　走李四光的成长道路》的讲话。

28日　机械设计实验室、物理实验室被湖北省教育委员会评为"全省高等学校实验室系统先进集体",张振生被评为"全省高等学校实验室系统先进个人"。

本月　张本仁荣获"李四光地质科学奖教师奖"。

11月

1日—4日　保加利亚索非亚大学光学及光谱学系主任培特基也夫(A. PETRAKIEV)夫妇来学校讲学访问。应用化学系与索非亚大学光学及光谱学系初步签订了学术交流及学者互访协议。

2日　物探系电法教学组张桂青、潘玉玲、刘菘主持完成的《地质类工科专业课程教学改革成果》和体育部胡燕生、张雪琴、朱发荣主持完成的《结合地质专业特点,改革体育教学成果》获国家级优秀教学成果奖。

28日　探工系1982届毕业生、全国劳动模范孙金龙回学校与学生进行座谈。

12月

1日　经同行专家通讯评议及基金会顾问委员会评审,孟大维获1989年"霍英东青年教师奖"。

1日　国务院学位委员会聘请王濮、王鸿祯、张本仁、沈照理、赵鹏大、屠厚泽为通讯评议专家组成员。

8日　国家教育委员会批准中国地质大学"1989年博士学科点专项科研基金"项目4项，总经费14.5万元。

25日　学校获湖北省大学生优秀科研成果二等奖1项、三等奖17项。

31日　经湖北省、北京市委高工委同意，地质矿产部党组决定：刘玉发任中国地质大学（北京）副校长，免去其中国地质大学（武汉）副校长、党委委员职务。

本月　武汉管理干部学院二次成型电镀金刚石钻头获武汉地区发明二等奖。

本月　湖北省高工委授予毕孔彰、张锦高、温兴生、邵锡昌、余心根等"优秀政工干部"称号；授予孙治定、周修高、曾鹤陵、吴旭祖、顾锡瑞、刘祖诚等"优秀党务工作者"称号。

1990年

1月

8日　中国地质大学向地质矿产部教育司呈报《关于中国地质大学出版社申请重新登记报告》《高校出版社重新登记补充条件认可书》《中国地质大学出版社整顿的报告》。

9日　地质矿产部人事劳动司总工程师李德仁等来学校检查安全工程专业发展情况,并同意安全工程专业每年招一个本科班。

11日　中国地质大学第八次校务会议在江苏省苏州市召开。校长朱训主持会议,吕录生、赵鹏大、翟裕生出席,任端芳、朱思贵列席。会议明确两地校刊名称统一定为"中国地质大学",分别注明中国地质大学(武汉)编、中国地质大学(北京)编。一致提议《勘探队员之歌》为中国地质大学校歌,待征求群众意见后校(院)长联席会议上讨论决定。拟制定学校整体长远规划。朱训就大学的稳定、提高办学水平、内部机构改革、班子建设、办学方针、实习基地建设等作出要求。

11日　地质矿产部人事劳动司通知,聘请魏伴云、张国屏为事故调查和隐患评估专家。

17日　学校研究决定:研究生院下设院办公室和研究生处;成立数学地质、遥感地质研究所。

本月　探工系和武术协会获评"湖北省群众体育工作先进集体"。

2月

14日　地质矿产部党组决定:任命程业勋为中国地质大学副校长,免去翟裕生中国地质大学副校长职务。

19日　地质矿产部高等教育研究室及其所办刊物《地质教育研究》由成都转来武汉,挂靠中国地质大学(武汉),并与学校高教研究室合署办公。

20日　学校成立凿岩机械厂。该厂系校办工厂,全民所有制。

本月　学校印发《中国地质大学(武汉)高水平运动队(田径队)管理办法》。

3月

1日　学校印发《中国地质大学(武汉)专利工作管理办法(试行)》。

5日　铁道部隧道工程局领导来到学校,祝贺由张国桦等人参加的"大瑶山长大铁路隧道修建新技术"项目荣获1989年度铁道部科学技术进步特等奖。

6日　苏联列宁格勒大学地质系主任波·康·里沃夫教授来校访问讲学,就两校今后在科研方面的合作进行磋商。

14日　学校印发《关于组织青年教师到基层锻炼的通知》《青年教师到基层锻炼考核办法》。

21日　吕录生任地质矿产部教育司司长,仍兼中国地质大学常务副校长。

25日　校长赵鹏大出席全国人大七届三次会议。

本月　湖北省高工委授予任端芳"优秀党务工作者"、张光明"优秀政工干部"称号。

4月

5日　学校召开全体党员大会,进行党员重新登记动员和部署。

5日　地质矿产部教育司批准地球科学试验班合格毕业生授予双学士学位。

12日　湖北省教育委员会授予膳食科二食堂、保健科"省高等学校先进集体"称号;授予赵克让、扶华、刘俊民、程璞、高作文、唐先智、刘玉文、李带平"先进工作者"称号。

13日　监察室更名为"监察处",监察处和纪律检查委员会合署办公。

21日—22日　湖北省首届成人高校田径运动会在武汉管理干部学院举行。

本月　党委办公室印发《中国地质大学(武汉)会计档案管理办法》。

5月

2日—9日　学校举办首届校园文化艺术节,先后进行文艺演出、书法、绘画、摄影展览和最佳服装大奖赛评选以及各类文体比赛。

6日—15日　应苏联莫斯科地质勘探学院邀请,常务副校长陈钟惠率代表团赴苏联进行访问。学校和莫斯科勘探地质学院、伊尔库茨克大学、伊尔库茨克工学院等3个院校签订教育、科研合作协议书。

7日　学校金刚石制品研究室研制的"花岗石板材加工用金刚石磨头",入选湖北省1990年度第一批省级重点新产品试产计划。

23日　审计室更名为"审计处"。

31日　校长办公室印发《中国地质大学(武汉)科技档案工作条例》。

31日　学校在第二届"地矿杯"全国地矿系统攀岩比赛中荣获团体总分第二名。

本月　校长赵鹏大同科研处相关负责人赴云南,与云南地矿局领导签署地质科技合作协议书。

6月

6日　湖北省劳动厅通知,学院劳动服务公司更名为"劳动就业处"。

4日—6日　苏联赤塔工学院副院长库金教授来校,商讨科研协作及筹办合资企业事宜。

10日　地质矿产部党组研究决定:免去吕文彦武汉管理干部学院副院长、党委委员职务。

19日　中国地质大学第九次校务会议在北京召开。朱训主持会议,吕录生、赵鹏大、程业勋出席会议。会议决定:建立中国地质大学基础统计数据库;统一编制中国地质大学的对外宣传品;《地球科学》作为中国地质大学学报,由中国地质大学(武汉)主编;暂以《勘探队员之歌》作为中国地质大学校歌;鼓励京汉两地的博士导师相互易地招收研究生;京汉两地统一规划重点学科带头人;共同建设三结合基地;搞好离退休老干部的管理工作,对1978年以前离退休人员采取两地分担的办法解决,中国地质大学(武汉)分担60%、中国地质大学(北京)分担40%;为保持武汉管理干部学院教师队伍的稳定,从学校现有的专业中既有本科又有专科的专业分出两三个专科专业放到武汉管理干部学院去办等。

25日　中华人民共和国新闻出版署批准中国地质大学出版社重新登记注册。

本月　国家教育委员会授予赵克让"全国高等学校后勤工作先进个人"称号。

7月

1日　人事部批准王鸿祯、杨遵仪、袁见齐、池际尚、郝诒纯等5位学部委员享受1990年政府特殊津贴。

2日　地质矿产部党组决定:赵延明任中国地质大学(武汉)党委副书记,主持党委工作,免去其河北地质学院党委副书记职务;张锦高任中国地质大学(武汉)党委副书记;免去余际从中国地质大学(武汉)党委副书记职务。

31日　学校确定长江电镀金刚石钻头研制公司为校直属单位。

本月　学校党员重新登记工作到7月底基本结束,1002名正式党员准予登记。

8月

7日　党委宣传部部长赵中奇调任西安地质学院副院长。

13日　中国地质协会授予学校"群众体育工作先进单位"称号,授予胡燕生"先进个人"称号;应用化学系受到表扬。

25日　湖北省教育委员会高校工厂办公室批准学校兴办实验钎具厂。

9月

10日　武汉管理干部学院党委会决定各系党支部设专职支部书记或副书记。

17日　武汉管理干部学院党委会研究决定:将组织处与人事处分开,撤销组织处,成立党委组织部;撤销宣教处,将宣教处分成党委宣传部和学生工作处。

18日　地质矿产部党组决定:胡家杰任武汉管理干部学院副院长、党委委员。

20日　1990年国家自然科学基金项目评审结束,中国地质大学获批自然科学基金45项,总资助金额114.7万元。

29日　武汉市清理整顿公司,领导小组批准保留学校教育科技开发公司、长江电镀金刚石钻头研制公司、劳动服务公司。

30日　学校党委研究决定:赵延明任学校学生工作领导小组组长,张锦高任副组长;关康年任保密委员会主任委员。

本月　由地质矿产部探矿工程研究所和学校探工系共同研究设计、长江探矿机械厂制造的LYZ—XD12型单臂全液压凿岩体台车在北京周口店全面调试成功。

本月　罗云代表中国劳动保护科学技术学会赴德国科隆市出席第一届世界安全科学大会。

10月

3日　法国奥尔良大学杜赫教授来校进行为期一个月的讲学和科研考察,并帮助世界银行检查学校贷款项目执行情况。

8日　中国地质大学第十次校务会议在北京召开。吕录生、赵鹏大、程业勋出席会议。会议决定京汉两地组成统一筹备委员会,统一规划四十周年校庆活动;组织中国地质大学统一校友会,收录编辑《中国地质大学校友名录》;校庆前编辑出版《中国地质大学优秀人物事迹选编(暂定名)》《中国地质大学大事记(1987—1991)》《中国地质大学简介》等。

10日 赵鹏大被人事部聘为博士后管委会地学专家组成员。

20日—25日 由学校发起组织,加拿大地质调查所协作,国际数学地质协会及国际地质数据委员会、中国地质学会数学地质专业委员会赞助的"矿产资源统计预测国际学术讨论会"在学校举行。湖北省副省长韩宏树、武汉市副市长郭友中、省科协副主席向克家、省外办主任李学文等出席大会开幕式。来自中国、美国、加拿大、苏联、澳大利亚、捷克斯洛伐克、印度、波兰、西班牙9个国家的112名代表参加会议。

25日—31日 第15届国际地质科学史学术讨论会在中国地质大学(北京)召开,这是亚洲也是第三世界国家第一次承办这样的盛会。王鸿祯教授当选为国际地质科学史委员会副主席。中国地质学会地质学史研究会第七届年会也同时召开。

本月 中国地质大学《地球科学》外文版创刊发行。

本月 武汉管理干部学院科技公司新技术应用研究所和实验机械厂试制的超高压油管通过武汉钢铁学院主持的国家级检验测定,各项指标达到法国同类超高压油管标准。

本月 武汉管理干部学院科技公司锯片厂发明的"二次成型双刃电镀金刚石锯片"在天津举办的第五届全国发明展览会上获得铜牌。

11月

6日 美国德克萨斯大学古地磁专家埃尔沃德教授来学校讲学,检查世界银行贷款工作执行情况。

7日 国家基金委地学部副主任张知非来学校检查基金科研项目工作。

9日 苏联莫斯科地勘学院副院长卡马申科教授等3人来学校进行讲学访问。

21日 国务院学位委员会批准中国地质大学自行审批博士学位授予专业:沉积学(含古地理学)、应用地球化学、环境地质。

23日 学校学生科学技术协会成立暨首届学术报告会开幕。校长赵鹏大、党委副书记关康年向学生科学协会授予会牌。

12月

5日 学校党委研究决定:成立科技开发党总支部,由教育科技开发公司、劳动服务公司、地大公司、长江钻头研制公司、实验钎具厂各支部联合组成。

6日 学校被湖北省教委评为"教材工作先进单位",同时被选为湖北省教材研究会常务理事单位。

8 日　在湖北省教委组织的 1990 年大学生优秀科研论文评比中,学校学生论文获一等奖 1 项、二等奖 16 项、三等奖 10 项。

13 日　副校长杨巍然主持召开二级单位分管档案工作领导、专兼职档案员会议。杨巍然宣讲《档案法》和《档案法实施办法》的意义,并宣布成立"综合档案室",为副处级建制,归校长办公室领导。

29 日　常务副校长陈钟惠主持召开校长办公会议,决定先在低年级研究生中试行班主任制度。

本月　地球化学研究所被国家教育委员会和国家科学技术委员会评为"全国高等学校科技工作先进集体";李思田、张国桦、邓晋福被评为"全国高等学校先进科技工作者";王鸿祯、杨遵仪、池际尚、郝诒纯、袁见齐、苏良赫、王大纯、李世忠、陈光远、杨起、张咸恭、於崇文为荣誉证书获得者。

本年

学校有 22 项优秀科技成果分别获国家和地质矿产部科技成果奖。其中,李志忠等主持完成的《河北迁安铁矿区早前寒武纪地质构造及矿田构造研究》获国家科技进步奖三等奖;陈毓川等主持完成的《南岭地区与中生代花岗岩类有关的有色稀有金属矿床研究》、中国地质大学主持完成的《地质矿产术语分类代码》获地质矿产部科技进步奖一等奖;殷鸿福等主持完成的《中国古生物地理学》、卢作祥等主持完成的《山东省招远县金矿点检查重要矿床研究和金矿成矿预测》、李大佛等主持完成的《新型电铸人造金刚石钻头(复合)片钻头设计与电铸工艺研究》、李万亨等主持完成的《甘肃省白银地区小铁山矿床资源开发利用的技术评价和最优研究》获地质矿产部科技进步奖二等奖;另有 15 项成果获地质矿产部科技进步奖三等奖。

1991年

1月

2日 学校成立"世界银行贷款项目总结工作领导小组",常务副校长陈钟惠任组长。

5日 湖北省委高校工委授予探工系安全工程教研室党支部、图书馆党支部、矿产系直属党支部、物探系电磁党支部"先进基层党支部"称号。

9日 中国地质大学向地质矿产部呈送《关于"八五"期间解决中国地质大学(武汉)"老有所归"职工住房问题的报告》。

16日 人事部、全国博士后管委会通知,赵鹏大为全国博士后管委会地学专家组成员。

24日 国家教育委员会、国务院学位委员会作出《关于表彰在工作中作出突出贡献的中国博士、硕士学位获得者的决定》。马鸿文、万力、史晓颖、高长林4位博士和李洵硕士受到表彰,并被授予荣誉证书。

本月 学校被评为武汉市1990年度"创建卫生城市活动先进集体"。

2月

21日 地质矿产部党组研究决定:免去任端芳中国地质大学武汉管理干部学院党委书记、党委委员职务。

25日 国家教育委员会科技管理中心通知中国地质大学:可申报1991年度高等学校博士学科点专项科研基金54万元,申报课题项目17项。

29日 苏联第聂泊尔彼德罗夫斯克矿业学院地勘系主任一行3人来学校访问,并商谈教学、科研和科技开发合作问题。

3月

1日　学校政工干部培训班举行开学典礼,校长赵鹏大、党委副书记赵延明出席典礼并讲话。从3月起,学校对政工干部进行为期3年的培训,使政工干部政治理论水平达到思想政治教育专业第二学位标准。

6日　生产设备处、测试中心被湖北省科委评为1990年度"大型仪器设备管理工作先进单位";物探系大地电磁组、测试中心电子探针室、计算机系运行开发室、同位素MAT-251组被湖北省科委评为"大型仪器设备管理工作先进集体";方玉禹、张相平被评为"大型仪器优秀管理工作者";金星、沈上越、陈开元、杨志宇、戴联其被评为"先进个人"。

10日　苏联莫斯科大学地质系主任特罗菲莫夫教授来学校访问、讲学并签订科技合作协议。

12日　学校和陕西省地矿局签订为期5年的横向合作协议,包括地质科学研究、地质教学、地质科技咨询服务、新产品开发和多种经营等。

14日　武汉管理干部学院科技公司与广东探矿厂联合兴办金刚石刀具制品厂签订合作协议。

19日　湖北省劳动就业管理局授予李荫增"劳动就业先进工作者"称号。

21日　陶要武被评为"地矿系统评审计先进工作者"。

22日　中国地质大学(武汉)教育科技开发公司更名为"中国地质大学(武汉)科技开发公司",为技、工、贸相结合的经济实体。

本月　武汉管理干部学院科技公司金刚石锯片厂研制成功的二次成型电镀金刚石磨具产品在广州召开的第二届国际专利新技术新产品展览会上荣获金奖。

4月

1日　武汉地质学院党委原书记李武元逝世,享年65岁。李武元1940年参加革命工作,同年5月加入中国共产党,1989年5月离休。

8日　矿物实验室被国家教育委员会评为"全国高校实验室系统先进实验室",周维公被评为"全国高校实验室系统先进个人"。

12日　应校长赵鹏大邀请,荷兰自由大学教授、学校客座教授英格伦及其研究人员布鲁茨尔博士、威尼克和克利奇尼(英国人)等4人来校,进行为期20天的讲学及科研合作。

本月　湖北省自然科学第三届优秀学术论文评选结果公布。学校有18篇论文获奖,其中一等奖3篇、二等奖7篇、三等奖8篇。

5月

5日　学校第四次研究生代表大会和首次研究生团员代表大会召开。大会通过了研究生会章程,确定"团结、求实、开拓、奉献"为研究生院的院风。

24日　应校长赵鹏大邀请,荷兰国际航空航天测量和地球科学学院地球资源调查系教授、著名数学地质、遥感地质专家法布里及助手谢撒拉尔来学校讲学。

20日—26日　苏联莫斯科国立石油天然气大学石油天然气普查勘探理论基础教研室主任、莫斯科市教育委员会主席、莫斯科市苏维埃代表、莫斯科市主席团成员巴基洛夫教授来学校讲学。

29日　中共江苏省委高校工委副书记黄治中等一行8人来学校考察,交流高校党的建设和思想政治工作的经验。

本月　地质矿产部授予财务处"先进财会工作集体"称号。

6月

14日　湖北省委书记关广富参加在学校召开的"湖北省高校教育改革座谈会",听取校长赵鹏大、党委副书记赵延明关于学校工作的汇报,还专程到地大翎达石材有限公司考察调研。

15日　研究生党总支委员会更名为"研究生院总支委员会"。

17日　湖北省委高校工委授予潘铁虹、邢相勤、李荫增、王福盛、唐先智、韩峭峰"优秀共产党员"称号。

18日　学校成立港澳台办公室,由学校党委、行政双重领导,与党委统战部合署办公。

18日　湖北省委高校工委通知,郑银霞任湖北省高校妇女工作委员会委员。

24日　中共地质矿产部党组授予探工系安全工程教研室党支部、图书馆党支部"先进基层党组织"称号;授予王福盛、潘铁虹、唐先智"优秀共产党员"称号;授予周明、邢相勤"优秀党务工作者"称号。

29日　人事部、全国博士后管委会批准中国地质大学增设地质勘探、矿业、石油学科博士后流动站。设站学科所含专业(二级学科):矿产普查与勘探,煤田、油气地质与勘探,水文地质与工程地质,应用地球物理,探矿工程,数学地质。

本月　湖北省委高校工委授予陶力士"湖北省高校、科研院所优秀党政干部"称号。

7月

1日　中国地质大学各办学实体举行庆祝中国共产党成立七十周年大会。

1日　国家教育委员会公布《普通高等学校本科专业设置清理审核结果》。学校地质矿产勘查、石油地质勘查、煤田地质勘查、勘查地球物理、探矿工程、矿业机械、计算机及应用、工业分析、工业管理工程、安全工程、地质学、构造地质学、古生物学及地层学、岩矿地球化学专业名称通过审核；水文地质及工程地质专业更名为水文地质与工程地质专业，地球化学勘查专业更名为地球化学与勘查专业。

1日　学校闭路电视系统投入使用，"中地大电视台"同时开播。

12日　学校印发《中国地质大学（武汉）住房制度改革实施方案（试行）》。

20日　校长赵鹏大赴苏联访问，与第聂泊彼德罗夫斯克矿业学院院长皮夫尼亚克商谈两校进一步合作问题。

8月

20日　国家教育委员会下达1991年中国地质大学博士学科点专项科研基金项目9项，总经费28.2万元。该经费分3年拨款。

25日　学校党委决定：成立校思想政治教育讲师团。

9月

3日　国务院学位委员会办公室批准中国地质大学开展授予在职人员硕士学位工作。学科所含专业有：分析化学，矿物学，岩石学，矿床学，地球化学，古生物学及地层学，构造地质学，矿产普查与勘探，煤田、油气地质与勘探，水文地质与工程地质，应用地球物理，探矿工程，数学地质，遥感地质。

7日　地质矿产部授予杨景明、叶牡才、段新胜"教书育人优秀教师"称号。

10日　国家教育委员会通知，游振东荣获"全国优秀教师"称号。

15日　湖北省科学技术委员会、湖北省新闻出版局、湖北省科学技术协会授予王亨君、王小龙"湖北省科技期刊优秀编辑工作者"称号。

17日　国家教育委员会科学技术委员会聘任沈照理、范永香为国家教育委员会科技委第二届学科组成员。

29日　学校成立科技开发管理处,负责学校科技开发管理工作。

29日　学校获湖北省大学生科技成果博览会"组织优胜奖"。单光祥获学术论文作品一等奖,周顺平获三等奖,李水如获纪念奖;谭再刚获社会调查报告类作品二等奖,尹志刚获三等奖,毛永健获纪念奖。

本月　探工系学生张树森获第五届全国攀岩比赛男子单人攀登第一名。

10月

17日　湖北省教委批准学校设立英国宝石协会会员资格考试中文考点。这是全国唯一的FGA函授点,也是世界上唯一的FGA中文考点。FGA证书是世界公认的宝石鉴定师高级证书。

28日　生产设备处被评为1990年度"湖北省高校财产和实验室统计工作先进单位",侯文英被评为"湖北省高校财产和实验室统计工作先进个人"。

29日　中国地质教育协会成立大会暨第一届第一次理事会会议在学校举行。中国地质大学副校长程业勋被选为中国地质教育协会副理事长。

本月　路岳华被评为地质矿产部"图书馆工作优秀工作者",虞哲蓉被评为地质矿产部"地质情报优秀工作者",图书馆被评为地质矿产部"图书工作先进集体"。

本月　游振东、於崇文荣获第二届李四光地质科学奖,其中游振东获"李四光地质教师奖",於崇文获"李四光地质科学研究者奖"。

11月

1日　地质矿产部副部长张文岳来学校考察,对学校今后工作提出几点要求:①要抓好党的理论、思想、组织建设;②根据自身优势,真正把学校办出特色;③建立一支素质精良的教师队伍;④继续抓好科技开发;⑤进一步做好教学、科研、生产三结合联合体的工作。

7日　地质矿产部党组决定:任命黄澄波为武汉管理干部学院党委书记。

11日　人事部、地质矿产部批准李大佛、张国桦、殷鸿福、刘本培、赵鹏大、张本仁、游振东、於崇文、李思田享受1991年首批政府特殊津贴。

16日　曾在学校任教的日本友人松尾惠美子专程从日本来到武汉,向学校赠送樱花树。

25日　党委宣传部、组织部、党校联合举办第一期青年教师政治理论培训班。党委副书记赵延明作了题为《深入持久地开展反"和平演变"的斗争　从思想上筑起反"和平演变"的钢铁长城》的专题辅导报告。

27日　学校与云南省地质矿产局联合成立"云南三江地质矿产研究所"。

12月

1日 学校荣获湖北省1991年"暑期社会实践活动优秀组织奖";张锦高荣获"社会实践活动优秀支持奖";水文系赴深圳社会实践活动队、社科系赴湖南慈利县社会调查组、基础课部赴井冈山社会实践活动组被评为"湖北省社会实践先进集体";王文奇、毛永健、徐士元、刘媛被评为"省级先进个人"。

2日 全国博士后管委会办公室批准肖克炎到学校地质勘探、矿业、石油学科博士后流动站做博士后。肖克炎是学校招收的第一位博士后。

17日 国际数学地质协会授予赵鹏大"1990年度克伦宾奖章"。赵鹏大是获得此项殊荣的第一位亚洲人。

20日 学校成立党委党校。

25日 地质矿产部党组批准学校在第七次党代会后实行党委领导下的校长负责制。

26日—28日 中国共产党中国地质大学(武汉)第七次代表大会召开。赵鹏大致开幕词。党委副书记赵延明代表上届党委作题为《全面贯彻党的基本路线和教育方针,为培养合格的社会主义建设者和接班人而奋斗》的工作报告。关康年代表上届纪委作工作报告。赵鹏大受党委委托,作题为《关于学校十年发展规划和"八五"计划的说明》的报告。大会选举丁振国、王家映、史元盛、关康年、汤凤林、余际从、张心平、张桂珍、张锦高、陈安民、陈钟惠、吴淦国、邵锡昌、杨巍然、林秀伦、岳希全、赵克让、赵延明、赵鹏大、郭凤典、梁中华等21人为党委委员,选举邓祖杨、关康年、方耀华、李仕钧、李泽九、吴春梅、张武雪、姚俊安、郭铁鹰等9人为纪委委员。

26日 中国地质大学印发《中国地质大学对京汉两校"关于78年以前原北京地质学院退休职工生活管理的协议"的批复》。

31日 湖北省委和地质矿产部党组批准学校第七届委员会和第六届纪律检查委员会第一次全体会议选举结果。第七届党委常委会由关康年、余际从、张锦高、杨巍然、陈钟惠、赵延明、赵鹏大组成;赵鹏大任中国地质大学(武汉)党委书记;赵延明、关康年、张锦高任中国地质大学(武汉)党委副书记;关康年任中国地质大学(武汉)纪委书记,吴春海任纪委副书记。

本年

学校获1991年度国家自然科学基金委员会批准基金项目13项,总经费达64.5万元。

学校获武汉市高校越野比赛男子第一名、团体总分第一名。

学校1991年获地质矿产部地质科技成果奖18项,其中二等奖4项、三等奖13项、四等奖 1 项;获辽宁省、广西壮族自治区科技进步二等奖各 1 项;获湖北省科技进步三等奖 1 项。於崇文等主持完成的《云南个旧锡-多金属成矿区内生成矿作用的动力学机制》、王燮培等主持完成的《酒西盆地石油地质特征及油气远景评价》、赵鹏大等主持完成的《新疆富蕴县喀拉通克成矿带铜镍金资源总量预测研究》、韩国筠等主持完成的《高强度薄壁钻杆接头》获地质矿产部地质科技成果奖二等奖;李砚耕等主持完成的《DZYG30B 型全压凿岩机》获辽宁省科技进步二等奖;陈崇希等主持完成的《滨海多含水层系统水资源评价及承压水层海底等效边界研究》获广西壮族自治区科技进步二等奖。

1992年

1月

1日　学校实行校务会议制度。校务会议简报公布校务会议的有关议事情况及产生的决议、决定。实行校务会议制度后,原校长办公会议制度停止执行,校长办公会议简报随之停止使用。

7日—9日　学校第三届教职工代表大会暨第十二届工会会员代表大会召开。大会通过《中国地质大学(武汉)十年发展规划和"八五"计划的意见(草案)》等3个决议和意见(草案)。

18日　学校校务会议人员组成如下:赵鹏大、陈钟惠、杨巍然、余际从、赵延明、关康年、张锦高、朱立、赵克让、朱新国。

28日　李大佛被人事部批准为1992年度国家有突出贡献的中青年专家。

本月　新年前夕,中国原子能科学研究院、中国地质大学(武汉)同位素研究室等单位研究人员通力合作,在HI-13型超灵敏串列加速器质谱计上首次测定出第一批$^{36}C_1$实用样品,我国成为世界上能够测定和应用$^{36}C_1$解决地质和环境等问题的少数国家之一。

本月　煤田地质学家杨起教授当选中国科学院学部委员。同时当选学部委员的7位校友是:1953届毕业生刘宝珺、1955届毕业生马宗晋、1955届毕业生孙大中、1956届毕业生欧阳自远、1956届毕业生傅家谟、1957届毕业生张弥曼、1962届毕业生叶大年。

2月

18日　高山教授荣获"中国科协第三届青年科技奖"。

18日　地质矿产部同意学校成立珠宝学院。

26日　学校召开博士后流动站建站工作会,并成立博士后流动站协调组,副校长杨巍然任组长。

3月

4日 学校正式成为湖北高校系统首家会计工作达标升级单位。

6日 中国教育工会湖北省委员会授予童林芬、张武雪、王晓林"高等学校优秀女职工"称号。

15日 学校成立大学生军乐团。

16日 湖北省侨联五届三次全委（扩大）会议增补周培健为湖北省侨联第五届委员会委员。

27日 湖北省委高校工委召开"全省高校党风先进表彰暨现场经验交流会"，武汉地质管理干部学院办公室主任丁良华被评为"党风建设先进个人"，机关第一支部被评为"先进支部"。

31日 教务处被地质矿产部评为"七五"期间职工教育先进单位，副处长郭金楠被评为先进工作者。

本月 地质矿产部授予魏伴云"安全生产先进工作者"称号。

本月 中国地质大学在京部分校友发出倡议，呼吁建立中国地质大学校友奖励基金。在倡议书上签名的有：马宗晋、王达、王宗仁、王富洲、王暄堂、孙金龙、杨朴、张大力、张弥曼、李昭仁、吴志莲、吴棣华、陈元侃、郑怡、郑兆芬、易善峰、姚秉忠、郭兴、钱大都、钱佩娟、崔世芳。

4月

2日 校领导吕录生、赵鹏大、程业勋、陈钟惠等向地质矿产部党组作题为《中国地质大学力争进入全国重点高校前列》的专题汇报。地质矿产部党组一致同意中国地质大学力争"重中之重"的设想并全力给予支持，同时决定将中国地质大学作为部属院校管理体制改革的试点单位。

4日—11日 地质矿产部部属高校党建、思想政治工作调研汇报会在学校召开。地质矿产部副部长张文岳、部教育司司长孟宪来等有关领导参加会议。

13日 学校任命杨巍然为研究生院院长（兼）。

19日 中国地质大学1992年获全国优秀教材奖2项，其中特等奖1项、优秀奖1项；获地质矿产部优秀教材奖11项，其中一等奖5项、二等奖6项。具体如下：郝诒纯、茅绍智等编（著）的《微体古生物学教程》获国家优质工程奖特等奖；潘钟祥、高纪清、陈荣书编（著）的《石油地质学》获国家优质工程奖优秀奖；王大纯、张人权、史毅虹、许绍倬编（著）的《水文地质学基础》，蔡柏林编（著）的《钻孔地球物理勘探》，邓晋福编（著）的《岩石相平衡与岩石成因》，王

仁民、游振东、富公勤编（著）的《变质岩石学》,韩国筠编（著）的《金属材料及金属零件加工》获地质矿产部优质工程奖一等奖；薛君治、白学让、陈武编（著）的《成因矿物学》,孙永传、李惠生编（著）的《碎屑岩沉积相和沉积环境》,徐国风编（著）的《矿相学教程》,陈荣书编（著）的《天然气地质学》,任天培、彭定邦、周柔嘉、郑秀英编（著）的《水文地质学》,李万亨、杨昌明编（著）的《矿床技术经济评价的理论与方法》获地质矿产部优质工程奖二等奖。

24日　湖北省人民政府授予游振东"湖北省劳动模范"称号。

25日　荆木兰获"湖北省高等学校档案工作先进工作者"称号。

25日　湖北省委高校工委授予社会科学系201881班、地球化学系101891班、地质系011904班"湖北省高校先进学生班集体"称号,矿产系021902班受到通报表扬。

本月　学校羽毛球队一行8人受国家教委委派于3月17日—4月10日赴瑞典,代表中国大学生参加第二届世界大学生羽毛球锦标赛,最终获得女子单打铜牌。

5月

1日　地质矿产部同意中国地质大学作为部属院校管理体制改革的试点单位,原则同意中国地质大学（武汉）和中国地质大学（北京）深化学校管理体制改革的方案。

5日　地质矿产部聘任赵鹏大、李思田、屠厚泽、沈今川为第三届地矿部学位委员会委员。

7日　学校参加国家教委组织的"全国高校体育课程评估",成绩名列湖北省高校榜首。

7日　武汉地质管理干部学院职教研究室获地质矿产部"七五"期间"职工教育先进单位",谢延淦、刘英明获地质矿产部"职工教育先进个人"。

9日　学校23项成果获湖北省1991年度大学生优秀科研成果奖,其中二等奖7项、三等奖16项。

20日　学校成立中国地质大学校友奖励基金管理委员会。

21日—23日　地质矿产部高等院校档案工作协作组成立暨第一次理事会在学校召开,教育司副司长韩淑芝出席会议。

23日　学校成立档案馆,领导管理原文书档案、科技档案、会计档案人员和业务工作,并对人事档案实施业务领导。

25日　中国地质大学40周年校庆宣传主题确定为:认识地大、热爱地大、建设地大、振兴地大；工作宗旨是:继承先辈传统,弘扬奉献精神,宣传丰硕成果,激励工作热情；办事原则是:喜庆、实在、节约。

29日　中国地质大学校务会议研究决定:设立中国地质大学校友奖励基金,用以奖励学习成绩优异的在校学生和成绩卓著的优秀教师以及在工作中有突出成就的校友。该奖励基金由学校历届校友及有关单位捐赠。

本月　美国地质学会（GSA）授予中国科学院学部委员、我国著名古生物学家杨遵仪教授

"荣誉会员(Hotlorary Fellow)"称号,以表彰他在地质学、地层学和古生物学研究方面的突出成就和对地球科学所作出的杰出贡献。本年度只有两名地质学家获此殊荣。

6月

3日 美国加利福尼亚大学霍华德戴教授应邀来校进行变质岩石学讲学及野外考察。

12日 党委书记、校长赵鹏大主持召开党委常委第15次会议。会议同意"生产设备处"更名为"设备实验室处"。

18日 湖北省委高校工委组织武汉各高校在学校召开思想政治工作现场会。

7月

14日 学校印发《关于高水平运动员招生及管理的有关规定(试行)》。

17日 地质矿产部同意学校科技开发公司在俄罗斯莫斯科市与莫斯科地质勘探学院合资成立"中俄曙光联合公司"。

25日 日本神户大学安川克已教授等6人应邀来学校进行为期一个月的合作科研,参加"华北地台秦岭地槽扬子地台构造关系及古地磁"项目研究。

25日 为迎接校庆40周年,中国地质大学校刊正式印发第一期校庆专刊。

8月

1日—16日 德国卡塞尔(Kassel)大学水文地质学家金博士(W. Kinzelbach教授)应邀来学校进行地下水污染与改造方面的讲学。

19日 地质矿产部教育司设备清理整顿工作小组验收评定学校为"设备清理整顿工作优秀标准单位",由地质矿产部颁发设备清理整顿合格证书。方玉禹、刘俊民、田丽君、王群香被评为"设备清理整顿工作先进个人"。

23日 学校邀请荷兰籍专家阿里·比斯哈夫来校与水文地质与工程地质系教师开展为期3个月的合作研究。

24日 第二十九届国际地质大会在日本东京召开,赵鹏大、殷鸿福教授分别被大会组委会邀请为分组学术讨论会召集人。

9月

9日　国务院学位委员会办公室聘请孟宪国为国务院学位委员会第三届学科评议组（地质勘探、矿产-石油评议组）秘书。

10日　温树朴被评为"全国普通高等学校优秀体育教师"。

11日　地质矿产部授予地球化学系中心实验室董勇等40人"地质矿产部优秀青年"称号。

19日—21日　澳大利亚专家弗里德曼·温泽尔教授应邀来校，就"高分辨率电磁勘探方法"进行讲学。

22日　湖北省委组织部、湖北省人事厅授予吴冲龙、胡旺亮、周再盛"1991年度湖北省有突出贡献中青年专家"称号。

本月　地质矿产部授予学校"老干部工作先进单位"称号。

10月

8日　国家教委科技管理中心批准学校1992年博士学科点专项科研基金项目10项，资助经费30.30万元。

10日　图书馆被评为"湖北省文明单位"。

21日　党委书记、校长赵鹏大主持召开校务委员（扩大）会议，研究专业调整及设置问题。

24日　党委书记、校长赵鹏大主持召开校务会议。会议讨论决定：改变过去由中国地质大学（北京）代管的学校离退休干部有关经费包干的办法，其用车费、护理费、福利费等标准，执行北京市有关文件，与中国地质大学（北京）标准一致；由学校直接负责管理的离退休干部待遇，按武汉市有关文件确定标准。

30日　中国自然科学核心期刊研究组从全国3000多种科技期刊中，鉴定出100种（1990—1991年）"中国自然科学核心期刊"。《中国地质大学学报——地球科学》首次入选，名列第五十四位，居全国高校学报第四位、湖北省第一位。

31日　学校举行建校40周年记者招待会。新华社、中新社、《人民日报》《中国青年报》《工人日报》等在京新闻单位的驻武汉记者及湖北省、武汉市各新闻单位的记者共20余人出席。

11月

5日 学校在第四届全国大学生运动会上,取得9枚金牌、7枚银牌和4枚铜牌的优异成绩;同时荣获本届大运会"校长杯",在全国10个"校长杯"奖项中排名第一。

5日 在6月举行的全国大学生四级英语统考中,1990级学生一次通过率达86%,学校进入全国重点院校先进行列。地质矿产部决定对学校给予通报表扬,并给予物质奖励。

6日 校史展览馆揭幕仪式在博物馆北门举行。地质矿产部常务副部长宋瑞祥和部教育司副司长韩淑芝为展览馆揭幕。

7日 建校40周年庆祝大会在地勘楼前举行。来自全国各地的254位来宾、650位校友以及数千名在校师生员工参加庆祝大会。校庆期间除举行庆祝大会外,学校还举办了校史展、科技成果展、书画摄影展、科研学术报告会、先进人物事迹报告会、技工贸洽谈会,并开展了丰富多彩的文体活动。

本月 在北京中国科技馆举行的"中国大学生实用科技发明大奖赛成果展览暨技术交易会"上,研究生李自然的"压剪性构造控矿的理论与实践"获二等奖,是地质类唯一参赛和获奖的项目,何传俊的"电动机自动保护器"获荣誉奖。两名学生受到国家教委主任李铁映的鼓励。

12月

2日 学校获评"湖北省1992年暑期社会活动实践活动优秀组织奖",基础课部赴黑河社会实践队、探工系赴杭州社会实践队、地质系赴东湖新技术开发区社会实践队和社科系赴湖南慈利县社会实践队被评为"省级先进集体"。教师陶继东,学生郭凤志、高金学、张宽裕、张铁强、李光强等被评为"省级先进个人"。

13日 经湖北省委同意,地质矿产部党组研究决定:胡家杰任武汉地质管理干部学院院长,免去赵鹏大兼任的院长职务;李玉和兼任武汉地质管理干部学院副院长。

15日 学校"科技开发公司"更名为"科技开发总公司"。

16日 国家教育委员会聘请殷鸿福教授为高等学校理科大气科学和地质学教学指导委员会副主任委员。

18日 民盟盟员洪昌松被聘为民盟湖北省第八届科技工作委员会委员。

19日 地质矿产部教育司根据国家教委高教司〔1992〕125号文精神,同意学校增设"自然资源管理专业",修业年限为4年,自1993年秋季开始招生。

20日 武汉地质管理干部学院陆永潮等参加的"柴达木盆地尕斯断陷——昆北断阶地

区砂体形成背景及含油气远景研究"项目,获青海石油管理局勘探开发研究院1992年度科学技术进步一等奖。

25日　地质矿产部授予薛银珠"1991年地矿部税收财务物价大检查先进个人"称号。

26日　学校获1992年度湖北省大学生优秀科研成果奖13项,其中一等奖1项、二等奖5项、三等奖7项。

27日　潘别桐作为主要研究人员参与的"湖北省大冶铜绿山古铜矿遗址原地保护与合理采矿方案的研究"项目经省文化厅科技进步奖励评审委员会评审,获湖北省科技进步特等奖。

29日　"计算机系"更名为"计算机科学与技术系"。

本年

学校送展的科技成果获全国第四届大运会"全国部分高校科技成果展览会最佳参展单位"奖。

学校专利事务所被地质矿产部授予"专利工作先进单位"称号,所长任有福获"全国专利系统先进个人"和"地矿部先进专利工作者"称号。李大佛发明的"低温电镀金刚石异形钻头及制造方法"专利项目、张国桦等发明的"球齿形系列硬质合金整体钎子"专利项目被评为地质矿产部"优秀专利"。

我国以及亚洲第一座室内可变人工攀岩壁在学校建成。

殷鸿福获教育部"何梁何利科学技术进步奖"。

1992年校庆40周年领导人题词

中央政治局候补委员、中央书记处书记温家宝题词:为发展地质教育事业而奋斗
国务委员、国家教委主任李铁映题词:研究地球　培养人才　开发宝藏　造福中华
全国人大常委会副委员长费孝通题词:为培养地质人才再立新功
全国人大常委会副委员长楚图南题词:深入开展地质教育　合理利用自然资源
全国政协副主席钱伟长题词:发展高等地质教育是经济建设之本
全国政协副主席洪学智题词:总结经验　深化改革　创办第一流的地质大学
国家经委原主任、全国职工政治思想工作研究会会长袁宝华题词:发展经济　地质先行
中共中央委员、地质矿产部部长朱训题词:为把中国地质大学办成世界上水平地质学府而奋斗
全国政协常委王光美题词:地质工作是光荣、豪迈、非常艰苦的事业
最高人民法院原院长郑天翔题词:继续发扬克服困难、团结奋斗的优良传统,大力提高教

学质量和科研水平,培养更多的德才兼备的献身社会主义事业的地质人才。地质队伍是建设社会主义的先头部队,是光荣的战略部队,希望地大乘胜前进,为社会主义祖国作出更大的贡献

中顾委原委员、地质矿产部原部长孙大光题词:建校 40 年 育才逾千万 学府多建树 光荣在奉献

地质矿产部原副部长塞风题词:40 年丰功载史册 下世纪桃李更芬芳

国家体委原副主任荣高棠题词:为了向大自然要宝,地质工作者需要健康的身体、坚强的意志

地质部原副部长刘杰题词:为地质战线人才开发智力资源功德无量

地质部原副部长张同钰题词:桃李满天下

教育部原副部长李琦题词:培养更多人才 为祖国作新贡献

地质矿产部原副部长夏国治题词:高瞻远瞩育英才

地质部原副部长牟建华题词:为地质事业培养人才,四十年来成绩卓著,育桃李天下,探宝管矿,廿一世纪写新篇

地质部原副部长旷伏照题词:培养更多的地质事业人才 为祖国现代化建设服务

北京地质学院党委原第二书记、副院长、北京市顾问委员会副秘书长肖英题词:四十年春秋桃李芬芳遍天下 弘扬校风地质科教育英才

教育部原常务副部长张承先题词:勇于当社会主义现代化的先锋

1993年

1月

1日 国旗台竣工及首次由国旗班和军乐团联合担负任务的西区大操场升旗仪式隆重举行。

6日 湖北省珠宝质量监督检验中心站在学校成立。中心站业务上接受省标准局的领导。

13日 地质矿产部党组决定：赵鹏大不再兼任中国地质大学（武汉）党委书记职务；赵延明任中国地质大学（武汉）党委书记；陈钟惠为中国地质大学（武汉）正校级常务副校长。

13日 吴信才教授负责完成的科研成果——"计算机辅助彩色地图出版系统"，通过地质矿产部组织的专家鉴定。

15日 学校召开第七届27次党委常委会议。会议决定：将原教务总支与机关总支合并，合并后称机关总支；原教务总支的设备实验室（处）支部划归到测试中心总支；数学地质、遥感地质研究所支部划归到科技开发总支；图书馆支部及博物馆支部合并组成图书博物直属支部。

19日 汤凤林、吴信才、索书田、王家映、黄柏龄、范永香、阮天健、陈崇希、林守麟、路凤香、王文魁、罗延钟、孙永传、卢作祥、吴冲龙、朱志澄、张一球、韩国筠18人获准享受每月100元的政府特殊津贴；陈荣书、周国藩、褚秦祥、吴顺宝、李紫金、林新多、熊维纲、谢家薰、许高燕、李汝昌、沈孝宇、茹士焕、熊鹏飞、傅昭仁、张天锡、陈德兴、何应律、杨森楠、张国屏、张昌达、郑伯让、宋化民、徐秉涛、费琪、邵洁莲、王惠濂、贾振远、薛君治、黄南辉、王人镜30人获准享受每月50元的政府特殊津贴。

21日 地质矿产部党组决定：任命赵鹏大为中国地质大学常务副校长，徐乃和为中国地质大学专职副校长；免去吕录生常务副校长的职务。

本月 林守麟、赵鹏大、王亨君、郭秉文、范永香、周再盛当选湖北省政协七届委员会委员，林守麟在七届一次会议上当选常委委员。

2月

15日 地质矿产部教育司同意学校成立人文与管理学院（简称"文管学院"），张锦高兼任院长。文管学院下设马克思主义理论课部，为二级教学单位，不设办事机构。

19日 学校党委研究决定：成立文管学院党总支部，撤销社科系、经管系党总支部，原所属各党支部并入文管学院党总支部。

19日 阮天健教授当选第八届全国政协委员。

21日 原北京地质学院党委书记、院长，湖北地质学院临时党委书记、革命委员会主任高元贵病逝，享年85岁。

26日 学校召开第七届32次党委常委会议，同意接受湖北省标准局的委托，将湖北省珠宝质量监督检验中心站挂靠在学校。

26日 学校党委开展对全体共产党员进行轮训和民主评议活动，此项活动于3月底结束。

3月

1日 矿产系"红星"义务服务队荣获"湖北省学雷锋活动先进集体"称号。

12日 地质矿产部教育司副司长许绍倬一行3人来学校检查课程建设工作。

18日 学校被国家教委评为"体育课优秀学校"。

本月 郝诒纯当选第八届全国人大代表，路凤香当选第八届湖北省人大代表，连绅当选政协武汉市第八届委员会委员、常委。

4月

10日 连绅被任命为政协武汉市第八届委员会华侨外事委员会副主任。

12日 学校党委研究决定：成立中国地质大学（武汉）地质工程勘查总公司，任命王家映为总经理。

13日 吴胜雄被评为"地矿系统优秀新闻工作者"。

14日 《地球科学》《地质科技情报》被湖北省科委及湖北省新闻出版局评为"湖北省优秀科技期刊"，其中《地球科学》获全国科技期刊三等奖。

17日 国家教育委员会授予乔明远"全国高校劳动服务公司先进个人"称号。

22日　地质矿产部党组研究决定：王家映、姚书振、赵克让任中国地质大学（武汉）副校长，增补为校党委委员、常委；张锦高兼任中国地质大学（武汉）副校长；余际从改任中国地质大学（北京）党委副书记。

30日　学校党委研究决定：成立中国地质大学（武汉）非金属矿物材料研究所，挂靠矿产系，任命潘兆橹为所长。

本月　学校印发《中国地质大学"211工程"整体建设子项目论证报告》。

5月

1日　学校团委被共青团湖北省委授予"红旗团委"称号。

14日　学校召开表彰会，对获1993年省级优秀教学成果奖的项目和项目完成者，对获1992年国家或地质矿产部优秀教材奖的教材和作者，对获1992年度教学管理先进系、先进教研室和教学优秀个人进行了表彰。地质矿产部教育司副司长许绍倬及出席中国地质大学党政联席会议的代表参加了大会。

15日　山东地矿局陈达孝、甘肃地矿局陶炳昆、胜利油田邢书君、北京地矿局钱佩娟、地质矿产部张文岳等共同给全体校友发出《为我校尽早进入"211工程"发动全体校友献计献策献力》的倡议书。

19日　地质矿产部教育司同意学校成立中国地质大学（武汉）地质工程勘察总公司。

23日　英国变质岩委员会主席、变质岩地球化学专家、利兹大学地球科学系布鲁斯·亚德利教授来校访问讲学。

25日　国务院学位委员会办公室批准中国地质大学地理学为扩大可自行审批硕士学位授权学科、专业的一级学科。

29日　学校设立学术著作出版基金，并印发《中国地质大学（武汉）学术著作出版基金管理暂行办法》。

6月

8日　中国地质大学（武汉）华地图形数据公司成立。

25日　学校印发《关于矿产资源管理专业隶属关系调整的决定》，决定矿产资源管理专业从人文与管理学院调至矿产系，矿产资源管理教研室随专业调入矿产系。

25日—26日　武汉地质管理干部学院第一次党员大会举行，大会选举产生学院第一届委员会和纪律检查委员会。黄澄波、胡家杰、李玉和、谢延淦、蓝师尧当选党委委员。黄澄波任党委书记，李玉和任党委副书记，谢延淦任纪委书记。

29日 学校首届"十大杰出青年"评选活动结束,矿产系王华、附中傅艾平、物探系卢文忠、矿产系张志坚、总务处张建华、水文系唐辉明、地化系高山、地质系赖旭龙、图书馆路岳华、地化系鲍征宇当选。

7月

1日 地质矿产部教育司成立"地矿部高等地质院校德育课程教学研究委员会",中国地质大学(武汉)为主持学校,张锦高任主任委员。

5日 地质矿产部教育司同意"中国地质大学(武汉)地质工程勘察总公司"更名为"武汉丰达地质工程勘察公司"。

8月

24日 中国地质大学印发《关于做好建设重点学科点论证工作的意见》。

30日 学校印发《关于做好"211工程"申请预审前论证工作的通知》。

9月

4日 游振东、叶德隆、王方正、钟增球、朱勤文、邬金华等申报的《以师资队伍建设为核心创建一流的岩石学课程》,获1993年普通高等学校国家级优秀教学成果一等奖。

7日 刘本培教授被聘请为全国博士后管委会第三届专家组地学组成员,赵鹏大教授为工学四组成员。

10日 张汉凯、赵永鑫被评为"地质矿产部优秀教师",周国华、贾霓、刘爱民被评为"1993年湖北省优秀教育工作者"。

14日 学校党委研究决定:撤销科技开发管理处,成立校办产业管理委员会,赵鹏大任主任,王家映、范永香任副主任;校办产业管理委员会下设办公室,范永香任主任。

本月 谢兴武被评为"1993年全国优秀教师"并被授予全国优秀教师奖章,游振东被评为"1993年全国教育系统劳动模范"并被授予人民教师奖章。

10月

6日 地质矿产部党组研究决定:任命莫宣学为中国地质大学研究生院院长(副校长级);

补办石准立研究生院院长的免职手续。

11日　学校印发《关于出售公有旧住房的决定》,决定自1993年10月12日起按照文件有关规定出售公有旧住房。

11日　成金华讲师申报的"市场经济与我国资源产业的发展"项目获得国家社会科学基金资助。

12日　地质矿产部原则同意中国地质大学"211工程"立项论证报告并接受预审申请,由部教育司牵头组成"211工程"论证小组。

15日　地质矿产部党组授予曾鹤陵、彭子东"优秀政治工作者"称号。

21日—23日　由武商集团服装大世界、中国地质大学(武汉)、武汉市体育总会等单位联合举办的中国武汉"服装大世界"杯首届国际攀岩比赛在洪山体育馆举行,学校攀岩队获团体总分第一名。

23日　学校隆重表彰曾在不同时期登上珠穆朗玛峰的运动健将王富洲和国际运动健将李致新、王勇峰,校长赵鹏大等向其颁发中国地质大学"优秀毕业生"荣誉证书。

25日　011902班获"全国先进班集体标兵"称号。国务院副总理李岚清接见该班代表。

25日　国家体委授予学校"全国体育运动先进单位"称号。

26日　越南河内矿业地质大学代表团访问学校。双方签订《中国地质大学(武汉)、河内矿业地质大学1994年校际友好合作执行计划》。

31日　学校田径代表队在湖北省第五届大学生田径运动会上获得12枚金牌、7枚银牌、5枚铜牌。

11月

9日　学校获"湖北省普通高等学校优秀教学成果奖"8项,其中一等奖1项、二等奖3项、三等奖4项。

15日　学校成立支援三峡库区移民工作领导小组,副校长王家映任组长。

16日　梁啸吟获霍英东教育基金会青年教师奖三等奖。

18日—20日　地质矿产部"211工程"初审工作小组对学校的办学目标、办学规模、建设规划和投资进行逐项审议,形成对中国地质大学"211工程"立项论证报告的审议意见。

20日　外语系成立,曹亚军任主任。

23日　地质矿产部部属院校德育课指导委员会在学校成立,张锦高任主任委员。

24日　彭显雪获"湖北省高校科技统计、社科统计优秀先进工作者"称号。

26日　湖北省学位委员会同意学校管理工程和计算机应用学科、专业试办硕士点。

本月　赵鹏大、殷鸿福教授当选中国科学院学部委员。

本月　殷鸿福教授荣获"第三届李四光地质科学研究者奖"。

12月

2日　数学地质博士后肖克炎以优秀成绩完成学业、顺利出站,是学校第一位出站的博士后。

4日　武汉地质管理干部学院根据地质矿产部教育司地教函〔1993〕57号文,增设资源规划和环境保护、旅游规划与管理两个专业,从1994年开始招生。

5日　学校被评为湖北省"党的建设和思想政治工作先进高等学校"。

11日　地质矿产部部长朱训主持召开部党组会议,听取部"211工程"初审工作小组汇报。地质矿产部党组同意部"211工程"预审小组关于对中国地质大学"211工程"立项论证报告的审议意见,决定于20世纪末之前给中国地质大学拨专项经费3.7亿元,支持中国地质大学按"211工程"建设要求加速学校的建设和发展。

11日　赵鹏大被聘为第三届矿产勘查专业委员会副主任委员,李万亨为委员。

13日　人事处获评"地质矿产部人事劳动工作先进集体",赖传珍获评"地质矿产部人事劳动先进工作者"。

14日　国务院学位委员会办公室印发《关于发出同意备案的第五批自行审批硕士学位授权学科、专业点名单的通知》,中国地质大学油气田开发工程、安全技术及工程榜上有名。

17日　国务院学位委员会办公室下达第五批博士生指导教师名单,路凤香、徐桂荣、金振民、范永香、费琪、吴冲龙、陈崇希、罗延钟、汤凤林、张国桦、李紫金等11名教师获批。

18日　国家自然基金委员会授予张玉香"科学基金管理工作先进个人"称号。

22日　石油系学生刘淑芝与我国选手徐桂辉获第二届亚洲攀岩锦标赛女子组并列第5名,实现了我国女子攀岩运动员在洲际大赛上零的突破。

29日　学校被评为湖北省"高等学校教学工作先进学校",教务处被评为湖北省"高等学校优秀教务处",吴佩、谭义贤、张桂珍、牛雅莉、罗延钟获湖北省"高校优秀教学管理工作者"称号,8项教学成果获评湖北省"高等学校优秀教学成果"。

30日　地质矿产部教育司向国家教委"211工程"办公室递交《关于申请预审中国地质大学"211工程"项目的请示》。

本月　中国地质大学申报的"矿产资源定量预测及勘查评价实验室""壳-幔体系组成物质交换及动力学实验室""岩石圈构造与动力学实验室"通过地质矿产部评审论证,被列为部级开放实验室。

1994 年

1 月

1 日　中国共产党优秀党员、中国民主同盟中央常委、北京市委顾问、中国科学院学部委员、我国著名岩石学家、地质教育学家、武汉地质学院原副院长、中国地质大学教授池际尚因病逝世,享年 77 岁。

14 日　学校被国家教育委员会评为"全国教材管理工作先进集体"。

15 日　国家教委"211 工程"办公室正式批准地质矿产部开展对中国地质大学及其有关学科点进行重点建设的部门预审工作。学校成为全国第 14 所进入"211 工程"主管部门预审阶段的高校。

20 日　为表彰赵鹏大、殷鸿福教授在高等教育和科技事业上作出的杰出贡献,奖励博士生导师在教书育人、学科建设、科学研究和培养跨世纪的学科带头人方面的突出成绩,学校党委研究决定:给予赵鹏大、殷鸿福教授每人一次性奖励人民币 2 万元,并自 1994 年 1 月起,发给每人每月学校特殊津贴 500 元;今后凡学校新入选中国科学院院士者都将给予一定奖励,以示鼓励;自 1994 年 1 月起,发给学校博士生导师每人每月学校特殊津贴 200 元;自 1994 年起,发给学校入选"英才计划"人员每人每月学校特殊津贴 100 元。

2 月

17 日　地质矿产部教育司根据国家教委教高厅〔1994〕1 号文件公布的 1993—1994 年度国家教委备案的部分高校本科专业名单,同意中国地质大学增设英语(050201)、建筑工程(080803)、无机非金属材料(080206)、环境工程(081101)4 个本科专业。

22 日　学校党委研究决定:学校与中南石油地质局联合成立青藏高原石油地质研究所(挂靠石油系),任命王家映为常务副所长。

25 日　地质矿产部教育司公布 1993—1994 年度经部备案的专科专业,学校新增油藏工程(2年制)、国土资源遥感技术应用(3年制)专科专业。

3月

8日 地质矿产部研究同意学校建立地质矿产部矿产资源定量预测及勘查评价实验室、壳幔体系组成物质交换及动力学实验室。

8日 武汉地质管理干部学院张荣华被评为"湖北省高校工委优秀女职工"。

14日—17日 地质矿产部科技司在学校主持召开"85-010-17"科技项目中期成果汇报评估会。学校承担的GIS软件开发受到评估组的表彰。

17日 学校决定:以测试中心为主体成立分析测试中心,挂靠实验室设备处。

18日 湖北省委组织部、湖北省人事厅通知,杨凯华、鲍征宇、吴信才、姚书振、王方正、高山、伍宗林被批准为1993年度"湖北省有突出贡献中青年专家"。

31日 地质矿产部、中央统战部、中华全国妇女联合会、中国科学技术协会联合发出《关于向池际尚教授学习的通知》。要求学习她热爱祖国、报效祖国的爱国主义精神;学习她忠于共产党,热心统战事业的团结精神;学习她献身科学、献身地质事业的奉献精神;学习她淡泊名利、甘为人梯的师表风范。

4月

4日 国家教育委员会授予教务处"全国普通高等学校先进教务处"称号。

7日 学校同莫斯科国立大学签订《工作会议纪要》,双方决定联合开展金伯利岩课题研究。

15日 地质矿产部政治部批复同意杨巍然不再担任中国地质大学(武汉)副校长职务。

18日 学校印发《中国地质大学(武汉)教职工工资制度改革实施办法》。

28日 梁亮胜侨界科技奖励基金理事会决定对国家科学技术事业作出重大贡献的湖北省归侨侨眷进行奖励,赵鹏大获特别奖,刘天佑、李四维、姚姚、罗孝宽、阮天健获三等奖。

4月28日—5月1日 学校羽毛球队代表中国大学生参加第三届世界大学生羽毛球锦标赛,获得1金1银2铜。

5月

4日 湖北省人民政府函报国家教育委员会,申请将中国地质大学列入国家"211工程"。

7日—14日　地质矿产部组织专家组对中国地质大学"211工程"整体建设子项目和重点学科点建设子项目进行部门专家预审。专家组原则通过《中国地质大学"211工程"整体建设子项目论证报告》和《中国地质大学重点学科点建设子项目论证报告》，一致同意对中国地质大学"211工程"部门预审予以通过，并尽快呈报国家教委申请预备立项。

18日　杨兰英当选湖北省侨联第六届委员。

23日　民盟湖北省委组织部批复同意民盟中国地质大学支部委员会由洪昌松、马振东、叶干、薛秦芳、徐安顺等5人组成，其中洪昌松任主任委员。

26日　国家教委高教司司长周远清到学校检查指导工作。

26日—29日　地质矿产部部长宋瑞祥率调研组对学校进行考察指导。宋瑞祥在校期间会见了国家教委高教司司长周远清，参观了校史展和人才培养、科技成果展及博物馆。

28日　国务院副总理李岚清在湖北省委书记关广富、副省长韩南鹏等领导陪同下，到学校视察，受到地质矿产部部长宋瑞祥、部教育司司长孟宪来和学校领导、全校师生员工的热烈欢迎。李岚清为中国地质大学题词：为谋求人类与地球和谐协调发展作出更大贡献。

31日　中共湖北省委、湖北省人民政府授予学校"1993年度省级文明单位"称号。

6月

3日　地质矿产部工程勘察施工管理办公室批准发给中国地质大学（武汉）桩基检测室地矿部桩基质量无损动测技术合格证书。

7日　坦桑尼亚留学生凯茨通过论文答辩，被授予"水文地质"工学硕士学位，成为学校南迁以来培养的第一位外国硕士生。

17日　学校授予1992届毕业生毛国彬、谢光芬"中国地质大学优秀毕业生"称号。毛国彬勇斗歹徒被湖北省公安厅授予二等功臣。谢光芬勇于攻关，被推荐为1994年湖北省"三八红旗手"和"优秀团员"候选人。

18日　学校成立中国地质大学（武汉）青年21世纪地学研究中心。

29日　湖北省委高校工委授予基础课部党总支、地质系古生物教研室党支部、武汉地质管理干部学院化学系党支部"全省高等学校先进党组织"称号。

本月　赵鹏大被全国侨联评为"为八五计划、十年规划作贡献"活动先进个人。

7月

6日　地质矿产部教育司组建部普通高校本科专业设置评议委员会，李万亨、杨凯华、张一球为专业设置第一届评议委员会委员。

8月

1日 国务院学位委员会批准中国地质大学进行自行审定博士生指导教师的试点工作,原则同意学校制定的自行审定博士指导教师实施方案。

25日 中国地质大学周口店教学实习基地建站四十周年纪念大会举行,武汉、北京两地300余名师生员工及来宾参加纪念活动。

8月31日—9月5日 应殷鸿福院士的邀请,前西班牙教育部部长、现巴黎国际大学西班牙学院院长Carminq Virgili教授等3人来校进行学术交流和合作研究。

9月

8日—10日 中国地质大学(武汉)、郑州矿产综合利用研究所、宜昌地质矿产研究所、桂林岩溶地质研究所、南京地质矿产研究所"四所一校"科教联合体在学校召开成立工作会议。

15日 IET教育基金评奖结果公布:中国地质大学申报"大学生奖""研究生奖"各20名全部通过;申报"青年教师奖"10名全部通过;申报"青年教师基金"研究项目4项,王焰新、杜杨松、汤达祯获批3项。

21日 中国地质大学常务副校长赵鹏大主持召开中国地质大学办公会议。会议研究决定:第一届中国地质大学学位委员会组成人员15人;对各实体设置学院等有关问题形成了原则性意见;成立学院应对国内外学科专业现状充分调研,广泛征求意见和具备必要条件下进行;大学(武汉)、大学(北京)所设置的相同和相近学科的学院名称要统一,在名称前冠以大学实体名;各学院在建设时要结合自身条件和地区特点,发挥优势,办出特色;大型仪器设备京汉两地不能重复购置;某些只在京或汉一个实体中具有优势,而另一实体尚不具备条件者,不宜勉强两地同时成立学院;原则同意北京地质管理干部学院在保证质量的前提下,利用现有条件开展对外汉语教学。

29日 中国地质大学学位委员会成立。赵鹏大任主任,程业勋、莫宣学任副主任。

30日 地质矿产部发布《关于对中国地质大学"211工程"项目的审定意见》,同意中国地质大学"211工程"部门预审予以通过,并报国家教委申请预备立项。

本月 赵鹏大被国务院授予"全国民族团结进步模范"称号。

10月

3日—5日 赵鹏大出席在加拿大召开的国际数学地质学术年会。

7日　湖北省人民政府授予殷鸿福"湖北省特等劳动模范"称号。

7日　学校印发《关于学科、专业布局及院(系)机构设置的调整意见》。具体调整方案为：由原地质系、地球化学系和地质力学专业等组建地球科学学院，由原探矿工程系和工程测量专业组建勘察与建筑工程学院，由原水文地质与工程地质系和相关专业组建环境科学与工程学院，由原矿产地质系和石油地质系组建资源学院，由原非金属专业和相关的研究所、室组建材料科学与工程系，原基础课部的地图制图专业调至计算机系。非地质类学科、专业建设，待条件成熟时组建其他学院(系)；加快成人教育学院的组建准备工作。

19日　中共中央政治局候补委员、中央书记处书记温家宝回母校视察，受到师生的热烈欢迎。温家宝询问了学校的基本情况。在谈到学科、专业设置问题时，他说："专业一定要宽些，在拓宽专业、扩大知识面的基础上，再培养少量需要的专门人才。"温家宝认为学校的老传统有三点：一是专业设置面宽，二是重视实践教学，三是艰苦朴素和艰苦奋斗。这三点不能丢，要好好保持，好好发扬。

20日　武汉地质管理干部学院举行10周年校庆大会。

25日　高等数学、力学、古生物学、地球化学、矿床地质学等5门课程被评为"1994年度湖北省普通高等学校优质课程"。

26日　湖北省教育委员会公布首批省级重点学科名单，学校煤田油气地质与勘探、水文地质与工程地质两个学科点入选。

31日　学校党委研究决定：成立中共中国地质大学(武汉)勘察与建筑工程学院总支部，撤销原探工系党总支部；撤销原探矿工程系，组建勘察与建筑工程学院。

11月

1日—3日　地质矿产部高校档案工作检查评估组对部属5所高校(8个实体)档案工作进行全面检查评估，学校被评为"部属高校档案工作优秀单位"。

2日　学校召开探工系建系40周年暨勘察与建筑工程学院成立大会。

3日　湖北省教委组织专家对全省54所普通高校图书馆办馆条件和文献工作进行评估，学校被评为"办馆和文献工作优级图书馆"。

5日　学校印发《关于实行弹性学制的暂行规定》，决定从1994级开始在全校各本专科专业实行弹性学制。

12日　华中理工大学校长杨叔子院士、党委书记李德焕一行来校，和中国地质大学常务副校长赵鹏大院士、中国地质大学(武汉)党委书记赵延明、常务副校长陈钟惠、副校长姚书振等共同商议相关领域的合作。双方达成一致意见：共同建立计算机校园网，联合进入国家科技网，并和国际网联网；发挥各自学科、专业优势，联合建设材料、环境学科；联合培养人才，全面进行教学合作；校内图书设备等资源共享，尽早实现两校图书资料信息联网。

22日 "中共中国地质大学(武汉)基础课部党总支部"更名为"中共中国地质大学(武汉)数理系党总支部"。

23日 "基础课部"更名为"数理系"。

25日 国家教育委员会批准中国地质大学地质学专业为"国家理科基础科学研究和教学人才培养基地"专业点。

26日 计算机系墙芳躅等人承担的地质矿产部高科技项目"基于复杂对象的聚类学习方法及其在地学分类中的应用"通过部科技司评审鉴定。

12月

7日 地质矿产部部长宋瑞祥,副部长张宏仁、张文岳、陈毓川在部机关接见学校在全国第二届大学生应用科技发明大奖赛中获奖的李新中等4位同学。李新中博士的《地质图件的微机编辑及信息的智能提取系统》在全国第二届大学生应用科技发明大奖赛中获特等奖,邱启发获鼓励奖。

22日—23日 高山教授被共青团中央、国家科学技术委员会、中国科学技术协会评为"全国青年科技标兵",并出席共青团中央召开的"全国跨世纪青年人才群英会"。

26日 经征得北京市委同意,地质矿产部党组决定:赵鹏大任中国地质大学校长,兼任中国地质大学(北京)校长。

28日 湖北省教育委员会表彰全省普通高等学校校(院)长办公室工作先进集体和先进个人,校长办公室被评为"先进集体",朱新国、欧阳维民、罗自海被评为"先进个人"。

29日 学校举行学生科技论文报告会颁奖仪式暨全国十大青年科技标兵报告会。

本月 武汉地质管理干部学院化学系党支部被评为"湖北省高校先进党组织"。刘爱民被湖北省高校工委、老干局授予"先进老干部工作者"称号。

本年

学校1994年科研项目获得地质矿产部科技成果奖34项,其中一等奖1项、二等奖2项、三等奖15项、四等奖15项,勘查二等奖1项。学校1994年还获得国家教育科技进步三等奖4项。

1月

9日　学校在职研究生李致新、王勇峰征服北美洲最高峰——阿空加瓜峰,这是他们征服的世界第四大高峰。

10日　地球科学学院成立,殷鸿福院士任院长。

12日　王鸿祯院士获首届何梁何利基金奖。

14日　学校与地质矿产部郑州矿产综合利用研究所在郑州成立"四所一校"[即郑州矿产综合利用研究所、宜昌地质矿产研究所、桂林岩溶地质研究所、南京地质矿产研究所和中国地质大学(武汉)]科教联合体材料科学科教中心。该中心挂靠地质矿产部郑州矿产综合利用研究所。

2月

16日　经地质矿产部批准,学校爆破开发研究中心取得A级大爆破设计和施工资格。

22日—23日　中国地质大学校务会在北京召开。会议决定设立中国地质大学(武汉)和中国地质大学(北京)研究生院,业务上受大学研究生院领导,设副院长2人,分别由大学(武汉)和大学(北京)主管研究生教育工作的副校长兼任。

23日　地质矿产部同意学校地球化学、构造地质学为部级重点学科。

24日　学校人文社会科学学术委员会成立,党委副书记兼副校长张锦高任主任委员。

27日　地质矿产部同意学校增设行政管理、材料化学、石油工程3个本科专业。

3月

5日　学校行政教育学院成立,与党委党校合署办公。

5日　水文地质与工程地质系党总支更名为"中共中国地质大学（武汉）环境科学与工程学院党总支部委员会"。

7日　刘华英、费琪、曾瑞云、潘玉玲被湖北省教育工会授予"优秀教师"称号，姚金城被授予"先进女工工作者"称号。

8日　湖北省教育工会授予赖传珍、潘沅清"1994年度湖北省高校优秀女职工"称号。

10日　学校党委研究决定：撤销原机关党总支部，成立中共中国地质大学（武汉）委员会机关工作委员会。

10日　环境科学与工程学院成立。

20日　高广立、张均、范永香3人获"地质行业科学技术发展基金"资助。

25日　常务副校长陈钟惠主持召开校务会议。会议确定面向武汉大学、华中理工大学、中国地质大学（武汉）、武汉测绘科技大学、武汉水利电力大学五校大学生开设选修课及辅修和双学位的专业。

28日　湖北省劳动厅授予乔民远"1994年度省直劳动就业先进工作者"称号。

本月　应中国地质大学校长赵鹏大院士的邀请，日本松尾惠美子女士访问学校，并亲手栽下了她从日本带来的"友谊之树"——樱花树。学校授予松尾惠美子女士"荣誉教师"称号。

4月

17日　学校港澳台办公室成立，挂靠国际合作处。

19日　殷鸿福院士获"全国先进工作者"称号。

本月　赵鹏大院士被国务院办公厅任命为国务院第三届学位委员会委员。

5月

3日　由学校研究生会、校团委、校学生会发起，华中理工大学、武汉测绘科技大学、武汉水利电力大学、武汉大学联合倡办的首届"五月科技月"活动开幕式在学校举行。该活动以"科技——人类文明的钥匙"为主题，每年一届，由5所大学轮流承办。

4日　温兴生被共青团湖北省委、湖北省人事厅授予"湖北省模范团干部"称号。

5日　学校被国务院学位委员会列为自行审定招收培养博士生计划的单位。

9日　学校召开第100次党委常委会议，决定将"矿产系党总支"更名为"中共中国地质大学（武汉）资源学院总支部委员会"。

10日　殷鸿福院士的"地质学类专业教学内容和课程体系改革研究"、学校与地质矿产部合作的"地质学类理科本科人才培养的目标规格和课程结构体系研究"被列为国家教委"高等理科教育面向 21 世纪教学内容和课程体系改革计划第一批项目"。

11 日　由文管学院、国际合作处、科研处联合主办的"中日工商管理国际学术研讨会"召开。东亚经济国际学会会长、爱知学泉大学教授桥本率领的日本代表团一行 6 人和来自上海财经大学、华中理工大学、武汉大学、湖北省企业管理协会等 20 多所大专院校、科研单位的 100 多位代表参加。

25 日　武汉地质管理干部学院肖作琏、赖传珍获"湖北省高工委优秀共产党员"称号。

29 日　应越南河内矿业地质大学校长张英杰教授邀请,以副校长王家映为团长的中国地质大学代表团前往越南河内矿业地质大学访问。双方签署招收越南留学生、共同开展科研合作等协议。

29 日　国家教委批准学校为"部分高等院校试办田径等重点项目高水平运动队院校",试办田径、羽毛球、国防体育 3 个项目。

6 月

2 日　国家教育委员会批准在学校成立"中国大学生体育协会羽毛球分会"。

18 日—19 日　美国亚利桑那大学采矿与地质工程学教授 Kulatilake 来校讲学,并与学校领导就两校国际合作达成协议。

24 日　学校设立跨世纪中青年学科带头人建设项目基金,重点扶持政治思想好、专业知识基础雄厚、能力较强、学术成就比较突出并有一定威望、立志献身教育事业、极具发展前途的优秀中青年教师。

25 日　中共湖北省高等学校工作委员会授予王学敏、赖传珍"全省高校优秀党务工作者"称号,授予史玉升、曾瑞云、吴胜雄、陈仕中、肖作琏"全省高校优秀共产党员"称号。

26 日　湖北省教委电教办批准学校建立"中国地质大学教育电视台"。

26 日　王焰新、史玉升、冯庆来、刘华中、成金华、李德威、周娟、唐辉明、焦养泉、解习农等 10 人获评学校第二届"十大杰出青年"。

29 日　经国家计量认证地矿评审组评审,学校分析测试中心具备按国家行业和部门现行有关技术标准、规范开展检测工作的能力和条件,通过计量认证。

本月　日本神户大学研究生横山昌彦(Yokoya Masahiko)自费来学校进行构造地质学、古地磁学实习,这是学校接收的第一位来实习的日本研究生。

7 月

3 日　学校党委研究决定:撤销数理系及外语系党总支部,成立中共中国地质大学(武汉)

数理系总支部和中共中国地质大学(武汉)外语系总支部。

7日 地质矿产部党组成员蒋承松来校考察调研,听取学校领导关于教学、改革、发展情况及当前存在主要问题的汇报,并就学校办学体制、教学改革、学生政治思想工作等提出要求。

8日 马昌前、李德威、龚一鸣、童金南、高山、鲍征宇、雷新荣、张均、解习农、郝芳、唐辉明、王焰新、符夷雄、张时忠、吴信才、张华杰、于志平、成金华、许小平、刘心全入选学校首批"跨世纪中青年学科带头人建设项目"。

19日 学校与武汉和平科技开发总公司签订"和平-中国地质大学"科技开发奖励基金协议,聘请博士生导师范永香教授为顾问。

26日 学校被国家计划委员会、国家教育委员会列入1995年招收并轨的普通高等学校。

31日 陆琦被评为地质矿产部"有突出成绩的计量工作者"。

本月 中国地质大学学报《地球科学》常务副主编王亨君教授出席世界妇女非政府组织论坛会议。

8月

4日 中国地质大学校长赵鹏大教授被聘为俄罗斯自然科学院院士。

18日 经商湖北省委同意,地质矿产部党组决定:张汉凯任中国地质大学(武汉)副校长,丁振国任中国地质大学(武汉)党委副书记。

24日 地质矿产部授予万乐、左年念"1995年地矿部优秀教师优秀教育工作者"称号。

30日 著名美藉华人陈香梅访问学校。

本月 1994级学生左洪在湖北省公安县盐业公司码头段勇救落水儿童,校团委授予其"优秀共青团员"称号,物探系授予其"见义勇为优秀青年"称号。

本月 学校攀岩队代表地质矿产部参加全国攀岩比赛并获团体冠军,定向越野代表队代表地质矿产部参加全国定向越野比赛并获冠军,毽球队参加中国首届毽球大奖赛并获铜牌。

9月

8日 赵鹏大、殷鸿福院士获湖北省人民政府颁发的每人每月1000元的特殊津贴。

21日 经商湖北省委,地质矿产部党组同意增补丁振国、张汉凯为中国地质大学(武汉)党委委员、常委。

22日 学校被评为"全国地矿系统群众体育工作先进单位",朱发荣、熊昌进、胡燕生被评为"全国地矿系统群众体育工作先进个人",张锦高被评为"全国地矿系统关心群众体育工作先进领导"。

24日　档案馆研制的"档案信息管理系统"通过部级鉴定。

10月

11日　国务院学位委员会办公室批准中国地质大学1995年可自行增列1个硕士点。

16日　国家教育委员会副主任韦钰一行3人来学校考察调研。

20日　赵鹏大院士赴日本大阪出席国际数学地质协会1995年年会,并应邀向日本市民作题为《21世纪的中国矿产资源问题》的演讲。

20日　学校党委研究决定:校纪委与监察处合署办公。

30日　校园计算机网络中心成立,副校长姚书振兼任主任。

本月　中国地质大学学报《地球科学》获中国高等院校自然科学学报重点大学"优秀学报"一等奖,被国际著名三大检索系统之一的《EI》列为入检期刊。《地球科学》获"1994—1995年度湖北省优秀期刊",学术类一级期刊评选总分第一。

本月　许长海同学被国家教育委员会、共青团中央评为"全国三好学生"。

11月

4日—12日　俄罗斯科学院院士、工程院院士、工程院主席团成员、库兹巴斯分院院长阿里莫夫应地质矿产部和学校邀请,到学校进行为期9天的访问讲学。

16日　於崇文教授当选中国科学院院士,学校举行庆祝大会。

20日　数学教研室、体育课教研室、力学教研室、应用地球物理教研室、矿床教研室、生物地质和沉积地质教研室、地球化学教研室、工程地质与岩土工程教研室等8个教研室获评"1995年湖北省普通高校优秀教研室"。

21日　1995级研究生许长海被评为"全国百优大学生",并荣获首届"胡楚南优秀大学生奖学金"。

22日　邵学民被评为"湖北省引进国外智力工作先进个人"。

23日　由珠宝学院签发的珠宝鉴定GIC证书获得英国宝石协会认可。凡获此证书者,可报考英国FGA宝石鉴定证书的初级考试。学校成为英国宝石协会在远东地区(包括港澳台等地)唯一的联合培训中心。

24日　学校图书馆与华中理工大学图书馆共同制定《关于师生互办借书证的规定》。两校师生凭所在校系证明,并经所在学校图书馆签章登记,可到对方学校图书馆办理借书证,进行书籍借阅。

23日—25日　学校田径队参加在广州举行的亚洲大学生田径邀请赛,获2金1银3铜。

27日　吴冲龙、吴信才被评为"1994年度国家有突出贡献的中青年专家"。

本月　中国地质大学研究生院接受国家教委1995年对全国33所试办研究生院进行的评估。在12项评估中,中国地质大学优秀博士生论文成绩排名第四、课程建设排名第五、生源规模效益排名第八。

本月　石油系郝芳副教授获第五届中国地质学会青年科技奖"金锤奖",资源学院解习农、地球科学学院冯庆来、环境学院于青春副教授获"银锤奖"。

本月　学校毽球队参加1995年武汉国际毽球大奖赛,获女子团体第二名。

本月　武汉管理干部学院易启瑞获"湖北省高校宣传思想先进工作者"称号,邱德君获"高校党务先进工作者"称号。

12月

4日　杨巍然等著《造山带结构与演化的现代理论和研究方法——东秦岭造山带剖析》获"第二届全国高校出版社优秀学术著作优秀奖"。

6日　1994级学生左洪获1995年度"中国大学生跨世纪发展奖学金"优秀奖及"孔府宴奖学金"。

23日　经商湖北省委同意,地质矿产部党组决定:免去陈钟惠中国地质大学(武汉)常务副校长、党委常委职务;免去关康年中国地质大学(武汉)党委副书记、纪委书记、党委常委职务;免去杨巍然党委常委职务。

25日　图书馆流通部、阅览室被评为"1995年湖北省普通高校图书馆先进部";陈哲玉、韩欣、宋朝红、路岳华、熊才发等5人被评为"1995年湖北省普通高校图书馆先进工作者"。

26日　学校定向越野队以全国冠军队的身份参加在香港地区举行的"96亚洲及太平洋区野外定向锦标赛",获得男子个人赛第二名、第三名和短距离第三名,这是学校运动员参加亚洲各类国际比赛取得的最好成绩。

本月　国务院批准中国地质大学新增遥感地质为博士点学科,新增地质学史为硕士点学科。

本月　在第四届"挑战杯"全国大学生课外学术科技作品竞赛上,物探系马永旺同学的作品获二等奖,赵志丹等4名同学的作品获鼓励奖。学校授予罗延钟等7位指导老师"优秀指导老师奖"。

本年

张均、鲍征宇、唐仲华、龚一鸣、解习农、符夷雄获 IET 教育基金青年教师奖,成金华获霍英东教育基金会青年教师(教学类)三等奖。

学校 1995 年参加研究的科研项目获各类成果奖 25 项。其中,国家自然科学奖三等奖 1 项;地质矿产部科技成果奖一等奖 1 项、二等奖 2 项、三等奖 15 项、四等奖 5 项;另 1 项成果获山西省软科学奖二等奖。

1996年

1月

5日 学校鄂海研究所研制生产的高效植物生长调节剂"丰产露",是湖北省唯一获得农业部登记证书的产品。该产品在湖北省已推广了几百万亩,取得了巨大的社会效益,为湖北省农业丰收作出了重要贡献。

18日 湖北省档案局、湖北省人事厅授予学校档案馆"全省档案系统先进集体"称号。

24日 湖北省省长蒋祝平一行来学校考察调研。

30日 彭显雪被评为"湖北省教育统计工作先进个人"。

2月

5日 地质矿产部教育司公布1995—1996年度经国家教委备案的本科专业及部备案的专科专业名单,中国地质大学贸易经济、设备工程与管理、应用电子技术、通信工程4个本科专业(点),艺术师资、体育师资2个专科专业获批。

8日 经湖北省政府批准,孙连发为1995年享受湖北省政府专项津贴人员。

9日 湖北省委组织部、湖北省人事厅授予马昌前、唐辉明、张均"1995年度湖北省有突出贡献的中青年专家"称号。

本月 中共湖北省委高校工委授予谢延淦"湖北省高校纪检监察系统先进工作者"称号。

3月

4日 中国教育工会湖北省委员会同意学校第十三届会员代表大会选举产生的工会委员会、常务委员会;同意丁振国兼任工会主席,杨景明任工会副主席。

8日　学校成立"211工程"项目建设领导小组,副校长姚书振任组长。

8日　中国教育工会湖北省委员会授予武汉地质管理干部学院吴晓光"湖北省高校教书育人先进个人"、张信军"湖北省高校优秀青年女职工"称号。

28日　国家教育委员会批准中国地质大学正式建立研究生院。

29日　学校被评为武汉市"1995年度全市社会治安综合治理优胜单位",副校长赵克让被评为"1995年度武汉市文保系统优秀治安负责人"。

本月　王鸿祯院士获"第四届李四光地质奖特别奖"。

4月

4日　地质矿产部部长宋瑞祥、教育司司长孟宪来等一行专程来汉,同湖北省省长蒋祝平就联合共建中国地质大学进行会谈,并签署《地质矿产部、湖北省人民政府关于联合共建中国地质大学的意见》。湖北省委书记贾志杰出席签字仪式。

15日　学校党委决定:成立中国地质大学(武汉)成人教育学院,张汉凯兼任院长。

15日　学校党委决定:由计算机系和物探系的无线电教研室、通信工程教研室合并成立信息工程学院,撤销原计算机系党总支委员会,成立信息工程学院总支部委员会。

19日　人事处被地质矿产部人事司评为"地矿部系统劳动工资统计、干部统计先进单位",刘桂芳、刘爱民被评为"地矿部系统劳动工资统计、干部统计先进工作者"。

22日　湖北省教委对全省39所本科院校大学英语教学进行评估,学校获"湖北省高等学校大学英语(本科)教学先进单位"。

29日　学校成立机关服务中心。

29日　学校印发《中国地质大学(武汉)"三育人"工作条例》。

本月　勘建学院71921班陈磊同学被共青团湖北省委、湖北省学生联合会评为"1995—1996年度湖北省三好学生标兵"。

本月　学校获评"湖北省文明单位"。

5月

2日　湖北省教委、湖北省档案局授予学校档案馆"湖北省高校档案工作先进单位"称号。

8日　经商湖北省委,地质矿产部党组同意丁振国兼任中共中国地质大学(武汉)纪律检查委员会书记。

10日　中国地质大学"211工程"建设项目获批开展可行性研究报告。

27日　汤凤林教授被俄罗斯工程院全体大会选举为俄罗斯工程院外籍院士。

31日　学校校园网络工程正式在国家教委CERNET(中国教育科研网)中心注册。这标志着学校校园网已成为Internet(国际网间网)的合法部分。

本月　高山教授荣获国家教委"跨世纪优秀人才计划"基金。

6月

12日　湖北省学位委员会公布1995年自行审批的硕士学位授权学科、专业点名单,学校计算机应用、管理工程获批为硕士学位授权点。

20日　学校举行研究生院挂牌仪式。校长赵鹏大、党委书记赵延明为研究生院揭牌,副校长王家映主持挂牌仪式。

25日　国家教育委员会授予学校"贯彻《学校体育工作条例》优秀高等学校"称号。

28日　湖北省高校工委授予地球科学学院生物地质与沉积地质教研室党支部、环境科学与工程学院工程地质与岩土工程教研室党支部、武汉地质管理干部学院化学系党支部"湖北高等学校先进基层党组织"称号。

本月　吴信才教授在国家"九五"科技攻关重点项目"遥感、地理信息系统、全球定位系统技术综合应用研究"的有限竞争性招标中中标,中标经费为300万元。

7月

3日　学校测试中心承担的"八五"国家重点新技术推广项目"电子探针自动控制系统"通过地质矿产部科技司组织的专家鉴定。

5日　经商中共湖北省委,地质矿产部党组同意:殷鸿福任中国地质大学(武汉)校长;杨昌明任中国地质大学(武汉)副校长(正校级);赵鹏大任中国地质大学(武汉)名誉校长,不再担任中国地质大学(武汉)校长职务;增补殷鸿福、杨昌明为中共中国地质大学(武汉)委员会委员、常委。

5日　体育部教师郑超被评为"全国高校优秀青年体育教师"。

5日—8日　全国地矿系统第三届田径运动会在北京召开,来自全国地矿系统共45个代表队530名运动员参加了男女93个项目的角逐。学校代表队以19块金牌、281分的优异成绩获丙组男女团体总分第一名。

16日　中国地质大学与中国地质矿产经济研究院签订联合办学协议。

17日　学校党委决定:成立中国地质大学(武汉)区域环境与灾害防治工程研究中心。

本月　经国家教育委员会批准,中国地质大学首次接收中学保送生。

本月　学校在湖北省第八届毽球锦标赛中获女子组第一名。

8月

4 日　赵鹏大受聘为国际高等学校科学院院士。

4 日—14 日　中国地质大学派出 333 人组成的代表团出席了第 30 届国际地质大会。王鸿祯、郝诒纯、杨起、赵鹏大、殷鸿福等 26 人作为召集人分别组织了相关学科、专题的讨论会。中国地质大学提交论文摘要 267 篇,其中宣读、展讲 210 篇。由中国地质大学领队的 6 条地质旅行路线,受到中央电视台的专题报道,并得到国内外代表的一致好评。中国地质大学展台获评二等奖。

11 日　赵鹏大院士荣获俄罗斯自然科学院金质奖章。

23 日　湖北省委教育工会授予武汉管理干部学院吴晓光"'三育人'先进个人"称号。

27 日　地质矿产部教育司批复同意在学校举办"地质工科特型班",从 1996 年秋季招收的新生中择优选拔,学制四年。

9月

10 日　学校被湖北省教委评为"贯彻《学校卫生工作条例》先进高等学校"。

13 日　在第五届全国大学生运动会上,学校获 2 金 2 银 5 铜的优异成绩,其中 6 名选手成绩达到运动健将标准;由学校和武汉体育学院共同组成的湖北省田径队乙组获得女子团体总分第一名、男女团体总分第一名,并获"体育道德风尚奖";学校再次荣获大运会"校长杯"。

23 日　学校在学生工作处设立思想品德课部、在人文与管理学院设立艺术课部。

26 日—29 日　副校长赵克让率领学生羽毛球队在法国斯特拉斯堡参加由 30 个国家参赛的第四届世界大学生羽毛球锦标赛。学校代表队获男双、女双亚军和混双第三名。

10月

7 日　地质矿产部公布第三届普通高校优秀教材评奖结果。中国地质大学出版社出版、王燮培编(著)的《石油勘探构造分析》,朱志澄、宋鸿林编(著)的《构造地质学》,马鸿文编(著)的《结晶岩热力学概论》,傅良魁编(著)的《应用地球物理教程——电法、放射性、地热》获一等奖;李智毅、王智济、杨裕云编(著)的《工程地质学基础》,陈荣书编(著)的《石油及天然气地质学》,陈崇希编(著)的《地下水流动问题数值方法》,潘兆橹编(著)的《结晶学及矿物学》,赵鹏大、胡旺亮、李紫金编(著)的《矿床统计预测》,翟裕生编(著)的《矿田构造学》,李世忠编(著)

的《钻探工艺学》获二等奖。

10日　学校被湖北省教委、科委评为"'八五'科学技术工作先进高等学校",科研处被评为"'八五'科学技术(管理)工作先进集体",校产业管理办公室被评为"先进产业办公室",校专利事务所被评为"先进专利事务所",范永香为"'八五'科学技术(管理)工作荣誉奖"获得者,张建国为"优秀产业管理工作者",张玉香、吕建军为"优秀科研管理工作者"。

14日　武汉地质管理干部学院吴跃、范贤斌被评为"地质矿产部后勤先进工作者"。

16日　学校党委决定:校行政领导班子同党委一并实行任期制,每届任期为四年;原任校行政领导自新一届党委任届开始任期,并与党委按期换届。

22日　金振民教授当选国际地球物质科学委员会委员。

23日　学校印发《地质学专业国家理科基础科学研究和教学人才培养基地学生管理办法》。

11月

3日—6日　"华人宝石学教育会议暨96宝石学术年会"在学校召开。

8日—9日　学校举行研究生院建院十周年暨第四次学位与研究生教育工作会议。

12日　中共湖北省委高校工委表彰全省高校先进党校和优秀党校工作者,学校党委党校获湖北省"先进党校"称号,童德卿获"优秀党校工作者"称号。

25日　中共湖北省委高校工委授予学校党委办公室"湖北高校先进党委办公室"称号,授予蔡继彪、邱德君"湖北高校党办先进工作者"称号。

26日　经商湖北省委,地质矿产部党组同意:李玉和任武汉地质管理干部学院院长、党委书记,蓝师尧任武汉地质管理干部学院副院长,谢延淦任武汉地质管理干部学院纪委书记;免去胡家杰武汉地质管理干部学院院长职务,免去黄澄波武汉地质管理干部学院党委书记职务。

28日　邵俊江、张友明、陈绪金获1996年全国大学生数学建模竞赛武汉赛区一等奖,指导教师为徐德义;陈裕康、杨梅霞、杨永清获二等奖,指导教师为廖狄武;陈家玮、高辉、熊立志获三等奖,指导教师为唐仲华。

11月30日—12月1日　中共中国地质大学(武汉)第八次代表大会召开。校长殷鸿福致开幕词,地质矿产部办公厅主任李树棠、湖北省高校工委副书记章默英到会致辞祝贺。党委书记赵延明代表上届党委向大会作题为《团结奋斗、开拓进取,把更具创造力、竞争力、贡献力和影响力的中国地质大学带入21世纪》的工作报告。丁振国代表上届纪委作工作报告。大会选举产生了中共中国共产党中国地质大学(武汉)第八届委员会、第七届纪律检查委员会。选举丁振国、王方正、王焰新、向东、孙治定、邢相勤、吕贻峰、刘亚东、张锦高、张汉凯、张时忠、杨昌明、陈世模、余心根、赵克让、赵俊明、姚书振、郭凤典、殷鸿福、高山、梁中华等21人

为党委委员,张锦高为党委书记,丁振国、赵克让为党委副书记;选举丁振国、叶牡才、杨景明、张聪辰、岳希全、姚金素、姚俊安、顾锡瑞、曾令恒等9人为纪委委员,丁振国兼任纪委书记。

本月　地质矿产部党组研究决定:免去赵延明中国地质大学(武汉)党委书记、委员职务。

12月

2日　中共湖北省委高校工委授予向东、余心根、任有福、易启瑞"湖北高等学校先进宣传思想工作者"称号。

5日　科研处获"全国高校科技管理先进单位"称号。

8日　湖北省委同意学校第八届党委会和第七届纪律检查委员会第一次全体会议选举结果。党委常委丁振国、张汉凯、张锦高、杨昌明、赵克让、姚书振、殷鸿福。党委书记张锦高,党委副书记丁振国、赵克让。纪委书记丁振国(兼),纪委副书记岳希全。

12日　地质矿产部副部长张宏仁到学校考察调研。

22日　武汉地质管理干部学院张文亮、李毅谦分获湖北省教育工会"优秀工会积极分子""优秀工会工作者"称号。

24日　学校印发《中国地质大学(武汉)科研工作管理暂行办法》。

27日　中国大学生体育协会羽毛球分会成立大会暨"昌远杯"首届中国大学生羽毛球邀请赛在学校举行。

本月　学校获得湖北省教委、省高校体协组织的"96武汉地区高校冬季越野长跑运动会"男女团体总分第一名。

本年

由金振民教授主持完成的《上地幔动态部分熔融的实验研究》成果和由华欣博士主持完成的《碳质球粒陨石橄榄石的研究》成果入选《国家自然科学基金资助项目优秀成果选编》(简称《选编》)(二)中的第一大类,即瞄准科学前沿的基础研究类的固体地球科学研究。该《选编》共收录固体地球科学研究成果13项,其中地矿系统入选4项(学校占2项)。学校在该《选编》中入选的成果数名列第3位。

1996年度国家杰出青年科学基金评审在京揭晓,共有84位青年学者获得资助,高山教授荣获资助额为60万元。

经国务院批准,金振民、郭铁鹰、王晓林享受1995年政府特殊津贴。

学校1996年参加研究的科研项目获地质矿产部科技成果奖29项,其中二等奖3项、三等奖21项、四等奖5项。

1997 年

1月

18日　中共湖北省委授予学校"万名大学生长征歌曲演唱会先进集体"称号,授予余心根、傅安洲"先进个人"称号。

20日　学校获评"湖北省产学研产品展示会暨技术成果交易会组织工作先进集体"。

24日　学校被评为"武汉市1996年度全市文保系统社会治安综合治理优胜单位",党委副书记丁振国被评为"1996年度武汉市文保系统优秀治安责任人"。

2月

18日　学校成立"211工程"重点学科建设项目工作组。

3月

1日　党委办公室、校长办公室即日起合署办公。合署后两办机构保留,两办主任职责范围不变。

6日　国家教育委员会高等教育司组建教学工作合格评价专家组,汤凤林教授为专家组成员。

20日　地质矿产部教育司同意学校实行少数专科生升读同科类本科专业的制度。

22日　中共中央组织部、国家人事部、中国科学技术协会授予郝芳、魏胜"第五届中国青年科技奖"。

24日　由国家科学技术委员会、中共中央宣传部、国家新闻出版署联合举办的第二届全国优秀科技期刊评比表彰大会召开。中国地质大学学报《地球科学》获一等奖,名列地质矿产

部上报参评 26 种期刊榜首。

28 日　学校成人教育学院、地质矿产部成人教育研究室获"地质矿产部'八五'期间职工教育先进单位"称号。郭金楠、刘英民、谢延淦、马勇获"地质矿产部'八五'期间职工教育先进工作者"称号。

本月　学生王国栋被团中央授予"全国杰出青年志愿者"称号。

4月

18 日　赵云胜任劳动部安全工程专业教学指导委员会委员。

23 日　学校印发《关于在全校党员中开展"讲学习、讲政治、讲正气"主题教育活动的通知》。

29 日　学校"211 工程"建设项目通过专家论证审核。

30 日　学校印发《"211 工程"建设项目管理办法实施细则》。

本月　科研处获评"地质矿产部'八五'科技工作先进管理单位";"计算机辅助彩色地学图件编辑出版系统"项目组和"秦岭造山带岩石圈结构、演化及其成矿背景"项目组获评"地质矿产部'八五'科技工作先进科研集体";李思田、刘修国、索书田、陈崇希获评"地质矿产部'八五'科技工作先进个人"。

5月

4 日　共青团湖北省委组织部经双推双考决定录用吴昌秀为湖北省学生联合会第七批驻会主席,驻会期一年。

26 日—30 日　国家教育委员会地球科学理科基地建设工作研讨会及地质学教学指导委员会二届三次会议在学校召开。

30 日　经国家人事部批准,高山、王亨君、李四维、李泽九享受 1996 年政府特殊津贴。

6月

6 日　地质矿产部发布 1996 年度部开放研究实验室评估结果,学校矿产资源产量预测及勘查评价开放实验室排第 3 位,壳-幔体系组成、物质交换及动力学开放实验室排第 7 位。

8 日　学校关心下一代工作委员会获"湖北省教育系统先进集体"称号,霍绍周获"先进个人"称号。

9日　湖北省高等学校招生委员会办公室授予武汉地质管理干部学院郑文峰"优秀招生工作者"称号。

10日　第三届全国地质类工科本科专业教学指导委员会一次会议在学校召开，来自全国近20所大学的50多位代表参加会议。

14日　中共湖北省委授予环境科学与工程学院工程地质教研室党支部"先进基层党组织"称号。

20日　王宇飞、王爱红、方熠、左麦枝、吴太山、余敬、杨明星、童金南、董浩斌、潘忠华等10人获评学校第三届"十大杰出青年"。

22日　经国家科学技术部批准同意，学校主办的《地质科学译丛》更名为《宝石和宝石学杂志》。

27日　学校举行"庆'七一'迎回归"大会，全体校领导和师生员工、离退休老干部、各民主党派负责人参加。

7月

3日　武汉地质管理干部学院被湖北省教育委员会评定为"优良学校"。

7日　湖北省学位委员会同意学校举办矿床普查与勘探、应用地球物理、水文地质及工程地质和环境地质、油气田开发工程4个学科研究生课程进修班。

8月

7日　张明兰获评"地质矿产部系统离退休干部工作先进工作者"。

18日　地质矿产部任命赵鹏大兼任中国地质大学研究生院院长；殷鸿福、吴淦国、赵克让任中国地质大学副校长；免去莫宣学中国地质大学研究生院院长职务。

29日　张思发、余敬获评"1997年地质矿产部优秀教师"，陈文武获评"1997年地质矿产部优秀教育工作者"。

9月

1日　学校党委研究决定：成立中国地质大学（武汉）机械与电子工程研究所，杨代华任所长。

10日　附中曹清姝、附小张成娟荣获"湖北省优秀教师"称号。

17日—20日　学校大学生代表队获得电子设计竞赛湖北省一等奖1项。

19日　学校学生会被增补为湖北省学生联合会七届委员会主席团成员单位。

23日　地质矿产部研究决定,将中国地质大学武汉管理干部学院并入中国地质大学(武汉),并入后有关问题明确如下:①并入后,中国地质大学武汉管理干部学院与中国地质大学(武汉)成人教育学院合并,组建中国地质大学(武汉)工商管理学院;②新组建的工商管理学院为中国地质大学(武汉)的二级学院,隶属中国地质大学(武汉),在中国地质大学武汉管理干部学院校址内实施教学活动;③中国地质大学武汉管理干部学院的现任主要领导与中国地质大学(武汉)的现任主要领导交叉任职;④并入后,中国地质大学武汉管理干部学院在一定时期内保留原学院牌子,原经费渠道不变,人、财、物相对独立。

23日—25日　学校大学生代表队获得数学建模竞赛国家二等奖2项、省二等奖3项、省三等奖2项。

29日　湖北省教育委员会主持召开全省成人高校评估总结表彰大会。李玉和代表武汉地质管理干部学院接受湖北省教育委员会颁发的"优良学校"奖牌。

10月

1日　中国地质大学福建校友会成立。

6日　全国流体包裹体及地质流体学术研讨会在学校召开。

11日　国务院学位委员会同意中国地质大学水利工程、地质工程、石油与天然气等工程领域培养工程硕士及具有专业学位授予权。

14日—20日　国际知名的钻井过程最优化领域的专家、俄罗斯自然科学院院士、莫斯科地质勘探学院勘探过程最优化教研室主任E·A·科兹洛夫斯基教授应邀到学校开展学术交流。

17日　学校隆重庆贺中国科学院院士、我国著名的古生物学家和地质教育家杨遵仪教授献身地质事业64周年暨90华诞。

30日　地质矿产部院校党建思想政治工作研究会第三届优秀成果评选揭晓:张锦高主编的《青年社会学》获一等奖;《90年代大学生思想发展预测及地质院校德育体系构想研究》获二等奖;王宗廷主编的《大学生心理及调适》获三等奖,余心根主编的《大学生新生教育与引导》获优秀奖。论文获奖情况:郭兰撰写的《青年生活方式的特征及问题》获一等奖;吴东华撰写的《论邓小平的党建思想》获二等奖;丁振国撰写的《对社会主义理论的重大贡献》及刘亚东的《试论精神文明的道德作用》获优秀奖。

本月　杨遵仪院士向学校捐资5万元人民币,用以奖励在地质学领域学习的优秀青年学生。学校决定设立"杨遵仪奖学金"。该奖学金从1998年起每年评选一次,奖励2名在地学领域学习的优秀青年学生。

本月 国家体育运动委员会授予附属中学"全国群众体育先进集体"称号,授予赵克让"全国群众体育先进个人"称号。

11月

5日 地质矿产部教育司决定将学校作为教学改革试点单位。

5日—6日 由学校承办、国家自然科学基金委员会和中国地质大学"211工程"建设项目共同资助的"中国中央造山带学术研讨会"在武汉召开。

6日 学校与武汉华镒(集团)有限公司就设立"华镒奖学金"达成协议。

7日 学校建校45周年校庆举行。校庆期间,学校开展了一系列学术活动和庆祝活动。

9日 地矿信息系统工程研究所吴冲龙教授主持完成的"地矿点源信息系统开发及应用"项目通过部级鉴定。

24日 湖北省教育委员会授予财务处"湖北省高校先进财会工作集体"称号,授予刘楚玉、陶力士、钟初英、程端林、魏芬芳"先进会计工作者"称号。

25日 湖北省委组织部授予吴荣俊"第四批优秀科技副县(市)长"称号。

本月 3名校友当选中国科学院院士:国家地震局地质研究所马瑾(女)、中国科学院南京地质古生物研究所戎嘉余、中国科学院青海盐湖研究所张彭熹。

12月

2日 学校被中共湖北省委评为"社会实践优秀组织单位";学校组建的武汉市地质市场调查小分队及赴湖北铁山、阳新社会实践小分队被评为"社会实践先进小分队";吕贻峰、张吉军、刘世勇、周伟、姜忠保、周才贵、徐浩泳、魏志成、巫翔、王飞、吴昌秀被评为"社会实践先进个人";学校青年志愿者赴襄樊市"三下乡"等4支志愿服务队、赴浙江松阳县"三下乡"志愿服务队、赴河南新密市"三下乡"志愿服务队、赴湖北丹江口市"三下乡"志愿服务队被评为"'三下乡'优秀服务队";王甫、李晓玉、许金标、郭阳卿、王剑丽、张敏、段国亮、杨茜被评为"'三下乡'先进个人"。

5日 第五届"李四光地质科学奖"评选结果揭晓:杨遵仪院士和1956届校友汤中立院士获"地质科学荣誉奖";1954届校友包家宝、1957届校友王秋华获"野外地质工作者奖";胡觅义校友获"地质科技研究者奖";翟裕生教授和1953届校友金景福教授获"地质教师奖"。

6日 国家计划委员会下达《国家计委关于中国地质大学"211工程"建设项目可行性研究报告的批复》,同意中国地质大学作为"211工程"项目院校在"九五"期间进行建设。这标志着学校"211工程"正式立项工作已全部完成。

11日 湖北省财政厅、湖北省人事厅授予陶力士"湖北省先进会计工作者"称号。

16日 郝芳、王焰新、张时忠、冯庆来被批准为1997年度湖北省有突出贡献中青年专家。

19日 陈欣、童晓峰、郝国成获全国第三届大学生电子设计竞赛湖北赛区一等奖,学校获"优秀组织奖"。

24日 学校获评"湖北省普通高校招生工作先进集体";吕海燕获评"湖北省研究生招生工作先进个人";武汉地质管理干部学院郑文峰获评"湖北省成人高校招生工作先进个人"。

25日 1997年全国大学生数学建模竞赛获奖名单公布。张志刚、刘明义、曾政辉、杨永清、赵明喜、敕祖龙获全国竞赛二等奖;林峰、马孝东、陶俊、杨瑞琰、张克明、张朝飞、姬文源、徐德义、胡朝顺、彭柯河、张洪兴、唐仲华获武汉赛区二等奖;杨梅霞、刘述贵、邓春呈、沈远彤、陈永民、严家兵、何华刚、杨瑞琰获武汉赛区三等奖。

28日 中国科学技术协会授予吴信才"全国优秀科技工作者"称号。

30日 湖北省教育委员会授予文汉英、王宝珠"先进财务工作者"称号。

本月 在第五届"挑战杯"全国大学生课外学术科技作品竞赛上,学校代表队获三等奖2项、鼓励奖2项,学校获"优秀组织奖"。

校庆45周年党和国家领导人及有关领导题词

中共中央政治局常委、全国政协主席李瑞环题词:培养优秀人才　发展地球科学

中共中央政治局常委、国务院副总理李岚清题词:为谋求人类与地球和谐协调发展作出更大贡献

国务院副总理邹家华题词:教书育人双文明　桃李栋才满园春

国务委员、国家科委主任宋健题词:为21世纪占领地球科学前沿而奋斗

全国政协副主席叶选平题词:献身地质　报效祖国

全国政协副主席钱伟长题词:加强素质教育　培养一代新人

全国政协秘书长朱训题词:为国育英　更上层楼

全国政协常委王光美题词:现代化建设的开路先锋

湖北省省长蒋祝平题词:发展地学教育　勇攀科学高峰

1998 年

1月

1日 全国第二届大学生羽毛球锦标赛在上海同济大学羽毛球馆落下帷幕,学生冯毅、胡婷获混合双打冠军,胡婷还获女子单打冠军。

4日 经武汉市技术监督局同意,中国地质大学(武汉)与武汉地质管理干部学院共同组建武汉市产品质量监督检验珠宝站。

5日 湖北省科学委员会同意学校成立湖北省地理信息系统软件开发与应用工程中心管理委员会,吴信才担任委员会主任。

5日 地球科学学院和博物馆联合举办"池际尚院士诞辰80周年"图片展览。

8日 学校校园网建设第一期工程通过专家验收,这是学校"211工程"建设的第一个重点项目。

17日 学校召开八届第32次党委常委会议。会议决定:成立珠宝学院党总支;政策研究室与高等教育研究室分开;政策研究室与党委办公室、校长办公室合署办公;学工处(部)与团委合署办公;图书馆资料室划归档案馆;撤销机关服务中心,机关服务中心所属科室由校长办公室代管。

22日 湖北省教育委员会公布湖北省首届高校青年体育教师基本素质比赛评奖结果,牛小红获个人男子组二等奖,胡凯获个人女子组三等奖,学校获团体总分第五名。

本月 阮天健、林守麟、吴冲龙、周再盛当选湖北省政协九届委员会委员。在湖北省政协九届一次会议上,阮天健、林守麟、吴冲龙当选九届委员会常委委员。

2月

25日 学校召开民主选举后勤副校长大会。地质矿产部教育司司长黄宗理宣布邢相勤从即日起履行学校后勤副校长之职责。

25日 地质矿产部教育司同意中国地质大学增设会计学、经济法、地理学3个本科专业。

26日 经商湖北省委,地质矿产部党组同意:李玉和任中国地质大学(武汉)党委副书记,杨昌明兼任武汉地质管理干部学院院长。

26日 地质矿产部副部长陈洲其、教育司司长黄宗理等到学校考察调研。

27日—28日 中国地质大学校友会第一次校友代表大会在学校召开。会议通过成立中国地质大学校友会的决定,选举产生了第一届校理事会。

27日 学校党委决定:成立中国地质大学(武汉)工商管理学院,并在武汉地质管理干部学院正式挂牌。

28日 "湖北省地理信息系统软件开发与应用工程中心"和"武汉中地信息有限公司"在学校举行挂牌仪式。

28日 在我国著名地质学家、著名教育家、中国科学院院士(学部委员)冯景兰诞辰100周年之际,其子女根据冯景兰及夫人的遗愿,将冯景兰夫妇生前节俭下来的10万元人民币捐赠给中国地质大学,用于设立奖励基金。中国地质大学遵照其遗愿,决定设立"冯景兰地质教学奖"和"冯景兰奖学金",用于奖励学校为发展地质教育事业作出突出贡献的教师和思想品德好、学习成绩优异的学生。

3月

2日 学校被授予"地质矿产部组织人事劳动先进集体"称号,印纯清被授予"地质矿产部人事劳动先进个人"称号。

5日 刘清华、董文莲、李祝萍被授予"湖北省房改试点单位先进工作者"称号。

5日 湖北省委高校工委、省教委、省教育工会授予杨逢清、余敬、杨亚平"湖北省高校先进女职工"称号,授予胡珊、赖传珍"湖北省高校先进女职工工作者"称号。

12日 湖北省劳动厅授予武汉地质管理干部学院劳动就业办公室"1997年度省直劳动就业先进单位"称号。

16日 学校被命名为首批"地质矿产部文明单位"。

18日 学校召开八届第37次党委常委会议。会议决定:党委办公室、校长办公室、政研室合并成立中国地质大学(武汉)办公室(对外仍保留党委办公室、校长办公室牌子)。

25日 教育部部长陈至立在中国地质大学校长赵鹏大等领导陪同下,参观学校博物馆、校史馆、基础教学微机实验室、地球科学走廊和MAPGIS地理信息系统软件开发部。

27日 审计处获"地质矿产部内部审计先进集体"称号。

27日 乔民远被武汉市再就业领导小组、市劳动局授予"劳动就业、再就业先进工作者"称号。

本月 赵鹏大、殷鸿福院士当选九届全国政协委员,王亨君当选第九届全国人大代表,陆愈实当选政协武汉市第九届委员会委员、常委。

4 月

3 日　湖北省卫生厅对省直管单位开展食品和公共场所检查评比,学生三食堂、学生四食堂及招待所被评为"省级直管卫生先进单位"。

6 日　学校实行政务公开制度,采用《政务简报》的形式,将学校的重要决定、改革举措及学校各方面涉及教职工切身利益的重大事务,通过网络和公告向全校公布。

13 日　学校 6 项学生科技作品参加第五届全国"挑战杯"竞赛,获三等奖 2 项、鼓励奖 2 项,排名全国第 30 位,学校获"优秀奖"。

14 日　中国地质大学向教育部所属部分院校捐赠 MapGIS 软件的仪式在中国地质大学(北京)举行。

15 日　湖北省副省长王少阶和武汉市副市长辜胜祖考察学校中地信息工程有限公司。

28 日　湖北省劳动就业管理局培训基地揭牌仪式暨开学典礼在武汉地质管理干部学院举行。

29 日　学校研究决定:将地球科学学院 1995 级、1996 级宝石专业班转入珠宝学院管理。

5 月

4 日　湖北省委宣传部、共青团湖北省委授予董浩斌"湖北省十大杰出青年提名奖"。

4 日　湖北省教育委员会公布 1998 年在鄂部委属高等学校省级重点学科名单。学校地球探测与信息技术、地图制图与地理信息工程、环境工程、管理科学与工程、安全技术及工程等 5 个学科榜上有名。

13 日　学校高水平运动队通过湖北省专家组评估检查。

15 日　学校举行"211 工程"子项目建设任务合同签字仪式。

24 日　物探系 1995 级本科生次落参加中国和斯洛伐克联合攀登珠穆朗玛峰活动,成为学校登上珠穆朗玛峰的第四人,也是目前在校学生登上珠穆朗玛峰的第一人。

本月　共青团中央授予 71942 班"全国优秀标兵班集体"称号。

6 月

1 日　中国地质大学研究决定:成立地球动力学与全球事件研究中心、地球物质科学与岩矿新材料研究中心、矿产资源勘查开发与地学信息研究中心、地学探测技术与地质工程研究中心、地质环境保护与地质灾害防治中心、海洋地质与海洋地球物理研究中心、国土资源与地理信息系统研究中心等7个跨学科、跨南北两地的"211工程"学科研究中心。

2日 中国地质大学决定：成立"211工程"建设领导小组和"211工程"建设项目法人组织，全面负责"211工程"的领导及建设项目管理。

4日 伊朗留学生穆罕默德·内朗德通过毕业论文答辩，成为学校第一位外籍博士。

5日 学校大学生毽球队在湖北省高校毽球比赛中荣获男女团体冠军、女子单人踢球冠军，并被授予"精神文明队"称号。

17日 党委书记张锦高主持召开八届党委第8次全体委员会议。会议决定，对校院系（专业）作如下调整：①资源环境与城乡规划管理专业调整至地球科学学院；②资源学院与石油系合并，组建新的资源学院；新设的土地管理专业由该院系承办；③环境科学与工程学院和勘察与建筑工程学院合并，组建新的勘察建筑与环境工程学院；④应用化学系与材料科学与工程系合并组建新材料与化学工程学院；⑤由勘察与建筑工程学院的机械基础教研室、机械工程教研室和信息工程学院的电信教研室及数控机床研究所、设备实验处的机械工程教学实验中心合并组建机械电子与工程系；⑥将人文与经济管理学院分为管理学院和人文与经济学院。

18日 中共湖北省委高校工委授予环境科学与工程学院党总支、武汉地质管理干部学院管理工程系直属党支部、硕士研究生1996级学生党支部"湖北省高等学校先进基层党组织"称号。

22日 国务院学位委员会下达按新专业目录对应调整后的博士、硕士学位授权学科名单。中国地质大学博士学位授权学科包括：矿物学、岩石学、矿床学；地球化学；古生物学与地层学（含：古人类学）；构造地质学；水文学及水资源；地图制图学与地理信息工程；矿产普查与勘探；地球探测与信息技术；地质工程。硕士学位授权学科包括：分析化学、第四纪地质学、科学技术史、机械设计及理论、计算机应用技术、安全技术及工程、油气田开发工程、环境工程、管理科学与工程。

30日 国务院学位委员会第七次会议审核同意中国地质大学自行审批增列水利水电工程、大地测量学与测量工程、摄影测量与遥感等3个硕士学位授权点。

本月 博物馆获"湖北省科普工作先进集体"称号。

7月

10日—15日 中、韩、俄国际地质学术会议先后在中国地质大学（北京）和中国地质大学（武汉）召开。会议主题为探讨上述国家地质及矿产资源研究中的新进展。

16日 湖北省学位委员会审核通过学校新增岩土工程和人口、资源与环境经济学硕士学位授予点。

本月 陈光远被俄罗斯科学院乌拉尔分院推选为外籍院士。

8月

10日 中共湖北省委组织部、中共湖北省高校工委授予学校"1994—1998年湖北省党的建设和思想政治工作先进高等学校"称号。

17日 国家体育总局授予次落"体育运动荣誉奖章"。

25日 学校建立教学督导制度,作为校教学检查评估体系的补充。

9月

3日 学校党委同意成立地球科学国际知识传播中心,王亨君任中心主任。

7日 学校女子羽毛球队代表国家参加在土耳其举行的第五届世界大学生羽毛球锦标赛,取得2金2银的优秀成绩。姚洁、邹师思分获女单冠、亚军,刘璐获混双冠军,刘璐、姚洁获女双亚军。

7日 尹翠芬、田丽君、张首丽、戴庭勇、刘杰等5人获"湖北省普通高等学校优秀教学管理工作者"称号。

10日 金振民荣获"全国模范教师"称号。

16日 湖北省教育委员会授予熊慕侠"湖北省学校体育先进工作者"称号,授予崔延玲"湖北省学校卫生先进工作者"称号。

19日 物理实验室、电工电子技术实验室面向全校学生开放。

25日 学校获评"1998年湖北省'三下乡'优秀组织单位";文管学院赴黄石社会实践调查队、赴黄石"三下乡"志愿服务队、勘察建筑与环境工程学院73951班赴大冶"三下乡"志愿服务队获评"湖北省优秀志愿服务队";张丽娟、陶继东、许德华、杨伟、李国恩、杜晋钧等6人获评"湖北省'三下乡'先进个人"。

本月 博物馆被评为"武汉青少年科技教育基地"。

10月

6日 湖北省教育委员会公布中青年学科带头人、中青年学术骨干名单。马昌前、张均、王焰新、殷坤龙、赖旭龙、成金华、赵云胜、王华、孟大维、靳孟贵、吴立、王国灿、吕新彪等13人获评中青年学科带头人;帅琴、董浩斌、范士芝、余敬、黎忠文、李宏伟、邱海鸥、蒋国盛、叶加仁、周爱国、徐思煌等11人获评中青年学术骨干。

12日　学校党委召开全校党员代表大会,选举张锦高、余敬代表学校参加湖北省第七次党代会。

13日—18日　由中国地质大学(武汉)等高校组成的中国地质体协代表队参加1998年亚洲及太平洋地区国际定向越野比赛,获得1金4银3铜。

14日—16日　中国地质大学第7次党政联席会在中国地质大学(武汉)召开,大学总部及各办学实体的党政领导参加会议,国土资源部副部长寿嘉华、人教司副司长薛平等出席。校长赵鹏大主持会议。会议的主要任务是:认真分析研究大学发展所面临的新形势和新问题,统一认识、统一思想、鼓足干劲;落实"211工程"建设目标,布置"211工程"中期检查任务,并争取进入"211工程"建设第二期滚动实施;学习贯彻教育法,促进学校依法办学、科学管理。赵鹏大作了题为《抓住机遇　开拓创新　为出色完成"211工程"一期建设任务而奋斗》的主题报告。寿嘉华传达了中国共产党十五届三中全会精神,并就中国地质大学办学的一些重要问题给出意见和建议。

16日　应用地球物理系荣获湖北省抗洪抢险集体一等功。

18日　中国地质大学(武汉)信息工程有限公司设立"吴信才奖学金",印发《信才奖学金评定办法》。

18日—19日　"中央造山带国际学术研讨会"在学校召开,来自世界各地的110余名地学专家参加了会议。

19日　俄罗斯自然科学院授予汤凤林"俄罗斯自然科学院院士"称号。汤凤林成为学校第一位俄罗斯自然科学院和工程院的外籍双院士。

20日—22日　"中国中部资源、环境与可持续发展学术研讨会"在学校举行。中国科学院许厚泽、刘建康、莫文宜、赵鹏大、殷鸿福等5位院士与来自全国各地的120余名学者对环境、资源与可持续发展进行探讨。

本月　经湖北省人民政府批准,唐辉明、解习农享受1998年省政府专项津贴,考核合格可连续享受5年。

11月

5日　勘察建筑与环境工程学院更名为工程学院。

12日　教育部正式通知中国地质大学,学校申报的矿产普查与勘探、古生物学与地层学、地球探测与信息技术3个学科获准设置特聘教授岗位。

15日　在武汉市委、市政府、武汉警备区召开的表彰大会上,学校荣获武汉市"1998抗洪抢险先进集体"称号。

17日　湖北省委书记贾志杰、副书记杨永良、副省长王少阶带领湖北省有关职能部门负责人来学校考察调研。

19日　湖北省保密局、省教育委员会联合检查组对学校保密工作进行检查。

20日　学校党委决定：成立体育课部直属党支部。

28日—30日　全国非传统矿产资源发展及开发研究学术研讨会在学校召开，来自中国石油大学、东北大学等80余名学者出席会议。

12月

7日　学校决定：成立重点学科评估领导小组及各学科领导小组。

7日　学校印发《博士研究生中期考核办法》《硕士—博士研究生连读培养办法》《关于博士、硕士研究生外语水平统测的有关规定》。

18日　国土资源部批复学校：①从1999年1月1日起，武汉地质管理干部学院并入中国地质大学（武汉），实行人、财、物统一管理，不再保留武汉地质管理干部学院的牌子；②武汉地质管理干部学院院级领导干部职务自然免去，另行安排工作；③中国地质大学（武汉）应进一步理顺内部管理体制，办好武昌与汉口两个校区，提高办学质量和办学效益；④其他具体事宜请学校认真研究解决。

23日　中共湖北省委、湖北省人民政府授予学校"1996—1998年度省级最佳文明单位"称号。

25日　学校校刊由内部转为公开报，全国统一刊号为CN(G)42-0004"中国地质大学"。

28日　教育部高等教育司公布1998年度"国家理科基地创建名牌课程项目"评审结果及核拨项目。学校构造地质学、古生物地史学为名牌课程项目，各获得2万元作为项目经费。

本月　学校党委决定从1998年起设立"三育人标兵"奖，作为学校的最高个人奖，每两年组织一次评选表彰活动。

本月　吴荣俊、张宏胜、魏景明获评"1998年度武汉市文保系统保卫工作先进个人"。

本年

经国务院批准，姚书振、杨逢清享受1997年政府特殊津贴。

1999年

1月

1日 学校党委决定：在原武汉地质管理干部学院校区成立"中国地质大学（武汉）汉口分校"；分校党委书记由中国地质大学（武汉）党委副书记李玉和兼任，分校校长由蓝师尧担任，分校党委副书记为谢延淦、杨堂荣、赖传珍，分校副校长为杨堂荣、周世平。

9日 学校与武汉邮电科学研究院举行联合办学签约仪式。

15日 湖北省委组织部、湖北省教委、湖北省高工委、湖北省人事厅授予学校驻通山支教工作队"1998年度湖北省先进支教工作队"称号。

20日 国土资源部人事教育司批复，同意成立中国地质大学（武汉）高等职业技术教育学院（二级学院）。

22日 武汉市人民政府授予张赤"1998年度武汉市技术能手"称号。

30日 湖北省人民政府聘请赵鹏大为湖北省第二届咨询委员会委员。

2月

5日 湖北省科学技术委员会授予《地球科学》《地质科技情报》《地球科学（英文版）》"湖北省科技期刊五十佳工程重点创建期刊"称号。

6日 湖北省委高校工委、湖北省教委、湖北省教育工会授予学校"湖北省学校教代会工作优秀单位"称号。

25日 学校党委常委会研究决定：总务处更名为后勤管理处，劳动服务公司划归后勤管理处；撤销研究生院党总支部，成立党委研究生工作部，与研究生院管理处合署办公。

3月

1日　学校印发《地质学专业"国家理科基础科学研究和教学人才培养基地"管理办法》。

3日　湖北省教育厅、湖北省教育工会授予梁杏、胡志红"湖北省高校先进女职工"称号。

5日　"长江学者奖励计划"专家评审委员会批准中国地质大学矿物学、岩石学、矿床学、地质工程为设置第二批特聘教授岗位的学科。

8日　中华全国总工会授予王亨君"全国先进女职工"称号。

9日　"泛大陆及古、中生代之转折"国际学术研讨会在学校召开,29位来自美国等国家的地质专家参加会议。

11日　湖北省人事厅、湖北省国家保密局授予葛建年"全省保密工作先进工作者"称号。

12日　赵鹏大被任命为第四届国务院学位委员会委员。

18日　经国土资源部党组同意,谢延淦不再担任中国地质大学(武汉)汉口分校党委副书记职务,并办理退休。

22日　学校同意将人文与管理研究所更名为管理与咨询研究所,陈安民任所长。

23日　学校同意成立工程学院超硬材料应用技术研究所,汤凤林任所长。

30日　学校决定设立"创新学分"。

本月　湖北省劳动厅授予汉口分校职业培训学校"省直劳动就业培训先进单位"称号。

本月　国家人事部授予高山"中青年有突出贡献专家"称号。

本月　殷鸿福等15名委员在全国政协九届三次会议上提交的提案《大力发展光电子产业　建议在武汉建立"武汉·中国光谷"》,即建立武汉光谷高新技术开发区(编者注:此提案被国务院采纳,2000年国务院发文同意建立"武汉光谷";此提案还获得了"武汉市政府优秀提案奖")。

4月

1日　中共湖北省委高校工委授予学校"高校组织员工作优秀单位"称号。

7日　共青团湖北省委授予学校团委"青年理论学习先进单位"称号。

7日　湖北省卫生厅授予膳食科、招待所"省直管卫生先进单位"称号。

9日　吴冲龙、张来运、张聪辰、董范、樊扣兰、关小平、彭雪萍、傅艾平、李珍、陈文武、蔡鹤生、叶牡才、刘桂芳、张仲英、冯继航、吴东华、杨明星、刘丽萍、张明兰、贾晓青、杨坤光、冯庆来、杨昌锐、覃家君、郭腊先、吕占峰、姚邹、陈风清、朱晓莲、郭际元、雷新荣、叶慧芳等32人获评学校首届"三育人"标兵。

9日　武汉市市长王守海率市规划局等部门负责人来校考察调研。

19日　学校决定:建立中国地质大学海洋地学研究中心学术委员会,郝诒纯任主任。

22日　湖北省委、省政府授予学校省级"最佳文明单位"称号。

25日　教育部、共青团中央授予91961班"全国先进班集体"称号。

28日　图书馆电子阅览室建成。

5月

7日　经国务院批准,夏文臣、程守田、王焰新享受1998年政府特殊津贴。

11日　经报湖北省科学技术委员会同意,学校成立湖北省地球表层系统开放实验室,殷鸿福院士任实验室主任;成立湖北省废物地质处置环境保护重点实验室,王焰新任实验室主任。

11日　在湖北省第七次归侨、侨眷代表大会上,杨兰英当选第七届委员会委员。

20日　马杏垣院士80华诞暨从事革命和地质工作60年庆祝大会在中国地质大学(北京)隆重举行。国务院副总理温家宝、全国政协副主席孙孚凌等题词祝贺。

25日　学校与中国科学院武汉分院签署联合共建协议。

6月

1日　《地球科学》《地球科学(英文版)》获评第三届"湖北省优秀期刊"。

16日　湖北省高校工委授予王华、孙治定、杨巍然、王国栋、储祖旺、沙莉"优秀党员"称号,授予张锦高、李玉和、曾鹤陵"优秀党务工作者"称号。

23日　中国地质大学在职研究生李致新和王勇峰12时25分登上大洋洲最高峰——海拔5030米的查亚峰。他们历时10年完成了攀登世界七大洲最高峰的壮举,成为最先登上世界七大洲最高峰的中国人。

28日　湖北省委授予张锦高"优秀党务工作者"称号。

7月

1日　中国科学院在普通高校设立奖学金,中国地质大学获批20个奖学金名额。

1日　《地球科学》获教育部"1999年全国优秀高校自然科学学报及教育部优秀科技期刊评比"一等奖,《地球科学(英文版)》获二等奖。

5日—6日　国土资源大调查、长江经济带学术研讨会在学校召开。

6日　教务处被湖北省教育委员会评为"湖北省普通高等学校优秀教务处"。

8日　学校团委被共青团湖北省委评为"1998—1999年度湖北省高校共青团红旗团委"，冯继航被评为"1998—1999年度湖北省优秀共青团干部"。

13日　国土资源部组织以袁道先院士为组长的专家组对学校矿产资源定量预测及勘查评价实验室进行评估。

17日　学校与河南石油勘探局签署联合办学与科技合作协议。

8月

16日　学校党委办公室、校长办公室荣获"1997—1998年度湖北省高校先进党委办公室、校长办公室"称号，刘锐、晁念英荣获"1997—1998年度高校党委办公室、校长办公室先进工作者"称号。

30日　陈超当选武汉市青年联合会第十届委员会委员。

本月　学校首次试行远程录取招生工作。

9月

1日　学校同意人文与经济学院成立对外汉语教研室。

7日　学校印发《关于加强优秀中青年教师群体建设的实施办法》《关于资助青年教师专项基金的实施办法》《关于研究生兼职从事教学、科研工作的实施办法》。

8日　教育部、文化部、国家广电总局、共青团中央、北京市政府授予学校"1999全国大学生艺术节优秀组织奖"。学校舞蹈《蒙古人》获甲组（业余组）优秀节目（作品）二等奖，器乐《黄河》获三等奖。

9日　湖北省职称改革工作领导小组、湖北省人事厅授予蔡楚元"湖北省职称改革工作先进个人"称号。

9日　刘泉芳、刘建华获评"湖北省普通高等学校图书馆先进工作者"。

14日　湖北省委、湖北省政府表彰第二届"湖北省新闻出版名人佳作奖"获奖者，王亨君荣获"湖北省出版名人奖"，《地球科学》《地球科学（英文版）》获得"湖北省出版佳作奖"。

27日　吴淦国、高山被聘为教育部第四届科学技术委员会委员。

28日　学校荣获"全国精神文明建设先进单位"称号。

29日　学校党委常委会研究决定：科研处更名为科学技术处。

10月

13日　学校党委常委会研究决定:武汉中地信息工程有限公司、飞龙钎具厂、长江钻头公司改由科学技术处管理;科技总公司挂靠后勤管理处。

13日　学校同意资源学院地质矿产信息系统工程研究所更名为国土资源信息系统研究所,吴冲龙任所长。

14日　学校同意"图书馆查新检索站"更名为"全国地矿信息中南科技查新检索站",张汉凯任站长。

20日　湖北省人事厅、湖北省科学技术委员会、湖北省水利局联合授予张国桦"湖北省优秀专利发明者"称号。

20日　学校成立归国华侨联合会。

10月22日—11月9日　中国地质大学校长赵鹏大赴俄罗斯对莫斯科大学进行访问与讲学,并与莫斯科大学签订为期5年的《中国地质大学与莫斯科大学科研、教学合作协议书》。

25日　学校荣获"全国学校体育卫生工作先进单位"称号,胡燕生荣获"全国学校体育卫生工作先进个人"称号。

26日　郝诒纯荣获"李四光地质科学奖荣誉奖",李思田荣获"李四光地质科学技研究者奖"。同时获得李四光地质科学奖的还有1953届校友李廷栋院士、卢耀如院士以及1953届校友杨继良、1954届校友黄第潘、1956届校友张一伟、1959届校友陈旭、1964届校友杨云岭、1965届校友吕国安。

11月

1日　第六届"挑战杯"全国大学生课外学术科技作品竞赛在重庆大学举行。学校6项作品参赛,获二等奖1项、三等奖1项、鼓励奖1项,学校获"优秀组织奖"。

2日　陶卫锋、张非、钟晶在湖北省普通高等学校大学生英语演讲比赛中获"优胜奖"。

3日　"长江河流国际学术会议"在学校举行,来自亚洲、欧洲、美洲、大洋洲12个国家的29名国外专家和47位国内专家参加了会议。

8日　学校毽球队代表中国参加在越南举行的国际毽球比赛,荣获女子团体冠军、男子团体亚军以及女单、女双、混双冠军。

15日　学校成立分析测试中心,姚书振兼任中心主任。

17日　翟裕生、张本仁教授当选中国科学院院士。

24日　学校印发《关于国家助学贷款实施办法(试行)》。

25日—27日　在全国研究生培养工作大会上,中国地质大学受到教育部和国务院学术委员会的表彰,被评为"全国学位与研究生教育管理工作先进单位"。

26日　学校决定:在应用地球物理系成立地球物理研究所,聘请刘光鼎院士来校工作,担任博士生导师和地球物理研究所所长。

29日　学校印发《关于进一步加强人才引进工作的实施意见》。

12月

6日　中国地质大学决定设立"郝诒纯奖"。

14日　教育部授予教务处"1999年全国普通高等学校优秀教务处"称号。

14日　教育部授予张明兰"全国教育系统关心下一代工作先进个人"称号。

15日　博物馆被中共中央宣传部、教育部、科技部、中国科协命名为"第一批全国青少年科技教育基地"。

18日　学校同意应用地球物理系更名为地球物理系。

21日　邹一波、郭永强、黄波获得1999年度湖北省优秀大学生"楚才"奖,受到湖北省教育委员会和红桃K集团的表彰。

27日　学校决定实行院士特聘津贴。

28日　离休干部党支部荣获"全省离休干部先进党支部"称号。

29日　湖北省教育委员会授予学生一食堂、学生二食堂"标准化食堂"称号。

30日　李萍、李立平、李宏伟、李孝奎、帅琴、张宏飞、郑有业、胡志红、曹南燕、蔡楚元等10人获评学校第四届"十大杰出青年"。

2000 年

1月

5日 国土资源部批准学校新增人口、资源与环境经济学,计算机应用技术为部级重点学科,环境岩土技术实验室、工程地球物理实验室为部级开放研究实验室。

8日 国际合作处被武汉市公安局评为"1999年度武汉市涉外单位外管工作先进集体",邵学民被评为"1999年度武汉市涉外单位外管工作先进个人"。

14日 国土资源部党组和国土资源部任命邢相勤、王焰新为中国地质大学(武汉)副校长;王家映、赵克让不再担任副校长职务;赵克让不再担任党委副书记职务;免去张汉凯副校长职务。

25日 根据国务院办公厅〔2000〕11号文件转发教育部、国家计委、财政部《关于调整国务院部门(单位)所属学校管理体制和布局结构的实施意见》,中国地质大学整体划归教育部管理。

2月

21日—26日 学校羽毛球队代表中国大学生参加在保加利亚举行的第六届世界大学生羽毛球锦标赛,在5个单项的比赛中获4金1银1铜。

22日 学校党委研究决定:成立数字地大工程建设领导小组,殷鸿福任组长。

23日 学校举行庆祝大会,祝贺张本仁、翟裕生教授当选中国科学院院士。

28日 湖北省第四届梁亮胜侨界科技奖励基金在武昌颁奖,中国地质大学有12个项目获奖,获奖项目和获奖人数居湖北省高校、科研院所第二位。

3月

2日　湖北省教育工会同意李玉和担任中国地质大学(武汉)工会主席。

3日　湖北省教育厅、湖北省教育工会授予梁杏、胡志红、郑文峰"湖北省高校先进女职工"称号,授予程建萍"湖北省高校先进女职工工作者"称号。

14日　学校表彰1999年暑假社会实践先进集体和个人。学校被评为"湖北省'三下乡'社会实践活动优秀组织单位",抗洪抢险突击队、河南信阳实习队、湖北荆门实习队被评为"社会实践优秀志愿服务队",陶继东等3名教师、张杰等5名学生被评为"湖北省社会实践先进个人";2名学生被评为"洪山区抗洪抢险先进个人";26位教师被评为"校级优秀社会实践指导老师",48篇社会实践报告被评为"校级优秀社会实践报告"。

22日　学校召开"211工程"硕士学位授权点建设立项评审会。马列主义思想政治教育、应用数学、机械电子工程、通信与信息系统、检测技术与自动化装置、土地资源管理、凝聚态物理、油气井工程等8个学科被纳入"211工程"学科项目立项建设。

27日　学校党委常委会研究决定:网络中心和电教中心CAI研究室合并组建网络与教育技术中心。

31日　向东、谢萍、陶继东获评"湖北省高校宣传思想教育先进工作者"。

4月

5日　湖北省科技奖励大会在武汉召开。李思田等7人获得湖北省科技进步二等奖,刘庆生等8人、金泽祥等6人、程胜高等7人分获湖北省科技进步三等奖。

12日　中国地质大学深圳研究院在深圳市注册。

18日　中国地质大学(武汉)珠宝检测中心更名为武汉中地大珠宝检测中心。

24日　武汉市民政局发文批准中国地质大学武汉校友会成立。

25日　湖北省人民政府授予吴信才"湖北省劳动模范"称号。

26日　湖北省科学技术厅授予邵学民"全省'九五'科技外事先进工作者"称号。

28日　湖北省委组织部、宣传部、共青团湖北省委、财政厅、人事厅、青年联合会授予李宏伟"第五届湖北省十大杰出青年提名奖"。

5月

4日　共青团湖北省委授予物理系1997级学生罗义平"湖北省优秀共青团员"称号。

6日　学校党委研究决定：成立地质调查研究院，马昌前任院长。

19日　经湖北省科学技术厅批准同意，学校成立湖北省岩土工程技术研究中心。

28日　学校欢送西藏区调队赴西藏工作。西藏区调队由13人组成，其中教师10人，他们将承担西藏定结地区的地质填图工作。这是国土资源部近期1000万元区调项目中最艰苦的项目之一。

本月　学校荣获"全国艺术教育先进单位"称号。

6月

12日　袁曦明被湖北省委组织部、湖北省科技厅、湖北省人事厅、湖北省教育厅评为第五批优秀科技副县市(区)长。

12日　学校举行首届弘扬高尚师德演讲比赛。

30日　学校党委常委会研究决定：撤销科技开发党总支建制，其所辖支部和党员划归后勤管理处党总支管理。

30日　李长安、陈德兴被民进湖北省委员会三届二十三次主委会议批准为"参政议政工作先进个人"。

本月　赵云胜受聘为国家安全生产专家组专家。

7月

5日—7日　中央组织部、中央宣传部和教育部党组在北京召开第九次全国高等学校党的建设工作会议。张锦高代表学校党委作大会发言(编者注：发言稿后经修改，于2001年在《求是》杂志发表)。

6日　教育部公布认真贯彻《学校体育工作条例》的优秀普通高等学校名单，学校榜上有名。

7日—14日　学生会常务副主席唐小平代表学校参加全国学生联合会第23次代表大会，并受到江泽民、李鹏、胡锦涛等党和国家领导人的亲切接见。学校当选全国学联第24届委员会委员。

12日　经国务院批准，鲍征宇、郝芳享受1999年政府特殊津贴。

12日—14日　学校在湖北省仙桃市召开党委全委(扩大)会议。党委书记张锦高在讲话中指出：学校划转教育部管理后，与原教育部直属院校相比，综合实力不够强，单科痕迹仍比较明显，彰显学科水平的突出成果还很有限，全校上下必须增强危机感、责任感，埋头苦干，加快发展；党委班子要转变观念，力求创新，实事求是探索新思路、新方法；要加强决策的科学化、民主化,加大决策的调研和论证力度,加强跟踪调查和宣传解释工作;要健全规章制度,提高管理水平,校领导要集中精力搞调研、抓大事,职能部门要增强为基层服务的意识;要稳住拔尖人才,制定稳定拔尖学术骨干的政策,发挥他们的优势和作用,树立全面的人才观。

本月　王亨君当选中国高等学校自然科学学报研究会副理事长兼对外联络委员会主任。

本月　经国土资源部审查,学校具备进行地质灾害防治工程勘查和评价、地质灾害防治工程设计甲级水平,获得甲级资质。

8月

6日—17日　第31届国际地质大会在巴西里约热内卢举行,赵鹏大、殷鸿福、翟裕生院士和吴淦国教授等20多位代表参加会议。

17日　中国地质大学岩石圈构造、深部过程及探测技术研究机构获评第三批"教育部重点实验室"。

22日　湖北省教育厅、湖北省发展计划委员会经研究,同意民办九州大学依托中国地质大学职业技术学院开展办学。

28日　学校成立财经委员会,杨昌明任主任。

9月

6日　叶敦范和附属小学谢群泽被中国教育工会湖北省委员会评为"全省师德先进个人"。

8日　中共湖北省委组织部、宣传部和省教育厅党组决定,授予学校"全省党的建设和思想政治工作先进高校"称号,授予资源学院"全省高校党的建设和思想政治工作先进单位"称号。

9日　学校举行首届大学生创业计划大赛决赛。

11日　在由教育部、国家体育总局和共青团中央共同主办的第六届全国大学生运动会上,学校以总分第三的成绩获得"校长杯"。

12日　全国人大代表、《地球科学》主编王亨君当选中国科学技术期刊编辑学会副理事长。

16日　中国民主促进会湖北省委员会授予李长安、陈德兴"先进个人"称号。

18日　校长殷鸿福主持召开第60次校务会议,同意组建地大高科有限责任公司。

20日　卢立被评为"1999年全国高校实验室及仪器设备统计工作先进个人"。

21日　管理学院学生高崚获第二十七届奥运会羽毛球混双金牌。

23 日　1982 届毕业生、团中央书记处书记孙金龙在团省委书记李兵、团市委书记黄楚平的陪同下,回校看望师生。

26 日　教育部、共青团中央授予学校"2000 年全国大中专学生志愿者暑期'三下乡'社会实践活动先进单位"称号。

27 日　湖北省教育厅公布全省第三届教育科学研究优秀成果评选结果,李昌年等获研究报告二等奖,张锦高、向东等获研究报告三等奖;史元盛、王华等获论文二等奖,张红燕、李熙麓、夏华、樊光明等获论文三等奖。

29 日　刘庆生当选九三学社湖北省委科技委员会副主任。

10 月

8 日　学校党委召开"三讲"教育动员大会,启动校级领导班子和领导干部"三讲"教育。

11 日　学校决定成立国土资源部环境岩土技术重点实验室,任命唐辉明为主任。

15 日　管理学院学生高峻荣获"湖北省特等劳动模范"称号。

10 月 22 日—11 月 8 日　在 2000 年度湖北省科学技术奖评定中,殷鸿福等完成的"中国古地理学"获自然科学奖一等奖;吴冲龙等完成的"地质矿产点源信息系统开发与应用"获科技进步一等奖,侯书恩等完成的"APA-1 型自动探针原子化器研制及其分析性能研究"获科技进步二等奖,李长安等完成的"江汉平原自然环境变化与环境地质问题"和李焰云等完成的"清江流域旅游资源调查与评价"获科技进步三等奖。

23 日　经教育部正式批准,根据中国地质大学和俄罗斯莫斯科大学联合培养本科生的合作协议,学校第一批公派自费赴莫斯科大学学习的 22 名学生抵达俄罗斯。

26 日　学校决定成立网络教育学院。

26 日　国家新闻出版署批准《中国地质大学学报(社会科学版)》创刊。

28 日　鉴于在学校任教的英国籍地质学教授洛杰·梅森在湖北经济建设、企业管理、文化教育事业等方面作出的突出贡献,湖北省公安厅研究决定,授予其在华永久居留资格。

30 日　学校党委常委会研究决定:撤销后勤管理处,成立后勤集团,原后勤管理处领导改任后勤集团领导。

11 月

2 日　武汉市副市长涂勇带领市区相关部门负责人到学校现场办公,协调解决鲁巷广场施工过程中造成的交通不畅、行路难的问题。

7 日　大学生活动中心建成并举行剪彩仪式。

7日　中国地质大学(武汉)青年政治学院在大学生活动中心挂牌。

12日　在湖北省高校第七届田径运动会上,学校田径代表队获男、女丙组团体冠军,运动员获11金10银。

13日　后勤集团举行揭牌仪式。

14日　湖北省高等学校2000年度大学生优秀科研成果获奖项目公布,学校获一等奖1项、二等奖4项、三等奖8项。

16日　学校被湖北省人事厅评为计算机等级培训考试工作先进单位。

23日　学校党委常委会研究决定:杨昌明兼任中国地质大学(武汉)汉口分校党委书记,蓝师尧兼任汉口分校党委副书记;李玉和不再兼任汉口分校党委书记。

23日　学校决定:成立纳米材料研究所,挂靠在分析测试中心,袁曦明任所长。

25日　在上海交通大学举办的第二届"挑战杯"中国大学生创业计划大赛上,任雁胜团队的"光盘自动检索器"创业计划获三等奖。

25日　中国地质大学武汉校友会召开成立大会。赵鹏大任中国地质大学武汉校友会第一届理事会理事长,赵克让任常务副理事长。

30日　在湖北省首届大学生创业大赛上,任雁胜等完成的"光盘自动检索器"获得大赛金奖,外语系黄梦等完成的"你的网"获得一等奖,人文与经济学院金鑫等完成的"翔鹰俱乐部"获得三等奖,学校以总分第二的成绩获得"优胜杯"。

30日　1998级基地班学生张家军、张云俊、肖伟获得"网易杯"全国大学生数学建模竞赛二等奖,陈金松等9人获得湖北省一等奖2项、二等奖2项。学校获得湖北省数学建模竞赛"优秀组织奖"。

本月　学校派出教师和学生参加全国首届野外运动会,获得团体总分第一名。边建华获男子滑草第一名,金鑫获男子定向越野第一名,黄江华、陈晓兰分获沙滩排球男子、女子第一名。

12月

7日　由原学三食堂、学四食堂改建而成的学三食堂正式开业。

12日　共青团湖北省委授予学校团委"湖北省青年学习邓小平理论先进集体"称号。

17日　在第八届湖北省暨武汉地区翻译大赛上,王莎获得英语专业组一等奖,郑晓晴、刘影获得英语专业组二等奖,吴凤兰、陈枫珍、杨薇薇、何榕、王强、刘洋获得英语专业组优秀奖;孙来麟获得俄语专业组一等奖。

19日　教育部授予学校"全国学校艺术教育工作先进单位"称号。

25日　政协武汉市第九届委员会第十六次常委会议决定:增补张时忠为政协武汉市第九届委员。

26日　湖北省国家保密局、湖北省依法治省工作领导小组办公室授予学校"湖北省'三五'普法期间保密法制宣传教育工作先进集体"称号。

27日　中国国民党革命委员会湖北省第八届委员会召开第六次全体扩大会，增选王亨君为民革湖北省委员会委员、常委、副主任委员。

28日　经国务院学位委员会批准，中国地质大学新增1个博士点（环境工程），10个硕士点（产业经济学、马克思主义理论与思想政治教育、外国语言学及应用语言学、应用数学、海洋地质、机械电子工程、材料学、通信与信息系统、应用化学、固体地球物理学）。

28日　学校与青岛海洋地质研究所签署《关于共建海洋地质硕士学科授权点的协议书》。

29日　学校获评"全国普通高等学校毕业生就业工作先进集体"。

本月　赵鹏大率中国地质大学代表团访问俄罗斯莫斯科大学、莫斯科地质勘探学院、圣彼得堡工业大学等高校，并达成多项合作协议。

2001年

1月

8日　学校印发《2001年党政管理机构改革方案》《党政管理干部公开选拔实施办法(试行)》。

10日　学校党委常委会讨论通过《汉口分校与校本部一体化实施方案》。

2月

3日　向东被授予"湖北省宣传思想工作先进个人"称号。

6日　学校被湖北省档案局评为"湖北企业、科技事业档案工作百强单位"。

21日　湖北省教育厅审定学校力学实验室、测量实验室、制图实验室为基础课教学合格实验室。

3月

1日　学校党委常委会研究决定：成立发展研究中心(高等教育研究所)；组建《中国地质大学学报(社会科学版)》编辑部。

2日　经教育部批准备案，学校新增信息管理与信息系统、市场营销2个本科专业。

5日　学校党委常委会研究决定：成立高科产业集团，原科技公司纳入其系列，为其全资子公司。

6日　学生三食堂被湖北省教育厅评为标准化食堂。

8日　学校党委常委会研究决定：设立中国地质大学(武汉)高科产业集团党总支。

13日　以殷鸿福院士为首的我国地质学家提交的"中国煤山剖面"被正式确定为"全球二

叠系—三叠系界线层型剖面和点位"(俗称"金钉子")。这表明我国学者在三叠系领域的研究处于国际领先地位。

15日　学校党委常委会研究决定:成立后勤集团董事会。

26日　学校获评"1999—2000年度省级'最佳文明单位'"。

31日　学校与武汉大学、华中科技大学、华中师范大学、武汉理工大学、华中农业大学、中南财经政法大学等7所教育部在汉直属高校签署联合办学协议。

本月　福建紫金矿业股份有限公司与学校签署为期5年的产学研合作协议,在学校设立年金额为10万元的"紫金奖学金"。

本月　湖北省高校省级教学成果奖揭晓,学校14项成果分获一、二、三等奖。

本月　刘本培主编的《地球科学导论》一书由高等教育出版社出版,并被纳入教育部"面向21世纪教材"建设计划。

本月　《地球科学》主编王亨君被中国出版工作者协会评为"第三届全国百佳出版工作者"。

本月　学校获准承担全国矿业权评估师执业资格考试和考前培训。

4月

2日　中国民主促进会湖北省第三届委员会第九次常委会会议增选李长安为委员。

2日　实验室设备处和大学物理实验室被评为"湖北省普通高校实验室工作先进集体",刘日生、罗中杰和陆建培被评为"先进个人"。

4日　学校研究同意成立生命科学研究所,挂靠地球科学学院,赖旭龙任所长。

10日　学校同意汉口分校成立分校机关党总支委员会,李三珍任分校机关党总支书记。

27日　学校研究决定:成立环境工程研究院,王焰新兼任环境工程研究院院长。

30日　教育部重组成立2001—2005年高等学校中国语言文学等29个教学指导委员会。殷鸿福担任地球科学教学指导委员会主任委员,吴信才和岑况任委员。吴信才担任地理科学类专业教学指导分委员会副主任委员,田明中任委员。岑况担任地球物理学与地质学类专业教学指导分委员会副主任委员,殷鸿福任委员。王焰新任环境工程专业教学指导分委员会委员。李博文任无机非金属材料工程专业教学指导分委员会委员。姚书振担任地矿学科教学指导委员会副主任委员。吴冲龙和唐辉明担任地质工程专业教学指导分委员会委员。廖立兵担任矿物资源工程专业教学指导分委员会委员。

本月　中国地质大学(武汉)高科产业集团挂牌,向龙斌任总经理。

本月　民进中国地质大学(武汉)支部获评"湖北省民进先进基层组织",李长安获评"湖北省民进先进会员"。

5月

1日　石油地质专业1994届毕业生国梁荣获"全国五一劳动奖章"和"中国五四青年奖章",受到江泽民总书记等中央领导的亲切接见。

4日　赖旭龙荣获"湖北青年五四奖章"。

11日　教育部、共青团中央授予010981班"全国先进班集体"称号。

11日　王波被湖北省人事厅、湖北省支援三峡工程建设委员会办公室评为"全省对口支援及服务三峡工程建设先进工作者"。

15日　胡光道荣获"'九五'国家重点科技攻关计划先进个人"称号,吴信才的地理信息系统软件MAPGIS荣获"'九五'国家重点科技攻关计划优秀成果奖"。

16日　中国地质调查局局长叶天竺一行来校考察调研。

18日　学校葛店科技产业园举行奠基典礼。

28日—30日　教育部聘请以何继善院士为组长的专家组对中国地质大学"211工程""九五"期间建设项目进行检查验收。

29日　王焰新、樊太亮荣获教育部第二届"高校青年教师奖",入选高校优秀青年教师教学科研奖计划,获50万元资助。教育部部长陈至立参加大会并颁奖。

本月　由中国香港安全工程学会理事长陈小敏发起、工程学院香港博士班校友捐资设立的"工程学院香港安全工程校友助学金"启动。

本月　湖北省教育厅、共青团湖北省委授予周蓓、陈志军"全省三好学生"称号,授予李杰、吴春明"优秀学生干部"称号,授予010981班"先进班集体"称号。

6月

1日　中地信息工程公司入驻华中软件园。

13日　著名地质学家、教育家和社会活动家,全国人大常委、北京市人大常委会副主任、中国科学院院士、中国共产党党员、中国地质大学教授郝诒纯因病逝世,享年81岁。

15日　湖北省委高工委授予张锦高、张吉军"湖北高校优秀共产党员"称号,授予丁振国、孙治定、杨问华"湖北高校优秀党务工作者"称号,授予机关临时党总支"两办"第一党支部和离退休干部党总支"湖北高校先进基层党组织"称号。

15日　教育部办公厅批准学校开展现代远程教育试点工作。

18日　莫斯科大学举行仪式,聘请中国地质大学校长赵鹏大为莫斯科大学工学名誉教授。赵鹏大成为第二位获此殊荣的中国人。

20日　学校党委常委会研究决定：附属中学、附属小学、幼儿园合并组建附属学校（副处级），附属中学直属党支部、附属小学党支部、幼儿园党支部合并组建附属学校党总支部。

20日　王伟、徐德义、戴光明、刘银、刘彦博、郑建平、殷坤龙、黄霞、邱海鸥、段隆臣等10人，获评学校第五届"十大杰出青年"。

20日　中国教育工会湖北省委员会批复同意学校选举产生的第十四届工会委员会和常务委员会；同意李玉和兼任工会主席，杨景明任工会常务副主席，李自祥、程建萍任工会副主席。

20日　在湖北省科学技术颁奖大会上，学校4项成果分获一、二、三等奖。

22日　中共湖北省委授予资源学院党总支"先进基层党组织"称号。

25日　学校被评为2000—2001年度"全国攻读硕士学位研究生入学考试优秀报考点"。

本月　学校出版社出版的《马克思主义政治经济学原理》荣获教育部首届"两课"教材"优秀教材奖"，为湖北地区的唯一获奖者。

7月

5日　经教育部批准，学校成立教育部地理信息系统软件及其应用工程研究中心，并设立中心管理委员会学术委员会。

15日　经国务院批准，张锦高、唐辉明、胡光道、杨凯华享受2000年政府特殊津贴。

18日—24日　在广州暨南大学举行的全国大学生羽毛球锦标赛上，学校羽毛球队获乙组团体亚军，在单项中获2金2银1铜。

19日　湖北省教育厅和湖北省发展计划委员会研究同意，学校从2001年起利用网络教育在湖北省试办普通本专科教育。

19日—26日　在全国大学生乒乓球锦标赛上，学校乒乓球队获得女子团体第三名，混双第二、第五名。

23日　湖北省委、省人民政府授予学校"依法治理'三十佳'单位"称号。

26日　在首届"湖北十大名刊""湖北双十佳期刊"暨第四届"湖北省优秀期刊"评选活动中，学报《地球科学》被评为首届"湖北十大名刊"、首届"湖北双十佳期刊"和第四届"湖北省优秀期刊"。

27日—29日　在南京全国攀岩锦标赛上，学校攀岩队获得男女难度赛和速度赛4项冠军。

28日　中国地质大学校长赵鹏大率团赴香港访问，为在港的100多位校友换发毕业证。

8月

1日 在全国大学生游泳锦标赛上,学校游泳队获女子团体第五名,在单项中获2银3铜。

1日—6日 在全国定向越野锦标赛上,学校代表队获得男女短距离第四名和第八名。

3日—7日 在全国大学生田径锦标赛上,学校田径队获得2银1铜。

31日 学校研究决定:成立中国地质大学网站、数字地大网站、中国地质大学网校,网站、网校归口网络与教育技术中心和网络教育学院管理。

9月

2日 湖北省高校工委号召开展向陈先宇同学学习的活动。陈先宇同学生前系资源学院2000级学生,2001年8月4日为救两名落水少年,献出了年仅19岁的生命。

7日 学校外籍专家梅森博士受国家外国专家局邀请,进京出席友谊奖颁奖大会和国庆大典。

10日 《地球科学》入选中国科技期刊方阵"双高"期刊,同时在教育部所属高等学校学报中获第一名。

12日 学校"211工程"一期建设项目顺利通过国家验收。

12日—15日 在全国大学生电子设计大赛上,学校代表队获得一等奖1项、二等奖2项,以及省一等奖、二等奖各1项。

14日 学校邀请优秀毕业生国梁回母校作事迹报告。党委副书记丁振国在"国梁先进事迹报告会"上向国梁颁发"优秀毕业生"荣誉证书。

18日 河北保定双狐软件有限公司向学校赠送软件仪式暨双狐基金成立大会举行。

19日—23日 第七届"挑战杯"全国大学生课外学术科技作品竞赛在西安举行,学校选送的6件作品获一等奖1项、三等奖4项,团体总分名列湖北高校第四名。

21日—24日 在全国大学生数学建模竞赛上,学校代表队获得二等奖3项,以及省一等奖1项、二等奖3项。

26日 陆愈实被增补为武汉民族联络委员会委员。

本月 吴冲龙、欧阳建平分别荣获"全国优秀教师"和"全国优秀教育工作者",王典洪被评为"湖北省优秀教师"。

10月

3日—7日　在"三狮杯"第三届极限运动大赛和2001年亚洲极限运动精英赛上,学校攀岩队黄丽萍获得3项冠军。国家体育总局授予学校攀岩俱乐部"2001中国十大极限运动俱乐部"称号,授予黄丽萍"2001中国十大极限运动明星"称号。

8日　地勘楼、测试中心所在实验室试行全天候开放。

8日　湖北省第二届社会科学优秀成果奖评审委员会授予成金华撰写的论文《中国资源产业发展要走集约化道路》二等奖,授予吴东华、李熙麓、高翔莲完成的著作《刘少奇与中国社会主义》三等奖。

10日　湖北省政府学位委员会批准学校20个学科为湖北省立项建设的学科,其中博士点7个、硕士点13个。

12日—17日　在深圳举行的第三届中国国际高新技术成果交易会上,学校与30余家投资商签订高科技项目合作协议及意向书,总金额逾2亿元人民币。

12日　大学生民乐团成立。

15日　学校被评为"湖北省无偿献血工作先进单位"。

15日　中国地质大学上海校友会成立。

17日　在第二届世界毽球锦标赛上,学校毽球队获得女双、混双亚军,女单第三及团体第二。

本月　1997级基地班学生赵坤参赛的"全球古大陆再造软件开发研究"项目获全国第七届"挑战杯"一等奖。

11月

1日　湖北省研究生教育研究会在学校召开成立大会。

10日　在省教育厅、省文化厅举办的湖北省高校艺术摄影大赛上,校工会夏峰的摄影作品《海边实习》获教工组银质奖,旅游专业刘彦的摄影作品《父子情》获学生组铜奖;学校获"集体优秀组织奖",夏峰获"个人优秀组织奖"。

11日—12日　在第七届全国大学生心理健康教育与心理咨询学术交流会上,学校荣获"大学生心理健康教育开拓奖"。

20日　在全国大学生艺术歌曲演唱比赛活动中,学校获得湖北赛区业余组铜奖1项、银奖1项,专业组铜奖1项、优秀奖1项。

29日　武汉市公安局授予保卫处校卫队集体嘉奖令,张志学、陈才玺、魏益民获个人嘉奖。

12月

2日—15日 学校举行中国地质调查高新技术培训班开班典礼。中国地质调查局前任局长叶天竺、总工程师办公室主任王保良,校长殷鸿福、党委书记张锦高等出席开班典礼。

9日—10日 学校举办"2001年资源环境经济论坛",来自复旦大学、南开大学、中国社会科学院等22所高校及科研院所的70多名专家学者参加论坛。

11日 杨起院士获第七次"李四光地质科学荣誉奖"。同时获奖的还有7位校友,他们是:张彭熹、潘元林、蒋炳南、吴奇之、骆耀南、龚再升、何国琦。

17日 湖北省委书记俞正声考察中国地质大学信息科技公司。

17日—19日 中国地质大学和佛山市签订产学研合作协议,成立中国地质大学佛山研究院。

18日 经国务院批准,马昌前享受2000年政府特殊津贴。

25日 陈华文等5人获得2001年度湖北省大学生优秀科研成果奖二等奖,范陆薇等18人获得三等奖。

27日—29日 欧阳建平出席九三学社武汉市第八次代表大会,并当选九三学社武汉市第八届委员会副主委。

28日 湖北省委高工委授予蔡继彪"湖北高校2000—2001年稳定工作先进个人"称号。

本月 在科技部、国家遥感中心等单位举办的2001年度国产GIS软件测评中,中地信息工程有限公司研制的基础平台软件MAPGIS 6.1版、MAPGIS综合管线信息系统、MAPGIS地籍信息系统作为优秀的软件受到表彰。

本月 王焰新、吴冲龙入选第九集《湖北科技精英》。

本年

中国地质大学秦皇岛实习基地建成学生宿舍楼和教学楼共4300平方米,结束了野外教学实习基地没有教室的历史。

在全国大学生英语竞赛上,学校4人获湖北赛区决赛一等奖、14人获二等奖、26人获三等奖。

殷鸿福院士当选为国际地层委员会三叠系分会副主席。

2002 年

1月

4日 学校第77次校务会议决定成立"南望山庄"开发协调领导小组,副校长邢相勤分管此项工作。

7日 教育部办公厅公布"新世纪网络课程建设工程"第二、三批项目,陈源的"宝石学"课程入选第二批项目,王巍的"画法几何与工程制图"课程和姚书振的"地质学标本模型库"课程入选第三批项目。

9日 学校成立科学技术与社会发展研究所,王方正任所长。

16日 学校成立中国地质大学学报(社会科学版)编辑委员会,张锦高任主任委员。

17日 教育部授予资源学院2000级学生陈先宇"舍己救人的优秀大学生"称号。

18日 教育部公布新一轮高等学校重点学科评选结果,学校矿物学、岩石学、矿床学,地球化学,古生物学与地层学,矿产普查与勘探,地质工程等5个学科点入选。

21日 湖北省人民政府授予殷鸿福"湖北省杰出专业技术人才"称号,授予谢树成"湖北省优秀博士后"称号。

22日 陶继东在团省委十届五次全委(扩大)会议上当选为团省委委员。

本月 殷鸿福、吴冲龙获2001年湖北省侨联第五届"梁亮胜侨界科技奖"三等奖。

本月 马振东被民盟省委第九届委员会评为"先进个人"。

2月

1日 中国地质大学天津校友会成立。

28日 学校印发《中国地质大学(武汉)本科主讲教师任课资格管理暂行办法》《中国地质大学(武汉)教学事故认定与处理暂行办法》。

本月 财务处获评教育部"2001年决算工作先进单位"。

3月

1日　中国地质大学川渝校友会成立。

12日　学校印发《中国地质大学(武汉)学科建设"十五"规划》。

13日　湖北省副省长王少阶、省科技厅厅长岳勇等来校调研纳米科技工作。

15日　学校印发《中国地质大学(武汉)关于启动优质品牌专业建设的意见》。

16日　学校团委获评"湖北省'一对一'活动先进集体"。

25日　王华、李宏伟、张克信被湖北省委、省政府批准为"2001年度湖北省有突出贡献中青年专家"。

29日　潘元林等完成的"济阳凹陷第三系沉积、构造和含油性(第二完成单位)"课题获2001年度国家科技进步二等奖。殷鸿福等完成的"全球二叠系—三叠系界线层型研究"课题获2001年国家自然科学奖二等奖和2001年度湖北省自然科学奖一等奖。杨巍然等完成的"大别造山带构造年代学"课题获2001年度湖北省自然科学奖二等奖。吴秀玲等完成的"钙-铈氟碳酸盐矿物的透射电镜研究"课题获2001年度教育部高校科技进步二等奖和2001年度湖北省自然科学奖三等奖。吴信才等完成的"MAPGIS地理信息系统"、潘玉玲等完成的"地球物理技术在水资源探察和排险(工程)中的应用研究"、翟裕生等完成的"长江中下游铜金矿床矿田构造研究"、陈飞等完成的"建造地下连续薄砼防渗墙施工技术研究(第二完成单位)"课题获2001年度湖北省科技进步奖一等奖。补家武等完成的"钻探孔内参数动态采集系统"、金泽祥等完成的"地质找矿中金属指示元素及无机阴离子测试新技术研究"、成金华等完成的"资源与环境丛书(软科学)"课题获2001年度湖北省科技进步奖二等奖。费琪等完成的"成油体系分析与模拟(专著)"、唐辉明等完成的"三峡库区巴东县黄土坡前缘斜坡稳定性预测与防治对策"、肖贵清等完成的"湖北省地下水资源开发利用研究(第三完成单位)"、何兴恒等完成的"大型互动式综艺节目多媒体播控系统(第三完成单位)"科研课题获湖北省科技进步奖三等奖。龙朝双等完成的"地方政府学"、杨力行等完成的"人力资本核算体系研究"课题获第三届全国人事成果三等奖。

31日　共青团湖北省委授予学校青年志愿者协会"湖北省杰出青年志愿者服务集体"称号。

4月

1日　学校开通校园网(宿舍网)。

2日　深圳古生物博物馆馆长张和向学校捐赠50多棵化石树。学校将以此建立华中地

区第一个化石林,并无偿向社会开放。

3日　学校印发《中国地质大学(武汉)地质学专业国家基础科学人才培养基地学生培养与管理办法》。

9日　九三学社中国地质大学支社获批成立。第一届委员会由刘庆生、李践、胡光道3人组成,刘庆生任主任委员。

13日—14日　学校举办首届"全国部分重点中学校长论坛暨校园开放日"活动,来自湖北、湖南、河南、江苏四省的近百所重点中学的校长参加此次活动。

22日　李昌年、杜远生等完成的项目"国家理科基地地质学专业研究型人才培养模式探索及课程体系和教学内容改革"、唐辉明等完成的项目"土木工程(岩土)专业人才产学研合作培养方案研究与实践",获2002年度高等教育国家级教学成果二等奖。

25日　054992班江广长获"湖北省优秀共青团员"称号。

5月

3日—7日　"雅图-ACTO"杯第七届全国大学生羽毛球锦标赛在学校举行。林龙获乙组男单冠军,李莎莎获女单亚军,冯星桥、刘祁文获男双冠军,林龙、刘歆获男双亚军。

9日　著名地质学家、美国伊利诺伊大学地质系Craig Bethke、George Roadcap应邀来校访问和讲学。

10日　学校召开湖北省第八次党代会代表选举大会,选举张锦高、朱勤文出席湖北省第八次党代会。

17日　教育部党组副书记、副部长周济一行到学校考察调研。

5月20日—6月12日　学校成立我国首个大学生长江源头科学考察队,并开展为期24天的科学考察。

24日　1982届毕业生、团中央书记处书记孙金龙回学校看望师生。

24日　由学校学术委员会、科技处和科协联合发起并组织召开的学校国防科技发展战略研讨会举行。

28日　湖北省教育厅,湖北省军区司令部、政治部授予学校"湖北省学生军训工作先进单位"称号,授予张志学、卢文忠"湖北省学生军训工作先进个人"称号。

本月　共青团中央授予学校物探分团委"全国五四红旗团委"称号。

6月

3日　学校成立中俄科教合作中心,王焰新任主任(兼),郭湘芬、汤凤林、鄢泰宁任副主任。

12日　学校就加强科学研究中多学科交叉联合提出7条意见。

14日　在民革湖北省委员会第十一次代表大会上,王亨君当选民革湖北省第九届委员会委员、常委、副主任委员。

19日　学校决定:原信息工程学院计算机基础教研室、计算机软件教研室合并组建计算机科学与技术系;成立中共中国地质大学(武汉)计算机科学与技术系党总支部;成立中共中国地质大学(武汉)测试中心直属党支部;撤销原测试及网络与教育技术中心党支部,网络与教育技术中心党支部整体并入计算机科学与技术系党总支部。

19日　在民盟湖北省第十届委员会第一次全体会议上,吴信才当选副主任委员,王巍当选委员。

21日　教育部、武汉市人民政府共同决定合作建设中国地质大学(武汉)。

21日　经国务院批准,鄢泰宁享受2001年政府特殊津贴。

26日　胡志红获霍英东教育基金会第八届"高等院校青年教师奖"。

29日　2002年湖北省大学生游泳比赛在学校举行。学校代表队获男、女乙组两项团体冠军。

本月　学校8部教材入选"十五"国家级教材规划:殷鸿福和童金南申报的《古生物学》,金振民申报的《构造地质学》,黄定华、向树元申报的《普通地质学》,赵珊茸申报的《结晶学及矿物学》,汤凤林申报的《科学钻探》,徐思煌申报的《石油及天然气地质学》,杨凯华申报的《定向钻进原理与应用》,张思发申报的《计算机组成原理及汇编语言》。

本月　曹南燕采写的作品《最具悬念的"金钉子"定址中国》获第19届湖北新闻奖二等奖。

7月

10日　欧阳建平当选九三学社湖北省第四届委员会委员、常委,李践当选九三学社湖北省第四届委员会委员,刘庆生当选九三学社第八次全国代表大会代表。

17日　湖北省教育厅下达重点科研项目计划(B类),辛建荣负责的"专业综合素质训练在旅游本科教学中的适应性研究"等12个项目获批。

24日　武汉市委副书记、代市长李宪生率团来校考察调研。

30日　中国地质大学青海校友会成立。

本月　张锦高当选第五届湖北省高校思想政治教育研究会常务副会长兼秘书长。研究会秘书处设在学校。

8月

5日　首届国际水杉会议在学校召开,中外专家呼吁加大"植物活化石"的保护力度。

13日　中共湖北省委、湖北省人民政府授予洪山区关山街地质大学小区"1999—2001年度省级'文明小区'"称号。

9月

6日　学校(葛店)科技产业园投产剪彩仪式举行。

13日—15日　在第七届世界大学生羽毛球锦标赛上,学校羽毛球队获2金2银。

18日　逸夫科技馆举行奠基典礼。

25日　学校组建信息技术实验中心。该中心挂靠实验室设备处,采取学校和职能处室两级管理模式。

28日　学校与武汉高科在光谷大厦举行湖北机床厂土地转让签字仪式,武汉高科所属湖北机床厂的320亩土地转让给学校。

29日　高山被教育部聘为第五届教育部科学技术委员会委员。

30日　殷鸿福将获得的"何梁何利科技进步奖"奖金20万港元全部捐给学校。学校决定设立"殷鸿福奖",分"殷鸿福教学奖"和"殷鸿福奖学金"两类,并制定和颁布《"殷鸿福奖"评选条例》。

10月

1日　中国地质大学云南校友会成立。

8日　刘本培主编的《地球科学导论》荣获教育部2002年全国普通高等学校优秀教材二等奖。该教材是教育部"高等教育面向21世纪教学内容和课程体系改革计划"的研究成果之一,是面向21世纪课程教材和教育部理科地理学"九五"规划教材,也是国家级重点教材。

14日　陶继东、王辉代表学校参加中国共产主义青年团第十一次大会。

16日　党委副书记丁振国、副校长邢相勤为校园新景观"化石林"揭牌。这是华中地区唯一异地保存的化石林,占地1550平方米,由70多株产于辽宁、新疆、内蒙古等地的硅木化石组成。

17日　学校举行福建校友会捐赠石狮剪彩仪式,副校长赵克让、党委副书记李玉和、福建校友林孝纯等参加仪式。这对石狮高3米、重达15吨,为福建校友会自筹资金捐赠。

17日　学校举行弘毅堂(原大学生俱乐部)揭牌仪式。

17日　由中国地质学会、国家自然科学基金委地学部、中国科学院地学部、中国地质调查局联合发起,学校主办的"21世纪地球科学与可持续发展战略研讨会"在学校举行。

18日　来自海内外的1500多位来宾、校友和2万多名在校师生员工欢聚一堂,庆祝中国地质大学50华诞。当晚,以"地球 生命 未来"为主题的校庆文艺晚会在弘毅堂举行。

18日　中国石油化工股份有限公司、中国地质大学联合共建的"油气资源勘查研究中心"举行揭牌仪式。

22日　李长安执笔的《关于尽早制定"湿地法"的建议案》获第九届全国政协委员会优秀提案。

25日—26日　中国地质大学《十五"211工程"建设可行性研究报告》获教育部专家组通过。

29日　教育部同意学校现有校园以北征地735亩(含湖北机床厂320亩、湖北无线电厂35亩),建设中国地质大学(武汉)新校区。

31日　由华中农业大学和高校园林系统专家13人组成的评审团,一致通过学校创建园林式学校自评验收报告。

11月

8日　学校与神农架国家级自然保护区教学科研合作协议签字仪式在地球科学学院举行。

20日　邓世坤随同中国南极第十九次科考队乘"雪龙号"科学考察船从上海出发,到南极进行为期四个半月的科学考察活动,成为学校第一位到达南极科考的教师。

26日—30日　"2002年国际数学地质研讨会"在学校召开,来自加拿大、美国等国家的30个单位40多名代表出席研讨会。

28日　谢忠负责的"移动互联网GIS和嵌入式GIS开发及综合应用研究"项目获教育部"优秀青年教师资助计划"项目资助,获资助经费7万元。

本月　张克信的博士论文《东昆仑造山带混杂岩区非史密斯地层研究理论、方法与实践》被评为"2002年度百篇全国优秀博士论文"。

12月

3日—9日　王亨君参加民革第十次全国代表大会。

9日　湖北省教育厅授予学校招生办公室"湖北省普通高等学校招生工作先进集体"称号，授予王林清"湖北省普通高等学校招生工作先进个人"称号。

10日　《地球科学》获2001年度"百种中国杰出学术期刊"称号。

13日　教育部授予学校"2001年度财务决算编报工作先进单位"称号。

16日　教育部公布"2003年度跨世纪优秀人才培养计划"名单，解习农、谢忠入选。

18日　在中国民主同盟第九次全国代表大会上，吴信才当选中国民主同盟第九届中央委员会委员。

18日—21日　中共中国地质大学（武汉）第九次代表大会召开。党委书记张锦高代表上届党委向大会作题为《总揽全局 矢志创新 建设高水平特色大学》的工作报告。党委副书记、纪委书记丁振国代表上届纪委作工作报告。大会选举产生了中国共产党中国地质大学（武汉）第九届委员会、第八届纪律检查委员会。选举丁振国、马昌前、王华、王典洪、王焰新、邢相勤、成金华、向东、刘亚东、孙治定、李玉和、杨力行、杨昌明、余瑞祥、张建国、张锦高、张聪辰、姚书振、殷鸿福、高山、唐辉明、傅安洲等21人为党委委员，选举丁振国、牛雅莉、李三珍、严铁彪、杨景明、余敬、张骥、陶力士、童德卿、曾令恒、蓝翔等11人为纪委委员。

19日　孟大维主讲的《大学物理》、杨逢清主讲的《古生物地史学》、马振东主讲的《地球化学》、赵晶主讲的《高等数学》、李同林主讲的《力学》、曹新志主讲的《矿产勘查与评价》、姚书振主讲的《矿床学》、郑超主讲的《体育课》、刘银主讲的《机械设计基础》、徐思煌主讲的《石油与天然气地质学》、樊光明主讲的《构造地质学》、谢兴武主讲的《线性代数》、周琴主讲的《机械制图》、乌效鸣主讲的《钻探工艺学》、余宏明主讲的《工程地质学基础》、李铁平主讲的《物理实验》被湖北省教育厅评为"第三届省级优质课程"。

19日　湖北省教育厅公布2002年湖北省大学生优秀科研成果奖名单，学校获二等奖2项、三等奖17项。

24日　中共湖北省委组织部同意中共中国地质大学（武汉）第九届委员会和纪律检查委员会第一次全体会议选举结果。中共中国地质大学（武汉）第九届委员会常务委员会由以下同志组成：丁振国、王焰新、邢相勤、朱勤文、杨昌明、张锦高、姚书振、殷鸿福。张锦高任党委书记，丁振国、朱勤文任党委副书记；丁振国兼任纪委书记，张骥任纪委副书记。

24日　湖北省委高校工委、省教育厅授予校长办公室"1999—2002年度全省教育系统办公室工作先进集体"称号，授予张建国、杨贵仙"1999—2002年度全省教育系统办公室工作先进个人"称号。

31日　教育部授予学校招生办公室"全国高等学校招生工作先进集体"称号。

2002年校庆50周年领导人题词

中共中央政治局常委、全国人大常委会委员长李鹏题词:办好地质大学　培养优秀人才　探索地球奥秘　造福人类社会

全国人大常委会副委员长邹家华题词:培养地学人才　勇攀地学高峰

全国政协副主席叶选平题词:把握发展机遇　再创世纪辉煌

全国政协副主席钱伟长题词:唯有创新　才有发展　努力攀登地球科学高峰

全国政协副主席宋健题词:勇进地球科学前沿　为科教兴国立新功

全国政协副主席马万祺题词:发展地质资源　支援祖国建设

全国政协副主席周铁农题词:培养优秀地学人才　为可持续发展战略服务

最高人民法院原院长郑天翔题词:坚持社会主义的教育方向

教育部部长陈至立题词:"九五"教育改革发展成绩卓著　"十五"科教兴国再铸辉煌

全国人大常委、内务司法委员会副主任陶驷驹题词:五十年辛勤耕耘　桃李满天下

全国政协港澳台侨委员会主任朱训题词:振兴中华　育人为本

全国人大常委贾志杰题词:依托地学优势　开拓学科领域

国家地震局局长宋瑞祥题词:育华夏英才　探地球奥秘

2003 年

1月

10日　图书馆在2002年全省高校图书馆自动化测评中被评为"优秀馆"。

13日—20日　吴冲龙、欧阳建平当选湖北省政协九届委员会常委委员,李长安当选湖北省政协九届委员会委员。

14日　学校获评武汉市"2002年度社会治安综合治理先进单位"。

15日　学校获评"全国精神文明创建工作先进单位"。

17日　《地球科学》荣获第二届国家期刊奖。

20日　赵鹏大等完成的"矿产定量勘查新理论研究及评价分析系统开发"课题获2002年教育部提名国家科学技术奖科技进步一等奖,郑建平等完成的"中国东部地幔置换作用与中新生代岩石圈减薄及区域资源响应"课题获2002年教育部提名国家科学技术奖自然科学二等奖。

23日　殷鸿福、吴信才当选中国人民政治协商会议第十届全国委员会委员。

23日　王亨君当选第十届全国人大代表。

25日　金振民、杨凯华、潘和平等参与的中国大陆科学钻探工程项目入选"2002年中国十大科技事件"。中国大陆科学钻探工程现场指挥部给学校发来贺信。

28日　学校被教育部办公厅评为"2002年度报送信息先进单位"。

31日　吴信才等完成的"MAPGIS地理信息系统"课题获国家科学技术进步奖二等奖。

本月　陆愈实、张时忠当选政协武汉市第十届委员会委员,陆愈实当选政协常委。

2月

13日　张海军担任湖北省学生联合会第十三批驻会主席。

20日　湖北省社会治安综合治理委员会和湖北省人事厅授予学校"安全文明校园"称号。

25日　学校撤销测试中心,成立纳米科技中心。

3月

1日　中国地质大学美国校友会成立。

5日　学校工会女职工委员会、管理学院工会女职工委员会被授予"省教育系统工会先进女职工委员会"称号,程建萍被授予"省教育系统工会先进女职工工作者"称号。

10日　湖北省副省长辜胜阻率省科技厅、武汉市科技局负责人一行8人到武汉中地信息工程有限公司考察调研。

12日　在民革湖北省第九届委员会第三次常委会议上,王亨君当选妇女工作委员会主任委员,陈植华当选祖国统一工作委员会委员。

16日　1968届毕业生温家宝在十届全国人大一次会议上当选中华人民共和国国务院总理。

21日　邓世坤顺利完成我国第十九次南极科学考察任务并返回学校。

25日　学校成立资源环境经济研究中心,挂靠人文与经济学院,成金华兼任中心主任。

28日　湖北省人事厅、湖北省国家保密局授予学校保密委员会"全省保密工作先进集体"称号。

4月

1日　王典洪被批准为湖北省2002年度享受省政府专项津贴人员。

4日　戴建旺等完成的"县级土地利用数据库系统开发与应用(第三完成单位)"课题获国土资源部科技进步奖二等奖。李长安等完成的"流域环境演化与防灾对策"课题获湖北省自然科学奖二等奖;刘庆生等完成的"大陆地壳磁性结构与烃运移磁效应研究"课题、陈崇希等完成的"地下水混合井流的理论与应用"课题及王家映完成的"大地电磁拟地震解析法"课题获湖北省自然科学奖三等奖。张学锋等完成的"京珠高速公路湖北大悟段岩石高边坡优化设计和施工工艺研究(第二完成单位)"课题获湖北省科技进步奖三等奖。

8日　学校与长江水利委员会签署全面合作协议,合作开展长江流域水资源、水环境研究和人才培养。

18日　教育部直属高校工作办公室批准学校成立"国家西部地矿人才培养基地"。

18日　张克信获准2002年高等学校全国优秀博士学位论文作者专项资金资助,其研究项目为"造山带混杂岩区非史密斯地层研究——以青海东昆仑和拉脊山混杂岩带为例",获资助金额65万元。

23日　殷坤龙负责的"滑坡灾害风险研究",童金南负责的"古、中生代之交转折期的生命环境过程"获2003年教育部科学技术研究资助重点项目。

24日　湖北省教育厅批准学校招收有特殊专长学生。

24日　学校"非典"防控具体措施被《教育部简报》2003年第25期全文转载,作为经验推广;创建的专门网站被教育部防控"非典"网站链接。

28日　学校成立信息管理中心,挂靠校长办公室,张宽裕任主任。

本月　于志平当选湖北省第五批特邀监察员。

5月

5日　学校批准地理信息系统、宝石及材料工艺学、地质学、资源勘查工程、勘查技术与工程、地球物理学等6个专业纳入品牌专业首批建设计划。

5日　湖北省委高校工委授予孙治定"优秀党务工作者"称号。

8日　民革湖北省委员会批准学校成立民革中国地质大学(武汉)支部,陈植华、骆满生为负责人,主持支部工作。

9日　学校依托地质工程国家级重点学科,面向工程学院开办土木工程本科—硕士研究生连培试点班,于2003年秋季开始招生。

12日　校长殷鸿福当选国务院学位委员会委员,并任地质学科评议组组长。

27日　学校决定将管理学院行政管理教研室、人文与经济学院法学教研室、马列课部合并组建政法学院。

27日　地球物理系更名为地球物理与空间信息学院,机械与电子工程系更名为机械与电子工程学院。

28日　学校成立校友工作办公室,挂靠学校办公室,侯志军任主任。

本月　《现代高教信息》创刊。

本月　学校开通"招生信息网上直通车"。

6月

3日　经研究并与湖北省委商得一致,教育部党组决定:张锦高任中国地质大学(武汉)校长(任期四年);免去殷鸿福的中国地质大学(武汉)校长职务。

3日　经研究并与湖北省委商得一致,教育部党组决定:郝翔任中国地质大学(武汉)党委委员、常委、书记;免去张锦高的中国地质大学(武汉)党委书记、殷鸿福的中国地质大学(武汉)党委常委职务。

3日　曾佐勋、李长安、金继红、唐辉明、刘天佑、谢兴武等6人获评学校首届"教学名师"。

11日　"中共中国地质大学（武汉）地球物理系总支部"更名为"中共中国地质大学（武汉）地球物理与空间信息学院总支部"，"中共中国地质大学（武汉）机械与电子工程系总支部"更名为"中共中国地质大学（武汉）机械与电子工程学院总支部"。

12日　地球科学学院党总支部、资源学院党总支部、工程学院党总支部、机关临时党总支部、离退休干部党总支部均改为分党委。

13日　学校将武钢三中定为首个生源基地，并在武钢三中举行挂牌仪式。

15日　湖北省委高校工委授予成金华、张吉军"湖北高校优秀共产党员"称号，授予程新文"湖北高校优秀党务工作者"称号，授予工程学院党总支、地球科学学院构造教研室党支部"湖北高校先进基层党组织"称号。

15日　学校设立"大学生志愿服务西部计划奖学金"，奖励志愿服务西部计划的毕业生。

20日　湖北省副省长辜胜阻一行来校考察调研。

26日　学校决定以工程学院水文地质与环境系、地球科学学院地层古生物教研室生物学教学小组为主，组建环境学院。

27日　中共中央候补委员、湖北省委副书记、武汉市委书记陈训秋一行来校考察调研。

本月　中共湖北省委授予孙治定"湖北省优秀党务工作者"称号。

7月

9日　学校成立中共中国地质大学（武汉）政法学院总支部委员会、中共中国地质大学（武汉）环境学院总支部委员会。

10日　在第四届"挑战杯"湖北省大学生课外学术科技作品竞赛上，学校14件作品参加竞赛，团体总分名列湖北高校第二，地球物理与空间信息学院学生吴招才的作品《卫星测高数据在东海冲绳海槽深部构造研究中的应用》获特等奖。

8月

31日　侯书恩、王红梅的博士学位论文被教育部、国务院学位委员会批准为"全国百篇优秀博士学位论文提名论文"。

9月

6日　谭季麓、董浩斌、解习农、刘宇清被授予湖北省教育系统"教书育人先进个人"称号，杨力行、马昌前、刘先国被授予湖北省教育系统"管理育人先进个人"称号,张来运、王宝珠被授予湖北省教育系统"服务育人先进个人"称号。

8日　经国务院学位委员会第20次会议批准,中国地质大学增列岩土工程、油气田开发工程、固体地球物理学、海洋地质学为二级学科博士学位授权点;环境与资源保护法学、高等教育学、应用心理学、设计艺术学、自然地理学、海洋化学、机械制造及其自动化、材料物理与化学、计算机软件与理论、防灾减灾工程及防护工程、油气井工程、环境科学、会计学、企业管理、旅游管理、行政管理、土地资源管理为二级学科硕士学位授权点。

23日　学校成立地质环境系统实验室,聘任童金南为实验室主任。

25日　学校变更对汉口分校的管理模式,撤销汉口分校建制。该校区作为一个教学区,称为"中国地质大学汉口校区"。

26日　学校召开西部地矿人才培养基地成立大会暨协作组第一次会议。湖北省副省长辜胜阻,国务院西部开发办人才开发与法规组副主任许辉,湖北省教育厅副厅长陈传德,国土资源部、中国地质调查局、共青团湖北省委有关负责人,西部共建单位代表,党委书记郝翔、校长张锦高,以及基地首批招收的46名定向生出席大会。辜胜阻与郝翔共同为"西部地矿人才培养基地"揭牌。

27日—28日　湖北省第十一届运动会(高校类)毽球比赛在学校举行。学校代表队获得男子甲组单踢总分、盘踢单项、膝击单项第三名,女子乙组团体第一名,男子乙组团体第二名。

本月　2200余名学生入住北区校园。

10月

8日　侯书恩、申俊峰、余敬、袁洪林、王红梅、焦养泉、郭华明等7人的博士学位论文入选"湖北省第五批优秀博士学位论文",薛君治等7人入选"优秀指导教师";何明生、李兴武、苏祺、田世洪、肖启云、张志刚、郑骥、车忱、王志远、刘剑平、方世明、崔红梅、汪丙国、朱良峰等14人的硕士学位论文入选"湖北省第一批优秀硕士学位论文",李博文等14人入选"优秀指导教师"。

10日　学校成立城市遥感信息技术研究所,挂靠地球科学学院,薛重生为研究所所长。

14日　学校开设舞龙课。

20日　湖北省第十一届运动会(高校类)暨中国联通湖北省第八届大学生运动会闭幕,学校以团体总分第一名获"校长杯",并被授予"体育道德风尚奖"。

20日—23日　梁杏当选武汉市第十次妇女大会代表并出席会议。

23日　科技部部长徐冠华在湖北省政协副主席、科技厅厅长郭生练等陪同下,考察武汉中地信息工程有限公司。

23日　国家人事部、全国博士后管委会通知,学校环境科学与工程博士后科研流动站获批。

26日　成功登上世界七大洲最高峰的中国登山协会常务副主席、校友李致新和中国登协登山队队长王勇峰与学校体育部教师组成登协地大联合队。

30日—31日　湖北省学位委员会专家组对学校管理科学与工程、安全技术及工程、地图制图学与地理信息工程、地球探测与信息技术、环境工程等5个省级重点学科进行检查验收。5个学科均获通过,专家组建议进入新一轮省级重点学科的立项建设。

本月　攀岩馆建成。

本月　学校与中信实业银行武汉分行联合开发的中信地大校园卡正式启用。

11月

6日　由学校和邵逸夫基金会投资3000万元的地大逸夫博物馆落成。博物馆建筑面积9777平方米,设有地球奥秘、生命起源与进化、宝玉石、矿物岩石和矿产资源等5个展厅。逸夫博物馆成为展示地球科学知识的自然类专业博物馆,并被作为国家级科普教育基地和武汉市的科教旅游景点。

6日　第一届全国大学生攀岩锦标赛在学校举行。开幕式上举行了"中国大学生体育协会攀岩分会"揭牌仪式。

7日　"就业指导"课纳入毕业生必修课。

10日　教育部发展规划司批准学校与武汉众邦德龙科技发展有限公司合作筹建中国地质大学江城学院。该学院为独立学院。

20日　教育部批准学校设立"教育部部级科技查新工作站"。

25日　湖北省教育厅公布2003年湖北省高等学校大学生优秀科研成果奖获奖成果名单,学校学子获二等奖5项、三等奖7项、毕业设计(论文)三等奖3项。

25日　中国石化奖学金和贷学金颁发仪式举行。中国石化奖学金、贷学金是中国石油化工集团公司于2003年9月在校设立的,每年总金额为26万元左右。

12月

1日　学校就规范校名写法与使用发出通知,校名书写采用毛泽东手书字体的方式。

9日　中国科学技术信息研究所信息分析中心发布2002年中国科技论文与引文数据库(CSPCD)文献计量指标。《地球科学》2002年被引频次、影响因子创历史新高,总被引频次856,影响因子0.951。

22日　学校举行"塔里木油田奖学金"签字仪式。"塔里木油田奖学金"由塔里木油田分公司出资设立,总额为20万元人民币,每年发放5万元。

30日 教育部关心下一代工作委员会授予张淇"全国教育系统关心下一代工作先进个人"称号。

30日 湖北省人民政府学位委员会批准学校人口、资源与环境经济学,马克思主义理论与思想政治教育,材料学,检测技术与自动化装置,防灾减灾工程及防护工程,安全技术及工程,管理科学与工程等7个学科为第三批立项建设的拟增列博士点学科;科学技术哲学、政治经济学、区域经济学、宪法学与行政法学、英语语言文学、光学、信号与信息处理、控制理论与控制工程、桥梁与隧道工程、技术经济及管理等10个学科为第三批立项建设的拟增列硕士点学科。

30日 湖北省教育厅批准学校海洋地质、水文学及水资源、地图制图学与地理信息工程、地球探测与信息技术、安全技术及工程、油气田开发工程、环境工程等7个学科为湖北省重点学科。

30日 连接学校南北校区的隧道开通。

30日 谢树成、马腾、胡新丽、罗辉、胡凯、周爱国、胡祥云、王开明、刘修国、喻继军等10名教职工,获评学校第六届"十大杰出青年"。

本月 唐辉明等完成的"三峡工程库区巴东县新城区地质灾害试验场建立与综合示范研究"课题获湖北省科技进步奖一等奖。诸克军等完成的"不确定性预测理论在鄂石油勘探开发中的应用研究"、王典洪等完成的"科学技术奖励管理决策支持系统"、刘江平等完成的"高精度综合地球物理方法及在道路和堤坝质量检测中的应用研究"、李江风等完成的"恩施市旅游发展总体规划"课题获湖北省自然科学奖二等奖。学校完成的"MAPGIS地理信息系统"课题获第一届中国技术市场协会金桥奖三等奖。

本年

经国务院批准,童金南享受2002年政府特殊津贴。

刘本培获"李四光地质科学奖教师奖"。

2004 年

1 月

5 日　教育部办公厅通报表彰 2003 年度信息报送先进单位,学校榜上有名。

6 日　学校"杰出人才和创新学术团队"聘任签字仪式举行,16 名杰出人才和 10 个创新团队正式签约上岗。

9 日　湖北省委高校工委、省教育厅授予张志学、张仲英"2002—2003 年高校安全稳定工作先进个人"称号。

15 日　经研究并与湖北省委商得一致,教育部党组决定:傅安洲任中国地质大学(武汉)党委常委、副书记;免去杨昌明的中国地质大学(武汉)党委常委职务。

15 日　教育部任命姚书振、邢相勤、王焰新、欧阳建平为中国地质大学(武汉)副校长,免去杨昌明的中国地质大学(武汉)副校长职务。

本月　中国地质大学深圳珠宝校友会成立。

2 月

5 日　学校组建国际教育学院。

8 日　湖北省人民政府授予莫宣学等完成的项目"'三江'地区中南段构造-岩浆-成矿与元素地球化学分区研究"自然科学一等奖,王华等完成的项目"典型聚煤盆地分析及煤构成特征的综合研究"自然科学二等奖,冯庆来等完成的项目"我国西南地区造山带地层学和构造古地理模型研究"自然科学三等奖;唐辉明等完成的项目"三峡工程库区巴东县新城区地质灾害实验场建立与综合示范研究"科技进步一等奖,王典洪等完成的项目"科学技术奖励管理决策支持系统"、诸克军等完成的项目"不确定性预测理论在鄂石油勘探开发中的应用研究"科技进步二等奖,刘江平等完成的项目"高精度综合地球物理方法及在道路和堤坝质量检测中的应用研究"、李江风等完成的项目"恩施土家族苗族自治区旅游发展总体规划"科技进步三等奖。

11日 赵鹏大、胡光道主持的矿产资源定量评价与信息系统重点实验室被评为国土资源部首批重点实验室。

20日 学校工会获"2003年度全省教育系统工会工作先进单位"称号。

21日—22日 学校在阳逻召开本科教学工作整改与建设研讨会。

23日 蒋国盛获"第六届湖北省青年科技奖"。

25日 学校新增6个自主设置博士点，地质学一级学科下新增生态地质学博士点，地质资源与地质工程一级学科下新增安全工程、环境与工程地球物理、资源管理工程、资源与环境遥感、钻井工程等5个博士点。

26日 教育部学位与研究生教育发展中心公布2003年全国一级学科整体水平排名结果，学校地质学、地质资源与地质工程2个一级学科排名第一。

27日 辽宁省第十届人民代表大会第二次会议闭幕，1967届校友张文岳当选辽宁省省长。

27日 学校成立大气物理与大气环境研究所，挂靠环境学院，聘任祁士华为所长、湖北省气象局崔光春为副所长；成立区域经济研究所，挂靠人文与经济学院，聘任郭凤典为所长；成立人工智能研究所，挂靠信息工程学院，聘任吕维先为所长、罗忠文为副所长；成立应用心理学研究所，挂靠德育课部，聘任郭兰为所长、陆愈实为副所长。

3月

2日 学校设立"学科建设办公室"，挂靠研究生院。该办公室与"211工程"项目建设领导小组办公室实行"一套班子、两块牌子"的模式，统筹管理学校学科建设工作，负责博士点、硕士点建设、申报及"211工程"建设。撤销成人教育处，设立成人教育学院，设立中共中国地质大学（武汉）成人教育学院总支部委员会。

3日 湖北省城市社区建设工作领导小组授予学校"全省志愿者先进工作单位"称号。

9日 湖北省委公布"学习许志伟 做新时代大学生"征文比赛评奖结果。董少松完成的作品《给灵魂一种信仰》、褚斐完成的作品《舍生取义英雄精神永不倒》获一等奖，程超完成的作品《用行动说明一切》获二等奖，尚耀庭完成的作品《燃烧自己让生命放射光芒》获三等奖，学校获"优秀组织奖"。

13日 学校入驻深圳虚拟大学园国家大学科技园签字仪式在深圳虚拟大学园举行。

16日 国际合作处荣获"2003年度全市涉外文教单位外管工作先进集体"称号，张立军获评先进个人。邵学民荣获2003年国家外国专家局颁发的"全国聘请外国文教专家先进个人"称号。

16日 学校成立演化硬件实验中心，挂靠计算机科学与技术系，康立山为中心主任。

16日 学校举行毕业生终身免费电子邮箱开通仪式。

17 日　学校在北校区举行综合教学楼封顶仪式。

22 日　学校与中国地质科学院桂林岩溶地质研究所签署联合办学协议。

4 月

3 日　教育部办公厅公布新世纪网络课程建设工程项目第三次验收结果,陈源负责的"宝石学"被评为"优秀",姚书振负责的"地质学标本模型库建设"获通过。

9 日　学校五届四次教代会暨十四届四次工代会开幕。张锦高作题为《求真务实　为建设高水平大学而不懈奋斗》的工作报告,提出将1994年温家宝为母校的题词"艰苦朴素　求真务实"确定为校训。

11 日　在汉部属高校首届博士联合论坛在学校举行。

11 日—12 日　"嫦娥工程"月球应用科学首席科学家、校友欧阳自远院士回到母校,为师生作题为《月球探测的进展与我国的月球探测》的学术报告,并和校长张锦高一起为学校"应用空间科学技术研究中心"揭牌。

28 日　首届武汉大学生电影节评选结果公布,学校提交的《毕业生》获校园短剧剧本奖一等奖,学校获"优秀组织奖"。

30 日　学校成立珠宝检测技术研究中心,挂靠珠宝学院,袁心强为主任。

5 月

18 日　附属学校中学部在2004年武汉市中小学生"创新素质实践行"活动中获佳绩,冯凡青、殷景川获一等奖,王子琛、张媛等5人获二等奖。

31 日　唐辉明主持完成的"三峡库区兴山县高阳镇地质灾害治理工程"获评"湖北省优质工程",为湖北省唯一的一项地质灾害治理优质工程。

本月　共青团中央授予陶继东"全国优秀共青团干部"称号。

6 月

4 日　由学校和美国阿尔弗莱德大学联合主办的第三届武汉电子商务国际会议召开。4位联合国电子贸易专家出席本次会议,这意味着联合国国际贸易中心在中国首个电子贸易项目"电子贸易桥梁计划"正式在汉启动。

7 日—8 日　"第一届(武汉)环境与工程地球物理国际学术会议"在学校举行,来自中国、

美国、加拿大、法国等16个国家和地区的300多名专家学者参加会议。

7日　联合国教科文组织文物保护专家黄克忠、杜晓帆应邀来校,参加学校"文化遗产和岩土文物保护工程中心"揭牌仪式并举办专题讲座。黄克忠被聘为学校客座教授。

14日　学校被授予"全省学校及周边治安综合治理工作先进集体"称号。

15日　学校与厦门市人民政府签订《市校共同发展科学技术合作工程协议书》。

28日　新落成的信息楼信息技术教学实验中心机房面向全校师生全天候开放,同一时间段可满足1200名师生上机。

28日　学校与美国布莱恩特大学签署合作协议。协议约定,双方将在师生交流、研究项目、教学和文化活动等方面开展合作。

30日　全国工程硕士专业学位教育指导委员会授予邓军、宁立波、樊太亮"全国工程硕士研究生教育工作先进个人奖"。

本月　在第五届全国机器人足球锦标赛暨2004年世界杯机器人足球赛中国队选拔赛上,学校代表队获得一等奖1项、二等奖3项,并将代表中国参加在韩国釜山举办的世界杯机器人足球大赛。

本月　丁振国受聘担任中国毽球协会副主席。

7月

3日　中共湖北省委授予党委组织部"湖北省高校组织工作先进集体"称号,授予黄小衡、李宇凯、梁丽晖"湖北高校优秀组工干部"称号。

9日　学校成立中共中国地质大学江城学院委员会,任命宋谨为党委书记,周大仁、朱以宽为党委副书记。

17日　学校隆重召开周口店实习站创建50周年庆典大会。温家宝为实习站题词"摇篮"。

24日　湖北省博士后管委会、湖北省人事厅授予学校"湖北省博士后管理工作先进单位"称号,授予李素矿"湖北省博士后管理工作先进工作者"称号。

9月

4日　校友、奥运冠军高崚回到母校,受到广大师生的热烈欢迎。

13日—17日　由学校和香港珠宝学院联合主办的第29届国际宝石学会议在武汉召开,来自21个国家和地区的76名专家学者参加会议。

14日　岩石圈演化与矿产资源实验室接受以傅家谟院士为首的新建国家重点实验室评审专家及科技部领导现场评估考察。

17日　学校成立安全工程研究中心,挂靠工程学院,聘任赵云胜为中心主任。

20日　在第七届全国大学生运动会上,学校代表队以总分第三名的成绩荣获"校长杯"。

22日　王焰新、顾延生申请的"泥沙淤积对涨渡湖、天鹅洲湿地灌江纳苗的影响"项目获世界自然科学基金会资助,这是学校首次获得该基金会资助的项目。

23日　李江风负责编制的《清江流域旅游发展总体规划及优先项目规划》全票通过专家评审。国家开发银行将根据该规划投资近10亿元,对清江流域进行大规模整体开发。

23日　湖北省教育厅下达社会科学研究"十五"规划第三批项目计划,学校4个任务项目进入项目计划。

25日　外语系本科生周珊珊被授予"湖北省优秀青年志愿者"称号。

28日　湖北省教育厅授予网络教育学院、学生工作处"全省高等教育学历证书电子注册管理工作先进集体"称号,授予刘东杰、朱增荣"全省高等教育学历证书电子注册管理工作先进个人"称号。

本月　教育部授予金振民"全国模范教师"称号、谢兴武"全国优秀教师"称号。

10月

8日　学校北区图书馆开馆仪式举行。新建成的北区图书馆分阅览室和自习室两层,建筑面积近7000平方米,可容纳1200名学生同时阅览和自习。

8日　桑隆康当选俄罗斯自然科学院外籍院士,成为学校继赵鹏大、汤凤林当选俄罗斯自然科学院外籍院士之后,第三位获此项殊荣的教师。

11日　学校决定与中国石油化工集团公司联合开展西部新区联合研究会战项目,并成立"西部会战"项目组。

19日　1954届校友、中国科学院院士钟大赉应邀来校,为师生作题为《青藏高原周缘碰撞变形》的学术报告。

19日　镌刻有"艰苦朴素　求真务实"的校训石矗立在西一门前。

21日　学校与尼日利亚国家空间局签订合作协议备忘录。

22日—23日　学校承办的中国研究生院院长联席会2004年年会在武汉召开。

11月

1日　学校本科教学工作水平评估大会召开。

6日—7日　"全球重大变化时期生物与环境的协同演化会议"在学校召开。中国科学院院士杨遵仪、殷鸿福、金玉玕、戎嘉余、陈旭,国家自然科学基金委员会监督委员会副主任马福臣,国家自然科学基金委员会地球科学部地质学科主任姚玉鹏,以及来自全国相关地质高校院所的100多位专家学者参加本次会议。

11日　湖北省委高工委授予学校党委理论学习中心组、学校机关党委、工程学院土木工程系党支部"全省高校理论学习先进单位"称号,授予张锦高、王焰新、高复阳、李想、高靖、黄利敏"全省高校理论学习先进个人"称号。

14日　杨树旺等完成的《我国产业结构调整要构建五大支撑体系》、严良等完成的《我国网络营销的限制因素及可行性分析》、冯岩等完成的《21世纪大学生体育与素质教育的探索性研究》获湖北省第四届社会科学优秀成果论文类三等奖。

18日　学校被列为首批"湖北省强化企事业单位知识产权管理与保护推进工程重点保护单位"。全省首批仅有50家单位入选,4所高校获此殊荣。

25日　第四届"挑战杯"中国大学生创业计划竞赛决赛结果揭晓,学校代表队获1银1铜,学校获"优秀组织奖"。

本月　湖北省教育厅授予储祖旺等完成的《高校〈形势与政策课〉教学内容与方法的设计与实践》、张岚完成的《理工大学学科、专业结构调整的思考》(论文类)第四届教育科学研究优秀成果评选活动三等奖。

本月　丁振国受聘担任中国定向运动协会副主席。

12月

6日　李砚耕当选俄罗斯国际工程院院士。

14日　学校设立审计处(正处级单位,陶力士任处长)、设立政策法规管理办公室(副处级单位,挂靠学校办公室)。

20日　学校获评"2004年湖北省'三下乡'社会实践活动优秀组织单位",西部地矿人才培养基地学生暑假实践团等6支团队被评为"优秀团队",庞尚房等10人被评为"先进个人"。

23日　国内首个国际数学地质协会学生分会落户学校,37名学生成为该分会会员。

26日　教育部高校学生司授予学工处"全国高等教育学历证书电子注册管理工作先进集体"称号,授予刘东杰、朱增荣"全国高等教育学历证书电子注册管理工作先进个人"称号。

28日　在2002—2004年湖北省科协学会工作会议上,学校科协被授予"2002—2004年度先进学会"称号。

30日　由中国海洋石油公司湛江分公司54位校友集资制作、捐赠的"涯131气田采气平台模型"捐赠仪式在博物馆举行。

31日　王欢作品《人工智能在机器人足球上的应用》获湖北省大学生优秀科研成果一等奖,朱镇、葛倩、王水跃等人作品获优秀科研成果二等奖,高复阳、张博、储玲林、陈欣、高永烨等人作品获优秀科研成果三等奖。

2005 年

1 月

5 日　学校党委研究决定设立资产管理处。

6 日　学校成立地质过程与矿产资源国家重点实验室管理委员会,成秋明任主任委员,高山、吕新彪任副主任委员。

7 日　地理信息系统软件及其应用研究中心被教育部认定为"教育部工程研究中心",吴信才任第一届中心主任。

12 日　张峰荣获教育部科技司颁发的"中国教育和科研计算机网 CERNET 十年建设突出贡献先进个人"称号。

14 日　"计算机科学与技术系"更名为"计算机学院","外语系"更名为"外国语学院","数学与物理系"更名为"数学与物理学院"。"计算机科学与技术系总支部委员会"更名为"计算机学院总支部委员会","外语系总支部委员会"更名为"外国语学院总支部委员会","数学与物理系总支部委员会"更名为"数学与物理学院总支部委员会"。

16 日　中国地质大学内蒙古校友会成立。

18 日　学校工会获"全省教育工会先进集体"称号。

21 日　云南同昌隆工贸有限公司董事长朱骏一行来学校考察,与学校签订奖学金和人才培养等方面的协议,设立奖学金总额为 50 万元。

25 日　教育部办公厅通报表彰 2004 年度信息报送先进单位和先进个人,学校获评"2004 年度向教育部办公厅报送信息先进单位",蔡继彪获评"先进个人"。

26 日　湖北省人事厅授予人事处"全省人事工作先进集体"称号。

28 日　由学校出版社方菊担任责任编辑、蒋国盛等完成的著作《天然气水合物的勘探与开发》获湖北省人民政府颁发的第二届湖北图书奖。

3月

1日　共青团湖北省委、湖北省青年志愿者协会授予资源学院青年志愿者协会"第三届(2003—2004年度)湖北省十大杰出青年志愿服务集体"称号,授予左杨、张东方"第三届(2003—2004年度)湖北省优秀青年志愿者"称号,授予学校青年志愿者协会"第三届(2003—2004年度)湖北省青年志愿者行动组织奖"。

1日　国家自然科学基金委员会公布国家基础科学人才培养基金"十五"中期评估结果,学校地质学基地获评"国家基础科学人才培养基金实施情况良好基地"。

4日　《地球科学》获第三届国家期刊奖。

4日　2004年度经教育部备案或批准设置的高等学校本专科专业名单公布,学校思想政治教育、统计学、网络工程、工程管理、财务管理等5个本科专业获批。

4日　学校工会女职工委员会、外国语学院工会女职工委员会荣获"湖北省教育系统工会先进女职工委员会"称号,吴秀玲、谢萍荣获"湖北省教育系统先进女职工"称号,张慧荣获"湖北省教育系统先进女职工工作者"称号。

4日　王焰新负责的"饮水型砷中毒区地下水有机地球化学研究"获准2005年度部属高校教育部科学技术研究重点项目立项,获资助经费20万元。

7日　武汉市人事局、市妇联授予赵珊茸第三届"武汉十大女杰"称号。

17日　湖北省教育厅公布2004年度高等学校省级精品课程名单,学校宝石学、古生物学、岩土钻掘工程学、地理信息系统、地球科学概论等5门课程入选。

21日　姚长利、张世红、张招崇、谢树成、张治河入选教育部2004年度"新世纪优秀人才支持计划"名单。

24日　全国首届"盆地与能源博士生论坛"在学校举行。

30日　教育部人事司通知,根据教育部党组会议纪要〔2004〕第28号《关于中国地质大学不再保留总校领导班子的决定》,中国地质大学总校领导班子成员的职务自然免除,原级别待遇不变。

4月

4日—6日　由国家自然科学基金委员会和中国宇航协会主办、学校承办的ISICA2005智能计算及其应用国际会议在学校召开,来自美国、德国、英国、日本等国家的120余名代表参加会议。

6日　教育部办公厅公布国家理科基础科学研究和教学人才培养基地评估结果,学校地质学通过评估验收。

6日　学校新医院举行落成开业典礼。

7日　党委副书记傅安洲当选全国首个学籍管理专业委员会——湖北省高等教育学会学籍管理专业委员会首任理事长。

11日　教育部办公厅发布通知,中国地质大学实行属地化原则,将学校基层统计报表通过湖北省教育厅上报教育部。

13日　2005年湖北省地震局防震减灾优秀成果奖评审结果公布,学校参与的《长江三峡工程水库诱发地震监测研究》《两陨断裂对十漫高速公路隧道的影响》获一等奖。

14日　在湖北省高校基层党建工作创新优秀论文评选活动中,陶继东等完成的《新时期发挥高校学生党员先锋模范作用的探讨》获一等奖;黄小衡等完成的《加强高校党务政工干部队伍建设的对策研究》、刘杰完成的《坚持民主集中制促进学院科学决策和民主管理》、吕军等完成的《创建学习型党组织途径浅探》获二等奖;刘清华完成的《高校后勤思想政治工作方法初探》、唐勤等完成的《高校党务政工干部工作生活现状、问题及对策研究》、喻芒清等完成的《浅谈大学生党组织的基层活动创新》获三等奖。

22日　学校首个安全工程硕士班在北京国家安全生产监督管理总局开班。

22日—23日　受科技部委托,以中国科学院广州地球化学研究所谢先德为组长的国家自然科学基金委专家组对学校地质过程与矿产资源国家重点实验室进行现场评估。

25日　湖北省人民政府授予龚一鸣等完成的"造山带及邻区沉积地质与圈层耦合"湖北省自然科学奖一等奖,陈红汉等完成的"沉积盆地地质流体与油气成藏关系研究"湖北省自然科学奖二等奖,王文魁等完成的"中国矿物晶体形貌学研究"湖北省自然科学奖三等奖;胡光道等完成的"矿产资源战略性评价的GIS信息集成技术与资源评价系统"湖北省科学技术进步奖二等奖,学校参与完成的"高速公路紧急电话远程供电研究与开发"等两项成果湖北省科学技术进步奖三等奖;杨代华等完成的"大中型轧辊及变形工具加工数控系统"湖北省科学技术成果推广三等奖。

30日　逸夫博物馆正式开馆。

30日　共青团湖北省委授予杨燕"全省优秀共青团干部"称号,授予团委"全省五四红旗团委"称号。

5月

6日　湖北省省长罗清泉,湖北省委副书记、武汉市委书记陈训秋,湖北省副省长辜胜阻,武汉市市长李宪生,武汉市委副书记叶金生等省市领导在校长张锦高的陪同下,考察地大信息科技发展有限公司。

8日　胡锦涛总书记在俄罗斯参加纪念卫国战争胜利60周年庆典期间,接见并与学校留俄教师余磊亲切握手。

18日　学校追授张国旗"优秀毕业生"称号,并在全校深入开展向张国旗学习的活动。

18日　广州军区、中国地质大学共同培养军队干部协议签字暨驻校后备军官选拔培训工作办公室成立仪式举行。

19日　杜伯仁、赵中一、龚一鸣、吴冲龙、马振东等5人获评学校第二届"教学名师"。

24日　学校双人舞《花儿红了》获湖北省第二届大学生艺术节优秀文艺节目舞蹈类二等奖,群舞《地之灵》获三等奖;管乐合奏《拉德斯基进行曲》获器乐类甲组三等奖;小品《毕业生》获综艺类甲组一等奖;黄超军的美术作品《蛱蝶图》、陈允的摄影作品《两代人》获优秀美术作品美术类三等奖;曾艺、周黎获文艺节目指导教师奖。

28日　由《人民日报》、新华社等10余家媒体记者组成的中央新闻采访团来学校,就西部人才培养计划情况进行采访。

6月

2日—6日　首届全国大学生毽球锦标赛在学校举行。

3日　湖北省人事厅通知,杨代华被批准为享受2004年度省政府专项津贴人员。

8日　教育部党组成员、中纪委驻教育部纪检组组长田淑兰,教育部监察局局长刘金平,湖北省高校纪工委书记尚保建等一行5人来学校检查党风廉政建设工作。

9日　国务院总理温家宝在学校志愿到西部服务和就业的2005届本科毕业生的来信上作出重要批示:"读了同学们的信,非常高兴。大家志愿到西部服务和就业的志向、勇气和决心使我深受感动。你们的选择是正确的。我深信你们在西部艰苦工作的磨炼必将成为你们生命中最宝贵的财富。"

12日　学校举行首届"大学开放日"。

14日　学校公布杰出人才及创新学术团队考评结果,冯庆来等8人获批"2005年度杰出人才",王焰新负责的"地下水与环境"、李德威负责的"青藏高原大陆动力学与成矿"获批"2005年度创新学术团队",吴信才、谢树成、郑建平为中期考核优秀的第一批杰出人才。

24日　湖北省人民政府学位委员会、湖北省教育厅公布高等学校研究生培养条件评估结果,学校A类(哲学、经济学、法学、教育学、文学、历史学、管理学)获评"良好",B类(理学、农学)、C类(工学)获评"优秀"。

27日　国家信息产业部部长王旭东、湖北省省长罗清泉、省政府副秘书长范锐平、省信息产业厅厅长张洪一行考察武汉中地数码科技有限公司。

7月

1 日　中国地质大学湖北校友会成立。

14 日　科技部国家遥感中心同意学校建立国家遥感中心地壳运动及深空探测部。

15 日　学校成立青藏高原研究中心,挂靠科技处,校长张锦高兼任主任。

15 日　学校印发《关于研究生培养弹性学制与奖学金改革的实施意见》。

15 日　湖北省教育厅、共青团湖北省委公布第二届"顺爽杯"湖北高校电视辩论邀请赛评选结果,李晶晶、邓翠获评"优秀辩手",王甫获评"优秀领队",杨力行获评"优秀教练",学校获团体总分季军和"优秀组织奖"。

8月

12 日　湖北省第五届"挑战杯"大学生课外学术科技作品竞赛终审决赛结果揭晓,学校代表队获特等奖2项、一等奖2项、二等奖2项、三等奖4项,鲍清芬获评"组织工作先进个人",学校获得"优胜杯"。

19 日　学校召开保持共产党员先进性教育活动动员大会,启动学校保持共产党员先进性教育活动。

29 日　湖北省致工党地大支部成立。

9月

3 日　九三学社学校支社获评"九三学社湖北省先进基层组织",刘庆生获评"九三学社湖北省社务工作先进个人"。

6 日　九三学社中央委员会授予欧阳建平"九三学社优秀社员"称号。

9 日　湖北省教育厅、省教育基金会授予谢兴武"2005 年度湖北名师(高等学校教学名师)"称号。

13 日　学校成立实验教学示范中心建设领导小组,副校长欧阳建平任组长。

15 日　学校成立国家遥感中心地壳运动与深空探测部,副校长王焰新任主任。

23 日　学校送演的《毕业生》获全国第一届大学生艺术展演活动戏剧、小品一等奖。

26 日　湖北省人民政府授予学校聘任的澳大利亚专家朱丽娅·爱丽斯·柏纳特 2005 年度湖北省优秀外国专家"编钟奖"。

27日　湖北省教育厅公布全省高校优秀多媒体教学课件评比结果,学校"通风与防尘工程"等3个课件获一等奖,"地理信息系统软件工程"等15个课件获二等奖,"国际企业管理"等2个课件获三等奖。

30日　学校成立生态环境研究所,挂靠环境学院,葛继稳任所长。

10月

11日　湖北省教育厅公布2005年湖北省高等学校教学成果奖获奖项目,学校"周口店实践教学基地野外地学实验室开放建设及辐射功能研究"等7个项目获一等奖,"国外地质类专业课程体系研究"等6个项目获二等奖,"工程制图教学改革与创新人才培养的实践与探索"等3个项目获三等奖。

11日　温家宝总理致信赵鹏大院士,送上他在接见第五届高等教育国家级教学成果奖获奖代表时的讲话,深情怀念池际尚教授。

17日　学校召开MAPGIS软件在神舟六号载人航天飞行中成功使用庆祝会。

20日　教育部高等教育司印发《专家组对中国地质大学本科教学工作的评估意见》。

24日　学校将环境工程研究院的挂靠单位由工程学院调整为环境学院,环境评价研究所、大气物理与大气环境研究所、环境地质研究所、生态环境研究所等4个研究所为环境工程研究院的下设研究机构。

25日　学校召开"中上扬子地区油气勘探战略研讨会"。

28日　学校获"全国文明单位"称号。

28日　由学校和美国布莱恩特大学合建的远程教育"无国界教室"正式建成并投入使用。校长张锦高与布莱恩特大学校长Machtley共同为"中国地质大学-布莱恩特大学远程教育联合技术教室"揭牌。

11月

1日　科技部副部长马颂德一行来学校调研。

3日—4日　湖北省科技厅、教育厅领导和专家对学校湖北省重点实验室进行现场评估验收。

4日　在第四届湖北省普通高校大学生英语演讲比赛上,罗冰洁获本科组一等奖、蒋佳骏获本科组二等奖、熊秦怡获本科组三等奖。

11日　教育部国际合作与交流司授予苏洪涛"建立和使用全国来华留学生管理信息系统先进个人"称号。

16日　学校"深圳产业化基地"和"机电学院环旭研究生培养基地"在深圳成立。

22日　湖北省委高校工委、湖北省教育厅授予牛雅莉、李相臣、陈云清"全省教育系统离退休干部工作先进个人"称号。

23日　武汉市卫生局认定学校医院为洪山区关山街第四社区卫生服务中心。

25日　学校将地质学、资源勘查工程、勘查技术与工程、地球物理学、地理信息系统等5个专业确定为品牌专业。

12月

10日—11日　学校十五"211工程"建设项目验收。

14日　生物地质与环境地质实验室被教育部确定为2005年度立项建设的教育部重点实验室。

16日　金振民当选中国科学院院士。

18日　学校获评"2005年湖北省'三下乡'社会实践活动优秀组织单位","踏寻西部校友工作足迹"暑期社会实践队等6支团队获评"优秀团队",马彦周等14人获评"先进个人"。

23日　《湖北省侨联梁亮胜侨界科技奖励基金》理事会对国家科学技术事业作出重大贡献的湖北省归侨侨眷进行奖励,王鸿祯获二等奖,於崇文、姚姚获三等奖。

26日　2005年湖北省高校大学生优秀科研成果获奖名单公布,学校获二等奖4项、三等奖10项。

27日　湖北省教育厅授予学校电工电子实验教学示范中心"湖北省高等学校实验教学示范中心"称号。

28日　学校秭归产学研基地一期工程竣工,总投资3000多万元,建成综合楼、学生宿舍楼共计1.8万平方米。

30日　教育部高校学生司同意学校从2006年开始进行自主选拔录取改革试点。

30日　高山以"大陆岩石圈深部再循环与华北克拉通及其邻区中新生代演化"项目申报国家自然科学基金委创新研究群体科学基金获批,总经费360万元。这是学校首次获得此类资助。

本月　刘庆生被湖北省人民政府参事室评为"省政府先进参事",获参政建议二等奖。

全年

经国务院批准,成金华、郑建平、解习农、郑有业享受2004年度政府特殊津贴。

2006 年

1月

13日　教育部港澳台事务办公室同意学校开设港澳台学生预科班。

23日　中国地质学会第十届青年地质科技奖评选结果揭晓,刘刚获"金锤奖",马保松、胡新丽获"银锤奖"。

27日　学校组建艺术与传媒学院,余瑞祥任院长,帅斌任党总支书记。

28日　人文与经济学院更名为经济学院,成金华任院长,吕军任党总支书记。

本月　吴北平当选政协湖北省第九届委员。

2月

6日　教育部同意学校增设经济学、行政管理两个第二学士学位专业。

14日　学校入选"2005年度向教育部办公厅报送日常信息先进单位"和"报送互联网信息先进单位",徐超获评"报送日常信息先进个人",刘国华获评"报送互联网信息先进个人"。

15日　李正元被湖北省社会科学界联合会评为"十佳社团工作者",储祖旺、黄德林被评为"湖北省社会科学界先进社团工作者"。

18日　"首届地矿油高校人才培养工作研讨会"在学校召开。

18日　湖北省人民政府授予武汉中地数码科技有限公司"湖北省参与载人航天工程有功单位"称号,授予刘修国"湖北省参与载人航天工程有功个人"称号。

20日　湖北省人民政府授予郝芳等完成的"超压盆地生烃作用动力学机理"湖北省自然科学奖一等奖;姚书振等完成的"陕甘川邻接区金、铜成矿条件、成矿规律及靶区优选",吴冲龙等完成的"长江水文泥沙信息分析管理系统"湖北省科学技术进步奖二等奖;杨昌明等完成的"我国资源型企业发展战略研究——紫金矿业集团战略设计"、宋斌等完成的"政府整体性人力资源开发管理科技创新研究"、帅传敏等完成的"农业国际化发展对策研究"和学校参与完成的"湖北省矿产资源规划研究""湖北省农用地分等研究"湖北省科学技术进步奖三等奖。

20日　学校召开第十批博士、硕士学位点申报工作总结大会。学校此次获批地球物理学、环境科学与工程、管理科学与工程3个一级学科博士点,思想政治教育、安全技术及工程、土地资源管理3个二级学科博士点,以及理论经济学等13个一级学科硕士点、科学技术哲学等11个二级学科硕士点。

22日　教育部公布2005年度国家精品课程名单(有效期5年),学校古生物学、地球化学、岩土钻掘工程学入选。

22日　蒋国盛、刘勇胜、李建威入选教育部2005年度"新世纪优秀人才支持计划"名单。

3月

6日　由山西电影制片厂筹划摄制、以学校1989届优秀毕业生张国旗为原型创作的故事片《红山雨》在弘毅堂举行首映式。

10日　信息安全、煤及煤层气工程、遥感科学与技术3个工学类本科专业获教育部批准,2006年开始招生。

13日　学校与三峡库区地质灾害防治工作指挥部举行合作框架协议签字仪式。

15日　地球系统层析成像中心、地球空间信息研究所成立,挂靠地球物理与空间信息学院,周华伟任地球系统层析成像中心主任。

17日　教育部发布通知,欧阳建平任教育部工程教育专业认证专家委员会委员。

17日　陈红汉负责的"海相碳酸盐岩缝—洞输导体系油气运聚机理研究"获2006年度教育部科学技术研究重点项目立项,获资助经费10万元。

22日　武汉市市长李宪生一行来校考察。

26日　学校与西部矿业有限公司签订《校企合作协议书》《地质科技合作协议书》《合作培养人才协议书》。协议约定,双方将在培养专门人才、开展科研攻关、推进技术研发和实施人才基金等方面开展合作。

28日　"中共中国地质大学(武汉)艺术与传媒学院总支部委员会"成立;"中共中国地质大学(武汉)人文与经济学院总支部委员会"更名为"中共中国地质大学(武汉)经济学院总支部委员会"。

29日　国土资源部发布公告,学校"武汉资源环境监督检测中心"为国土资源部部级质检中心。

30日　学校决定教学单位实行"校—学院—系"三级管理模式。

本月　吴北平被致公党湖北省委评为"参政议政先进个人",李波被评为致公党"优秀党员"。

4月

4日　学校公选课"天体化学概论"正式开课,这是湖北省内高校首次开设此课程。

6日　"周大生珠宝·金象珠宝校友奖学金"在学校设立。该奖学金由深圳市周大生钻石首饰有限公司董事长周宗文校友出资,主要用于奖励家庭贫困、品学兼优的在校二、三年级大学生。

10日　学校决定生物地质与环境地质教育部重点实验室主要依托地球科学学院和环境学院建设,相对独立运行,聘任童金南为实验室主任。

11日　湖北省科学技术厅、湖北省教育厅公布2005年度高校湖北省重点实验室验收评估结果,学校地球表层系统实验室获评"优秀"、废物地质处置与环境保护实验室获评"合格"。

14日　湖北省委高校工委、湖北省教育厅授予学校"湖北大学生思想政治教育工作先进高校"称号,授予党委宣传部、党委学工部、马列课部、团委、资源学院党委、环境学院党总支、江城学院党委学工部"湖北高校大学生思想政治教育工作先进基层单位"称号,授予杨从印"湖北高校优秀辅导员标兵"称号,授予王海花、吴东华、李杰、李晖、郭秀蓉、曹南燕、黄菊、喻芒清、瞿祥华、曾艺等10人"全省高校思想政治教育先进工作者"称号。

15日　《中国地质大学学报(社科版)》被评为"中国人文社会科学学报核心期刊""中国百强社科学报","资源环境研究"栏目被评为"全国社科学报优秀栏目",李正元主编被评为"全国社科学报优秀主编"。

26日　工程学院050031本硕连培班获"湖北省先进班集体标兵"称号;陈军、余喜军、杨蕊、戴俊骋、王国昌、文艺、毛靖芳获"湖北省三好学生"称号;施琼、王学刚、李美玲(江城学院)获"湖北省优秀学生干部"称号;020021班、034031班、043031班、071034班、114043班、192022班获"湖北省先进班集体"称号。

28日　湖北省人民政府授予金振民"湖北省劳动模范"称号。

30日　李念获"全省优秀共青团员"称号,校团委获"2005年度全省五四红旗团委标兵"称号。

30日　何卫红、夏庆霖、王红梅、晏鄂川、马保松、张红燕、吴巧生、蒋良孝、邬海峰、黄黎明等10名教职工,获评学校第七届"十大杰出青年"。

5月

9日　资源学院学生肖力等5人作为学校首次派出的科研团体,与全国数十名科学家一同远航太平洋,展开为期3个月的科学考察,航程近2万海里。

12日　环境与工程地球物理研究所成立,挂靠地球物理与空间信息学院,夏江海任所长。

15日—16日　学校举行十五"211工程"项目建设验收汇报会。以原中南大学校长、中国科学院院士何继善为组长的教育部专家组成员,国务院学位办副主任王亚杰,中国科学院院士赵鹏大、殷鸿福、金振民,校领导及各学科带头人、项目负责人、相关职能部门负责人及教授代表参加会议。

19日　学校与贵阳市科技局联合建设"贵阳·中国地质大学(武汉)循环经济研究院"。

24日　学校印发《中国地质大学(武汉)突发公共事件应急预案》。

29日　"国土资源部武汉资源环境监督检测中心"在学校挂牌。该中心是国土资源部在全国高校设立的唯一一所监督检测中心。

6月

5日　"华煤杯"第七届全国机器人足球锦标赛暨2006年FIRA世界杯机器人足球大赛中国队选拔赛闭幕。学校CUG代表队获得SimuroSot(仿真组)5VS5和SimuroSot(仿真组)llvsll亚军,还首次参与了HuroSot(类人组)lvsl项目的角逐。

12日　冯焱、朱荆萨获"湖北省高校'五四'文艺汇演优秀指导奖",学校报送的小品《梧桐树下的秋天》获二等奖,舞蹈《雨竹林》《奔腾》获三等奖。

13日　在湖北省第四届"挑战杯"大学创业计划竞赛上,学校代表队获特等奖2项、一等奖1项、二等奖2项、三等奖1项,学校获"挑战杯"和"优秀组织奖"。

25日　中共中央政治局委员、湖北省委书记俞正声一行来校,慰问有73年党龄的离休老党员田苏。

27日　环境学院党总支获"全省先进基层党组织"称号,地球科学学院党委获"全省高校先进基层党组织"称号,金振民、祁士华、诸克军、吴东华获"全省高校优秀共产党员"称号,曾鹤陵、孙治定获"全省高校优秀党务工作者"称号。

30日　学校印发《关于建立学务指导制度的意见(试行)》《中国地质大学(武汉)学务指导制度实施细则(试行)》。

7月

1日　学校召开首次高等教育学学科建设研讨会。

11日　湖北省教育厅公布2006年湖北省高校大学生机械创新设计大赛获奖作品及优秀组织单位名单,赵统一等完成的作品《一种下拉托式颈椎牵引器》获一等奖,顾泉等完成的作品《下肢辅助椅》获二等奖,何逢春等完成的作品《家用娱乐健身器》获三等奖。

13日　刘庆生被批准为2005年度享受湖北省政府专项津贴人员。

16日　谢树成、陈红汉、蒋国盛被批准为"2005年度湖北省有突出贡献中青年专家"。

8月

3日　校长张锦高与国家海洋局第三海洋研究所所长郑连福在厦门签署科技合作与联合培养研究生协议,并为"中国地质大学(武汉)国家海洋局第三海洋研究所合作教学实验基地"揭牌。

4日　教育部发布通知,学校为教育部含油气盆地构造研究中心建设单位。

15日　湖北省教育厅公布2006年度高等学校省级精品课程名单。学校矿床学、周口店野外地质实践教学、管理学、结晶学及矿物学、岩石学、矿产勘查理论与方法、资源信息系统、分析化学、大学物理、机械设计基础、C语言程序设计等11门课程入选。

23日　教育部思政司公布全国高校校园文化建设优秀成果评选结果,学校报送的《构筑地学特色校园文化 弘扬艰苦奋斗大学精神》获三等奖。

9月

8日　教育部、国土资源部共建中国地质大学协议签订仪式在中国地质大学(北京)举行。教育部部长周济和国土资源部部长孙文盛分别代表两部在协议上签字并作重要讲话。

9日　学校秭归教学实习基地授牌仪式在泗溪举行。学校与秭归泗溪、九畹溪、链子崖等风景区签订关于教学、科研及旅游开发的合作协议。

20日　湖北省教育厅公布2006年湖北省高等学校实验教学示范中心名单,学校化学实验教学示范中心、计算机实验教学示范中心入选。

22日　学校举行地质过程与矿产资源(GPMR)国家重点实验室主任聘任合同签订仪式,聘任成秋明为实验室主任。

24日　第十二届湖北省运动会暨高校杯羽毛球比赛落幕,学校获3金2银2铜,所获奖项位于参赛高校之首。

10月

8日　学校与西藏中凯矿业有限公司联合成立"西藏矿产资源研究中心",副校长王焰新兼任主任。

8日　武汉市科学技术局同意学校成立"武汉市地大珠宝生产力促进中心"。

10日—15日　第九届世界大学生羽毛球锦标赛在学校举行,来自加拿大、英国、日本、法国等16个国家和地区的113名大学生运动员参加此次比赛。这是中国首次承办的大学生羽毛球国际赛事。以学校大学生运动员为主组成的中国代表队,在本届锦标赛上获得6个比赛项目中的5枚金牌。

12日　赵鹏大、王焰新任国土资源部科学技术委员会委员。

19日　湖北省教育厅公布2006年湖北省高校本科品牌专业立项建设项目名单,学校地质学、资源勘查工程、地球物理学、地理信息系统、勘查技术与工程等5个专业获批。

20日　学校被水利部认定为水文、水资源调查评价甲级资质单位。

23日　学校印发《中国地质大学(武汉)"十一五"事业发展总体规划》。

25日　学校被湖北省依法治省工作领导小组评为"湖北省2001—2005年普法依法治理先进单位"。

27日　湖北省教育厅、湖北省教育基金会授予龚一鸣"2006年度湖北名师(高等学校教学名师)"称号。

30日　第二届全国大学生毽球锦标赛落幕,学校毽球队获2金2铜。

11月

4日　东苑师生服务中心开始营业,这是后勤集团自主经营的首家综合型超市。

9日　材料科学与化学工程学院等13个学院设立党委。

16日　学校获评"2006年湖北省'三下乡'社会实践活动优秀组织单位",研究生院赴宁夏彭阳县"调研社会主义新农村"博士服务团等11支团队获评"优秀团队",许德华等8人获评"优秀工作者",邓昌州等15人获评"先进个人"。

20日　张瑜、袁复栋、丁晨、梁奕世被抽调参与"2008奥运火炬传递跨越珠峰"活动。

24日　学校成立"111计划"领导小组,校长张锦高任组长。

28日　学校举行"校领导接待日"100期座谈会。

29日　教育部公布2006年度国家精品课程名单,学校"周口店野外地质实践教学"课程入选。

29日　学校举行研究生院成立20周年庆典大会。

12月

1日　全国大学生优秀事迹报告团全国巡讲首站演讲在学校举行。

4日　学校被教育部国际合作与交流司评为"'十五'期间引智工作先进单位",孙来麟被评为"'十五'期间引智工作先进个人"。

4日　学校与澳大利亚伊迪斯·科文大学、莫斯科大学联合办学开班仪式举行。这是学校开展与国外高校联合办学以来,首次从新生中招生并单独开班管理的留学生班。

8日　留俄音乐教师余磊参加莫斯科格涅辛音乐学院意大利歌剧《茶花女》演出,成为第一个登上俄罗斯歌剧舞台并担任主角的中国男高音。

11日　"永松实业奖学金"在学校设立。该奖学金由香港永松实业有限公司董事长、总经理蔡茂松出资,主要用于奖励家庭贫困、品学兼优的在校大学生。

12日　学校入选"湖北省依法治校示范校"创建工作第一批试点学校。

20日　2006年湖北省大学生优秀科研成果奖获奖名单公布。学校2004级学生刘琦等完成的科研论文《昆明地区早寒武世三叶形虫新属》获一等奖,《武汉地区高校大学生网络依赖行为及其原因探析》等7项研究成果获二等奖,《基于投资环境对招商引资工作的几点建议》等7项研究成果获三等奖。

29日　湖北省人民政府授予金振民"湖北省杰出专业技术人才"称号。

29日　湖北省劳动和社会保障厅同意"中国地质大学武汉珠宝培训中心"更名为"湖北省学苑珠宝职业培训学校",办学层次变更为初、中、高级。

29日　后勤集团通过ISO9001质量管理体系认证。

本月　童金南"重大地质突变期生物与环境协同演化"团队入选国家自然科学基金委创新研究群体。

本年

高山负责的"壳幔交换动力学创新引智基地"入选2007年度"高等学校学科创新引智计划"(简称"111计划")。

2007 年

1 月

5 日　中国教科文卫体工会全国委员会授予学校工会"全国教科文卫体系统模范职工之家"称号。

5 日　陆愈实、梁杏当选第十一届武汉市政协委员。

6 日—7 日　中国共产党中国地质大学（武汉）第十次代表大会召开。党委书记郝翔代表第九届党委向大会作题为《坚持科学发展 建设和谐地大 努力开创学校各项事业的新局面》的工作报告。党委副书记、纪委书记丁振国代表上届纪委作工作报告。大会选举了丁振国、万清祥、马昌前、王华、王典洪、王焰新、邢相勤、成金华、朱勤文、向东、刘杰、刘亚东、孙治定、杨力行、余瑞祥、张锦高、郝芳、郝翔、查道林、姚书振、殷坤龙、高山、唐辉明、陶继东、傅安洲等 25 人为党委委员，选举丁振国、牛雅莉、严铁彪、余敬、张骥、张吉军、张聪辰、陈文武、陶力士、龚育、蓝翔等 11 人为纪委委员。

14 日　李长安当选武汉市第十二届人大常委会委员。

15 日　中共湖北省委同意学校第十届委员会和纪律检查委员会第一次全体会议选举结果。学校第十届委员会常务委员会由丁振国、王焰新、邢相勤、成金华、朱勤文、张锦高、郝翔、唐辉明、傅安洲组成；郝翔任党委书记，丁振国、朱勤文、傅安洲任党委副书记；丁振国兼任纪委书记，张骥任纪委副书记。

2 月

3 日　中国地质大学海南校友会成立。

5 日　学校获评"2006 年度向教育部办公厅报送日常信息先进单位"和"报送互联网信息先进单位"，刘国华获评"报送日常信息先进个人"，蔡继彪获评"报送互联网信息先进个人"。

7 日　成建梅、吴元保、成金华入选教育部 2006 年度"新世纪优秀人才支持计划"名单。

7日　湖北省人民政府授予吴巧生完成的《中国可持续发展油气资源安全系统研究》、杨树旺完成的《中国经济转轨中的金融发展特征研究》、查道林等完成的《独立审计声誉机制研究》、才惠莲完成的《中国水权制度的历史特点及其启示》和黄德林等完成的《对公务员实施"负激励"中存在的问题及其对策》湖北省第五届社会科学优秀成果奖三等奖。

8日　湖北省人民政府办公厅发布通知，鲍建国任湖北省应急管理专家咨询委员会事故灾难组成员，姚运生任湖北省应急管理专家库自然灾害组成员。

9日　学校"五四"红旗分团委、团支部创优答辩获"2006年度湖北省高校共青团工作创新奖"，学校获"2006年度全省高校共青团工作优胜单位"称号。

15日　教育部公布2006年度高等学校专业设置备案或审批结果，学校地下水科学与工程专业获批。

3月

1日　煤层瓦斯与煤层气开发研究所成立，挂靠资源学院。

2日　湖北省总工会授予赵珊茸"2006年度湖北省女职工建功立业标兵"称号。

5日　武汉市妇女联合会授予资源学院石油系油气资源勘探开发教研室"武汉市三八红旗集体"称号。武汉妇女"巾帼建功"活动领导小组授予资源学院石油系油气资源勘探开发教研室"武汉市第二届十佳巾帼文明岗"称号。

5日　学校被授予"湖北省教育系统工会先进女职工委员会"称号，郭琬云、何甲英被授予"湖北省教育系统先进女职工工作者"称号，蔡建平、胡志红被授予"湖北省教育系统先进女教职工"称号。

5日　成金华被聘为湖北省政府第四届咨询委员会委员。

7日　湖北省人民政府发布2006年度科学技术奖励决定。高山等完成的《华北克拉通及其邻区壳幔交换动力学研究》获湖北省自然科学奖一等奖，解习农等完成的《盆地流体动力学及其与油气聚集关系》获湖北省自然科学奖二等奖；范力仁等完成的《非金属矿物—高分子吸水保水复合材料及其制备方法》获湖北省技术发明二等奖；李思田等完成的《中国近海富生烃凹陷形成机制、充填和发育特征》获湖北省科学技术进步一等奖，李长安等完成的《长江中游主要水患区第四纪地质及新构造运动对水患形成的影响》、李江风等完成的《湖北省清江流域旅游发展总体规划及优先投资开发项目规划》获湖北省科学技术进步二等奖，陈开远等完成的《层间速度差分析在油气检测中的应用》、蒋国盛等完成的《天然气水合物地层钻井理论与关键技术》、汤尚颖等完成的《武汉市农业组织结构创新研究》、成金华等完成的《塔北碳酸盐岩大型油田油藏工程和采油工程设计的经济评价研究》获湖北省科学技术进步三等奖。

21日　刘庆生被评为"湖北省政府先进参事"并获参政建议二等奖。

本月　经国务院批准，谢树成、谢忠、王典洪享受2006年政府特殊津贴。

4月

3日 著名矿床学与区域成矿学家、中国科学院院士翟裕生来校,为师生作题为《地球系统、成矿系统和勘查系统》的学术报告。

3日 学校成立"湖北省高校辅导员岗前培训基地"工作委员会,党委副书记傅安洲任主任。

10日 "中国地质大学(武汉)空气自动监测站"在校内揭牌。该站由学校与武汉市环境监测中心站、武汉市天虹有限责任公司联合建成。

11日 教育部发布通知,欧阳建平担任全国工程教育专业认证专家委员会委员,任期自2007年至2011年。

12日 湖北省科学技术厅、湖北省教育厅公布2006年度高校湖北省重点实验室验收评估结果,学校油气勘探开发理论与技术实验室获评"合格"。

14日 湖北省人民政府授予徐世球、李长安"湖北省科普先进工作者"称号。

23日 教育部同意依托学校成立"教育部长江三峡库区地质灾害研究中心"。

30日 学校成立国防科技研究院,副校长王焰新兼任院长。

5月

4日 倪晓阳当选民革湖北省第十届委员会委员。

7日—10日 教育部英语专业本科教学评估专家组来校,对学校英语专业本科教学进行评估。

8日 谢树成获2007年度"湖北省青年五四奖章"金奖。

9日 李宏伟、鄢泰宁、叶敦范、赵珊茸、诸克军等5人获评学校第三届"教学名师"。

9日 谢忠当选民盟湖北省第十一届委员会委员,吴信才当选民盟中央委员。

14日 学校印发《关于李四光本科创新人才培养计划的实施意见》。

15日 材化学院033051班团支部获"全省五四红旗团支部(总支)"称号。

17日 学校印发《中国地质大学(武汉)"金石奖教金"实施办法》。

18日 学校被评为"湖北省文明创建先进单位"。

18日 学校印发《关于池际尚优秀教师培养计划的实施意见》。

19日 吴北平当选致公党湖北省第二届委员会委员。

25日 万军伟、李长安当选中国民主促进会湖北省第五届委员会委员。

29日 学校组建武汉中地大资产经营有限公司,成立中国地质大学(武汉)经营资产管理委员会、武汉中地大资产经营有限公司董事会、武汉中地大资产经营有限公司监事会等机构。

30日　欧阳建平当选九三学社湖北省第五届委员会委员、常委和九三学社中央"九大"代表。

6月

7日　经研究并与湖北省委商得一致,教育部党组决定:成金华、唐辉明任中国地质大学(武汉)副校长;因年龄原因,免去姚书振的中国地质大学(武汉)副校长职务。

7日　在湖北省第六届"挑战杯"大学生课外学术科技作品竞赛上,学校荣获"挑战杯";孙劲松获"组织工作先进个人"称号;卢春华等人的作品《节水型钻探新技术及钻具的研制》、胡楠楠等人的作品《片上自适应演化滤波器研究》、宋琨等人的作品《三峡工程库水降与红层岸坡稳定性动态响应模型研究》、创新者团队的作品《中国光谷企业自主创新能力调查与评价框架结构——基于全面创新过程的分析》获特等奖;徐寅等人的作品《人形机器人足球比赛系统》、宋海军等人的作品《古、中生代之交中大地之转折期有孔虫的灭绝过程》、刘娟等人的作品《高纯度纳米金刚石抛光液研究》获一等奖;杨波等人的作品《地磁场中运动目标(潜艇)定位的高精度磁力探测技术》、陈蕾的作品《华南次生氧化锰矿年代学研究与东南亚季风的起源和演变》、金道团队的作品《微孔薄膜悬浮物采样仪》获二等奖。

9日　湖北省首届来华留学生普通话大赛决赛在学校举行。

10日　首届"地大逸夫博物馆杯"文化旅游产品设计大赛开赛。

15日　学校印发《关于加强高层次人才引进工作的若干意见》。

17日　FIRA国际机器人足球比赛在美国旧金山落幕。学校派出的由吕维先、罗忠文、杨林权3名教师和蔡永顺、刘贺明2名学生组成的CUG代表队获得人形机器人七项全能季军、仿真5VS5季军、仿真11VS11季军,以及人形机器人单项比赛中举重和行走的季军,是国内参赛各高校中获奖最多的代表队。

24日—25日　"艾迪宝杯"2007年湖北省大学生羽毛球锦标赛在学校举行,17所高校的19支代表队参加比赛。

29日　党委书记郝翔、校长张锦高联名向国务院总理温家宝致信,信件被国家信访局《来信摘要》第300期刊登。温家宝批示:结合三峡地区地质灾害防治工作,学校建设教学科研基地,实行教学、科研与实际工作相结合。这种方式好。要注重效果,随时总结经验。

30日　教育部"中国大陆构造环境监测网络联合研究中心"在学校举行揭牌仪式。

7月

2日　在第十五届全国攀岩锦标赛上,研究生院学生黄丽萍独揽女子攀石赛、女子难度赛两枚金牌,计算机学院学生蔡陆远获男子攀石赛亚军,政法学院学生张丹获女子难度赛季军,学校代表队获团体第二名及"道德风尚奖"。

3日　学校举行会议,庆祝《地球科学》(英文版)进入国际著名检索系统 SCIE,并授予《地球科学》编辑部"特殊贡献奖"。

5日　武汉市人民政府授予谢忠首届"武汉市优秀科技工作者"称号,并给予其市劳动模范待遇。

17日　中国地质大学(武汉)MBA 教育指导委员会、MBA 教学指导委员会、MBA 教育中心、研究生院 MBA 招生办公室成立。

18日　湖北省教育厅公布 2007 年度湖北省高等学校省级精品课程名单(有效期 4 年),学校户外运动、石油及天然气地质学、构造地质学、水文地质学基础、大学化学、地球物理勘探概论、VISUALC＋＋程序设计、地下水动力学等 8 门课程入选。

19日　学校组建远程与继续教育学院;将原后勤(基建)管理处的后勤管理职能与后勤集团服务保障职能合并,成立后勤保障处,设立基建处。

21日　湖北省人民政府咨询委员会聘请王焰新、杨力行、鄢志武为特邀专家。

26日　第八届全国大学生运动会在广州举行,学校代表队获 12 金 8 铜,学校获"校长杯"。

本月　广州军区选培办在广西某基地举行依托地方高校培养国防生集中培训。学校国防生在各项比武中取得优异成绩,位列参训高校第一名。

8月

20日　教育部公布一级学科国家重点学科名单,学校地质学、地质资源与地质工程入选。

21日　湖北省教育厅公布 2007 年湖北省高校本科品牌专业立项建设项目名单,学校地球化学、宝石及材料工艺学、工商管理、材料科学与工程入选。

31日　湖北省档案局授予学校"'五五'普法读书活动优秀组织奖"。

本月　地质学理科基地班 010031 班荣获"全国先进班集体标兵"称号。

9月

4日　吴东华荣获"全国模范教师""全国高校优秀思想政治理论课教师""全国教育系统巾帼建功标兵"称号。

7日　湖北省教育厅、湖北省教育基金会授予鄢泰宁 2007 年度"湖北名师(高等学校教学名师)"称号。

7日　湖北省教育工会委员会授予资源学院、地球科学学院地球化学系"湖北省教育系统'树、创、献'活动先进集体"称号,授予鄢泰宁、谢树成、张来运"湖北省教育系统'三育人'先进个人"称号。

14日　学校和美国布莱恩特大学合作创办的布莱恩特大学孔子学院揭牌。

21日　金振民担任2007年度武汉市科学技术奖励委员会委员。

21日—23日　ICES2007可演化系统国际会议在学校召开。该会议从1996年到现在已举行6届,本年首次在中国举行。

25日　教育部、财政部公布第一批大学生创新性实验计划项目学校名单,学校名列其中。

27日　学校舞龙队参加第十二届世界夏季特殊奥林匹克运动会出发仪式在体育馆举行。

30日　学校成立"中美联合非开挖工程研究中心",挂靠工程学院,副校长唐辉明兼任主任。

10月

10日　学校成立外国语言文化研究所,挂靠外国语学院。

11日　学校印发《大学生创新性实验计划实施办法》。

11日　晏鄂川、王中柯、马腾、刘修国入选教育部2007年度"新世纪优秀人才支持计划"名单。

12日　教育部下达2007年度教育部工程研究中心建设项目立项计划,王焰新负责的"纳米矿物材料及其应用"项目入选。

12日　在湖北省高校第二届"教工杯"文艺汇演比赛上,学校选送的歌伴舞《山里的女人喊太阳》获一等奖、舞蹈《天路》获二等奖。

14日　世界自然基金会(WWF)联合学校启动"畜禽清洁生产与清洁发展机制示范项目"。王焰新分别与WWF代表雷刚和示范点企业代表潘晚平、雷贤忠签署合作协议。

16日　"湖北晋商奖(助)学金"在学校设立。

19日　学校获评"2007年湖北省'三下乡'社会实践活动优秀组织单位",资源学院赴河南南阳社会主义新农村建设调研团等11支团队被评为"优秀团队",蒋怀柳等7人被评为"优秀工作者",王新松等16人被评为"先进个人"。

27日　第十一届全国大学生羽毛球锦标赛举行,学校代表队获1银1铜。

30日　湖北省教育考试院授予学校"2005—2006年度湖北省教育考试先进考点"称号,授予田琦"优秀考务工作者"称号,授予田琦、陈飞、杨伦"荣誉工作者"称号。

11月

5日　1986届校友、中国石油冀东油田总经理周海民回校作学术报告,并代表中国石油冀东油田公司向学校捐赠55万元。

7日　坐落在逸夫博物馆五楼的校史馆开馆。

8日　以温家宝总理讲话和池际尚院士的先进事迹为内容创作的交响情景声乐套曲《我常怀念她》在弘毅堂首演。由学校自创的参演节目《我常怀念她》是唯一一个进入"第八届中国艺术节"的高校节目。

8日　越南河内矿业地质大学校长陈庭坚一行来校访问,并与学校签署两校合作谅解备忘录。

15日　学校对出版社、获奖图书作者及出版工作者进行表彰。2007年,学校出版社有2种图书入选国家"三个一百"原创图书、10种图书入选"湖北省100种好书"。

17日　湖北省大学生艺术体操健美操比赛举行,学校代表队获得业余组冠军。

21日　武汉市人民政府通知,成金华被聘为武汉市人民政府第六届决策咨询委员会委员。

27日　教育部、财政部公布2007年度国家精品课程名单(有效期5年),学校工程地质学基础、矿产勘查理论与方法、管理学、岩石学、地史学等5门课程入选。

27日　教育部、财政部批准周口店野外地质实践教学中心为"2007年度国家级实验教学示范中心建设单位"。

12月

1日　中国地质大学广西校友会成立。

7日　湖北省教育厅公布第五届湖北省普通高校大学生英语演讲比赛获奖选手和优秀组织学校名单。郭林获二等奖,王相力和李文雍获三等奖,学校入选第五届湖北省普通高校大学生英语演讲比赛"优秀组织学校"名单。

11日　高山主持的"华北及其林区大陆地壳组成与壳幔交换动力学研究"获国家自然科学奖二等奖。

17日　教育部、财政部公布2007年度第一批高等学校特色专业建设点,学校地质学、煤及煤层气工程、安全工程获批。

17日　严良负责的"工商管理国际型人才培养创新实验区"入选教育部、财政部公布的2007年度人才培养模式创新实验区名单。

17日　湖北省教育厅公布2007年湖北省大学生优秀科研成果获奖名单,学校获一等奖2项、二等奖5项、三等奖10项。

19日　湖北省教育厅授予物理实验教学示范中心、地质工程实验教学示范中心、周口店野外地质实践教学中心"湖北省高等学校实验教学示范中心"称号。

20日　学校关心下一代工作委员会获"全国教育系统关心下一代工作先进集体"称号。

25日　欧阳建平当选九三学社第十二届中央委员会委员。

28日　吴信才当选中国民主同盟第十届中央委员会委员。

28日　校长张锦高等7所在汉部属高校校长们签署联合办学协议,标志着7所部属高校第二轮联合办学启动。

29日　教育部、财政部公布第二批高等学校特色专业建设点,学校资源勘查工程专业获批。

本年

经中共湖北省委高校工委批准,学校成为湖北省高等学校辅导员培训基地,负责全省高校新入职辅导员岗前培训。

2008年

1月

4日　学校印发《国防生管理规定(试行)》。

7日　学校决定:将经济学院与管理学院合并,组建经济管理学院;将地球物理与空间信息学院测控技术与仪器系、信息工程学院通信工程系调整到机械与电子工程学院;机械与电子工程学院更名为"机械与电子信息学院";将工程学院测绘工程系调整到信息工程学院。

11日　"地学类研究生创新中心"揭牌仪式在学校举行。新成立的地学类研究生创新中心将依托国家重点实验室、教育部重点实验室以及一批校外实践平台,利用学校地球科学学科优质资源,培养高水平地学类创新人才。

11日　学校成立中共中国地质大学(武汉)经济管理学院委员会,将中共中国地质大学(武汉)机械与电子工程学院委员会更名为"中共中国地质大学(武汉)机械与电子信息学院委员会";撤销中共中国地质大学(武汉)经济学院委员会和中共中国地质大学(武汉)管理学院委员会。

14日　离休干部党支部被授予"全省先进离退休干部党支部"称号。

15日　湖北省教育厅、共青团湖北省委授予宗克清"湖北省三好学生标兵"称号,授予071054班"湖北省先进班集体标兵"称号,授予吴张中等8人"湖北省三好学生"称号,授予张传波等5人"湖北省优秀学生干部"称号,授予021045班、033052班"湖北省先进班集体"称号。

15日　地质过程与矿产资源(GPMR)国家重点实验室建设通过验收。

16日　郝翔、欧阳建平、李长安、吴北平、谢忠当选政协湖北省十届委员会委员。

21日　刘庆生获湖北省人民政府参政咨询三等奖。

25日　由校长张锦高担任编制领导小组副组长,王焰新、成金华、陈文武和邓宏兵担任编制领导小组成员,邓宏兵担任主编的《湖北省投资环境蓝皮书(2008)》被湖北省人大十一届一次会议和湖北省政协十届一次会议采用。

2月

1日　学校入选"2007年度向教育部办公厅报送日常信息先进单位"和"报送互联网信息先进单位",刘国华获评"报送日常信息先进个人",黄少成获评"报送互联网信息先进个人"。

1日　学校教育部含油气盆地构造研究中心通过教育部验收,正式以教育部重点实验室名义开放。

4日　湖北省人事厅、湖北省国家保密局授予葛建年"全省保密工作先进工作者"称号。

3月

7日　学校成立实践教育基地管理办公室,挂靠后勤保障处。

17日　胡圣虹负责的"基于生物增生微结构化学组成的湿地环境标记物研究"、吴立负责的"高地应力条件下深埋软岩隧道围岩大变形机理及支护措施研究"获准2008年度教育部科学技术研究重点项目(直属高校)立项。

18日　地质学、勘查技术与工程、资源勘查工程、地球物理学、地理信息系统等5个专业获批湖北省高等学校第一批本科品牌专业。

22日　首届工商管理硕士(MBA)春季班开学典礼举行。

26日　中共湖北省委办公厅授予方觉慧"全省抗雪救灾先进个人"称号。

本月　大型标本园在学校落成,园中的标本大部分由校友捐赠。

本月　致公党中国地质大学(武汉)支部被致公党湖北省委员会评为2007年度"先进集体",齐甦被评为"先进个人"。

4月

1日　武汉市旅游局授予逸夫博物馆"2007年度全市旅游景区优质服务先进单位"称号。

2日　湖北省委常委、省委宣传部部长张昌尔,湖北省委高校工委书记、湖北省教育厅厅长路钢等一行来校考察调研。

11日　学校成立大学生创业指导中心指导委员会,党委副书记傅安洲任主任委员。

21日　赵云胜当选2008—2010年教育部高等学校安全工程教学指导委员会委员。

23日　教育部批准依托学校成立教育部长江三峡库区地质灾害研究中心。

24日　中华全国总工会授予学校工会委员会"全国模范职工之家"称号。

30日　共青团湖北省委授予054061班团支部"全省五四红旗团支部（总支）"称号。

本月　中华全国总工会授予金振民"全国五一劳动奖章"。

5月

5日　学校第一个地学类（油气资源勘查）研究生创新实践基地在河南油田油气勘探开发研究院挂牌。

8日　入选2008北京奥运火炬珠峰传递中国登山集训队的机械与电子信息学院072053班学生袁复栋于9时17分，带着祥云火炬成功登上珠峰。资源学院025061班学生丁晨，作为年龄最小的奥运珠峰火炬传递手，参加了2008北京奥运火炬珠峰传递活动。

9日　刘勇胜、肖军、梁玉军、牛瑞卿、胡怀敏、周莉、郭关玉、曾文、黄静、李红丽等10人，获评学校第八届"十大杰出青年"。

27日　学校成立以副校长唐辉明为组长的科技赈灾专家组，奔赴四川地震灾区展开相关工作，为灾区过渡安置房选址、重建规划等提供科学服务。

29日　首届公共管理硕士（MPA）研究生开学典礼举行。

30日　郑建平等完成的《地球内在系统中的中国东部大陆岩石圈演化：深部过程与浅部响应》获湖北省自然科学奖一等奖，洪汉烈等完成的《矿物表面化学及其在环境矿物材料研究和矿物分离中的应用》、蔡之华等完成的《演化数据挖掘及其应用》获湖北省自然科学奖三等奖；侯书恩等完成的《纳米氧化锆材料的制备技术》成果获湖北省技术发明奖二等奖；吴信才等完成的《分布式大型GIS平台软件》、焦养泉等完成的《铀储层定位预测——砂岩型铀矿勘查与开发的关键技术》获湖北省科学技术进步奖一等奖，陈红汉等完成的《南海深水扇系统的成藏动力学及油气资源潜力研究》获湖北省科学技术进步奖二等奖，诸克军等完成的《教育经济贡献率软计算的理论与方法研究》、吕军等完成的《民营企业科技竞争力理论与方法研究》、徐光黎等参与完成的《三峡库区回水条件下的斜坡变形调查研究》获湖北省科学技术进步奖三等奖。

31日　2008年北京奥运会火炬在江城传递。青年教师姜睿、研究生曹荣武作为火炬手，分别传递第69、121棒。

6月

1日　首届研究生运动会举行。

3日　中国地质调查局向学校发来感谢信，对张志、杨军杰、郝利娜、黄庭加入中国地质调查局抗震救灾应急指挥部卫星遥感数据解译组作出的突出贡献给予表扬。

3日　周爱国等7人应邀到国土资源部汶川地震灾后重建规划地质安全保障与资源环境承载力评估组,参加国土资源部汶川地震灾后重建地质安全保障论证工作。

10日　湖北省教育厅公布2008年度湖北省高等学校教学团队名单。龚一鸣负责的地史古生物教学团队、王华负责的矿产(能源)资源勘查工程教学团队、张宏飞负责的地球化学教学团队入选。

16日—20日　"第三届环境与工程地球物理国际会议"在学校召开,来自美国、加拿大、瑞士、澳大利亚、德国以及香港等13个国家和地区的130余名专家和学者参加会议。

17日　湖北省教育厅公布2008年湖北省大学生机械创新设计大赛获奖作品及优秀组织单位名单。刘一等完成的《脉冲喷助吸式吸尘器》获一等奖,周敏等完成的《小型手推式扫地拖地车》等5件作品获二等奖,张凯等完成的《剪草机》等3件作品获优秀奖,学校获"优秀组织奖"。

25日　党委副书记傅安洲当选湖北省高等学校招生委员会委员。

26日　国家新闻出版总署批准《中国地质大学学报》(英文版)更名为《地球科学学刊》(Journal of Earth Science)。

26日　湖北省教育厅公布湖北省高校优势学科、特色学科和在鄂中央部委院校(含军事院校)省级重点学科名单。学校地质学、地质资源与地质工程、固体地球物理学入选"优势学科",水文学及水资源、地图制图学与地理信息工程入选"特色学科",思想政治教育、海洋地质、地球物理学、岩土工程、水文学及水资源、安全技术及工程、油气田开发工程、环境科学与工程、管理科学与工程、土地资源管理等10个学科入选"重点学科"。

7月

1日　"中共中国地质大学(武汉)高科技产业集团总支部委员会"更名为"中共武汉中地大资产经营有限公司总支部委员会"。

8日　湖北省教育厅公布2008年湖北省高等学校省级精品课程名单。李长安负责的"地貌学及第四纪地质学"、刘佑荣负责的"岩体力学"、鲍征宇负责的"勘查地球化学"、叶敦范负责的"电路与电子技术(非电类)"、乌效鸣负责的"钻井液与岩土工程浆液"、饶建华负责的"金属材料及热处理"、彭放负责的"数学建模"等7门课程入选。

9日　学校印发《研究生培养机制改革方案》,改革研究生招生机制,实施新的研究生奖助体系。

13日　教育部授予袁复栋、丁晨"全国奥运火炬传递勇攀珠峰优秀大学生"称号。

15日　国土资源部地质环境司发来感谢信,对周爱国等11人参加汶川地震灾后重建地质安全性论证工作作出的突出贡献给予赞扬,对学校的无私支持和通力协作表示感谢。

25日　湖北省教育厅公布2008年湖北省普通高校大学生化学实验技能大赛获奖选手名

单。高勇获专业组一等奖,李迁获专业组二等奖,董炳阳获专业组三等奖;丁凌花获非专业组二等奖,陈建平、徐合获非专业组三等奖。

8月

8日　成秋明在第三十三届国际地质大会上荣获 IAMG 协会最高成就奖——克伦宾奖,并担任国际数学地球科学协会执行主席。

11日　湖北省教育厅公布 2008 年"艺苑杯"湖北高校音乐教育专业大学生基本功比赛暨湖北高校音乐专业大学生民族器乐比赛结果。学校获音乐教育专业大学生基本功"优秀组织奖",吴鋆、白茹获基本功全能奖二等奖,赵婷获声乐基本功单项奖,张玥获钢琴基本功单项奖。

11日　湖北省教育厅公布部委属高校 2008 年本科品牌专业建设立项名单,学校石油工程、水文与水资源工程两个项目获准立项。

14日　副校长欧阳建平当选第二届湖北省高等职业院校人才培养工作评估委员会副主任委员。

16日　在北京奥运会羽毛球男子单打三四名决赛中,经济管理学院 2005 级学生陈金以 2∶1 的总比分战胜韩国名将李炫一,夺得铜牌。

17日　在北京奥运会羽毛球混双三四名决赛中,学校 2005 级学生何汉斌和队友于洋以 2∶1 战胜印度尼西亚选手韦塔·马里萨和弗兰迪·利姆佩莱,获得铜牌。

18日　在湖北省第五届"挑战杯"大学生创业计划竞赛上,学校学子提交的作品《稠油开采新技术商业计划书》《喜滋田矿物复合保水剂商业计划书》获特等奖,《节水钻探新技术创业计划书》《矿产资源评价服务商业计划书》获一等奖,《珠宝首饰型壳专用铸粉商业计划书》《绿洲科技服务有限公司商业计划书》获二等奖,学校获"优胜杯"。

26日　"211工程"部际协调小组办公室组织专家对学校"211工程"三期生物地质与环境演变、岩石圈演化、成矿成藏系统及深部资源定量预测、地壳及上地幔多尺度探测技术、地质工程前沿理论与关键技术等 5 个重点学科建设项目进行评审。5 个学科原则上通过专家评审。

9月

1日　湖北省建设厅公布 2007 年度省优秀村镇规划设计获奖项目,学校参与设计的"大冶市灵乡镇总体规划"项目获一等奖。

10日　湖北省教育厅公布湖北省教育科学"十一五"规划 2008 年度立项课题。蒋洪池负

责的"大类招生背景下高校人才培养问题研究"、才惠莲负责的"高校环境素质教育研究"入选重点课题立项,吴丹负责的"高校学术规范内在形成机理及主要途径研究"等7项入选立项课题。

10日 湖北省教育科学规划领导小组办公室公布全省第五届教育科学研究优秀成果评选结果。储祖旺撰写的论文《我国高校筹资多元化的目标及其现状分析》获二等奖,胡凯撰写的论文《在高校开设舞龙课的几点思考》、卢文忠完成的专著《创新教育与创新性人才培养》获三等奖。

19日 学校成立三峡库区地质灾害研究优势学科创新平台项目建设领导小组,校长张锦高任组长。

19日 武汉市委书记杨松一行来学校考察调研。

20日 第四届中国·湖北产学研合作项目洽谈会组委会授予学校代表团参会参展"最佳组织奖"和"最佳设计奖"。

23日 湖北省新闻出版局批准《安全与环境工程》由季刊变更为双月刊。

27日 深圳古生物博物馆馆长张和捐赠化石专题展览开展仪式在逸夫博物馆举行。此次张和捐给学校化石标本260多件,价值300多万元。

28日 中地数码科技有限公司自主研发的MAPGIS地理信息系统再次成功应用于载人航天搜索救援辅助决策系统。

28日 教育部、财政部公布立项建设2008年国家级教学团队名单。龚一鸣负责的地史古生物教学团队、王华负责的矿产(能源)资源勘查工程教学团队入选。

28日 教育部批准桑隆康负责的"变质地质学"为2008年度双语教学示范课程。

28日 地球物理学、勘查技术与工程获批教育部第三批高等学校特色专业建设点。

29日 杨汉负责的"户外运动"、曾佐勋负责的"构造地质学"获批2008年度国家精品课程。

本月 学校"国家基础科学研究与教学人才培养基地"周口店、北戴河地质实习站挂牌,两实习站成为国家地质学理科基地野外实习基地。

本月 2008年国家自然科学基金评审结果揭晓,学校共获资助项目54项,总经费2431万元。

10月

2日 学校登山队董范、德庆欧珠、高琳(女)、张瑜、袁复栋、次仁旦达等6人分两批成功登上卓奥友峰。

9日 杨坤光主持申报的"中国地质大学(武汉)地质学基地"项目获2008年国家自然科学基金委国家基础科学人才培养基金资助,资助金额180万元。

10日 教育部、财政部同意学校"优势学科创新平台"项目建设方案。

20日 章军锋获高等学校全国优秀博士学位论文作者2007年专项资金资助,其研究项目为"大陆下地壳流变性质实验研究",获资助经费70万元。

29日 "中国地质大学(武汉)研究生教育创新计划"启动实施。

11月

3日 《地球科学》《地球科学学刊》获"中国高校精品科技期刊"称号。

8日 教育部思想政治工作司公布2008年高校校园文化建设优秀成果评选结果,学校报送的校园文化建设成果《打造地学特色文化 促进学生全面发展》获二等奖。

14日 地大"登珠峰军团"杰出校友报告会举行。大本营总指挥李致新代表"登珠峰军团"作事迹报告。

18日 在第四届湖北省十大杰出志愿者等先进个人和集体表彰活动上,许应石被授予"湖北省百名优秀志愿者"称号,资源学院青年志愿者协会被授予"湖北省百个优秀志愿服务集体"称号,学校青年志愿者协会获"湖北省志愿者工作组织奖"。

18日 第六届"挑战杯"中国大学生创业计划竞赛落幕,学校代表队获1金1银,学校获"优秀组织奖"。

20日 首届化石及科普活动展在体育馆前举行。

21日 水文与水资源工程专业通过教育部2008年工程教育专业认证。

21日 学校信息技术实验中心和美国ALTERA公司及FPGA/SOPC联合实验室揭牌仪式在信息技术实验中心大楼会议室举行。

25日 机械与电子信息学院2005级学生袁复栋入选中宣部、教育部主办的"励志青春——当代大学生在2008"先进事迹报告团。

26日 地球物质与区域资源和环境重点实验室通过湖北省科技厅、湖北省教育厅专家组的验收评估。

本月 学校新增吉林油田石油奖学金和西部矿业奖学金。

本月 在第六届大学生攀岩锦标赛上,学校大学生攀岩队获4金2银4铜。

12月

3日 学校被教育部、新闻出版总署列入第二批高校出版社体制改革学校。

5日 湖北省教育厅公布湖北省第三届大学生艺术节评选结果。学校作品《龙腾虎跃》获优秀文艺节目器乐类一等奖,《龙舌兰》等3个节目获二等奖;《春到化石林》获舞蹈类一等奖;

《让我们携手同行》获声乐类一等奖;《光棍是怎样炼成的》获戏剧类二等奖;乐类《侗寨斗牛节》、舞蹈类《春到化石林》获文艺节目优秀创作奖;朱荆萨等7人获"优秀指导教师奖";《等待》获优秀美术作品摄影类二等奖,《一镜知夏》获三等奖,《满足》获优秀奖,王焰新、邢相勤获摄影类校领导特等奖;《雅韵》获书法类一等奖,《学海无涯》获优秀奖;张瑾获优秀艺术教育论文音乐类一等奖,朱荆萨等5人获二等奖,冯焱等2人获三等奖;学校获"优秀组织奖"。

5日 学校成立环境影响评价质量监控委员会,祁士华任主任。

8日 学校首届青年教师讲课比赛评审结果公布,欧阳辉等6人获一等奖,盛桂莲等15人获二等奖,裴景成等11人获优秀奖。

16日 李长安荣获"湖北省科技传播十大杰出人物"称号。

18日 教育部公布2008年度高等学校专业设置审批结果,学校信息工程专业获批。

19日 湖北省教育厅公布2008年湖北省大学生优秀科研成果获奖名单。易镇镇撰写的论文《对我国新闻媒体的灾难报道视角的分析与研究》等3项成果获二等奖,郭俊等撰写的论文《基于科学发展观理论下的农村人力资源开发的探析》等9项成果获三等奖。

22日 民盟中国地质大学(武汉)总支委员会获"民盟湖北省委抗震救灾先进集体"称号,吴信才获"先进个人"称号。

23日 湖北省教育厅授予学校固体矿产勘查、地下水与环境两个实验教学中心为2008年度"湖北省高等学校实验教学示范中心"。

25日 学校"长江三峡库区地质灾害研究优势学科创新平台"项目获准立项,中央财政专项资金达1亿元。该项目涵盖地质资源与地质工程等7个一级学科和地质工程等19个二级学科。

29日 学校决定:政法学院思想政治教育系和德育课部合并,组建成立马克思主义学院,成立中共中国地质大学(武汉)马克思主义学院委员会。

30日 广大师生捐助资金200万元,援建四川省雅安市汉源县九襄镇地大希望小学。

本月 湖北省教育工会委员会授予学校工会"先进工会集体"称号。

本月 致公党中国地质大学(武汉)支部被致公党湖北省委评为"先进集体"。

2009 年

1 月

5 日　学校成立生物地质与环境地质教育部重点实验室学术委员会。

13 日　湖北省人民政府聘任金振民为湖北省人民政府参事。

14 日　胡凯等 18 名教师获得学校 2007—2008 年度教师教学优秀奖,余淳梅等 18 名教师获得第五届青年教师优秀教学奖。

22 日　湖北省人民政府公布 2008 年度科学技术奖励决定。皮振邦主持的"电解锰无铬钝化清洁生产技术的研发与应用"成果获科技进步奖一等奖;王占岐主持的"城镇土地定级暨基准地价评估研究——以武汉市东西湖区为例"、万清祥主持的"高校毕业生就业管理评估体系的构建及实施"成果获科技进步奖三等奖。

23 日　吕万军、王红梅、余敬入选教育部 2008 年度"新世纪优秀人才支持计划"名单。

本月　国务院发布 2008 年国家科学技术奖励公报。殷鸿福团队完成的"生命与环境协调演化中的生物地质学研究"项目获国家自然科学奖二等奖;唐辉明等参与完成的"三峡库区重大地质灾害防治与监测关键技术"(第二完成单位)、金振民等参与完成的"中国大陆科学深钻的科技集成与创新"(第四完成单位)科研成果获国家科学技术进步奖二等奖。

2 月

16 日　生物地质与环境地质重点实验室通过教育部组织的专家验收。学校聘任童金南为该实验室主任。

18 日　湖北省人事厅批准焦养泉为 2008 年度享受省政府专项津贴人员,张宏飞为 2008 年度"湖北省有突出贡献中青年专家"。

23 日　中共湖北省人民政府参事室党组授予刘庆生 2008 年度参政建设奖三等奖。

24 日　九三学社湖北省委员会组织部批准学校成立"九三学社中国地质大学(武汉)委员

会"。

27日　国家新闻出版总署同意学校出版社体制改革实施方案。

3月

2日　经国务院批准,杜远生享受2008年政府特殊津贴。

2日　教育部办公厅授予学校"2008年度向教育部报送日常信息先进单位"称号,授予谢晓"2008年度向教育部报送日常信息先进个人"称号。

6日　学校与海南省地质矿产勘查开发局签署战略合作协议。

9日　学校被授予武汉市"2008年度内保系统社会治安综合治理先进单位"称号。

13日　学校印发《中国地质大学(武汉)开展深入学习实践科学发展观活动实施方案》。

17日　湖北省委高校工委、湖北省教育厅、湖北省教育工会委员会授予地球科学学院工会女职工委员会"先进女职工委员会"称号,授予何甲英、张慧"先进女职工工作者"称号,授予李晖、陈文武"先进女职工"称号。

4月

3日　湖北省副省长郭生练在湖北省高校工委副书记尚保健、湖北省科技厅副厅长郑春白等陪同下来学校考察调研。

3日　童金南、余敬、朱莉、靳孟贵、杨汉、王华等6人获评学校第四届"教学名师"。

9日　湖北省委组织部、湖北省委宣传部、共青团湖北省委、湖北省财政厅、湖北省人事厅、湖北省青年联合会授予袁复栋第九届"湖北省十大杰出青年"提名奖。

15日　湖北省第五届"楚风杯"大学生书画大赛暨第二十四届大学生樱花笔会获奖结果公布,周家强获软笔组三等奖、冀帅获软笔组优秀奖,杨娟、卫民获绘画组优秀奖。

21日　教育部国际合作与交流司批准学校获得中国政府奖学金生自主招收资格,并于2009—2010学年度向学校一次性提供5个中国政府全额奖学金名额,用于招收来华攻读地球化学专业、地球生物学专业的全日制硕士研究生或博士研究生。

24日　共青团湖北省委授予学校团委"全省五四红旗团委"称号,授予资源学院020061班"全省五四红旗团支部"称号,授予史洪峰、葛星"全省优秀共青团员"称号,授予孙劲松"全省优秀共青团干部"称号。

29日　袁复栋入选"2008中国大学生年度人物"。

29日　刘修国当选民盟湖北省第十一届委员会委员。

5月

3日　学校与美国阿尔弗莱德大学合作建立的第二所孔子学院挂牌。

5日　湖北省人民政府通报第六届湖北省社会科学优秀成果奖。黄德林完成的《公共关系与和谐社会构建》成果获著作类三等奖;帅传敏完成的《联合国WFP项目管理经验及其与中国的合作战略研究》、张梅珍完成的《我国可持续发展与现代科技伦理构建》、李祖超完成的《城镇化进程中的教育需求预测分析》成果获论文类三等奖。

11日　民盟中央组织部部长陈幼平一行在民盟湖北省委常务副主委王耀辉陪同下,来学校开展民盟基层组织工作调研。

18日　中国地质大学(武汉)滨海研究院在天津市临港工业区成立。

22日　学校与秭归县人民政府签署战略合作协议。双方将就高新技术与资源开发综合利用、高新技术与生态环境建设等方面进行为期5年的合作。

23日　学校决定从2009年到2013年对口帮扶通山县。

26日　教育部、国家外国专家局下达2009年度外国文教专家聘请计划,财政部批准学校聘请外国文教专家总经费423万元(学科创新引智计划180万元、其他243万元)。

6月

3日　党委宣传部被授予"湖北省大学生思想政治教育工作先进基层单位"称号,许德华被授予"湖北省高校优秀辅导员标兵"称号,高翔莲被授予"湖北省高校思想政治教育先进工作者"称号。

5日　科学技术部授予殷鸿福"全国野外科技工作突出贡献者"称号,授予张克信"全国野外科技工作先进个人"称号。

8日　教育部思想政治工作司公布2008全国高校辅导员年度人物评选结果,许德华获提名奖。

8日　湖北省教育厅公布2009年度湖北省高等学校省级精品课程名单,李宏伟负责的"线性代数"、黄定华负责的"普通地质学"、何明中负责的"物理化学"、王焰新负责的"地下水污染与防治"、姚光庆负责的"油气储层地质学"、查道林负责的"账务管理学"6门课程入选。

16日　以"唱响地大 祝福中国"为主题的首届教职工"十佳歌手"大赛举行。

17日　教育部中国大学生在线共建频道征选结果公布,学校《学工之家》入选2009年度精神家园类优秀共建频道。

17日　2009年度湖北省高等学校教学团队名单公布,唐辉明负责的地质工程教学团队入选。

20日　学校与中国海洋石油总公司湛江分公司签署战略合作框架协议。

22日—26日　"月球与火星探测数据处理与科学应用国际会议"在学校召开。

29日　人力资源和社会保障部、全国博士后管委会通知,聘任金振民为全国博士后管委会第七届地学组(含地理学、大气科学、海洋科学、地球物理学、地质学)专家组成员,唐辉明为工学三组(含冶金工程、地质资源与地质工程、矿业工程、石油与天然气工程)专家组成员。

7月

3日　"海峡两岸万名青年大联欢"——湖北荆楚文化行活动在学校举行,来自武汉大学、华中科技大学、中国地质大学(武汉)、武汉理工大学及台湾部分高校的300余名学生参加交流活动。

21日　中国地质大学台湾校友会成立。

31日　学校与中国土地矿产法律事务中心签署合作协议。

本月　学校获评"湖北省2007—2008年度精神文明创建最佳文明单位"。

8月

6日　2009年湖北省高等学校本科品牌专业立项建设项目名单公布,学校土木工程、土地资源管理两个专业入选。同时,学校能源地质与工程实验教学示范中心获评"2009年湖北省高等学校实验教学示范中心"。

18日　1965届毕业生、国务院总理温家宝给李正元回信,祝贺《中国地质大学学报(社科版)》明年创刊十周年,并赠送一篇文章《温家宝总理会见国际地科联执行局成员时的谈话》。

23日　中国地质大学浙江校友会成立。

26日　教育部、国家发展改革委员会、财政部下达学校"211工程"三期建设规划重点学科建设项目,总投资8020万元(学校自筹1520万元);创新人才培养和队伍建设项目,总投资7400万元(学校自筹5100万元)。

8月27日—9月1日　第一届海峡两岸大学生珠宝文化交流活动在学校举行,来自台湾美和技术学院师生团队一行31人和珠宝学院师生参加交流活动。

31日　湖北省教育厅、湖北省教育基金会授予唐辉明"2009年度湖北名师"称号。

9月

4日　教育部、财政部授予唐辉明"第五届高等学校教学名师"称号。

4日　人力资源和社会保障部、教育部授予杨伦"2009年全国教育系统先进工作者"称号。

4日　教育部、财政部批准学校宝石及材料工艺学、水文与水资源工程两个专业点为第四批高等学校特色专业建设点。

4日　学校获批新设土木工程、测绘科学与技术、管理科学与工程3个博士后科研流动站。

7日　陈飞参加申报的"依托区域优势高校联合培养人才模式的研究与实践"成果获第六届高等教育国家级教学成果奖一等奖。

15日　教育部、财政部确定唐辉明带领的工程地质学教学团队、张宏飞带领的地球化学教学团队为2009年国家级教学团队。

15日　教育部、财政部批准曾佐勋负责的"构造地质学"课程为2009年度双语教学示范课程。

17日　中国共产党的优秀党员、九三学社社员、杰出的地质学家、地质教育家、中国科学院资深院士、中国地质大学教授杨遵仪因病逝世,享年101岁。

17日　九三学社中国地质大学(武汉)支社被九三学社湖北省委员会评为"政治交接学习教育活动先进集体"。

20日—23日　由国际水文科学协会主办、学校承办的"第七届地下水模型校正与可靠性国际会议"举行。来自世界17个国家的150多名高等院校和科研院所的学者、研究员及管理部门的决策者参加会议。

22日　"锐鸣校友奖学金"捐赠仪式举行。校友冯锐、程鸣分别捐赠人民币200万元和100万元。

25日　九三学社中国地质大学(武汉)委员会成立。

27日　以中国科学院院士刘嘉麒为组长的教育部评估专家组一行来学校,对生物地质与环境地质教育部重点实验室进行现场评估。

本月　中国地质大学澳大利亚-新西兰校友会成立。

10月

11日　学校与日本神户大学联合攀登西藏若尼峰登山队出发欢送仪式举行。

11日　团中央学校部副部长刘爱平一行来学校专题调研共青团工作。

14日　学校成立精神文明建设工作领导小组,党委书记郝翔、校长张锦高任组长。

14日—18日　莫斯科国立大学代表古尔耶维奇教授和地质系留学生部副主任庐基奇副教授来学校访问,双方续签"本科2+3"的合作办学协议。

16日　资源学院国土资源信息系统研究所并入计算机学院。

17日　教育部、财政部批准李长安负责的"地貌学及第四纪地质学"、徐思煌负责的"石油及天然气地质学"、黄生根负责的"岩土工程施工概论"课程入选2009年度国家精品课程。

30日　鲍清芬当选湖北省妇女联合会副主席。

11月

5日　学校印发《"研究生的良师益友"评选实施办法》。

5日—7日　政法学院学生德庆欧珠、艺术与传媒学院学生次仁旦达与日本神户大学组成联合登山队,成功登顶位于西藏境内海拔6805米的若尼峰Ⅱ峰。这是人类首次登上该峰。

6日　湖北省语言文字工作委员会公布"中华颂·2009经典诵读大赛"湖北赛区获奖名单,王莹获教师组二等奖,刘嘉梅获大学生组二等奖,约帕获留学生组二等奖。

11日　李长安获首届"全国优秀地理科技工作者"称号。

11日　湖北省人民政府通报2006—2007年湖北发展研究奖,黄德林主持的"长江三峡巴东库段地质灾害评价与防灾减灾决策系统研究"、邓宏兵主持的"湖北省投资环境评估与创新对策研究"成果获二等奖。

12日　国务院三峡工程建设委员会办公室综合司批准学校报送的《三峡库区地质灾害防治总结研究设计方案》。

19日　教育部办公厅授予刘世勇"全国普通高等学校毕业生就业工作先进个人"称号。

19日　湖北省教育厅公布2009年湖北省高等学校教学成果奖获奖项目名单。杨坤光等完成的"地质学品牌专业建设与特色人才培养"、龚一鸣等完成的"地史古生物4合1创新人才培养模式研究与实践"、欧阳建平等完成的"地质类理工科本科生实践能力培养模式与途径"、张锦高等完成的"面向西部优秀地矿人才培养模式的探索与实践"4项成果获一等奖;Roger Mason等完成的"变质地质学"、王华等完成的"发挥传统优势专业的辐射带动作用实现相关新专业的成功拓展"、张胜业等完成的"应用地球物理专业系列课建设"、薛秦芳等完成的"我国珠宝本科应用型人才培养模式的创建"、姚光庆等完成的"石油工程专业油藏地质类课程体系、教材建设与新型人才培养"、马腾等完成的"促进学科交叉构建'地下水与环境'的创新型实验教学体系与平台"、李门楼等完成的"研究生培养管理信息系统"7项成果获二等奖;赵中一等完成的"应用化学专业课程改革及综合实验课建设"、胡凯等完成的"舞龙运动引进高校体育教学课堂对弘扬民族精神的研究"2项成果获三等奖。

27日　湖北省地质学会成立50周年庆祝大会暨学术年会在学校召开。

28日　教育部、财政部批准余瑞祥负责的"基于自然景观资源的环境艺术设计人才培养模式创新实验区"为2009年度人才培养模式创新实验区建设项目。

28日　教育部、财政部批准学校固体矿产勘查实验教学中心为2009年度国家级实验教学示范中心建设单位。

28日　2009年盆地动力学与油气资源战略调查研讨会在学校召开。

本月　高山当选英国皇家化学学会会士。

12月

1日　学校公布首届优秀学务指导教师和学务指导工作先进单位评选结果。廖群安等21名教师获"优秀学务指导教师"称号，地球科学学院等3个学院获"学务指导工作先进单位"称号。

2日　河南省人民政府授予学校完成的"探地雷达理论研究及其在工程检测中的应用"项目科学技术进步二等奖。

2日　莫宣学当选中国科学院院士。

4日　校友马永生当选中国工程院院士。

4日　学校与国土资源部法律中心联合共建的国土资源安全与法律环境实验室在政法学院揭牌。

4日—6日　学校举办第二届全国青年攀岩锦标赛。

7日　学校与越南国立大学（河内）签订合作谅解备忘录，双方将在教学、科研、人才培养等方面展开合作。

8日　学校在浙江省地勘局设立博士后流动站创新研究基地。

9日　教育部聘任金振民为第六届教育部科学技术委员会委员、地学与资源环境学部委员，聘任黄定华为第六届教育部科学技术委员会国防科技学部委员。

9日　学校授予童金南、何明中、成建梅、鄢泰宁、葛亚非、戴光明、郭兰首届"师德师风道德模范"称号。

15日—16日　加拿大滑铁卢大学罗林斯语言学院院长格伦一行来学校进行访问，就文科艺术专业合作进行交流，并签署两校关于人文经济学专业合作协议。

18日　湖北省教育厅公布参加全国教育系统"祖国万岁"歌咏活动优秀组织奖暨湖北高校第三届"青春歌会"评选结果。学校参赛的《游击队歌》《勘探队之歌》获表演奖甲组三等奖，《在灿烂的阳光下》《龙船调》获表演奖乙组一等奖，学校获"优秀组织奖"。

22日　学校授予李长安、肖龙、龚一鸣、成秋明、王华、李江风、祁士华、靳孟贵、唐辉明、蒋国盛、项伟、徐义贤、张胜业、熊英、李月娥、张红燕、蔡之华、戴光明、夏云娇、吴东华等20人首

届"研究生的良师益友"称号。

23日 国务院授予吴信才团队完成的"分布式大型GIS平台开发与应用"项目国家科学技术进步二等奖。

28日 在湖北省高校第二十五届"一二·九"诗歌散文大赛上,胡超获创作一等奖,杨子煜获创作三等奖,李炙颖、苏斌获朗诵三等奖。

30日 湖北省委高校工委、湖北省教育厅公布2009年湖北省大学生心理健康教育优秀成果评选结果,刘陈陵主持的"大学生心理危机预防与干预工作体系建设"获二等奖。

本年

四川省人民政府授予学校完成的"四川省成都经济区生态地球化学调查"项目科学技术奖一等奖。

2010 年

1 月

11 日　学校印发《人才队伍建设摇篮计划实施办法(试行)》《人才队伍建设腾飞计划实施办法(试行)》。

13 日　学校成立生物地质与环境地质国家重点实验室申报与建设工作领导小组,副校长唐辉明任组长。

18 日　学校成立教育部长江三峡库区地质灾害研究中心学术委员会,金振民任副主任。

18 日　学校成立"嫦娥三期工程月岩异地保存分析实验室及月面采样预研究"工作机构,金振民任科学顾问,校长张锦高任领导小组组长。

18 日　湖北省委高校工委公布湖北省高校校报评估结果,《中国地质大学报》获评"优秀校报"。

22 日　教育部批准学校增设地质学、资源勘查工程两个第二学士学位专业,2010 年开始招生。

25 日　教育部授予学校"新型节水钻探工艺及其配套机具"项目技术发明奖二等奖。

30 日　民盟中国地质大学(武汉)总支获"湖北省委员会先进基层组织"称号。

2 月

14 日　中国地质大学荷兰校友会成立。

25 日　何卫红、刘慧入选教育部 2009 年度"新世纪优秀人才支持计划"名单。

本月　学校艺术团前往美国纽约州和罗德岛州等地的孔子学院进行文化交流巡演,在各地演出 8 场。

3月

4日 王亨君获武汉市"十佳女科技工作者"称号;刘修国被评为武汉市优秀科技工作者,享受武汉市劳动模范待遇。

8日 学校印发《高层次及其后备人才引进工作实施办法(试行)》。

15日 湖北省人力资源和社会保障厅批准成秋明、龚一鸣为2009年度"湖北省有突出贡献中青年专家",批准李长安为2009年度享受省政府专项津贴人员。

19日 中国地质大学(武汉)教育发展基金会注册成立。

23日 学校完成的"地下水系统地球化学与供水水质安全研究"成果获湖北省自然科学奖一等奖;"三峡库区近水平地层滑坡形成机制与滑坡涌浪风险预测研究"成果获湖北省科学技术进步奖一等奖,"忠县—武汉输气管道地质灾害风险识别与防治系统研究""高陡边坡露天转地下开采灾变机制及控制技术研究"成果获湖北省科学技术进步奖二等奖。

24日 教育部办公厅授予学校"2009年度向教育部报送日常信息先进单位"称号,授予谢晓"2009年度向教育部报送日常信息先进个人"称号。

25日 学校举行大学生科技创新基地揭牌仪式。

26日 李长安参政议政成果被民进中央采用;吴冲龙参政议政成果被民进中央、中央统战部采用,并被民进省委会评为"十佳信息"。

28日 中国地质大学贵州校友会成立。

31日 湖北省委高校工委、湖北省教育厅、共青团湖北省委授予"登山组合"次仁旦达、德庆欧珠"大学生年度人物奖",授予卞爱飞"大学生年度人物提名奖"。

本月 广东省人民政府授予学校"青藏东缘新生代两类高钾岩浆岩系地球化学和 $^{40}Ar/^{39}Ar$ 年代学及其成因机制"项目科学技术奖三等奖。

4月

1日 北京中坤投资集团有限公司、中国登山协会和学校签订"中国地质大学(武汉)中坤登山奖学金/助学金"。该奖学金总金额为100万元,期限为5年。

4月19日—5月9日 学校举办首届"中西文化月"系列活动。

24日 赵鹏大获科学中国人2009年度人物"最受公众关注奖"。

27日 学校与江西地勘局举行全面战略合作协议签字仪式。

27日 湖北省教育厅确定马昌前领衔的矿物岩石学教学团队、王焰新领衔的地下水与环境教学团队、严良领衔的工商管理全程双语教学团队为2010年湖北省高等学校教学团队。

27日　湖北省教育厅授予学校电子信息大学生创新活动基地、秭归产学研大学生创新活动基地"湖北省高等学校大学生创新活动基地"称号。

28日　湖北省教育厅公布2010年度湖北省高等学校省级精品课程名单,学校材料晶体化学、大学体育—特色课程、土地管理学、市场营销学、首饰概论、大学英语等6门课程入选。

5月

14日　谢淑云、朱红涛、田熙科、罗银河、周晔、杨林权、张伶俐、李晓玉、徐超、胡兆初等10人,获评学校第九届"十大杰出青年"。

17日—19日　学校召开"多尺度大陆地球动力学国际研讨会",中国科学院院士刘光鼎、金振民,以及来自美国、法国、德国、荷兰等国家的80多名专家、学者参加会议。

23日　欧阳建平当选九三学社湖北省委员会副主任委员。

23日　第七届ACM程序设计大赛暨武汉地区部属高校第五届ACM邀请赛在学校举行,学校Air Force代表队获亚军。

6月

1日　何卫红、赵军红、吕万军、马腾、王红梅等5人入选2010年度学校人才队伍建设"腾飞计划"。

3日—6日　"地球生物学重大地质突变期生物与环境协同演化国际研讨会"在学校召开。

4日　湖北省教育厅同意学校环境工程、应用化学专业为2010年湖北省高等学校本科品牌专业立项建设项目。

4日　学校地质调查科考队出征仪式举行。23支科考队将分赴新疆、内蒙古、福建、西藏、青海、甘肃、四川、云南、广西、江西等地开展覆盖区矿产综合预测、青藏高原成果集成、2幅1∶25万区域地质调查、37幅1∶5万区域地质调查、8幅1∶5万矿产地质调查、地质灾害形成机制等多项研究。

5日　中国地质大学西藏校友会成立。

9日　湖北省教育厅授予材料科学与工程实验教学示范中心"2010年度湖北省高等学校实验教学示范中心"称号。

15日　科技部、中宣部、中国科学技术协会授予李长安"全国科普工作先进工作者"称号。

17日　教育部批准学校出版社由现代企业制度改制为法人独资的有限责任公司,改制后的企业名称为"中国地质大学出版社有限责任公司"。

20日　广州军区、湖北省军区和学校举行国防生培养工作五周年大会。

21日　学校与随州市人民政府签署战略合作协议。

7月

7日　教育部、财政部批准学校地球化学、环境工程为第六批高等学校特色专业建设点，马昌前领衔的矿物岩石学教学团队、王焰新领衔的地下水与环境教学团队为2010年国家级教学团队，管理学、非开挖工程学两门课程为2010年度双语教学示范课程，结晶学与矿物学、变质地质学、地球物理勘探概论、地下水污染与防治4门课程为2010年度国家精品课程。

10日　国土资源部发布通知，唐辉明、殷坤龙当选国土资源部地质灾害防治应急专家。

12日　学校为矿物岩石矿床学教授、英国伦敦教育顾问洛杰·梅森博士举行特别贡献奖授奖仪式。

13日　湖北省委宣传部授予学校"全省理论学习先进单位"称号。

17日　中国民主促进会会员、杰出的地质专家、地质教育家、中国科学院资深院士、武汉地质学院原院长、中国地质大学教授王鸿祯因病逝世，享年94岁。

18日　广东省、教育部、科技部产学研结合协调领导小组授予学校"企业科技特派员工作先进集体"称号。

29日　教育部党组副书记、副部长陈希，直属高校工作司副司长牛燕冰等一行6人，在湖北省教育厅厅长陈安丽陪同下，来学校考察指导工作。

8月

5日　陈飞当选武汉市侨联第九届委员会委员。

8月28日—9月10日　学校启用校园网络信息平台，在校全日制本科生实行网络注册报到。

24日　杨丽霞当选中华全国青年联合会第十一届委员会委员。

9月

3日　九三学社中国地质大学（武汉）委员会获"九三全国优秀基层组织"称号，欧阳建平获"全国参政议政先进个人"称号。

16日　教育部与国家海洋局签署协议共建17所直属高校，学校名列其中。

20日　学校与中海油研究总院签署大型油气田及煤层气开发重大专项合作协议。

20日　教育部公布近十年在科技奖励和知识产权管理工作中作出突出贡献的先进单位、先进个人名单,科学技术处获评"先进单位",李杰获批"先进个人"。

21日　湖北省第二届青年教师教学竞赛(高校组)结果公布,任青阳获理工组优秀奖,李江敏获文史组优秀奖,丘晓娟获外语组优秀奖。

21日　湖北省人民政府副省长郭生练、副秘书长黄国雄和湖北省教育厅厅长陈安丽一行来校调研指导工作。

28日　"恒顺矿业奖学金"捐助仪式在学校举行。党委书记郝翔与湖北恒顺矿业有限责任公司董事长严炜共同签订校友捐赠协议书,双方将在科技服务、人才培养等方面展开交流合作。

10月

10日　中国地理信息系统协会、国家测绘局授予学校"大型三维GIS平台研发与应用"项目地理信息科技进步奖一等奖。

14日　"中美环境变化联合研究所"揭牌仪式在学校举行,校长张锦高与美国布莱恩特大学校长麦克利共同揭牌。

19日　学校与青海省地勘局签署战略合作协议。

20日　学校与中国土地勘测规划院签署战略合作协议。

21日　教育部办公厅公布新一轮普通高等学校申请建设高水平运动队综合评审结果,学校的田径、游泳、羽毛球、定向越野、攀岩等5个项目获批继续建设。

22日　中国教科文卫体工会全国委员会公布"百年·知识女性与社会发展"论文评选结果,才惠莲、王丽撰写的论文《论女性优惠待遇的法律保护》获一等奖。

28日　湖北省教育厅、湖北省文化厅公布湖北高校第二届摄影作品评选结果,学校参赛的13幅作品获奖,夏峰获"优秀教师奖",学校获"优秀组织奖"。

28日　湖北省教育厅、湖北省文化厅公布湖北高校第四届美术与设计大展评选结果,学校5项作品获奖。

11月

1日　学校成立"重大地质灾害研究中心",挂靠教育部长江三峡库区地质灾害研究中心,副校长唐辉明任主任。

5日—7日　"2010地球深部物质研究国际研讨会"在学校召开,来自美国、澳大利亚、德国、韩国、日本等国家和地区的高校及科研院所100余名专家学者参加研讨会。

10日　由艺术与传媒学院60余名师生共同创作演出的原创歌舞剧《雪莲花开》在学校公演。

16日　湖北省教育工会委员会授予学校"湖北省教育系统模范教职工之家"称号。

17日　贵州省人民政府授予学校"黔东南华纪冷泉碳酸盐岩地质地球化学特征及其对锰矿的成矿研究"项目科学技术进步奖二等奖。

17日　学校与国家海洋环境监测中心签署合作协议。

20日　首届全国高校校园定向越野巡回赛（湖北站）定向越野比赛在学校举行。

21日　中国共产党的优秀党员、九三学社社员、杰出的煤地质学家、地质教育家、中国科学院资深院士、中国地质大学教授杨起因病逝世，享年91岁。

23日　学校与西部矿业集团有限公司签署战略合作备忘录。

23日　人力资源和社会保障部办公厅授予学校地质学博士后科研流动站"全国优秀博士后科研流动站"称号，授予夏雪萍"全国优秀博士后管理工作者"称号。

23日　学校"中国南方海相油气成藏规律与区块优选"成果获得湖北省科学技术进步奖一等奖。

26日　首届"魅力汉语友谊之桥"留学生歌手大赛在学校举行，来自朝鲜、越南、喀麦隆等6个国家的选手参加比赛。

29日　解习农等完成的"大庆油田高含水后期4000万吨以上持续稳产高效勘探开发技术（第五完成单位）"项目成果获国家科学技术进步奖特等奖。

30日　湖北省教育厅授予学校审计处"全省教育系统审计工作先进审计机构"称号，授予何蕊"全省教育系统审计工作先进个人"称号。

30日　民盟湖北省委组织部批准学校成立民盟委员会。

12月

2日　湖北省教育厅批准学校工商管理、宝石及材料工艺学、地球化学专业为湖北省高等学校第三批本科品牌专业。

3日　湖北省人力资源和社会保障厅、中共湖北省委机要局授予学校办公室"全省党政机要密码工作先进单位"称号。

6日　教育部任命王焰新为中国地质大学（武汉）校长，邢相勤、成金华、唐辉明、赖旭龙、郝芳为中国地质大学（武汉）副校长；因年龄原因，免去张锦高的中国地质大学（武汉）校长职务；因工作调动，免去欧阳建平的中国地质大学（武汉）副校长职务。

7日　湖北省职工职业道德建设指导协调小组授予隋明成"第八届湖北省职工职业道德建设先进个人"称号。

8日　由无锡金帆钻凿设备有限公司设立的"无锡金帆奖学金"颁发仪式在学校举行。

9日　教育部党组经研究并与湖北省委商得一致,决定赖旭龙、郝芳任中国地质大学(武汉)党委常委;因年龄原因,免去张锦高的中国地质大学(武汉)党委常委职务。

9日　教育部思想政治工作司公布2010年高校校园文化建设优秀成果评选结果,"实施文化兴校战略 构筑文化育人平台——中国地质大学(武汉)实施八大校园文化建设工程"成果获三等奖。

17日　学校地学类硕士研究生实践与创新能力培养计划获批国家教育体制改革试点项目。

21日　学校公布第二届"研究生的良师益友"称号,冯庆来、张志、王国灿、陈红汉、吕新彪、范力仁、李义连、乌效鸣、徐光黎、叶敦范、王开明、罗忠文、陈美华、何英、吴冲龙、张思发、储祖旺、喻继军、高翔莲、郭兰榜上有名。

22日　学校档案馆获"2008—2010年度湖北省档案工作先进集体"称号。

22日　湖北省委组织部授予学校"科技副职选派工作先进单位"称号,授予潘秉锁(鄂城区科技副区长)"第九批优秀科技副县(市、区)长"称号。

22日　中国民主建国会中国地质大学支部成立。

24日　湖北省教育厅、湖北省体育局公布湖北省第十届大学生运动会普通高等学校体育科学论文报告会评选结果。学校提交的论文《普通高校公共体育部培养体育教育训练学专业硕士研究生课程设置初探》获一等奖,《社会主义新农村背景下黄冈示范点篮球运动现状及对策研究》等6篇论文获二等奖,学校获"优秀组织奖"。

24日　中国地质大学(武汉)矿产资源战略与政策研究中心成立,挂靠经济管理学院,副校长成金华任主任。

25日　中国地质大学(武汉)理论化学与计算材料科学研究所更名为中国地质大学(武汉)可持续能源实验室。

30日　学校将《地球科学学刊(英文版)》《地球科学——中国地质大学学报(中文版)》《中国地质大学学报(社会科学版)》《地质科技情报》《工程地球物理学报》《安全与环境工程》《宝石和宝石学杂志》等7个期刊编辑部整合成立为期刊社。

30日　湖北省委组织部、湖北省委老干部局授予学校离退休干部党委退休第一党支部"先进离退休干部党支部"称号。

30日　湖北省委组织部、湖北省人力资源和社会保障厅、湖北省委老干部局授予学校离退休工作处"全省老干部工作先进集体"称号。

31日　学校成立期刊社党总支部。

2011 年

1月

6日 武汉市公安局出入境管理处授予国际合作处"2010年度武汉市涉外单位外管工作先进单位"称号。

11日 "湖北省三峡库区地质灾害防治工作总结表彰大会"举行,学校获评湖北省三峡库区地质灾害防治工作"优秀勘查设计单位"。

14日 湖北省教育厅公布2010年湖北省大学生优秀科研成果获奖名单,邱宁完成的《地学实践教学资源系统设计》获一等奖;李艳军、曹晓峰、陈志强等完成的3篇科研论文分获二等奖;丁腾飞、张步阳、周前飞、郝瑞、孙萧等完成的5项发明专利,范文斌、刘友文、罗思媛等完成的3篇科研论文,赵淑赟、李衡等完成的2项专利,彭浩的1项科技发明获三等奖。

14日 湖北省教育厅公布2010年湖北省高等学校首届大学生物理实验创新设计竞赛等竞赛项目获奖名单,学校7项成果获奖,其中一等奖1项、二等奖3项、三等奖3项,学校获评"优秀组织单位"。

21日 中国地质大学(武汉)60周年校庆工作办公室(筹)成立,挂靠学校办公室。

26日 学校被武汉市授予"2010年度全市内保系统社会治安综合治理先进单位"称号。

2月

3日—21日 学校艺术团赴美开展"三巡"活动,在美国多地开展文化交流,演出文艺节目9场。

11日 中国地质大学驻麻城市工作队被评为"2010年度省直新农村建设工作队先进工作队"。

27日 湖北省人民政府授予储祖旺等完成的《高校学生事务管理教程》著作类三等奖;授予傅安洲等完成的《德国政治教育研究》(系列论文)、查道林完成的《国家科技创新主体的比较研究》、杨树旺等完成的《产业集群的治理及服务体系建设研究》、卢文忠等完成的《基于SWOT分析框架下行业特色高校核心竞争力的提升》、丁振国等完成的《谈高校提升学生就业能力之责》、黄德林等完成的《自然遗产保护政策与体制创新研究》(系列论文)论文类三等奖。

28日　全国妇联授予成建梅"全国'三八'红旗手"称号。

3月

2日　经国务院批准,赖旭龙、殷坤龙享受2010年政府特殊津贴。

3日　经国务院学位委员会第28次会议审议批准,学校增列海洋科学、土木工程、水利工程、测绘科学与技术、石油与天然气工程、应用经济学、材料科学与工程等7个一级学科博士学位授权点;法学、教育学、外国语言文学、新闻传播学、艺术学、数学、物理学、生物学、仪器科学与技术、控制科学与工程、化学工程与技术、农业资源利用等12个一级学科硕士学位授权点。

4日　湖北省总工会授予高芸"湖北省女职工建功立业标兵"称号。

9日　学校获评"湖北省大学生思想政治教育工作先进高校",蔡建平获评"湖北省高校十佳班主任",地球科学学院党委、学生工作部(处)、研究生工作部获评"湖北省高校大学生思想政治教育工作先进基层单位",杨美华、王林清、刘国华、高翠欣、徐岩、胡肖等6人获评"湖北省高校思想政治教育工作先进个人"。

12日　校长王焰新出席在北京钓鱼台国宾馆举行的深圳市科技经贸人才交流大会,并代表学校与深圳市人民政府签署研发机构(重点实验室)落户深圳的协议。

16日　湖北省教育厅授予学校英语语言学习中心"湖北省高等学校英语语言学习示范中心"称号。

16日　湖北省侨联九届二次全委会暨湖北省侨联第九届"梁亮胜侨界科技奖励基金"颁奖仪式在洪山礼堂举行,殷鸿福、杨逢清、金振民分别获得二等奖;吴冲龙、李江风、路凤香分获三等奖。

17日　学校成立由副校长赖旭龙、邢相勤分管,审计处处长查道林担任组长的"土地置换工作小组"专班,开展新校区筹建和汉口校区土地处置工作。"土地置换工作小组"下设办公室,成员从经济管理学院和财务处各抽调1人组成。

21日　湖北省国防科学技术工业办公室授予张信军"2009—2010年度湖北省国防科技工业安全保密工作先进个人"称号。

21日　教育部办公厅通报表扬2010年度报送信息先进单位、先进个人,学校获评"2010年度向教育部报送信息先进单位",丁为获评"2010年度向教育部报送信息先进个人"。

29日　学校团委获评湖北省"2010年度共青团工作先进单位"。

30日　第四届全国高校百佳网站颁奖典礼在武汉举行,学校新生代网站入选。

本月　湖北省教育厅下达2010年度湖北省高等学校青年教师深入企业行动计划项目，马睿、周炜、吴来杰、吕涛、张琦、曾鸣、王永钱、周俊、梁玉军、张晓锋、王瑾、曹强、张伟民、靳洪允、陈洁渝、刘浩、李波、文国军等18位青年教师获项目资助。

4月

2日　科技部发布《关于组织制定国家重点实验室建设计划的通知》，生物地质与环境地质国家重点实验室获准进行建设。

3日　中国地质大学江西校友会成立。

8日　湖北省教育厅公布全省第六届普通高等学校国防教育学术论文评审结果，刘世勇等完成的《国防生艰苦奋斗精神教育探索》获二等奖，邓仕林等完成的《对加强国防生教育培养的调查与思考》、齐世学等完成的《以专业能力为重点培养高素质国防生》获三等奖。

23日　校长王焰新率队赴江苏省徐州市出席由中国矿业大学主办的"产学研合作教育高层论坛"，并与12所具有行业特色的教育部直属高校负责人共同签署"高水平行业特色大学优质资源共享联盟"章程。

26日　教育部关心下一代工作委员会授予学校机关工委"全国教育系统关心下一代工作先进集体"称号。

26日　学校被授予"湖北省生源地信用助学贷款工作先进单位"称号。

28日　胡兆初、赵军红入选教育部2010年度"新世纪优秀人才支持计划"名单。

29日　湖北省总工会授予童金南、蔡建平"湖北五一劳动奖章"。

5月

2日—5日　第二十九届国际非开挖技术研讨会暨展览会在德国柏林召开，马保松荣获国际非开挖技术协会2011年度"学术研究奖"，这是中国学者首次获得此奖项。

3日　湖北省委组织部、湖北省人力资源和社会保障厅、共青团湖北省委、湖北省青年联合会授予刘勇胜2011年"湖北青年五四奖章"。

9日　第二批湖北省普通高校战略性新兴（支柱）产业人才培养计划项目名单公布，学校网络工程、应用化学榜上有名。

9日　2010年度湖北新闻奖评奖结果揭晓，学校作品《工程学院马子龙：捐献"救命血"重燃生命火》获好标题奖，《广播新闻业务教程》获新闻论文（论著）三等奖。

14日　全国人大会议发言人、全国人大外事委员会主任委员、前外交部长李肇星来校考察调研，并与师生分享其人生感悟。

17日　中国科学技术协会召开"2011年中国科协优秀调研报告评选颁奖"大会,李祖超课题组完成的《科技工作者科研道德与诚信状况调查报告》获中国科协优秀调研成果特等奖。

20日　党委副书记丁振国与美国桑福德大学副校长唐纳·卡曼签署两校合作协议。

22日　赵鹏大院士携弟子共同出资110万元设立奖学金,资助地质勘探、数学地质、资源产业经济等学科专业的博士生、硕士生及本科生。

27日　"2011年首届全国石油工程设计大赛"决赛在中国石油大学(北京)举行,谢丛娇指导的"尤灵通"团队获三等奖。

28日　神农架大九湖湿地科研、教学基地揭牌暨区校合作签字仪式举行。

30日　湖北省人力资源和社会保障厅发布通知,刘勇胜为2010年度"湖北省有突出贡献中青年专家",胡超涌为2010年度享受省政府专项津贴人员。

本月　湖北省人民政府扶贫开发办公室、湖北省脱贫奔小康试点县工作领导小组办公室授予刘东杰"省脱贫奔小康试点工作先进工作者"称号。

本月　民盟中央委员会授予民盟中国地质大学(武汉)委员会"先进集体"称号,授予洪昌松、李才仙"先进个人"称号。

本月　赵鹏大院士获俄罗斯自然科学院"十字功勋"奖章,获国际数学地球科学协会"终生荣誉会员"称号。

6月

3日　湖北省第八届"挑战杯"大学生课外学术科技作品竞赛终审决赛举行,学校参赛作品获特等奖2项、一等奖3项、二等奖3项、三等奖4项,学校获"优胜杯"。

10日　学校加入"青藏高原有色金属矿产开发与高效利用产学研技术创新战略联盟"。

15日　湖北省人民政府授予邓宏兵等完成的《湖北省投资环境年度评估报告与对策研究》、杨力行等完成的《关于合理调控公务员地区收入差距的政策建议》湖北发展研究奖三等奖。

16日　学校被授予"湖北省博士后管理工作先进单位"称号,周刚被授予"湖北省博士后管理工作先进工作者"称号。

24日　构造与油气资源教育部重点实验室建设计划通过教育部科技司组织的专家组验收,获评"优秀"。

25日　湖北省委授予学校"党建工作先进单位"称号。

29日　湖北省纪念中国共产党成立90周年理论研讨会召开,郝翔撰写的论文《中国共产党建党以来发展党内民主的回顾与思考》获评一等奖。

29日　由湖北省教育工会主办的"心中颂歌献给党"湖北省高校教职工庆祝建党90周年大合唱展演举行,学校"金钉子"教职工合唱团获二等奖、大合唱歌曲《我常怀念她》入选"心中颂歌献给党"颁奖晚会演出节目。

7月

15日　第九届全国大学生攀岩锦标赛闭幕,学校代表队获4金5银6铜。

15日　武汉市第一批软科学研究基地名单公布,学校"武汉城市圈创新合作战略与政策研究中心"榜上有名。

18日—21日　第二届全国大学生水利创新设计大赛举行,学校4件参赛作品获一等奖2项、二等奖2项,学校获"优秀组织奖"。

26日　中国扶贫基金会·恒大集团贫困大学生助学基金成立暨助学寻访出征仪式举行,学校获得该基金资助资格。

31日　在2011年美国波特兰工程与技术管理国际会议上,学校2007届毕业研究生谢忠泉撰写的论文《嵌入式软件产品创新的动态性与异质性:以日本汽车软件为例》获"PICMET杰出学生论文奖"。

8月

2日　"大昌杯"第十五届全国大学生羽毛球锦标赛在云南省昆明市落幕,丁洋、李骏杨获男双亚军。

5日　国务院学位委员会发布通知,学校安全技术与工程二级学科博士点调整为安全科学与工程一级学科博士点,生态学、统计学、软件工程、安全技术与工程、设计学调整为一级学科硕士点。

12日　学校与广东省地质局签署战略合作协议。

16日　王红梅、郑建平获批国家自然科学基金重点项目,王焰新获批国家自然科学基金国际(地区)合作研究项目重点项目。

19日—20日　第六届全国大学生"飞思卡尔杯"智能汽车竞赛全国总决赛举行,学校代表队获电磁组全国二等奖以及摄像头组、电磁组华南赛区二等奖各1项。

19日　校领导王焰新、邢相勤率队赴黑龙江省地质矿产局洽商校局全面合作事宜,双方签署战略合作框架协议。

20日　湖北省精神文明建设委员会发布通知,学校被评为"2009—2010年度省级最佳文明单位"。

23日　第二十六届世界大学生夏季运动会闭幕,学校获男子团体亚军,马克思主义学院学生文凯获男子羽毛球单打亚军。

29日　中国地质大学黑龙江校友会成立。

30日　第十六届FIRA机器人足球世界杯比赛闭幕,学校CUG机器人团队获FIRA仿真5VS5亚军、FIRA仿真11VS11亚军和半自主人形AndroSot3VS3足球季军。

9月

5日　湖北省总工会授予龚一鸣"湖北五一劳动奖章"。

5日　龚一鸣荣获"第三届湖北师德标兵"称号。

5日　教育部和国家外国专家局公布2011年高等学校学科创新引智计划评估验收结果,高山负责的"壳幔交换动力学创新引智基地"通过评估,被纳入新一轮引智基地计划。

9日　湖北省教育厅、省教育基金会授予李宏伟"2011年度湖北名师"称号。

16日　材料科学与化学工程学院更名为材料与化学学院。

23日　中国地质调查局通报2010年地质调查项目经费报表考核结果,学校获评一等奖。

26日　学校镜泊湖教学科研基地在黑龙江省镜泊湖风景名胜区揭牌。

29日　教育部公布第二批卓越工程师教育培养计划高校名单,学校入选。

10月

8日　学校成立"教师发展促进中心",挂靠人事处。

12日　湖北省教育厅公布2010年度湖北高校校园文化建设优秀成果评选结果,学校参赛作品《品读感动:用身边的典型教育大学生》获特等奖。

12日　成金华申报的"我国资源环境问题的区域差异和生态文明指标体系研究"项目获批国家社科基金重大项目。

12日　湖北高校庆祝中国共产党成立90周年配乐诗歌朗诵大赛评选结果公布,学校参赛作品《辛亥百年祭》获优秀奖。

16日—18日　中南地区港澳特区工程训练学术年会暨第五届大学生机械设计制造创新大赛召开,机械与电子信息学院学生梅爽、辛桂阳、李奇、严日明、王建、李志鹏获一等奖。

16日—19日　第十二届"挑战杯"全国大学生课外学术科技作品竞赛决赛在大连理工大学举行,学校代表队获二等奖4项、三等奖2项,学校获"优秀组织奖"。

23日　2011年高等教育国际论坛召开,高等教育研究所被评为"第三届全国优秀高等教育研究机构"。

23日　校长王焰新率团赴加拿大、澳大利亚考察访问,与加拿大滑铁卢大学、多伦多大学和澳大利亚麦考瑞大学、西澳大学、昆士兰大学等高校负责人深入洽谈合作事项,并与部分高校签署合作协议。

25日　刘勇胜获批国家杰出青年基金项目。

27日　学校获2010年湖北省大型科学协作共用网运行奖单位一等奖、机组一等奖;地质过程与矿产资源国家重点实验室被评为"2009—2010年度协作共用先进机组",赵来时被评为"2009—2010年度协作共用先进个人"。

28日　学校获评国土资源部"全国危机矿山接替资源找矿先进集体"(重要找矿进展奖)。

11月

1日　中国地质学会表彰第十三届青年地质科技奖获奖者,郭清海获"金锤奖",王亮清、赵军红、宁伏龙获"银锤奖"。

5日　2011年中国国际工业博览会闭幕,武汉地大海卓流体控制有限公司研制的"大断面掘进钻车"被评为铜奖,学校获评"工博会高校展区优秀组织单位"。

7日　教育部高等教育司公布2011年普通高等教育精品教材书目名单,学校《水文地质学基础(第六版)》榜上有名。

14日　学校举行四重门景观揭幕仪式。

15日　美国匹兹堡大学图书馆馆长罗斯·米勒博士、东亚馆馆长徐鸿博士一行来校,与学校签署国际学术文献传递协议。

15日　殷坤龙获评"第三届武汉市优秀科技工作者"。

16日　第十三届中国国际高新技术成果交易会在深圳举行,由学校与武汉中地数码科技有限公司联合申报的"地理信息系统国家地方联合工程实验室"获国家发展和改革委员会授牌。

16日　国家"友谊奖"获得者、矿物岩石学国家级教学团队成员、在学校工作20多年的英国籍专家罗杰·梅森,将他发现并以他名字命名的梅森强尼虫化石模型捐赠给逸夫博物馆。

22日　首届全国地勘钻探职业技能大赛落幕,1997届校友苏志强获工程地质工程施工钻探工第一名。

25日　学校第一次妇女代表大会召开。

28日　教育部思想政治工作司公布2011年高校校园文化建设优秀成果评选结果,学校报送的《六十载践行悟道 六十载育人摇篮——中国地质大学(武汉)"摇篮"文化的培育与思考》获一等奖。

本月　"第四届全国计算机仿真大奖赛"落幕,窦明刚、曾文聪、王汉宁同学组成的代表队获特等奖,刘伟、郑昊、孙光福同学组成的代表队获二等奖,李晖、张冬梅获"优秀指导奖"。

12月

2日 学校印发《中国地质大学(武汉)"十二五"事业改革与发展总体规划》。

3日 由教育部和工信部主办的"瑞萨杯"2011全国大学生电子设计竞赛颁奖典礼举行,学校获一等奖1项、二等奖2项。

5日 学校工会荣获"全国教科文卫体系统先进工会组织"称号。

5日 葛亚非、王家生、乌效鸣、郑贵洲等4人获评学校第五届"教学名师"。

8日 国土资源部部长徐绍史、副部长汪民和湖北省副省长田承忠一行来校,考察、调研学校事业发展状况。

9日 中国科学院公布新当选的51名院士和9名外籍院士名单,高山教授、1987届校友舒德干教授当选中国科学院院士,学校客座教授罗伯塔·鲁德尼克(Roberta L. Rudnick)当选中国科学院外籍院士。

15日 中国科协会员日暨第十二届中国青年科技奖颁奖大会在人民大会堂举行,刘勇胜获第十二届"中国青年科技奖"。

15日 民盟湖北省委授予马振东、刘修国"先进个人"称号。

19日 国家测绘地理信息局对在"十一五"期间测绘地理信息科技工作中涌现出来的先进个人和集体进行表彰,信息工程学院获优秀团队奖,吴信才、刘修国、徐世武分获杰出贡献奖、科技贡献奖、青年科技贡献奖。

19日 校领导郝翔、赖旭龙率队赴广东省核工业地质局洽商校局全面合作事宜,双方签署战略合作框架协议。

23日 郑有业、张克信等参与完成的"青藏高原地质理论创新与找矿重大突破"项目成果获国家科学技术进步奖特等奖,郑建平等参与完成的"华北及邻区深部岩石圈的减薄与增生"项目成果获国家自然科学二等奖,周传波等参与完成的"工程爆破作业安全和有害效应控制关键技术与应用"项目成果获国家科学技术进步奖二等奖。

24日 大学生发展与创新教育研究中心入选2011年度湖北省高校人文社会科学重点研究基地建设项目计划。

26日 学校获湖北省第四届大学生艺术节优秀组织奖,学生在合唱、声乐、舞蹈、器乐、综艺、创作、美术、书法、DV、论文等各类比赛中均有人员获奖。

27日 教育部办公厅公布高校哲学社会科学学报名栏建设第二批入选栏目名单,《中国地质大学学报(社会科学版)》"资源环境研究"栏目榜上有名。

27日 地理信息系统专业学生肖旸炀获湖北省普通高校大学生英语演讲比赛二等奖。

27日 湖北省教育厅公布2011年湖北省大学生优秀科研成果获奖名单,马一平、纵瑞文、杨文龙、何航、赵江完成的5项成果获二等奖,陈永杰、林纪新、杨文麟、王赛昕、郝江军、迟彬、张文平、张颖楠、谷依露、赵亚博、林强完成的11项成果获三等奖。

31日 陈丹、黄春菊、李超、易兰、章军锋入选教育部2011年度"新世纪优秀人才支持计划"名单。

本月 政协武汉市委员会授予陆愈实"2011年度优秀政协委员"称号。

本年

唐辉明获评"第十二次李四光地质科学奖教师奖"。

2012年

1月

4日　湖北省教育厅公布2011年度湖北省高等学校省级精品课程名单,杨坤光负责的"地质学基础"、黄生根负责的"基础工程"、陈建平负责的"高层建筑结构设计"、吴北平负责的"测量学"4门课程入选。

4日—5日　中共中央组织部、中共中央宣传部、中共教育部党组在北京召开第二十次全国高等学校党的建设工作会议,党委书记郝翔应邀出席。

15日　校长王焰新与日本东北大学校长井上明久签署两校合作协议。

19日　中共湖北省委高校工作委员会、省教育厅公布湖北省第二届大学生心理健康教育优秀成果评选结果,吴和鸣主持的"高校心理督导体系建设"获评一等奖。

29日　教育部高校学生司发文表扬全国高等教育学籍学历管理工作先进集体和先进个人,学校学生工作部获评"先进集体"。

2月

6日—16日　学校艺术团赴柬埔寨金边、暹粒省吴哥,缅甸曼德勒省、仰光省等地开展"孔子学院大春晚"巡演活动。

13日　全国第三届大学生艺术展演在浙江杭州落下帷幕。学校大学生民族乐团的参演曲目《庆典序曲》获二等奖,子非鱼戏剧社创作的话剧《青春前行》获三等奖,学校获"优秀组织奖"。

14日　教育部办公厅公布第二批卓越工程师教育培养计划高校学科专业名单,学校地质学、资源勘查工程、软件工程入选。

20日　学校驻麻城工作队获评"2011年度省直新农村建设工作队先进工作队"。

23日　在第八届全国研究生数学建模竞赛上,学校学子荣获一等奖1项、二等奖7项、三等奖3项,学校获评"优秀组织单位"。

3月

5日　学校成立珠穆朗玛峰登山队,董范任总指挥、次落任队长。

7日　湖北省人力资源和社会保障厅、湖北省国家保密局授予学校党委办公室"全省保密工作先进集体"称号。

7日　教育部办公厅通报表彰2011年度报送信息先进单位和先进个人。学校获评"2011年度向教育部报送信息先进单位",丁为获评"2011年度向教育部报送信息先进个人"。

21日　生物地质与环境地质国家重点实验室揭牌,科学技术部基础研究司司长张先恩等出席揭牌仪式。

22日　美国驻华使馆使团副团长王晓岷、美国驻武汉总领事馆总领事苏黛娜一行来校访问,湖北省外事侨务办公室美大处处长胡建陪同。

23日　武汉市市长唐良智率市政府相关部门和城区负责人到学校现场办公,就学校建设"资源环境科技创新基地"暨新校区、汉口校区处置等问题进行研究并作出决定。

24日—27日　保加利亚大特尔诺沃大学校长帕尔曼、中国语言中心主任伊斯科拉来校访问。校长王焰新会见帕尔曼一行。双方签订合作协议。

28日　学校第三所孔子学院——保加利亚大特尔诺沃大学孔子学院获批。

31日　科技部副部长曹健林来校调研国家GIS工程中心筹建情况,湖北省副省长郭生练、科技部高新司司长赵玉海、科技部高新司副司长杨咸武、湖北省科技厅厅长刘传铁等陪同调研。

本月　教育部办公厅发文公布高校哲学社会科学学报"名栏建设"第二批入选栏目名单。《中国地质大学学报(社会科学版)》"资源环境研究"栏目入选,成为24个入选名栏之一。

4月

6日　湖北省国土资源厅通报表彰2011年度地质勘查行业统计工作先进单位,地质调查研究院获二等奖。

12日　学校与中国科学院等9家科研院所共同组建的"C^2科教战略联盟"在北京成立。中国科学院副院长丁仲礼、教育部副部长杜玉波、国土资源部副部长张少农等出席签约仪式并讲话。联盟名称中的"C^2"来源于中国科学院(英文缩写CAS)与中国地质大学(武汉)(英文缩写CUG)的英文首字母,采用"C^2"的展现方式,寓意实现各方合作的倍增效应。

14日　学校与荆州市人民政府签署校市合作协议。

16日　学校与中南勘察设计院（湖北）有限责任公司联合共建的产学研基地揭牌。

18日　韩国建国大学校长金彦玄率团来校访问，并与校长王焰新等就落实两校友好关系协议书内容进行交流。

20日　"阿尔伯特·爱因斯坦（1879—1955）展览（武汉站）"巡展主题报告会在学校举行。苏黎世公立大学亚当·阿马拉博士为师生带来题为《黑暗的宇宙》的讲座。

23日　中国矿物岩石地球化学学会授予胡兆初"第14届侯德封矿物岩石地球化学青年科学家奖"。

25日　深圳古生物博物馆馆长张和再次向学校捐赠70余棵树化石，其中印度尼西亚品种4棵、蒙古国品种3棵、缅甸品种8棵、南非品种1棵、美国品种4棵，其他为中国品种。

26日　国土资源部副部长、中国地质调查局局长汪民一行来校考察指导工作。

27日　学校召开党员干部大会，选举出席湖北省十次党代会代表，郝翔、刘勇胜当选。

28日　东湖新技术开发区管理委员会召开2012年第5次常委会议。会议同意支持学校在武汉未来科技城建设"资源环境科技创新基地"暨新校区项目，并在未来三路以东、科技五路以北区域提供910亩土地，其中710亩为教育研发用地、200亩为工业用地。会议还同意将项目周边山体租赁给学校使用。

28日　逸夫博物馆国土资源科普基地暨地质过程与矿产资源国家重点实验室国土资源科普基地揭牌仪式举行。

本月　中共中央政治局常委、国务院总理温家宝为母校题写校名。

本月　成秋明当选国际数学地球科学协会（简称IAMG）第十二届主席。这是我国学者首次当选IAMG主席，也是欧美国家以外的首位主席。

本月　学校与清华大学、北京大学、上海交通大学、浙江大学5所高校共同入选中国科学技术协会与教育部联合组织实施的"科学大师名校宣传工程"首批支持高校，负责创作、排演以李四光为原型的话剧。

5月

4日　赵军红、姜涛、公衍生、郭清海、宁伏龙、文国军、敖练、付丽华、张晓红、陈华荣等10人，获评学校第十届"十大杰出青年"。

10日　化石林扩建工程通过竣工验收。

10日—11日　由共青团中央青运史指导委员会、共青团中央宣传部、中国青少年研究中心主办的纪念中国共产主义青年团成立90周年理论研讨会在北京召开。政法学院2008级本科生刘佳提交的论文《新时期高校团组织生活会创新模式研究》被确定为参会论文，刘佳作为全国唯一在校大学生代表应邀参加会议。

11日　学校与中国地质装备总公司签署《国家级工程实践教育中心共建协议书》。

13日　1988届博士毕业生、瑞阳汽车零部件(仙桃)有限公司总经理张泽伟捐资25万元,设立"friction one 经管奖学金"。

16日　"国土资源部、武警黄金指挥部、高校加强人才培养促进找矿突破联创齐争活动"启动仪式在北京举行。学校、中国地质调查局等12家单位共同签署"联创齐争"倡议书。

17日　北京金阳普泰石油技术股份有限公司向学校捐赠价值700万元的软件。

19日　8时16分,学校登山队队员董范、陈晨、德庆欧珠、次仁旦达从北坡成功登上海拔8844.43米的珠穆朗玛峰顶峰。学校登山队成为我国第一支登上世界最高峰的大学登山队。当晚,中央电视台《新闻联播》联播快讯播报学校登山队登顶珠峰的视频和图片。

19日　中共中央政治局常委、国务院总理温家宝回母校,视察生物地质与环境地质国家重点实验室,参观院士长廊,与师生代表进行亲切交流并作重要讲话。温家宝总理深刻论述了地质科学的重要性,指明了地质科学的发展方向,深情回忆了在大学时代的学习生活,动情表达了对母校教育培养的深厚感情,并对青年大学生的成长提出了殷切期望。

23日　严良申报的"经济全球化背景下中国矿产资源战略研究"项目获批教育部社会科学重大招投标项目,这是学校首次获批此类项目。

28日　湖北省人民政府授予侯书恩等完成的"高纯度金刚石超精抛光系列产品开发与应用"湖北省科技发明奖二等奖;授予唐辉明等完成的"斜坡地质灾害预测与防治的工程地质研究"湖北省科学技术进步奖一等奖,补家武等完成的"数控火焰/等离子切割机关键技术研究与系列产品开发"湖北省科学技术进步奖二等奖,李素矿等完成的"我国地质学青年拔尖人才培育模式研究"湖北省科学技术进步奖三等奖。

5月28日—6月1日　校长王焰新率团访问俄罗斯莫斯科大学、古勃金国立石油天然气大学、国家矿产资源大学(矿业)、俄罗斯科学院地球化学和分析化学研究所。

31日　中国地质大学河南校友会成立。

本月　学校党委中心组荣获"湖北省2010—2011年度先进党委中心组"称号。

6月

2日　"泰华奖学金"在学校设立,该奖学金由山东泰华电讯有限责任公司出资设立。这是学校首个专项用于资助软件开发相关专业的奖学金。

7日—8日　学校举办首届中学生地球科学夏令营活动,来自全国50余所中学的270余名师生参加开营仪式。

18日　地质系1989届校友、正东华企投资有限公司董事长陈海向学校捐赠50万元,用于地球科学学院本科生高层次人才培养,支持地球科学学院邀请高访学者来校讲学或进行学术交流。

24日　学校董事会成立大会举行。大会讨论《董事会章程》和《董事会机构及人选方案》

并一致通过。根据方案,中国科学院院士赵鹏大任董事会董事长,校长王焰新任常务副董事长,全国政协第八届委员会秘书长、原地质矿产部部长、原中国地质大学校长朱训任名誉董事长,安徽省地质矿产勘查局局长、党委书记李学文等34人任董事会董事。

29日—30日 "第一届深部地热系统国际学术会议"在学校举行。

本月 学校入选中国科学技术协会科普部和教育部科技司组织的首批40所科普创作与传播试点高校名单。

7月

2日 学校印发《朱训青年教师教育奖励基金管理办法(试行)》。该基金由原地质矿产部部长、原中国地质大学校长朱训捐赠20万元和学校配套资金30万元组成,主要激励在教育教学、科学技术研究等方面作出突出贡献的40岁以下青年教师。

3日 学校与恩施自治州巴东县人民政府签署战略合作协议。

9日 经研究并与湖北省委商得一致,教育部党组决定:任命成金华为中国地质大学(武汉)党委副书记、纪委书记,王华、万清祥为中国地质大学(武汉)党委常委;免去丁振国的中国地质大学(武汉)党委副书记、常委、纪委书记,邢相勤的中国地质大学(武汉)党委常委职务。

9日 教育部任命王华、万清祥为中国地质大学(武汉)副校长,免去邢相勤、成金华的中国地质大学(武汉)副校长职务。

10日 机械设计及制造专业1996届校友卢禄华与厦门三烨清洁科技股份有限公司向学校捐赠25万元,设立"厦门三烨机电学院奖学金",用于奖励机电学院优秀学生。

11日 学校党委研究决定:由政法学院、资源学院土地资源管理系、地球科学学院资源环境与城乡规划管理专业及地理系部分专业联合组建公共管理学院,原政法学院自然撤销;撤销中共政法学院委员会,成立中共公共管理学院委员会,张吉军任公共管理学院党委书记。

11日 学校党委研究决定:成立李四光学院,挂靠教务处;设立孔子学院工作办公室(副处级),挂靠国际合作处。

13日 学校与江西省新余市人民政府签署全面构建战略合作伙伴关系框架协议。

26日 学校与宜昌市秭归县人民政府签署框架合作协议。

28日 学校与浙江省丽水市人民政府签署框架合作协议。

28日 学校科技园项目开工奠基仪式举行。

29日 中国地质大学广东校友会成立。

8月

1日 学校和东湖新技术开发区管理委员会举行中国地质大学(武汉)"资源环境科技创

新基地"暨新校区项目签约仪式。学校"资源环境科技创新基地"暨新校区项目正式入驻武汉未来科技城。

5日—10日 校长王焰新率团赴澳大利亚布里斯班参加第34届国际地质大会。

10日 湖北省人民政府聘请成金华为第五届省政府咨询委员会委员。

16日 谢树成负责的"生物地质与环境地质创新引智基地"入选"高等学校学科创新引智计划"(简称"111计划")。

17日 吴信才荣获"湖北十佳科技创业人才"称号,其"分布式大型GIS平台开发与应用"成果获湖北十大科技转化成果。

20日 中共中央政治局委员、国务委员刘延东来校视察。刘延东考察了地质过程与矿产资源国家重点实验室等,向全校师生致以亲切问候,并向学校60周年校庆表示祝贺。

24日 校长王焰新与国土资源部中央地勘基金管理中心主任程利伟在北京签署合作协议,共建紧缺战略矿产资源协同创新中心。

24日 地质学专业1990届校友张红与四川省雷波兴达矿业有限责任公司向学校捐赠60万元,设立"雷波兴达奖学金、奖教金",用于奖励资源学院优秀教师、优秀本科生和研究生,资助2011年《地大人》出版。

27日 李晓光校友与海南中立实业有限公司向学校捐赠50万元,设立"晓光助学基金",用于资助在校贫困学生。

29日 学校加入教育部、中国科学院"科教结合协同育人行动计划"。该计划包括"科苑学者上讲台计划""重点实验室开放计划""大学生科研实践计划""大学生暑期学校计划""大学生夏令营计划""联合培养本科生计划""联合培养研究生计划""人文社科学者进科苑计划""中科院大学生奖学金计划""科苑学者走进中学计划"等10个合作领域。

31日 煤田地质专业1994届校友熊友辉与四方光电股份有限公司向学校捐赠50万元,设立"四方奖学金",用于奖励优秀学生。

本月 学校123个项目获2012年度国家自然科学基金集中受理期资助,获直接资助经费7544万元。其中,程寒松、唐辉明获批重点项目,吴敏获批国际(地区)合作研究项目重点项目,章军锋获批科学仪器基础研究专项基金项目。

9月

4日—8日 "第二届地球生物学国际研讨会"在学校召开。

4日 学校成立新余新能源材料研究院,何岗任院长。

7日 学校与潜江市人民政府签署框架合作协议。

11日 教育部公布"十二五"国家级实验教学示范中心入选单位,学校地质学实验教学中心名列其中。

11 日　吴信才捐赠 30 万元设立"空间信息拔尖人才奖学金"。该奖学金主要面向学校在空间信息领域有突出贡献的硕士研究生和博士研究生。

13 日　海峡两岸大学生三峡库区野外联合教学活动在学校举行。

14 日　"紧缺战略矿产资源协同创新中心"成立大会暨第一次理事会在学校召开。该中心是由学校牵头建设,并联合南京大学、北京大学、中国科学院地质与地球物理研究所、中国地质科学院、国土资源部中央地勘基金管理中心等单位共建的实体性研发机构。

15 日　晋煤集团"煤与煤层气（煤矿瓦斯）共采产业技术创新战略联盟"揭牌仪式在山西太原举行,学校是该联盟重要参与单位。

19 日　应联合国农发基金（IFAD）邀请,帅传敏赴意大利罗马联合国 IFAD 总部,为 IFAD 执行董事会作题为《IFAD 项目对中国扶贫效果和影响研究》的讲座。这是联合国 IFAD 董事会首次就一个国家的项目开展专题研讨,也是中国专家首次登上 IFAD 执行董事会的讲坛。

19 日　武汉凯迪电力工程有限公司向学校捐赠 50 万元,用于支持学校建设与发展。

25 日　教育部专家组陈旭一行来校,就国家教育体制改革试点项目及"三重一大"决策制度执行情况进行检查。

26 日　由中国地质调查局副局长王学龙任组长的中国地质调查局院校地质调查能力建设评估组来校,对学校地质调查能力进行考察。

27 日　武汉巨正投资有限公司向学校捐赠 50 万元,设立"巨正新型产业创投基金",用于支持学生开展创新创业活动。

27 日　东莞市方中集团有限公司向学校捐赠 50 万元,用于资助"2012 亚洲青年杯及大学生攀岩赛"。

10 月

2 日　2012 年度校友值年返校暨 1982 届校友毕业 30 周年返校活动在弘毅堂举行。700 余名校友及家属欢聚一堂,追忆往昔峥嵘岁月,畅叙师生情、同学谊。

10 日　保加利亚大特尔诺沃大学孔子学院成立并揭牌。

12 日　煤田地质专业 1994 届校友熊友辉与四方光电股份有限公司再次向学校捐赠 50 万元,注入"四方奖学金",用于奖励优秀学生。

19 日　赖旭龙团队与英国利兹大学保罗·魏格纳教授和德国爱尔兰根大学-纽伦堡大学麦克·约阿希姆斯基教授合作完成的《古—中生代之交海水温度变化与生物演化》研究成果在国际著名刊物《科学》上发表。论文第一作者为学校博士生孙亚东。

22 日　水文环境专业校友与竹溪创意皂素有限公司向学校捐赠 77.75 万元,设立"水科学基金",用于奖励环境学院优秀学生。

23日　国土资源部党组书记、部长、国家土地总督察徐绍史在北京会见党委书记郝翔、校长王焰新一行,对学校60周年校庆表示热烈祝贺。

24日　第十届全国大学生攀岩锦标赛开幕式在学校举行。

25日　1984级研究生向学校捐赠60万元,设立"研84校友奖励基金",用于奖励35岁以下优秀青年教师和品学兼优的贫困研究生。

26日　精美铝业有限公司向学校捐赠60万元,用于支持公共管理学院学科建设与创新人才培养。

31日　校长王焰新赴军事经济学院出席"武汉军地高校战略合作签字仪式",并代表学校签署《武汉地区军队院校与部属地方高校战略合作框架协议书》。

本月　水利工程、材料科学与工程、安全科学与工程3个一级学科获批设立博士后科研流动站。至此,学校博士后科研流动站增至12个。

本月　由工程学院深部探测课题组组织实施的"西藏罗布莎科学钻探"在海拔4400米的西藏山南地区罗布莎镇实现1853米钻孔深度的深部探测,超出此前最大深度1000余米,创造了青藏高原钻孔深度新的纪录。

本月　学校申报的"地质工程国际科技合作基地"被科技部认定为"国家示范型国际科技合作基地"。

11月

2日　首届"湖北出版政府奖"评选结果揭晓。学校出版社出版的《长江三峡水利枢纽工程地质勘查与研究(上、下册)》获"湖北出版政府奖图书奖",梁志获"湖北出版政府奖优秀出版人物奖"。

2日　西乌珠穆沁旗宝利能源科技有限责任公司向学校捐赠100万元,用于支持学校青年创新创业中心建设。

5日　物探系80、81、82、83、84、85、88级校友向学校捐赠91.37万元,设立"地空学院校友基金",用于支持地球物理与空间信息学院师生发展。

6日　*Journal of Earth Science* 入选首批"高校科技期刊精品工程"。

6日　由学校发起,香港大学、德国卡尔斯鲁厄理工大学、美国劳伦斯·伯克利国家实验室、澳大利亚麦考瑞大学、昆士兰大学、法国巴黎第六大学、俄罗斯莫斯科大学、俄罗斯国立矿产资源大学(矿业)、美国斯坦福大学、加拿大滑铁卢大学等10所大学加盟的"地球科学国际大学联盟"成立大会在武汉举行。

6日　"中外大学校长论坛"在武汉召开。来自全球地球科学领域30余所高校的校长共同探讨与地球系统科学相关的高等教育重大议题。校长王焰新以《抓关键攻重点 大力推进协同创新》为题作报告。

6日—7日　中央电视台科教频道(CCTV-10)连续播出科教纪录片《摇篮》。该片分《潮头勇立》《烽火相传》上下两集,专题报道学校办学成果。

7日　北京北方投资集团有限公司向学校捐赠500万元,用于支持学校建设发展。

7日　由中国地质调查局、国土资源部中央地质勘查基金管理中心和学校共同主办的"国际矿产资源合作开发研讨会"在武汉召开。

7日　学校举行建校60周年庆祝大会。中共中央政治局常委、全国政协主席贾庆林,中共中央政治局常委李长春,中共中央政治局委员、国务委员刘延东等党和国家领导人发来贺信。中共中央委员、全国人大常委会副委员长路甬祥,全国人大常委会副委员长蒋树声,中国科学院院长白春礼为学校题词。湖北省委书记李鸿忠、省长王国生,北京市代市长王安顺发来贺信。教育部副部长李卫红、国土资源部副部长张少农、湖北省常务副省长王晓东出席庆祝大会并作重要讲话。学校党委书记郝翔主持大会,校长王焰新以《发扬优良传统 谱写未来华章》为题作报告。当晚,校庆晚会《音乐诗画——家园》在弘毅堂演出。

8日　学校举行西一门修缮揭牌仪式。西一门由1982年届岩矿分析专业李忠荣校友捐资200万元修缮。

8日　中国共产党第十八次全国代表大会在北京隆重召开。学校师生在弘毅堂收看十八大开幕盛况,认真学习贯彻党的十八大精神。

14日　国际著名同位素地球化学家、美国科学院院士、劳伦斯·伯克利国家实验室副主任唐纳德·迪保罗教授来校讲学,并代表实验室与校长王焰新签署合作备忘录。

26日　入选"共和国的脊梁——科学大师名校宣传工程"的原创话剧《大地之光》在弘毅堂公演。话剧再现了新中国地质事业主要奠基人、地质力学和构造体系创建者、中国科学技术协会第一任主席、新中国第一任地质部长、中国地质大学前身北京地质学院筹备委员会主任李四光爱国、求实、创新、奉献的感人故事。

28日　美国休斯敦大学代表团来校访问。

本月　在韩国举行的第十二届世界大学生羽毛球锦标赛上,马克思主义学院2009级学生文凯作为中国大学生羽毛球代表队主力队员参赛,获得男子单打冠军和混合团体亚军。

本月　国务院总理温家宝致信中国地质大学原校长赵鹏大院士并赠诗作,向全体师生表示问候和祝贺。

本月　内蒙古地质矿产(集团)有限责任公司及下属地勘单位向学校捐赠100万元,设立"草原英才基金",用于奖励内蒙古籍优秀学生。

12月

3日　学校"学习贯彻党的十八大精神"党支部书记培训班开班,近500名教职工和学生党支部书记参加培训。

3日　在湖北省教育厅、司法厅、团省委、依法治省办公室联合举办的湖北省2012年"法律进学校"专场活动中,学校荣获"湖北省依法治校示范学校"称号。

4日　人福医药集团股份公司向学校捐赠500万元,用于支持学校建设发展。

10日　童金南荣获第五届"全国优秀科技工作者"称号。

13日　保加利亚大特尔诺沃大学校长帕尔曼率团访问学校。

15日—16日　中国共产党中国地质大学(武汉)第十一次代表大会在北区音乐厅召开。郝翔代表学校第十届党委作题为《继往开来　锐意进取　努力实现学校跨越式发展》的工作报告。成金华代表学校纪律检查委员会作题为《努力提高反腐倡廉建设科学化水平　为实现我校跨越式发展保驾护航》的报告。大会选举产生了新一届中国共产党中国地质大学(武汉)委员会和纪律检查委员会,选举产生了党委委员25名、纪委委员11名。在学校十一届党委第一次全委会上,万清祥、王华、王焰新、成金华、朱勤文、刘亚东、郝芳、唐辉明、傅安洲、赖旭龙当选党委常委,郝翔当选党委书记,朱勤文、傅安洲、成金华当选党委副书记,成金华当选纪委书记、陶继东当选纪委副书记。

17日　中共湖北省委办公厅、湖北省人民政府办公厅授予学校"服务湖北经济社会发展先进高校"称号。

18日　赖旭龙团队与合作单位完成的《古—中生代之交海水温度变化与生物演化》科研成果入选"2012年度中国高等学校十大科技进展"。

24日　地球科学学院1996届校友、人福医药集团股份公司董事长王学海向学校捐赠180万元,用于支持大学生素质拓展、地球科学学院学科建设。

25日　王红梅荣获"第三届武汉青年科技奖"。

25日　学校青年教师联谊会成立,姜涛任青年教师联谊会第一届会长。

26日　中国学术期刊影响因子年报(2012年版)发布,《中国地质大学学报(社会科学版)》的复合影响因子(JIF)为1.493,在全国综合性人文、社会科学学术期刊中居第七位,首次进入全国前十名,在全国理工院校排名第一,位居湖北省第一名。

本月　蒋宏忱、蒋良孝、於世为入选教育部2012年"新世纪优秀人才支持计划"名单。

本年

秭归、周口店实习基地入选"国家野外实践教育共享平台"。

2013年

1月

4日 学校成立"资源环境科技创新基地"暨新校区建设指挥部,撤销土地置换工作小组、资源环境科技创新基地(新校区)规划专项工作组等相关机构,原机构的职能并入"资源环境科技创新基地"暨新校区建设指挥部。校长王焰新任指挥长,副校长万清祥任常务副指挥长,校长助理刘杰任副指挥长。

8日 中共湖北省委人才工作领导小组、湖北省委组织部授予学校"湖北人才工作十强高校"称号。

15日 中国地质学会组织评选的"2012年度十大地质科技进展""2012年度十大地质找矿成果"揭晓。杜远生参与的《贵州省黔东锰矿富集区深部大型-超大型锰矿找矿与成矿模式研究》获评"2012年度十大地质科技进展",郑有业负责的《西藏扎西康锑铅锌银矿床成矿机理及找矿评价》获评"2012年度十大地质找矿成果奖"。

17日 学校巴东野外大型综合试验场工程通过竣工验收。该工程用于开展滑坡等地质灾害防治和研究,在大型水库滑坡体兴建人工试验洞室,开展科学实验和长期监测工作,开创了世界滑坡研究之先河。

29日 教育部学位与研究生教育发展中心发布2012年学科评估结果。学校地质学、地质资源与地质工程2个学科排名全国第一,排名全国第一的学科数并列全国高校第11位;石油与天然气工程排名第三;海洋学科排名第五;另有6个学科进入全国前二十名。

29日 教育部高等教育司公布2012年度第二批国家级大学生创新创业训练计划项目名单。学校129个项目获批立项,其中创新训练项目117项、创业训练项目11项、创业实践项目1项,项目总金额150万元。

本月 谢树成荣获第六届黄汲清青年地质科学技术奖——地质科技研究者奖。

2月

11日　学校开设滑翔伞公开课,是国内率先开设滑翔伞课程的高校。

15日　湖北省人民政府授予汤尚颖等完成的"湖北率先实现在中部崛起的主要思路及政策建议"、杨力行等完成的"三峡库区《地质灾害防治条例》实施效果评估及其政策建议"成果湖北发展研究奖(2010—2011年)三等奖。

28日　学校党委召开中心组学习(扩大)会议,传达中央和教育部有关文件精神。党委书记郝翔强调严格落实中央八项规定精神,努力建设节约型校园。

本月　学校获评湖北省爱国卫生运动委员会"省级卫生先进单位",关山街地质大学社区获评"省级先进卫生社区"。

3月

5日　杨坤光团队负责完成的"地质学专业主干课程建设与人才培养"、叶敦范团队负责完成的"基于柔性理念的机电类大学生知识综合及实践创新能力培养教学研究与实践"、王华团队负责完成的"发挥优势学科人才培养的辐射作用　全面提高研究生的培养质量"、董范团队负责完成的"坚持特色教育　培养拔尖人才——创建登山户外运动教育教学体系的理论与实践"、李江风团队负责完成的"以品牌专业建设为平台的土地资源管理人才培养模式与创新"、梁杏团队负责完成的"地学特色水文与水资源工程专业体系的构建与实践"等6项成果,获评第七届湖北省高等学校教学成果一等奖。学校另有6项成果获得二等奖、2项成果获得三等奖。

6日　体育课部2011级研究生陈晨荣获"武汉市三八红旗手标兵"称号。

8日　中国科学院院士金振民荣获湖北省参政建议二等奖。

11日　湖北省委高校工委、省教育厅授予学校"湖北省思想政治教育先进高校"称号,授予王传雷"湖北省高校十佳班主任"称号,授予郭兰"湖北省高校十佳思想政治理论课教师"称号,授予工程学院、资源学院、经济管理学院、计算机学院"湖北省高校思想政治教育工作先进基层单位"称号,授予张建华、周世平、吴东华、王海花、郭秀蓉、陈华文"湖北省高校思想政治教育先进工作者"称号。

22日　经国务院批准,张宏飞、蒋国盛享受2012年政府特殊津贴。

22日　湖北省新闻出版局通报表彰获得第四届湖北十大名刊、第八届湖北省优秀期刊奖的期刊。《地球科学(中文版)》获评"湖北十大名刊成就奖",*Journal of Earth Science*获评"湖北省优秀精品期刊奖",《中国地质大学学报(社科版)》获评"湖北省优秀精品期刊奖"和

"特色栏目奖",《安全与环境工程》获评"湖北省优秀期刊奖"。

22日 教育部公布第六届高等学校科学研究优秀成果奖（人文社会科学）评奖结果，帅传敏专著《中国农村扶贫开发模式与效率研究》获二等奖。

24日 学校与中国科学院微生物研究所、生态环境研究中心、城市环境研究所、武汉植物园及深圳华大基因研究院签订合作协议，共建"生物科学菁英班"。中国科学院院士殷鸿福，校领导郝翔、王焰新、赖旭龙、万清祥，中国科学院微生物研究所所长黄力、生态环境研究中心环境化学与生态毒理学国家重点实验室副主任杜宇国、城市环境研究所所长朱永官，武汉植物园副主任张全发，深圳市华大基因学院副院长李松岗等参加签约仪式。

24日 在第三届全国大学生工程训练综合能力竞赛湖北省预赛上，机械与电子信息学院学生获一等奖3项、二等奖4项、三等奖1项，学校获"优秀组织奖"。

25日 中国政府"友谊奖"获得者、著名变质岩专家、学校英籍教授洛杰·梅森博士将其毕生从世界各地收集珍藏的338块岩石标本捐赠给学校。

26日 学校2013-8次校务会议审议并原则通过《中国地质大学（武汉）"资源环境科技创新基地"暨新校区事业发展总体规划》。按照规划，学校将从现校区往新校区迁入13个教学科研单位，形成可容纳10 500人（教职员工1 000人、学生9 500人）的新校园。

27日 湖北省首批"博士服务团"总结表彰暨第二批"博士服务团"培训动员会召开。学校被评为"全省博士服务团工作先进单位"，廖桂英、陈华清被评为"全省首批博士服务团工作先进个人"。

28日 教育部副部长杜占元一行来校考察调研。杜占元肯定学校60年来在开展地球科学研究、人才培养以及通过协同创新参与国家找矿突破战略行动等方面取得的成绩，指出地球科学对于解决资源环境问题至关重要，希望学校在机制创新上努力探索，为国家地球科学的发展作出更大贡献。

28日 教育部公布2012年度普通高等学校本科专业设置备案或审批结果，学校动画专业获批备案。至此，学校本科专业共计61个。

29日 湖北省委办公厅表彰2012年度全省党委信息工作先进单位和先进个人，学校党委办公室获评先进单位，丁为获评先进个人。

29日 学校成立校友与社会合作处。

31日 中国科学技术协会组织《人民日报》、新华社《光明日报》《科技日报》《中国科学报》等中央媒体来校采访"共和国的脊梁——科学大师名校宣传工程"参演话剧、由学校以著名地质学家李四光为原型编创的校园原创话剧《大地之光》相关演职人员。

本月 学校工会女职工委员会、外国语学院分工会女职工委员会荣获"湖北省教育系统工会先进女职工委员会"称号。

本月 中国地质调查成果奖揭晓，学校获得一等奖3项、二等奖4项。其中，张克信团队负责完成的"1∶250 000民和县幅数字区域地质调查"获基础地质类一等奖，蒋国盛团队负责完成的"新型节水钻探工艺及其配套机具"获地质科技类一等奖，陈植华、万军伟团队与中国

地质科学研究院岩溶地质研究所合作负责完成的"西南岩溶石山地区地下水资源与生态环境地质调查评价"获水工环地质类一等奖。

4月

1日 首届全国学生"国家资助 助我成长"主题征文活动揭晓。艺术与传媒学院学生曾蓉提交的作品《国家资助——冬天里的一把火》获高校类三等奖,学校获"优秀组织奖"。

2日 国家地理信息系统工程技术研究中心获科技部批准立项建设。

7日 党委书记郝翔在访问美国布莱恩特大学期间,与布莱恩特大学校长梅恪礼签署两校"全球环境研究科学硕士学位项目"合作协议和本科交换生培养补充协议。

9日 教育部公布2013—2017年教育部高等学校教学指导委员会委员名单。唐辉明任地质类专业教学指导委员会主任委员,夏庆霖任地质类专业教学指导委员会秘书长;李长安任地理科学类专业教学指导委员会副主任委员;成金华任经济学类专业教学指导委员会委员;傅安洲任马克思主义理论类专业教学指导委员会委员;解习农任海洋科学类专业教学指导委员会委员;顾汉明任地球物理学类专业教学指导委员会委员;张宏飞任地质学类专业教学指导委员会委员;吴北平任测绘类专业教学指导委员会委员;焦养泉任矿业类专业教学指导委员会委员;李同林任力学基础课程教学指导委员会委员。本届教学指导委员会共设109个学科委员会,任期为2013年4月1日至2017年12月31日。

10日 湖北省委高校工委、省教育厅授予杨莉"湖北省高等学校'两访两创'活动优秀组织工作者"称号。

11日 湖北省教育厅公布湖北高校校园文化建设2012年度优秀成果评选结果。学校报送的"山高人为峰""'我的第三只眼'大学生社会观察主题活动"项目分获特等奖和二等奖。

12日 校领导王焰新、朱勤文、王华前往武汉市人民政府,向市长唐良智汇报"武汉地质资源环境工业技术研究院"和"中国宝谷"建设等工作。唐良智表示,同意新增300亩土地用于支持"武汉地质资源环境工业技术研究院"建设,并支持学校开展"中国宝谷"规划建设。

16日 加拿大滑铁卢大学环境学院院长、地理学家安德鲁·罗伊教授,皇家院士罗伯特·吉尔汉一行来校访问。

21日 第44个"4·22"世界地球日主题演讲比赛在学校举行。国土资源部法律中心党委书记、主任孙英辉,纪委书记吴智慧,国家土地督察武汉局巡视员周景阳,湖北省国土资源厅副厅长李成林,以及国土资源部办公厅、科技司等有关人员参加活动。

25日 湖北省委办公厅、湖北省人民政府办公厅授予学校"2012年度全省社会管理综合治理优胜单位"称号。

25日 湖北省高校纪工委副书记、省教育厅纪检组副组长、省教育厅监察室主任王洪波一行来校,就党风廉政建设工作进行专题调研。

26 日　湖北省总工会授予董范"湖北五一劳动奖章"。

本月　共青团湖北省委授予学校团委"2012 年度全省共青团工作先进单位"称号。

5月

4 日　在"实现中国梦　青春勇担当"主题团日座谈会上,体育课部 2011 级研究生陈晨作为全国大学生代表畅谈登上珠穆朗玛峰的体会,受到中共中央总书记、国家主席、中央军委主席习近平的肯定。习近平总书记说:"陈晨同学我是非常敬佩你,对于珠穆朗玛峰,我可以说是高山仰止、景行行止,虽不能至,心向往之。有这种精神,我相信你今后的人生事业一定会在这种精神的砥砺下,勇往直前,不断地攀上人生新的高峰。我祝愿你。"

6 日　在湖北省第二十一次全省高校党的建设工作会议上,王传雷、郭兰分别作为"湖北省高校十佳班主任"和"湖北省高校十佳思想政治理论课教师",被湖北省总工会授予"湖北五一劳动奖章"。

9 日　加拿大滑铁卢大学国际事务副校长安雷一行来校访问。

11 日　生物地质与环境地质国家重点实验室顺利通过科技部组织的专家验收,实验室正式进入运行期。

11 日—15 日　应保加利亚大特尔诺沃大学校长普拉门·勒格科斯图普邀请,校长王焰新率团赴保加利亚参加大特尔诺沃大学 50 周年校庆庆典系列活动,并与中国驻保加利亚特命全权大使郭业洲进行会谈。

12 日　尼日利亚联邦共和国驻华大使馆驻华大使兼副馆长帕崔克·奥鲁拉索·奥那代普一行来校,看望尼日利亚籍留学生。

15 日　武汉市人民政府办公厅授予学校"2012 年度全市节约用水先进单位"称号。

16 日　湖北省教育厅发布《关于认定 2013 年度来华留学英语授课品牌课程的通知》,王焰新讲授的"地下水污染与防治"、余敬讲授的"管理学"、曾佐勋讲授的"构造地质学"入选。

17 日—18 日　湖北省第二届高校辅导员职业能力大赛在华中师范大学举行,地球科学学院辅导员王强获二等奖。

20 日　学校与法国南锡高等商学院签订合作备忘录。

20 日　湖北省首届"文华科技杯"大学生话剧艺术节颁奖晚会暨优秀剧目展演在湖北剧院举行。学校原创话剧《大地之光》一举获得话剧一等奖、特别导演奖、特别编剧奖、最佳表演奖以及两项优秀个人表演奖和优秀组织奖等 7 项大奖,学校是本届话剧艺术节获奖最多的高校。

21 日　校领导王焰新、朱勤文、傅安洲、万清祥一行前往孝感,与孝感市人民政府签署战略合作协议,并在孝感高中举行"中国地质大学(武汉)优质生源基地"授牌仪式。

21 日—22 日　学校与俄罗斯国立科技大学签订合作协议。

23日　湖北省教育厅公布湖北省高校改革试点学院名单,地球科学学院入选。

23日　谢树成入选湖北省重大人才工程"高端人才引领培养计划"首批培养人对象。

24日　武汉经济发展投资(集团)有限公司向学校捐赠40万元,用于支持师生开展登山活动。

27日—29日　按照中国科学技术协会、教育部主办的"共和国脊梁——科学大师名校宣传工程"活动安排,学校原创话剧《大地之光》赴北京交通大学天佑会堂演出。北京市市长王安顺接见学校师生演员,原地质矿产部部长朱训等观看演出。期间,党委副书记傅安洲就《大地之光》的创作情况作客人民网接受采访。

27日　学校成立武汉地质资源环境工业技术研究院,聘任郝义国为院长。

31日　澳大利亚科廷大学副校长安德斯·斯德维克一行来校访问。

本月　体育课部2011级研究生陈晨荣获"2012中国大学生年度人物""中国大学生自强之星"称号。

本月　胡钦红当选美国地质学会会士。

6月

1日—2日　"第三届学生事务管理国际学术研讨会"在学校召开。

3日—7日　校长王焰新率团访问地球科学国际大学联盟高校——法国巴黎第六大学、德国卡尔斯鲁厄理工大学,并访问西班牙最高研究理事会(CSIC)环境评估与水资源研究所。

4日　中共湖北省委印发《关于2012年度全省党的基层组织建设工作考评情况的通报》,学校2012年度基层组织建设工作获湖北省委通报表扬。

8日　环境保护部办公厅、教育部办公厅联合发文公布首批全国中小学环境教育社会实践基地名单,逸夫博物馆榜上有名。

11日—20日　学校代表团访问越南、柬埔寨9所高校,积极开拓海外生源市场,寻求全面开展国际教育与交流合作的战略机遇。

13日—15日　"二叠纪—三叠纪之交生物大灭绝和极端气候变化国际峰会"在学校召开。

14日　"炫舞汉歌——在汉外国友人歌舞大赛"决赛暨颁奖晚会在汉口江滩大舞台举行,学校留学生弗兰克获银奖、丁春世获优秀奖,学校获"优秀组织奖"。

21日　学校与武汉市人民政府共建武汉地质资源环境工业技术研究院签约活动在武汉未来科技城举行。武汉市市长唐良智、学校党委书记郝翔共同为武汉地质资源环境工业技术研究院揭牌。

21日　信息工程学院在校本科生朱蒙代表武汉南望山学子日用品有限公司向学校捐赠1万元,设立"南望山学子创新创业基金",鼓励在校大学生创业。

23日　紧缺矿产资源湖北省协同创新中心第一届理事会一次会议召开。孙亚为第一届理事会理事长,王焰新、郭海敏为副理事长。金振民院士担任第一届科技咨询委员会主任,蒋少涌为紧缺矿产资源湖北省协同创新中心主任。

25日　周口店野外地质实践中心、固体矿产勘查实验教学中心获批国家级实验教学示范中心。

26日　黄冈市市长陈安丽一行来校访问,与学校领导就优质生源基地建设、专家人才引进、科学技术合作等进行交流。

27日　学校与贵州省地矿局签署深化战略合作协议。

30日　"成矿理论与矿产勘查前沿"全国研究生暑期学校在八角楼开课。

30日　党委书记郝翔、校长王焰新在广州迎宾馆与校友、广东省副省长林少春座谈交流。

本月　国土资源部科技与国际合作司副司长高平一行6人来校,对学校矿产资源定量评价及信息系统国土资源部重点实验室进行检查评估。经现场评估和综合评议,学校矿产资源定量评价及信息系统国土资源部重点实验室获评"优秀"。

本月　湖北省委高校工委、省教育厅授予学校"2011—2012年度湖北省思想政治教育先进高校"称号。

7月

1日　学校与韩国建国大学合作建立的"中韩设计研究中心"揭牌仪式在艺术与传媒学院举行,副校长赖旭龙与韩国建国大学校长玄瑾共同为该中心揭牌。

2日　学校召开党的群众路线教育实践活动工作布置会。

4日　湖北省档案局授予学校档案馆"2012年度全省档案统计工作先进单位"称号。

5日　中国海洋石油有限公司副总裁张国华一行来校访问,并与学校领导深入交流,推进双方深度合作。

5日　学校举行"资源环境科技创新基地"暨新校区校园总体规划设计方案专家评审会。以国家特许一级注册建筑师、清华大学建筑学院高翼教授为组长的7位专家,对5家投标单位提供的新校区校园总体规划设计方案进行技术审核,最终确定3套设计方案作为新校区校园总体规划设计候选方案。教育部发展规划司直属基建处处长韩劲红出席会议并讲话。

11日　教育部国际合作与交流司公布2013年度来华留学英语授课品牌课程评选结果,学校"构造地质学"和"管理学"两门课程入选。

12日　学校荣获"2011—2012年度湖北省最佳文明单位"。

14日　学校与十堰市人民政府签署校市战略合作协议。

26日　湖北省教育厅公布2013年度省级精品视频公开课名单,李建威负责的"矿产资源导论"和王焰新负责的"地下水与环境"入选。

29日　学校第2013-8次校务会议听取"资源环境科技创新基地"暨新校区总体规划方案评审结果汇报,决定由同济建筑设计院(集团)有限公司承担新校区规划设计工作。

30日　校长王焰新、副校长王华率队赴湖北省地矿局访问,共商局校合作事宜。

8月

4日—9日　党委副书记傅安洲率队赴新疆开展西部地矿人才培养十年回访暨毕业生就业市场拓展工作。傅安洲一行深入基层一线用人单位、校友野外作业现场等,了解用人单位对人才的需求情况,并看望慰问学校民族学生和实习师生。

6日　学校与湖北省襄阳市武警黄金指挥部签署区矿调人才培养合作协议。

12日　学校举办党的群众路线教育实践活动专题学习讲座。党委书记郝翔主持会议,并传达习近平总书记视察湖北武汉的重要讲话精神;马克思主义学院院长吴东华作题为《党的群众路线的历史发展及重大意义》的专题讲座;党委副书记朱勤文通报学校暑期开展党的群众路线教育实践活动的进展情况,并就下一阶段工作作部署。

13日　学校与黄冈市人民政府签署战略合作协议。

20日　校领导王焰新、傅安洲、赖旭龙率队赴中国移动通讯集团湖北公司,调研该公司业务发展情况及4G业务部署计划,就进一步深化校企合作进行交流。

23日—25日　日本神户大学山岳协会会长井上达男、前会长平井一正、行动局局长山田健一行来校访问。

24日　第八届全国大学生智能汽车竞赛全国总决赛落下帷幕,学校1个团队获光电组全国一等奖、3个团队获华南赛区二等奖、1个团队获华南赛区三等奖。

27日　湖北省委高校工委、省教育厅公布"中国梦·我的梦"主题征文大赛评选结果。学校6名学子获得一等奖1项、二等奖2项、三等奖3项,学校获"大赛组织奖"。

本月　学校111个项目获2013年度国家自然科学基金集中受理期资助,获直接资助金额6463万元。其中谢树成获批重点项目,李建威获批国家杰出青年科学基金项目,杨坤光获批国家基础科学人才培养基金项目,黄春菊、胡兆初获批优秀青年科学基金项目。

9月

1日　海峡两岸大学生2013年度三峡库区联合野外教学实习活动开幕式在学校举行。

2日　湖北省教育厅公布在鄂部委、军事院校湖北省重点学科名单。学校应用经济学、水利工程、马克思主义理论、测绘科学与技术、地理学、石油与天然气工程、海洋科学、环境科学与工程、地球物理学、安全科学与工程、材料科学与工程、管理科学与工程、计算机科学与技

术、公共管理、土木工程、设计学等 16 个一级学科入选。

4 日　校长王焰新、副校长万清祥赴中国地质科学院访问,双方就共建大压机实验室和联合开展人才培养培训工作达成共识。

4 日　湖北省教育厅、省教育基金会授予余敬 2013 年度"湖北名师"称号。

5 日　学校举行青年教师发展促进计划系列专题讲座。中国科学院院士殷鸿福和青年教师分享治学与做人体会,并对青年教师寄予期望。

9 日　校领导郝翔、王焰新、万清祥一行赴教育部,向教育部领导汇报"资源环境科技创新基地"暨新校区建设情况。教育部副部长鲁昕表示,教育部全力支持学校新校区建设以及汉口校区处置资金拨返工作。教育部发展规划司副司长张泰清、财务司副巡视员郭鹏、发展规划司直属基建处处长韩劲红等参加会议。

10 日　学校申报的"教育部出国留学培训与研究中心"获批成立,成为湖北省首个"出国留学培训与研究中心"试点高校。

14 日　《地球科学(中文版)》入选首届"全国百强科技期刊",是湖北省高校唯一入选的科技期刊。

18 日　水文系 82 级校友向学校捐赠 100 万元,设立"82 级水文系奖助基金",用于奖励环境学院品学兼优、家庭困难在校本科生。

22 日　中国测绘学会公布 2013 年测绘科技进步奖评选结果,中地数码科技有限公司研发的"大型遥感一体化服务平台研发与应用"项目获评 2013 年测绘科技进步奖二等奖。

24 日　2013 年度国土资源科学技术奖评审结果揭晓。杜远生团队完成的"造山带及邻区古海洋学与盆山相互作用"、王焰新团队与山西省地质调查院共同完成的"山西六大盆地地下水资源及其环境问题调查评价"等获国土资源科学技术奖二等奖。

29 日　2013 年全国大学生电子设计竞赛测评结果公布,学校代表队获一等奖 4 项、二等奖 2 项。学校一等奖获奖数目在全国参赛院校中并列第七、在湖北省参赛院校中位居第二。

本月　金振民院士受聘成为第四届 973 计划领域专家咨询组"重大科学前沿"组专家,任期 5 年。

本月　湖北省精神文明建设委员会授予学校"2011—2012 年度省级最佳文明单位"称号。

本月　在 2013 年度全国地球科学类国家级实验教学示范中心创新性实习实验竞赛中,学校参赛作品获得特等奖 2 项、一等奖 1 项、二等奖 2 项。

10 月

2 日　2013 年度校友值年返校暨 1983 届校友毕业 30 周年返校活动在弘毅堂举行。1200 余名校友及家属欢聚一堂,追忆往昔峥嵘岁月,畅叙师生情、同学谊。

8 日　付丽华、郭海湘、宁伏龙、袁松虎、朱振利、左仁广入选教育部 2013 年度"新世纪优秀人才支持计划"名单。

8日　北京华能原创油气软件技术有限公司向学校捐赠 GeoStudy 油气地质综合研究软件。

9日　湖北省科学技术协会公布《关于表彰奖励2013年度省科协"科技创新源泉工程"先进单位和先进个人的决定》,学校科协被评为"湖北省创新示范学会"。

9日　学校与湖北省地矿局签署战略合作协议。协议约定,双方将在人才培养、科技攻关、基础地质调查与研究、矿产资源勘查与开发、地质灾害防治与地质环境保护、共建紧缺矿产资源湖北省协同创新中心、合作办学、新兴地勘产业发展等领域开展深度合作。

17日　教育部办公厅公布卓越工程师教育培养计划第三批学科专业名单。学校应用化学、机械设计制造及其自动化、宝石及材料工艺学、勘查技术与工程、环境工程入选本科专业名单,环境工程、地质工程、材料工程入选研究生教育层次学科领域名单。

17日　"中国地质大学(武汉)——中地数码集团国家级工程实践教育中心"揭牌。

18日　学校与中国建筑第三工程局有限公司签署全面合作协议。

20日—21日　"中俄和海峡两岸地震监测预测学术研讨会"在学校召开。

22日　湖北省委组织部授予学校"湖北省第十批科技副职选派管理工作先进单位"称号,彭冠军、郭敬印获评"湖北省第十批优秀科技副县(市、区)长"。

29日　教育部高等教育司公布第二批国家级精品资源共享课立项项目名单。童金南负责的"古生物学"、龚一鸣负责的"地史学"、马昌前负责的"岩石学"、曾佐勋负责的"构造地质学"、徐思煌负责的"石油及天然气地质学"、王焰新负责的"地下水污染与防治"、余敬负责的"管理学"等7门本科课程以及钱同辉负责的"高层建筑结构设计"入选。

本月　胡兆初获"湖北省青年科技奖"。

11月

2日　在第十七届"外研社杯"全国大学生英语辩论赛全国总决赛上,学校代表队获得三等奖,总积分在华中地区四省晋级高校中排名第二、在湖北晋级高校中排名第一。

6日　学校与陕西核工业集团公司签署战略合作协议。

8日　教育部公布第四批精品视频公开课名单,龚一鸣等主讲的"地球的过去与未来(1—13讲)"、唐辉明等主讲的"地质灾害预测与防治(1—6讲)"、罗忠文主讲的"人形机器人设计与制作(1—7讲)"入选。

9日　学校与宜昌市夷陵区人民政府签署战略合作协议。

10日　凯乐石专业户外品牌公司向学校捐赠40万元,用于资助体育课部开展户外登山运动并承办2013年嘉年华中国青少年攀岩总决赛。

13日　岩土钻掘与防护教育部工程研究中心建设项目顺利通过教育部专家组验收。

16日　湖北省军区副政委刘建新少将被聘为学校客座教授,来校并作题为《志在中华振兴 强化使命担当》的国防专题报告。

16日—21日　第十五届中国国际高新技术成果交易会在深圳会展中心举行。学校30余项新技术成果参展,学校获"优秀组织奖"和"优秀展示奖"。

24日　在第十三届全国大学生游泳锦标赛上,学校学子获得7金3银,并获得女子乙组团体总分第四名、乙组团体总分第六名,学校获评"体育道德先进单位"。

25日　武汉中海达卫星导航技术有限公司在学校设立"中海达奖学金"。该公司每年向学校投入3万元,用于奖励测绘地理信息技术类专业优秀学子。

27日　湖北省教育厅授予学校秭归产学研基地"2013年度湖北高校省级示范实习实训基地"称号。

本月　环境/生态学成为学校继地球科学、工程学之后,第三个进入全球前1‰的学科。

本月　在首届"东方杯"全国大学生勘探地球物理大赛上,地球物理与空间信息学院学生马灵伟、李延获二等奖,徐义贤、顾汉明获"优秀指导教师奖"。

12月

2日　人民教育出版社党委书记郭戈一行来校,将温家宝校友亲笔题字的《温家宝谈教育》一书赠予学校党委书记郝翔、校长王焰新,并转达对母校师生的亲切关怀和殷切期望。

2日—6日　副校长郝芳带队赴韩国对平泽大学、全北大学和汉阳大学等高校进行访问,开拓海外生源市场。

4日　武汉市委常委、东湖新技术开发区党工委书记胡立山一行来校,调研"中国宝谷"规划建设情况。

4日　学校与浙江省地勘局签署深化战略合作协议。根据协议,双方将按照"战略合作、共同发展、优势互补、资源共享"的原则,深入开展高层次人才培养、产学研协同创新、重大项目科技攻关和中国地质大学浙江研究院建设等领域合作。

6日　马昌前、袁晏明、刘安平、董范、吴北平等5人获评学校第六届"教学名师"。

8日　湖北省人民政府授予吴巧生、成金华完成的《能源约束与中国工业化发展研究》"第八届湖北省社会科学优秀成果奖"著作类二等奖,授予黄德林等完成的《国家地质公园管理体制研究》著作类三等奖;授予吴东华完成的《六十年来高校马克思主义理论教育的回顾与思考》、赵晶等完成的《制造企业电子商务价值创造研究(系列论文)》、陈翠荣等完成的《小而精:普林斯顿大学办学特色分析(系列论文)》论文类三等奖。

10日　赖旭龙与其合作者完成的科研成果《阐明二叠—三叠纪之交生物大灭绝及其复苏模式和原因》,入选2012年度"中国科学十大进展"。

11日　教育部思想政治工作司公布第七届高校校园文化建设优秀成果评选结果,学校

《建设特色体育文化 促进学生健康发展》获评特等奖。

11日 保加利亚大特尔诺沃大学校长普拉门一行来校访问。

19日 王成善当选中国科学院院士。

20日 教育部高等教育司公布第三批国家级精品资源共享课立项项目名单。陈能松负责的"变质地质学"、李长安负责的"地貌学及第四纪地质学"、赵珊茸负责的"结晶学及矿物学"、袁晏明负责的"周口店野外地质实践教学"、曹新志负责的"矿产勘查理论与方法"、唐辉明负责的"工程地质学基础"、蒋国盛负责的"岩土钻掘工程学"、张玉芬负责的"地球物理勘探概论"等8门课程入选。

30日 武汉地质资源环境工业技术研究院开工建设现场推进会举行。武汉市委常委冯记春,市委常委、东湖新技术开发区党工委书记胡立山,市政协副主席、东湖新技术开发区主任张文彤,校领导郝翔、王焰新、王华、万清祥等参加启动仪式。

31日 学校与中国地质科学院岩溶地质研究所、水文地质环境地质研究所签署在职人员博士培养协议。

31日 学校举行"大学生支持中心"启动仪式。

31日 湖北省人民政府下达"资源环境科技创新基地"暨新校区项目的建设用地批复,同意将武汉市左岭镇快岭村(新校区项目所在宗地)集体所有土地47.163 6公顷转为国家建设用地,并以划拨方式供地用于科教事业。

本月 中国科学院院士高山当选"国际地球化学会士"。

2014年

1月

3日 时红莲负责的"岩土工程施工技术"入选第四批国家级精品资源共享课(网络教育课程)立项项目。

10日 国家科学技术奖励大会在北京召开。唐辉明主持完成的"基于演化过程的滑坡地质灾害防控技术与应用"和成秋明主持完成的"非线性矿产预测理论方法创立与应用"成果,获国家科技进步二等奖。

10日 由教育部新闻办、新闻中心主办的全国教育系统微博微信工作推进会在天津大学举行,学校加入"全国教育系统官方微博微信联盟"。

10日 用于后勤员工居住的校园南区宿舍改建维修工程完工,首批23户后勤物业员工搬进改建后的新宿舍。同时,困扰学校多年、存在严重安全隐患的棚户区拆除工程正式启动。

11日 学校被评为2013年度全省档案工作绩效考核优秀单位。

11日 湖北省委高校工委书记、教育厅厅长刘传铁,湖北省监察厅副厅长徐心明一行来校,检查考核学校落实党风廉政建设责任制、推进惩防体系建设工作。

13日 由共青团中央、全国学联举办的2013年度"中国大学生自强之星"评选结果公布,公共管理学院学生夏定康获"中国大学生自强之星提名奖"。

16日 教育部贯彻执行中央八项规定精神专项检查组到学校进行专项检查。

18日 湖北省民政厅在湖北日报公布全省性社会组织评估工作结果,学校教育发展基金会被评为"5A级社会组织"。

20日 湖北省教育厅公布2013年度全省高等学校大学生系列科技创新和技能竞赛获奖结果。学校获第一届湖北省大学生结构设计竞赛个人奖三等奖1项;3个作品获第三届全国大学生工程训练综合能力竞赛湖北赛区省级一等奖、4个作品获二等奖、1个作品获三等奖;3个作品获第五届全国大学生广告艺术大赛湖北赛区省级平面类三等奖、1个作品获平面类优秀奖,1个作品获影视类二等奖、5个作品获影视类三等奖、6个作品获影视类优秀奖,1个作品获微电影类三等奖、1个作品获微电影类优秀奖,2个作品获广播类二等奖、2个作品获广播类优秀奖,1个作品获公益类二等奖。

22日　住房和城乡建设部批准马保松主编的《城镇排水管道非开挖修复更新工程技术规程》为行业标准,自2014年6月1日起在全国实施。这是学校主编的首部国家工程建设领域行业标准。

26日　校长王焰新带队赴湖南看望1982届校友、湖南省委副书记孙金龙。

本月　鄢志武主持的"湖北恩施腾龙洞大峡谷地质公园"项目通过国土资源部组织的国家地质公园评审,恩施腾龙洞大峡谷省级地质公园晋级为国家地质公园。

2月

12日　中国地质学会第十四届青年地质科技奖评选结果揭晓,左仁广获"金锤奖",袁松虎、沈传波、蔡记华获"银锤奖"。

18日　RFID图书自助借还系统在北区图书馆投入使用。

19日　"矿产资源形成与勘查开发虚拟仿真实验教学中心"被批准为国家级虚拟仿真实验教学中心。

21日　中国科学院地质与地球物理研究所翟明国院士、北京大学陈衍景教授在迎宾楼学术报告厅为"矿产资源大家谈"系列学术报告开讲。

21日　体育课部2011级研究生陈晨入选首届"武汉精神优秀践行者"。

25日　在2013年度湖北省科技奖励大会上,吴冲龙团队完成的"三维可视化地质信息系统平台Quanty View的支撑技术"成果获湖北省技术发明一等奖,郑有业团队完成的"北喜马拉雅东段金锑多金属成矿机制与成矿预测"成果获湖北省科技进步一等奖,路凤香团队完成的"秦岭-大别苏鲁岩石圈组成结构及其动力学过程"成果获湖北省自然科学二等奖。

25日　学校召开大学生思想政治工作专题会议,研究部署大学生思想政治教育测评体系落实工作。

25日　学校迎来首批19名保加利亚大特尔诺沃大学孔子学院中东欧学分专项奖学金生。

26日　湖北省侨联颁发"梁亮胜侨界科技奖励基金",成秋明获二等奖。

27日　学校党的群众路线教育实践活动总结大会召开。教育部第六督导组组长张光强,在校校领导,近三年退出校领导班子的老领导,全体处级干部、各民主党派负责人、教师代表及学生代表等参加大会。

28日　教育部批准学校按照校园建设总体规划在新校区内进行基础设施及配套工程建设。该项目主要建设内容包括:新校区道路、室外工程、管网、校园绿化、景观及环境等,总投资为40 000万元。

3月

3日　2014年度湖北省教育厅人文社会科学研究项目立项结果公布。学校共有21个项目获准立项,其中专项研究项目12个、指导性项目9个。

5日　由艺术与传媒学院学生出演的《黄水谣》《五月的鲜花》,获第二届"长江之春"音乐季合唱比赛甲组二等奖。

6日　湖北省委办公厅通报表彰2013年度全省党委信息工作先进单位和先进个人。学校党委办公室被评为"2013年度全省党委信息工作先进单位",丁为被评为"2013年度全省党委信息工作先进个人"。

6日　湖北省人民政府参事室党组授予中国科学院院士金振民"2013年度参政建议奖"三等奖。

6日　学校召开"三公"经费管理与科研经费管理推进会,贯彻落实2014年全国教育系统党风廉政建设工作暨全国治理教育乱收费部际联席会视频会议精神。

13日　教育部公布2013年度普通高等学校本科专业备案或审批结果,学校新增专业"空间信息与数字技术"(专业代码:080908T)获准备案。至此,学校共有62个本科专业。

14日　中国地质大学新疆校友会成立。

14日　教育部、国务院学位委员会发布《关于批准2013年优秀博士学位论文的决定》。由童金南指导、博士生陈晶完成的《华南古—中生代之交腕足动物的灭绝与复苏》论文,入选"2013年全国优秀博士学位论文提名论文"。

18日　国家留学基金委秘书长刘京辉、教育部国际合作与交流司副司长生建学一行来校调研。

20日　科技部公布2013年国家创新人才推进计划入选名单,刘勇胜入选"中青年科技创新领军人才"。

22日　乌干达共和国外交部代表团来校看望乌干达籍留学生。

24日　武汉市委常委、东湖新技术开发区党工委书记胡立山一行调研新校区建设工作。

26日　原物探系79级校友向学校捐赠20万元,设立"地球物理与空间信息学院79级校友奖学金"。

26日　武汉市委常委冯记春一行来校调研知识产权工作。

26—27日　由学校教育部出国留学培训与研究中心承办的"国家公派出国留学派出工作会暨中国国际教育展"在武汉举行。

27日　学校与中国黄金集团签署合作协议。

27日　武汉市人大常委会副主任张河洁一行来校考察调研。

31日　湖北省人民政府残疾人工作委员会授予周立新"湖北省按比例安排残疾人就业工

作先进个人"称号。

本月 湖北省关心下一代工作委员会授予学校关心下一代工作委员会"创建五好基层关工委优秀组织奖"。

4月

1日 学校与黑龙江省地质矿产局签署深化局校战略合作协议。根据协议，双方将充分发挥各自的优势技术力量和生产优势，在人才培养、科研创新、产业平台建设等方面深入开展合作。

3日 学校召开紧缺矿产资源勘查协同创新中心理事会、战略咨询会、学术委员会。国土资源部党组成员、部长助理钟自然，中国地质调查局副局长李金发，中国地质科学院党委书记、副院长（主持工作）王小烈，教育部科技司基础处处长明炬，中国地质大学（武汉）校长王焰新、副校长郝芳，中国地质大学（北京）校长邓军、副校长万力以及60多位专家学者出席会议。

3日 学校成立研究生会国际学生部。

8日—9日 由傅安洲指导、博士生黄少成完成的学位论文《政治教育学范畴研究》，获评"2013年全国高校思想政治教育学科优秀博士论文"，全国共8篇论文入选。

15日 全国工程硕士专业学位教育指导委员会下发《关于公布获得第二届"做出突出贡献的工程硕士学位获得者"荣誉称号名单的通知》，李洪军、王现国、罗传勇入选。

18日 学校申报的湖北省人文社科重点研究基地"珠宝首饰的传承与创新发展研究中心"顺利通过专家评审。

18日 湖北省委统战部常务副部长盛国玉一行来校调研党外代表人士队伍建设工作。

21日 国土资源部公布2014年全国国土资源优秀科普图书名单，学校出版社出版的《湖北地质公园》《中国国家地质公园丛书——大别山科学导游指南》入选。

23日 学校开展"十二五"战略规划中期检查。

24日 湖北省委组织部通报表彰2013年度全省党的建设和组织工作优秀课题研究成果，马克思主义学院承担的"武汉国有企业职工社会主义核心价值观体系认知认同状况研究"项目获评一等奖。

25日 2014年"共和国的脊梁——科学大师名校宣传工程"汇演活动在学校启动。全国政协副主席、中国科协主席韩启德，中国科协副主席、书记处书记陈章良，中国科协党组成员、书记处书记王春法，湖北省委常委、省委统战部部长张岱梨，副省长、省科协主席郭生练，省政协副主席、省科协副主席田玉科，学校在校领导、院士及来自北京大学、清华大学、武汉大学等高校领导、院士，湖北省、武汉市有关单位代表出席启动仪式，并与1400余名观众一同观看原创话剧《大地之光》。

28日 阮一帆入选"湖北省高等学校马克思主义中青年理论家培育计划（第一批）"，入选项目为"战后德国政治教育与政治文化协同发展及其借鉴价值研究"。

29日　湖北省委高校工委、省教育厅公布第三届湖北省高校辅导员职业能力大赛结果，材料与化学学院辅导员吴迪获三等奖。

本月　2014年美国大学生数学建模竞赛成绩揭晓，学校学子获一等奖1项、二等奖1项。其中，由数学与物理学院学生沈可、经济管理学院学生杨池、信息工程学院学生刘宇组成的团队获一等奖；由数学与物理学院学生崔浩、王有元、夏全组成的团队获二等奖。

本月　童金南荣获2014年"全国五一劳动奖章"。

本月　冯庆来被法国政府授予"法国棕榈教育骑士荣誉勋章"，以表彰他在中法科研国际合作及教育交流领域所作出的突出贡献。

本月　教育部公布100个国家级虚拟仿真实验中心名单，学校矿产资源形成与勘查开发虚拟仿真实验教学中心入选。

5月

1日　中国地质大学加拿大校友会成立。

4日　体育课部2011级研究生陈晨获评2014年"湖北青年五四奖章"。

4日　"五月的鲜花　我们的中国梦"2014年全国大学生校园文艺会演在中央电视台一号演播大厅举行，以陈晨成功登顶珠峰故事为原型的原创音乐情景剧《攀登》登上舞台。

7日　教育部巡视组赴学校巡视工作动员会召开。教育部巡视组组长、重庆大学党委原书记祝家麟，教育部巡视组副组长、华南理工大学党委原书记刘树道，教育部巡视组副组长、教育部巡视办副主任牛燕冰，教育部巡视工作办公室主任贾德永等出席会议。

9日　中国地质大学安徽校友会成立。

12日　中国地质大学江苏校友会成立。

12日　中国矿物岩石地球化学学会授予李超、赵军红"第15届侯德封矿物岩石地球化学青年科学家奖"。

13日　中国科学院南京地质古生物研究所陈旭院士来校，为师生作题为《奥陶系、志留系黑色页岩的时空分布及构造背景》的学术报告。

14日　武汉兴得科技有限公司再次向学校捐赠27万元，设立"兴得科技励志奖学金"，用于奖励学习成绩优秀、遵守校规校纪的学生。

14日　学校与台湾东华大学签署合作协议。

18日　第四届全国石油工程设计大赛颁奖大会在中国石油大学（北京）举行。学校学子获得一等奖、二等奖、三等奖、优胜奖各1项，4位教师获评"优秀指导老师"。

19日　国土资源部通报表扬全国矿产资源潜力评价工作先进集体和先进个人，地质调查研究院获评先进集体，成秋明、张克信、夏庆霖获评先进个人。

20日　中国高等教育学会档案工作分会授予王根发"档案工作分会工作先进个人"称号。

21日　湖北省教育厅公布2013年湖北省大学生优秀科研成果获奖名单,学校学子获得一等奖1项、二等奖2项、三等奖4项。

21日　湖北省教育厅公布2014年度省级精品视频公开课名单,学校"珠宝玉石的鉴别与评价"和"人类合作行为分析"两门课程入选。

21日　湖北省高校党建和大学生思想政治教育第五督导巡视组组长杨杰一行来校,对学校贯彻执行《全国大学生思想政治教育工作测评体系(试行)》情况进行督导巡视。

26日　周国华当选第二届"湖北省青年创业导师",这是学校教师首次入选湖北省青年创业导师团。

28日　宗克清、沈传波、马睿、蔡记华、郭海湘、向东、陈涛、狄丞、左仁广、冯涛等10人,获评学校第十一届"十大杰出青年"。

本月　地球科学学院2013级直博生邓杰被美国耶鲁大学地质与地球物理学院全额奖学金录取,攻读博士学位。2014年耶鲁大学地质与地球物理学院在全球只招收18名研究生,其中在中国大陆仅录取2人。

6月

5日　经教育部同意,湖北省人民政府决定将中国地质大学江城学院转设为"武汉工程科技学院",同时撤销中国地质大学江城学院建制。

8日　武汉市人民政府在武汉理工大学大学生创业园举行"青桐学院"揭牌仪式暨"青桐计划"资助大学生创业项目颁奖活动。校长王焰新等7所在汉教育部直属高校校长受聘为武汉市"青桐学院"名誉院长。

9日　法国驻汉总领事马天宁(Philippe Martinet)一行来校访问。

10日　武汉市委常委、常务副市长贾耀斌来校调研"武汉·中国·宝谷"建设工作。

11日　襄阳宏伟航空器有限责任公司捐赠仪式在学校举行。该公司向学校捐赠40万元,用于支持师生开展户外运动教学和训练,这是其第二次向学校捐赠。

11日　国际著名地球化学家、德国马普化学所前所长霍夫曼(A. W. Hofmann)来校访问,并为广大师生作题为《地幔柱是如何把深部地幔样品带到地表的》的学术报告。校长王焰新向霍夫曼颁发学校客座教授聘书。

12日　由新华社湖北分社和湖北省教育厅联合发起、新华网承办的首届"长江学子"优秀大学毕业生评选活动颁奖典礼在武汉举行,地球科学学院2011级博士生沈俊荣获"长江学子"称号。

15日　学校黄山教学研究实践基地挂牌。

16日　由国家自然科学基金委员会地学部、教育部和外国专家局111项目(教育部和外国专家局联合组织"高等学校学科创新引智计划",简称"111计划"),王宽诚教育基金会等资助,生物地质与环境地质国家重点实验室主办,中国科学院南京地质古生物研究所、中国科学院古脊椎动物与古人类研究所协办的"第三届地球生物学国际会议"在武汉召开。

18日　学校周口店实习站基础设施和房屋改造项目通过竣工验收。

25日　武汉大学李德仁院士在八角楼为师生作题为《从智慧城市到数字地球》的学术报告。

25日　湖北省人力资源和社会保障厅、省档案馆授予学校档案馆"全省档案工作先进集体"称号。

27日　学校青年科技工作者协会成立。该协会旨在团结学校青年科技工作者、促进青年科技工作者创新能力提升。其中,左仁广任主席,宋海军、沈传波、马睿、文国军、胡守庚、郭海湘任副主席,蒋凤任秘书长,蔡记华等13人任委员。

30日　学校举行纪念建党93周年暨"党徽照我行——支部引领"工程总结表彰大会,表彰2013—2014年度先进基层党组织、优秀共产党员、优秀党务工作者等。

本月　学校收到多笔捐赠,包括:企业家徐文向学校捐赠100万元;地球科学学院11791班向学校捐赠117 910元;湖北恒顺矿业有限责任公司第三次向学校捐赠20万元;无锡金帆钻凿设备有限公司再次向学校捐赠20万元。

本月　在中央电视台举办的"希望之星"英语风采大赛(大学组)湖北赛区决赛上,2013级研究生黄佳卉、2012级本科生况霍凌霄获一等奖。

7月

2日　中国地质调查局党组成员、副局长李金发一行来校考察调研。

7日　武汉市市长唐良智一行来校调研"武汉·中国宝谷"建设工作。

15日　学校党委研究决定:引进的先进控制与智能自动化研究所学术团队与机械与电子信息学院自动化专业、测控技术与仪器专业、信息技术教学实验中心等联合组建自动化学院。

15日　学校党委研究决定:撤销华北研究院。

17日　国土资源管理学院成立大会暨首届办学指导委员会会议在北京举行。国土资源部党组成员、副部长汪民向中国地质大学(武汉)校长、国土资源管理学院院长王焰新授牌。

18日—21日　在"中海达杯"第三届全国高等学校大学生测绘技能大赛上,由信息工程学院学生郑根、甘元亮、田山川、王克志、刘志鹏组成的团队获团体总成绩二等奖、数字测图二等奖、导线测量三等奖、水准测量三等奖。

21日　在第七届全国大学生信息安全竞赛决赛上,计算机学院学生赵健、孙龙、韩春玲、王开心组成的团队获一等奖。

24日　"全国地质类野外实践教学基地建设研讨会"在周口店实习站召开。国土资源部党组成员、地调局党组书记、局长钟自然,教育部高教司司长张大良,国土资源部人事司副司长张绍杰等出席研讨会。

28日—30日 在"哈工大杯"第十六届全国机器人锦标赛暨"博思威龙杯"第五届国际仿人机器人奥林匹克大赛上,信息工程学院学生习文强、吴成进、卢彬鹏、李佳骏等组成的团队获得类人组仿人机器人遥控型2V2足球项目冠军、仿人型机器人拳击项目一等奖、仿真组足球5V5项目一等奖。

29日 在国际大学生体育联合会主办的第13届世界大学生羽毛球锦标赛上,公共管理学院行政管理专业2013级学生唐渊渟、区冬妮获女双冠军、混合团体冠军,并分获混双冠亚军。体育课部教师邹师思担任本次比赛中国队教练。

29日—30日 党委书记郝翔率队赴青海省都兰县对学校承担的"青海昆1∶50 000都兰县宗加地区两幅区域地质矿产调查"项目进行野外检查,并看望慰问在野外一线开展地质填图作业的师生。

本月 在中共中央组织部举办的2013年全国党员教育电视片观摩交流活动中,学校原创话剧《大地之光》获"特别奖"(编者注:"特别奖"为最高奖)。

8月

9日 全国大学生电子设计竞赛2014信息安全技术专题邀请赛闭幕,计算机学院学生赵健、张墨涵、王开心组成的团队获二等奖。

19日—22日 湖北省教育工会举办第四届青年教师教学竞赛(高校组),杨飞获理科组二等奖、王国庆获工科组二等奖、姚夏晶获外语组三等奖。

29日 中央纪委驻教育部纪检组长、教育部党组成员王立英来校考察调研。

本月 汤森路透公布2014年全球"高被引科学家"名单,高山、吴元保、吴敏、何勇入选。

9月

2日 人力资源和社会保障部、教育部授予龚一鸣"全国模范教师"称号。

3日 由全国科技活动周组委会办公室主办、中国科普网承办的2014年优秀科普微视频和动漫大赛评选结果揭晓,33部作品获评"优秀作品"。艺术与传媒学院方浩、经济管理学院鄢志武主创的科教片《甘肃张掖丹霞国家地质公园》成为唯一来自高校的获奖作品。

3日 湖北省政府学位委员会、湖北省教育厅公布2014年新建研究生工作站名单,学校武汉中地数码科技有限公司研究生工作站、湖北省鄂东南地质大队研究生工作站获批。

4日 杨坤光团队申报的"地质学专业精品课程建设与创新人才培养"成果获2014年高

等教育国家级教学成果二等奖。

4日　湖北省教育厅、省教育基金会下发《关于开展向2014年度湖北名师学习的通知》，马昌前入选2014年度"湖北名师"。

10日　学校与内蒙古自治区国土资源厅签署战略合作协议。根据协议，双方建立战略合作伙伴关系，在人才培养、科研攻关、矿产资源开发利用与经营管理等方面开展合作。

10日　湖北省委高校工委、省教育厅联合省高校思想政治教育研究会，在学校召开湖北省高校思想政治教育工作会议暨高校思政研究会2014年年会。

15日　教育部赴中国地质大学（武汉）巡视组向学校反馈巡视工作情况。

18日—21日　中国期刊交易博览会公布2014年度"中国最美期刊"遴选结果，学校《地球科学（中文版）》入选。

19日—21日　第八届中国国际科教影视展评暨制作人年会暨"中国龙奖"颁奖典礼在深圳举行，方浩主创的科教纪录片《问难舟曲》获"中国龙奖"铜奖。

21日　在2014年仁川亚运会游泳比赛女子400米自由泳决赛上，公共管理学院2011级本科生张雨涵获中国游泳队首金。

22日　学校"7+2"登山队成功登顶澳洲最高峰——科修斯科峰。

9月24日—10月6日　受国家汉办、孔子学院总部委派，学校艺术团赴保加利亚、罗马尼亚、塞尔维亚等东欧三国的6所孔子学院及2所友好合作高校巡回演出，与全球457所孔子学院共庆孔子学院成立十周年。

25日　湖北省知识产权局局长张彦林与校长王焰新共同为落户学校的"湖北省知识产权与技术转移中心（资源环境）"揭牌。

28日　武汉市委常委冯记春到武汉地质资源环境工业技术研究院调研。

本月　马克思主义理论博士后科研流动站获批设立。至此，学校共有13个博士后科研流动站。

10月

2日　2014年度校友值年返校暨1984届校友毕业30周年返校活动在弘毅堂举行。1000余名校友及家属欢聚一堂，追忆往昔峥嵘岁月，畅叙师生情、同学谊。

8日　第三届全国大学生地质技能竞赛获奖名单公布。学校2个代表队获"地质技能综合应用"竞赛优胜奖，2个代表队获"野外地质技能"竞赛三等奖，2个代表队获"地质标本鉴定"竞赛三等奖，学校获"团体奖"优胜奖和"优秀组织奖"。

12日　首届"中国生态-环境青年学者论坛"在学校举行。

12日　由学校发起举办的"亚洲特提斯造山与成矿暨高等教育合作国际研讨会"在八角楼召开。中国科学院院士许志琴、殷鸿福、金振民，国际地科联副主席Yildirim Dilek教授、英国卡迪夫大学Junian Pearce教授以及来自丝绸之路经济带沿线15个国家的80余名专家代表参加研讨会。

14日　湖北省教育厅下发《关于公布2014年、2015年湖北省高等学校战略性新兴(支柱)产业人才培养计划本科项目的通知》,学校空间信息与数字技术、地球信息科学与技术专业入选,分别对应电子信息业、新一代信息技术行业。

15日　校领导郝翔、王焰新、万清祥等赴北京向教育部副部长鲁昕汇报新校区建设与特色工科建设工作。鲁昕对学校工作给予高度肯定,并表示教育部将在政策和资金上大力支持学校新校区建设。

16日　学校与国家测绘地理信息局职业技能鉴定指导中心签署战略合作协议。根据协议,双方将充分发挥各自的资源和优势,在人才培养、科学研究、技能鉴定等领域进行深度合作。

16日　教育部公布《第二批"十二五"普通高等教育本科国家级规划教材书目》。学校6种教材入选,分别为:桑隆康、马昌前编著的《岩石学(第二版)》,赵珊茸编著的《结晶学及矿物学(第二版)》,张宏飞、高山编著的《地球化学》,何生、叶加仁、徐思煌、王芙蓉编著的《石油及天然气地质学》及实习指导书,张人权、梁杏、靳孟贵、万力、于青春编著的《水文地质学基础(第六版)》,项伟、唐辉明编著的《岩土工程勘察》。

17日—19日　中国区域科学协会2014年年会在学校召开。湖北省委宣传部副部长王中桥、中国社科院城市与环境研究所副所长魏后凯等领导和专家出席会议,中国人民大学经济学院教授、中国区域科学协会理事长孙久文主持大会开幕式。

18日　学校召开首届校友企业家座谈会。校领导傅安洲、万清祥,校友企业家代表,老教师代表,相关学院及职能部门负责人参会。

18日　民盟中央委员会授予民盟中国地质大学(武汉)委员会"民盟思想宣传工作先进集体"称号。

18日—19日　在湖北省第五届全国极限飞盘公开赛上,学校极限飞盘协会代表队获得冠军。

23日　图书馆改扩建项目通过竣工验收。

24日　武汉东湖资本谷、"武汉·中国宝谷"揭牌暨两岸三地珠宝产业合作发展论坛在学校举行。

25日　"光谷·青桐汇"地大专场在学校举行,武汉市市长唐良智等出席。

26日　湖北省高校第九届老年人体育舞蹈比赛落下帷幕,学校老年人交谊舞队首次组队参赛并获一等奖。

27日　汤森路透集团颁发首届"汤森路透中国引文桂冠奖"。学校4人获"高被引科学家奖",获奖人数位列全国高校第三。其中,高山、吴元保获地学领域"高被引科学家奖",自动化学院吴敏、何勇获工程领域"高被引科学家奖"。

27日　邓宏兵主持申报的"湖北省区域创新能力检测与分析软科学基地"项目获批,成为首批湖北省科技厅软科学研究基地。

29 日　湖北省科学技术协会表彰 2014 年度省科协"科技创新源泉工程"先进单位和先进个人。《安全与环境工程》编辑贾晓青、《地质科技情报》编辑刘江霞、《地球科学（中文版）》编辑姚戈获评"优秀编辑"。

31 日　法国原子能与可替代能源委员会科研主任、法国环境与气候科学实验室（LSCE）循环与转化研究团队负责人 Philippe Ciais 来校访问，并为师生作题为《碳循环与气候变化——碳排放的增加和碳汇的不确定性》学术报告。

31 日　档案馆申报的"档案工作规范管理 3A 级档案馆"项目通过湖北省档案局组织的专家评审。

本月　南京华狮化工有限公司执行总裁、岩矿分析专业 1984 届校友苏桂珍通过学校教育发展基金会捐赠 10 万元，设立"华狮化工奖学金"，用于奖励材料与化学学院具有创新成果的优秀学生。

本月　中国高校校报新闻奖、湖北高校校报新闻奖评选结果揭晓。学校 4 件作品获中国高校校报新闻奖，其中一等奖 2 项；11 件作品获湖北高校校报新闻奖，其中一等奖 5 项。

11 月

2 日　国土资源部公布 2014 年度国土资源科学技术奖获奖项目，罗学东团队完成的"冻融循环作用下矿山高陡边坡稳定性分析与安全控制"获二等奖。

2 日　在第三届湖北省大学生物理实验创新设计竞赛上，学校代表队获一等奖 1 项、二等奖 2 项、三等奖 1 项。

3 日　湖北省教育厅公布 2014 年湖北高校省级重点实验教学示范中心及省级虚拟仿真实验教学中心建设项目名单，地球探测技术实验教学示范中心、周口店野外地质虚拟仿真实验教学中心入选。

4 日　由共青团中央、教育部、人力资源和社会保障部、中国科学技术协会、中华全国学生联合会、湖北省人民政府主办的"创青春"全国大学生创业大赛终审决赛落幕。学校 6 支参赛团队获 1 金 3 银 2 铜，学校获"优胜杯"。

4 日　教育部党组成员、部长助理林蕙青一行来校考察调研。

4 日　国土资源部党组成员、副部长，学校国土资源管理学院办学指导委员会主任汪民一行来校考察调研。

4 日　"欧阳自远星"命名仪式在贵阳举行。为弘扬学校 1956 届校友、中国科学院院士欧阳自远的学术贡献和科学精神，国家天文台决定将一颗由国家天文台施密特 CCD 小行星项目组发现、正式编号 8919 的小行星命名为"欧阳自远星"。

4 日—8 日　学校获第 16 届中国国际工业博览会高校展区优秀展品一等奖和"展会优秀

组织奖"。

7日　第六届全国计算机仿真大赛组委会在"计算机仿真"官网公布大赛结果,计算机学院学生获得一等奖1项、三等奖2项,3名教师获"优秀辅导奖"。

7日　国家教育发展研究中心主任张力应邀来校,为全体校领导和处级干部作题为《高等教育形势与政策》的报告。

7日—9日　湖北高校统战理论研究会第30次年会召开。唐勤撰写的《影响高校中青年党外人士参政议政因素分析及对策研究——以武汉某高校为例》获"优秀论文"一等奖。

8日　2014年"高教社杯"全国大学生数学建模竞赛结果揭晓,学校代表队获2项二等奖。

10日　第三届高等学校自制实验教学仪器设备评选活动获奖名单公布。王广君团队研制的"虚拟传感器实验教学平台"获二等奖,学校另有7件作品获优秀奖。

10日　第十九届FIRA世界杯机器人足球比赛落下帷幕,学校"CUG机器人足球队"获得亚军3项、季军1项。

10日—12日　教育部第五届中国高校精品·优秀·特色科技期刊奖颁奖大会暨中国高校科技期刊研究会第七次会员代表大会召开。《地球科学(中文版)》和 *Journal of Earth Science* 获评"中国高校精品科技期刊奖",《地质科技情报》获评"中国高校优秀科技期刊"。

11日—12日　《中国地质大学报》获评"湖北省高校2013—2014年度最佳校报"。

13日　山西省高校工委副书记张培良,山西省教育厅稳定办和山西大学、太原理工大学、太原科技大学、太原师范学院、山西大同大学、山西医科大学等相关负责人,来校调研民族学生教育培养工作。

18日　"中国地质大学——湖北省地质局第一地质大队研究生工作站"授牌仪式在大冶市湖北省地质局第一地质大队举行。

20日　智利比奥比奥大区主席罗德里格·迪亚兹·沃尔内尔率团来校访问。

24日　全国总工会宣传教育部通报表彰"争当学习型职工读书活动"先进单位和征文获奖作者,陈华文撰写的《三代人同读"梦想"这本书》获评"优秀征文"。

26日　苏丹高等教育和科学研究部部长苏梅娅·穆罕默德·艾哈迈德·艾布卡什瓦一行来校访问。

26日　学校与武警黄金指挥部签署战略合作协议。根据协议,双方将在人才培养、技术支撑、项目合作等方面开展深度合作,搭建合作发展平台,实现共赢。

27日　教育部副部长郝平听取学校关于"丝绸之路学院"的工作汇报并给予高度肯定,提出由学校牵头开展"中约大学"筹建工作。

27日　全国高校思想政治教育研究会授予湖北省高校思想政治教育研究会"先进工作单位"称号,湖北省高校思想政治教育研究会秘书处设在学校党委宣传部。

本月　学校99个项目获2014年度国家自然科学基金集中受理期资助,获直接资助经费6800余万元。其中,冯庆来、蒋少涌、靳孟贵获批重点项目,章军锋获批国家杰出青年科学基金项目,赵葵东、蒋宏忱获批国家优秀青年科学基金项目。

本月 科技部办公厅公布中国IODP新一届专家咨询委员会名单,中国科学院院士金振民入选。

本月 2014年湖北省全国科普日活动获奖名单揭晓,隋红、蒋凤荣获"2014年湖北省全国科普日活动先进个人"称号。

12月

2日 受国务院副总理刘延东邀请,校长王焰新赴国务院参加全国留学生工作恳谈会。

4日 校领导赴湖北省人民政府汇报"中约大学"筹建工作。副省长王晓东对学校工作给予高度肯定,并批复大力支持学校筹建"中约大学"。

4日 由共青团中央、民政部等单位共同主办的志愿服务广州交流会暨首届中国青年志愿服务项目大赛落下帷幕,学校提交的"碧水长流——防治水污染公益行动"项目获银奖。

5日 国家外国专家局办公室副主任汤孝军率文教项目巡视组一行来校检查引智工作,并重点检查"高等学校学科创新引智基地"。

5日 武汉地质资源环境工业技术研究院与张家港保税区签订合作协议,共建知识产权与技术转移中心。

6日 副校长万清祥一行赴福建厦门走访校友,并与1982届校友、中侨实业有限公司董事长、中元大酒店有限公司董事长李忠荣签署捐赠协议。根据协议,李忠荣将向学校教育发展基金会捐200万元支持北校区新大门建设。此前,李忠荣曾捐赠100万元支持东、西校区大门修缮和北校区新大门建设。

7日 由共青团中央学校部、中华全国学生联合会秘书处举办的"全国百佳体育公益社团"工作会召开,自行车协会荣获"全国百佳体育公益社团"称号。

10日 共青团中央、中华全国学生联合会下发2014年全国大学生志愿者暑期"三下乡"社会实践活动表彰文件,学校荣获"全国大学生暑期社会实践活动先进单位"称号。

12日 郝芳荣获"全国优秀科技工作者"称号。

12日 学校与韩国首尔国立大学、韩国JIU公司和武汉地质资源环境工业技术研究院有限公司签约共建的"土壤修复技术与应用中-韩联合实验室"揭牌。

13日 在2014年全国高校移动互联网应用开发创新大赛上,学校学子完成的视频封面提取软件"Capture Covers"荣获一等奖,学校是湖北地区唯一获得一等奖的高校。

15日 在中央级事业单位科技成果使用、处置和收益权管理改革试点工作会议上,学校获批"首批深化科技成果使用处置和收益管理改革试点单位"。

15日 学校成立丝绸之路学院,挂靠国际合作处,校长王焰新兼任院长,国际合作处处长马昌前兼任执行院长。

20日　地下水与环境国际科技合作基地、地质工程国际联合研究中心分别被认定为"湖北省示范型国际合作基地和湖北省国际联合研究中心"。

26日　智能地学信息处理实验室获批为湖北省重点实验室。

29日　苏丹红海大学、卡萨拉大学、加达里夫大学3所高校代表团来校访问。

29日　李忠荣校友捐建的北校区大门落成。校长王焰新和李忠荣共同为北校区新大门揭牌，党委副书记傅安洲代表学校为李忠荣颁发"中国地质大学最美校友"证书。

29日—30日　约旦驻华大使馆大使叶海亚·卡拉莱来校访问，商议"中约大学"筹建事宜。

31日　湖北省教育厅办公室公布2014年度湖北省本科高校专业综合改革试点项目，学校安全工程专业获批。

31日　由武汉市旅游文化发展促进会和武汉市旅游协会主办的"武汉旅游知名品牌"颁奖仪式举行，逸夫博物馆荣获首届"武汉旅游知名品牌"称号。

本月　工程学院勘查技术与工程专业2004届毕业生徐亮在学校设立"徐亮助学金"，用于资助勘查技术与工程和地质工程（岩土钻掘方向）2个专业的全日制在读本科生。项目周期5年，每年资助5名，每生每年2000元。

本月　教育部公布第二批"十二五"普通高等教育本科国家级规划教材书目。学校《岩石学（第二版）》《结晶学及矿物学（第二版）》《地球化学》《石油及天然气地质学》《水文地质学基础（第六版）》《岩土工程勘察》6种教材入选。

本年

学校成立大学生创新创业教育领导小组和创新创业教育中心，出台《大学生创新创业教育发展规划（2014—2020）》，制定大学生创新创业学分认定办法。

2015 年

1月

1日　图书馆扩建后开馆试运行。

5日　湖北省教育厅公布2014年高等学校省级教学研究项目名单,学校19个教学研究项目、1个大学体育类教学改革项目获批。

6日　马昌前团队完成的"大别造山带及邻区岩浆作用与成矿动力学背景研究"获湖北省自然科学一等奖,王焰新团队完成的"黄姜加工水污染控制关键技术研究与工业化应用"获湖北省科技进步一等奖,蔡之华团队完成的"自适应智能优化与学习方法"获湖北省自然科学二等奖,严春杰团队完成的"高岭土优化利用及其呆废矿盘活的关键技术"获湖北省技术发明二等奖。

6日　审计处获评"2011—2013年度湖北省内部审计先进集体",刘晓华获评"2011—2013年度湖北省内部审计优秀工作者"。

13日　基金会中心网在北京举办"中基透明指数2014排行榜"发布会,学校基金会入选最"透明口袋"。

14日—17日　校长王焰新率学校代表团访问约旦,和约旦政府高等教育与科学研究部签署《推进"中约大学"建设合作意向书》。

20日　学校与美国圣地亚哥州立大学合作举办的统计学专业本科合作办学项目通过教育部评议,获得办学资格。这是学校获批的第一个中外合作办学本科项目。

28日　中央电视台《新闻联播》栏目报道学校常温常压储氢技术转化成果。

本月　学校知识产权与技术转移中心入选科技部第六批国家级技术转移示范机构。

2月

1日　湖北日报公布"第九届湖北优秀期刊奖""第五届湖北优秀期刊工作者奖"获奖名

单。《中国地质大学学报（社科版）》和 Journal of Earth Science 获"湖北精品期刊奖"，《地质科技情报》和《安全与环境工程》获"湖北优秀期刊奖"，《宝石和宝石学杂志》"宝石·检测"栏目获"期刊特色栏目奖"，王淑华、刘传红、刘江霞、贾晓青获评"湖北优秀期刊工作者"。

2日　爱思唯尔发布 2014 年中国高被引榜单，公布 38 个学术领域 1651 名最具世界影响力的中国学者。高山、刘勇胜、谢树成、张宏飞、蒋少涌、蒂姆·柯斯基入选地球和行星科学学术榜，吴敏、何勇入选控制与系统工程学术榜。

12日　帅琴负责的"分析化学"、叶敦范负责的"电工与电子技术（非电类）"、张宏飞负责的"地球化学"、郑贵洲负责的"地理信息系统"4 门本科课程，被湖北省教育厅列为 2014 年度省级精品资源共享课立项建设名单。

15日　经国务院批准，冯庆来、靳孟贵、徐义贤享受 2014 年政府特殊津贴。

3月

2日　学校被武汉市委、市政府评为创建全国文明城市工作"突出贡献单位"。

4日　比利时钻石高阶层会议联盟（HRD）代表 Katrien 一行来校访问，商谈共建深圳珠宝特色学院等事宜。

5日　武汉市委常委、常务副市长贾耀斌一行调研"武汉·中国宝谷"工作进展。

9日　公共管理学院行政管理专业 2013 级学生唐渊淳和搭档包宜鑫获全英羽毛球公开赛女双冠军。

11日　教育部核准通过《中国地质大学（武汉）章程》。

13日　学校昆山产学研基地及昆山实习基地揭牌仪式在昆山市举行。

13日　《科学》刊发论文《嫦娥三号揭示雨海北部年轻的多层地质结构体》，介绍肖龙团队和澳门科技大学、中国科学院电子学研究所、中国科学院国家天文台等单位研究人员共同完成的"嫦娥三号"探月工程最新探测成果。这是我国嫦娥探月工程自实施以来，科学家就该工程首次在国际顶级学术期刊上发表科学成果。

27日　方浩获评"第三届湖北省科普先进工作者"。

本月　由全球水联盟主办、宾夕法尼亚大学承办的"创新：性别平等与水资源、环境卫生和个人卫生学生竞赛"落幕。环境学院学生参赛项目"发展中国家水质问题地区妇女生活压力及健康问题研究"进入四强，成为中国区唯一入选四强的项目。

本月　左仁广获国际地球化学学会首届"Kharaka 奖"。

本月　蒋少涌获 2015 年第十四次"李四光地质科学奖科研奖"。

4月

2日 "警地共建"技术帮带活动表彰会暨第二批帮带专家选派工作启动仪式在北京武警黄金指挥部举行。张雄华、杨宝忠、寇晓虎顺利完成首期"警地共建"帮带任务，被授予"技术帮带先进工作者"称号。

7日 王林清、马彦周、张建和主编的著作《高校事务管理规范与服务标准》，获2014年度"全国高校学生工作优秀学术成果特等奖"。

8日 奥贝亚自行车（昆山）有限公司、昆山捷美服装有限公司与学校基金会签署捐赠协议，分别捐赠30万元和20万元，用于支持学校体育课部师生开展户外运动，同时为户外专业学生设立奖学金。

12日 新校区首个单体建筑——学生宿舍一组团建设项目开工。

13日 教育部办公厅公布第七批精品视频公开课名单，王焰新等讲授的课程"地下水与环境"入选。

20日 中国气象局、教育部在北京联合召开气象教育工作座谈会，成立"中国气象人才培养联盟"，学校成为该联盟成员之一。

22日 国土资源部不动产中心主任叶明全一行来校访问，商谈国土资源法律评价工程实验室建设事宜。

23日 逸夫博物馆申报的"中国自然灾害发展趋势及自救逃生方略系列讲座及科普活动"项目，获全国高校博物馆育人联盟优秀育人项目特等奖。

23日—25日 第四届全国辅导员职业能力大赛第五赛区（豫、鄂、湘、赣、贵地区）复赛在郑州大学举行，经济管理学院辅导员熊思沂获赛区二等奖。

25日 中国地质大学陕西校友会成立。

26日 2013级行政管理专业学生唐渊淳和搭档马晋获亚洲羽毛球锦标赛女双冠军。

26日—28日 学校原创话剧《大地之光》在陕西师范大学连续三天进行专场汇演，分别面向高校师生、中学生和陕西省地矿系统全体员工及社会公众进行演出。中国科学技术协会副主席、书记处书记陈章良，陕西省人大常委会副主任吴前进，陕西省科学技术协会党组书记、常务副主席呼燕，陕西省地矿总公司总经理赵廷周，学校党委书记郝翔、党委副书记傅安洲，陕西师范大学校长程光旭及党委副书记、副校长王涛等出席活动。

29日 教育部直属高校基本建设规范化管理专项检查组来校进行专项检查。

29日 民盟地大委员会被民盟湖北省委员会评为"先进基层组织"。

本月 2015年美国（国际）大学生数学建模竞赛成绩揭晓。学校12支参赛队伍均获奖，其中一等奖1项、二等奖5项、三等奖6项。

本月 学校出版社出版的《地震知识100问》《地质灾害100问》《晶体魔方》《嫦娥奔月》4

种图书入选教育部基础教育课程教材发展中心向全国颁布的《2015年全国中小学图书馆(室)推荐书目》。

本月　学校举行党员干部政治纪律和政治规矩集中教育活动。

本月　"楚天-土库曼斯坦研究中心"挂牌。

5月

4日　学校原创作品《丝路新语》亮相中央电视台"五月的鲜花"主题晚会。

4日　由中国青年科技工作者协会与中国青年报社共同主办、中科网协办的首届"最美青年科技工作者"名单出炉,环境学院2013级博士研究生彭浩入选。

7日　全国政协副主席、民建中央常务副主席马培华一行到武汉地质资源环境工业技术研究院考察调研。

8日　学校和广州飞瑞敖电子科技有限公司共建的教育部本科教学工程"资源环境物联网大学生校外实践教育基地"揭牌。

9日　国土资源部科技与国际合作司副司长白星碧一行来校调研"一带一路"工作。

13日　湖北省委组织部下发《关于2014年度全省党的基层组织建设工作述职评议考核情况的通报》,学校2014年度党的基层组织建设工作受到表扬。

15日　帕拉代姆技术(北京)有限公司与学校签约合作建设软件联合实验室,并赠予学校一套价值600万美元的勘探和生产软件。

15日　学校报送的作品《用时尚艺术的方式开展大学生社会主义核心价值观教育——校园原创话剧〈大地之光〉光耀大地》,获湖北省教育厅2014年全省高校校园文化建设优秀成果特等奖。

16日　2015年湖北省暨武汉市科技活动周启动仪式在岱家山科技城举行,中地大科创咖啡获批湖北省首批"众创空间"。

20日　学校召开"三严三实"专题教育动员会。

23日　"第一届矿区污染防治国际学术研讨会暨第四届中-匈Workshop"在学校举行。

24日　约旦哈西姆王国高等教育与科学研究部大臣拉比卜·穆罕默德·哈桑·赫达拉一行来校访问,为"约旦研究中心"揭牌,商议共建"中约大学"事宜。

24日　在第五届中国石油工程设计大赛上,学校代表队获图文大赛一等奖1项,设计大赛二等奖1项、三等奖2项,知识竞赛三等奖1项、优胜奖1项。

24日—25日　学校参与主办的"全国矿产资源定量预测暨信息技术支撑学术讨论会"在武汉举行。

25日　在全国地质勘查行业"最美地质队员"评选活动总结表彰大会上,学校15名校友荣获"最美地质队员"称号。分别是:中化地质矿山总局地质研究院田升平、中国人民武装警察部队黄金地质研究所卿敏、青海省第四地质矿产勘查院曹德智、宁夏回族自治区煤田地质局韩朋、新疆维吾尔自治区有色地质勘查局地质矿产勘查研究院成勇、湖南省湘南地质勘察院许以明、福建省闽西地质大队苏水生、中化地质矿山总局地质研究院徐少康、天津地热勘查开发设计院杨永江、山东省地质调查院杨丽芝、西藏自治区地质矿产勘查开发局第五地质大队李彦波、浙江省第一地质大队吴光明、河北省地质调查院张秀芝、广东省佛山地质局张宗胜、湖北省地质局水文地质工程地质大队周霞。

28日 在第十二届全国大学生心理健康教育与咨询学术交流会上,大学生咨询中心获评"2010—2015年度大学生心理健康教育工作优秀机构",郭兰获评"大学生心理健康教育工作优秀工作者"。

29日 矿产系1996届校友、上海迪探节能科技有限公司董事长龙运雷向学校捐赠15万元,在经济管理学院设立创新创业基金。

29日 第一届"地大杯"校友足球赛在学校举行,4个校友分会足球队、近百人参赛。上海校友会足球队获得冠军。

本月 学校接受教育部国有资产专项检查。

本月 据美国汤森路透集团的《基本科学指标》数据库(Essential Science Indicators,简称ESI)最新数据显示,中国地质大学首次进入ESI地球科学领域前1‰的行列,成为两岸四地唯一进入该领域前1‰的高校;同时,中国地质大学首次进入ESI材料科学领域前1%。

6月

3日 夏威夷大学马诺阿分校副校长布莱恩·泰勒一行来校访问。

10日 教育部思想政治工作司公布第八届全国高校校园文化建设优秀成果评选结果,学校申报的《演绎科学大师人生 弘扬科学大师精神——倾力打造校园文化精品〈大地之光〉》荣获一等奖。

10日 学校登山队成功登顶北美最高峰——海拔6194米的麦金利峰(编者注:今迪纳利峰)。

19日 教育部高校思想政治理论课教学指导委员会、《思想理论教育导刊》编辑部、高校思想政治理论课程研究中心公布高校思想政治理论课教师2014年度影响力人物推选结果,郭关玉荣获"高校思想政治理论课教师2014年影响力提名人物"称号。

26日 新华社湖北分社和湖北省教育厅联合发布第二届"长江学子"优秀大学毕业生评选结果,工程学院2013级硕士研究生方堃获"长江学子"创新奖。

28日 中国地质大学苏州校友会成立。

29日 湖北省委高校工委、省教育厅通报表扬"东方之星"号客轮翻沉事件善后心理援助的高校及个人,学校及心理咨询中心郭兰、吴和鸣、王煜、刘陈陵受到表扬。

30日　全国优秀县委书记表彰会议在北京举行,公共管理学院行政管理专业2008届硕士研究生、山东省威海市环翠区区委书记林红玉受到表彰。

本月　构造与油气资源实验室顺利通过教育部重点实验室评估。

本月　中共湖北省委、湖北省人民政府授予学校"2014年度湖北省社会管理综合治理优胜单位"称号。

7月

1日　教育部学位管理与研究生教育司副司长黄宝印一行来校调研学科建设工作。

2日　中央文明办发布6月"中国好人榜",地球物理与空间信息学院2014届本科毕业生钱瑞入选。

3日　中国石油勘探开发研究院向学校捐赠CIFlog测井软件。

4日　学校举行首届研究生招生校园开放日暨研究生招生学子见面会。

11日　学校发文追授龚建鹏同学"'品德高尚 关爱同学'优秀研究生"荣誉称号,并号召全校师生向他学习。龚建鹏是资源学院矿产普查与勘探专业2014级硕士研究生。2015年7月1日,龚建鹏在青海省西宁市循化县清水乡阿么叉山进行野外实习时,为搜寻和营救滞留于山顶失联的同学,不幸意外跌落山崖,献出了年轻的生命,年仅24岁。

23日　学校与中国气象局在北京签署战略合作协议。

25日　中国地质大学北京校友会成立。

27日—28日　第八批"3551光谷人才计划"拟资助人才项目名单出炉,学校8家孵化企业入选。

28日　中国银行湖北省分行党委书记葛春尧、副行长吴正娴一行来校,与学校签署数字化校园暨银校合作协议。

31日　党委书记郝翔率学校办公室、党委武装部、离退休干部处负责人慰问田苏、张国柱、徐灿英、于新洲等参加过抗战的4位老战士。

本月　在第28届世界大学生夏季运动会羽毛球比赛上,公共管理学院学生区冬妮、王懿律代表中国大学生队参赛,获团体亚军。区冬妮、王懿律还分别与队友获女双亚军和男双亚军。

本月　美国汤森路透集团的《基本科学指标》数据库(Essential Science Indicators)最新数据显示,学校化学学科首次进入ESI化学领域前1%。这是学校继地球科学、工程学、环境/生态学和材料科学领域之后,第5个进入ESI全球机构排名前1%的学科。

8月

3日　在第八届全国大学生信息安全大赛上,计算机学院学生肖诗尧、田凯、庞晓健、王小双参赛作品《面向疏堵兼备的 Android 隐私保护系统》获一等奖,宋军获"优秀指导教师奖";张耕毓、张群、蔡思阳、蔡耀明参赛作品《基于移动云计算的远程实时监控与主动隐秘取证系统》获二等奖。

6日　湖北省委统战部秘书长杨声驰、中国民主促进会湖北省委专职副主委唐瑾一行来校,向中国民主促进会会员、材料与化学学院沈毅副教授反馈情况,并进行感谢和慰问。此前,沈毅撰写的报告获中央政治局常委、国务院副总理张高丽批示。

7日　党委副书记、纪委书记成金华率马克思主义学院党委书记侯志军、院长高翔莲等,赴学校"理论热点面对面"对口单位——英山县红山镇调研。

8日　武汉市委常委、常务副市长贾耀斌,市政协副主席吴一民一行到武汉地质资源环境工业技术研究院园区建设现场考察调研。

12日　王红梅获评"2015年度湖北省师德先进个人"。

17日　学校148个项目获2015年度国家自然科学基金集中受理期资助,较上年度增幅54%,获总资助经费首次突破亿元大关。其中,王焰新获批创新研究群体科学基金项目,童金南、刘勇胜、徐义贤获批重点项目,郑建平获批国际(地区)合作研究项目重点项目,左仁广、袁松虎获批国家优秀青年科学基金项目。

21日　胡兆初当选"英国皇家化学学会会士"。

28日　湖北省教育厅副厅长张金元一行来校调研大学生创新创业教育实践(孵化)基地建设情况。

8月31日—9月1日　学校召开"十三五"规划编制工作研讨会。

9月

2日　受联合国国际农业发展基金(IFAD)委托,帅传敏向 IFAD 罗马总部提交其主持的重大国际合作项目——《基于计量经济学方法的联合国 IFAD 中国项目影响评估》的评估报告。这是中国专家组首次独立完成的 IFAD 中国项目大范围系统性深度评估。

6日　学校举行抗战胜利七十周年座谈会。

10日　在湖北省高校教职工庆祝教师节暨第六届"教工杯"文艺汇演上,学校选送的情景剧《地质·梦·家园》获二等奖。

13日　学校与青海省地质矿产勘查开发局签署共建"青海地热综合利用发电项目"合作

协议。

18 日　2015 年湖北省青年职业技能大赛暨首届大学生讲解大赛决赛举行,工程学院学生彭锦超获"优胜奖",逸夫博物馆获"最佳组织奖"。

19 日　第六届"外教社杯"全国高校外语教学大赛湖北赛区决赛举行,姚夏晶获湖北赛区英语专业组一等奖。

25 日　牛津大学地球科学系加入"地球科学国际大学联盟"签字仪式举行。"地球科学国际大学联盟"于 2012 年 12 月由学校发起成立。至此,已有 12 所世界地球科学领域名校成为该联盟成员。

25 日　《共和国的脊梁》专题节目在北京人民大会堂大礼堂上演,学校演出原创情景剧——《北京,不会震!》。

28 日　在湖北省人民政府建国 66 周年招待会暨 2015 年"编钟奖"颁奖仪式上,学校外籍专家维克多·契霍特金荣获"编钟奖"。

10 月

2 日　2015 年度校友值年返校暨 1985 届校友毕业 30 周年返校活动在弘毅堂举行。2200 余名校友及家属欢聚一堂,追忆往昔峥嵘岁月,畅叙师生情、同学谊。

12 日　学校与中交天津航道局有限公司签署战略合作协议。

12 日　由"何梁何利"基金评选委员会和湖北省科学技术厅主办、学校承办的"何梁何利"基金高峰论坛暨图片展在学校举行。

14 日　机械与电子信息学院和武汉蓝讯科技有限公司签署产学研合作框架协议。武汉蓝讯科技有限公司在学校设立"蓝讯科技奖学金",四年一期,每期提供 20 万元,用于奖励机械与电子信息学院 15 名品学兼优的学生。

14 日　国家机关事务管理局公共机构节能管理司副司长宋春阳一行来校检查指导节约型公共机构示范单位创建工作。学校通过国家第二批节约型公共机构示范单位评价验收。

17 日　由学校与世界青年地球科学家联盟共同主办的"丝绸之路青年领袖论坛"在学校举行。

17 日　地质过程与矿产资源国家重点实验室(GPMR)与巴基斯坦国家优秀地学研究中心(NCEG)在校签署合作协议,共同成立"特提斯地质与矿产联合实验室"。

17 日—18 日　"第二届亚洲特提斯造山与成矿国际学术研讨会暨丝绸之路高等教育合作论坛"在学校举行。

17 日　校长王焰新与澳大利亚詹姆斯库克大学副校长偌宾·梅基甘签署博士合作协议。

19 日　在 2015 中国机器人大赛暨 Robo Cup 公开赛全国总决赛上,学校"CUG 机器人足球队"获得 FIRA 仿真组 5VS5、11VS11 两项比赛的一等奖。

19日—21日　首届中国"互联网+"大学生创新创业大赛全国总决赛在吉林大学举行，艺术与传媒学院学生高辉团队项目"设计师在线教育平台"获金奖。

21日　第二届全国高校物联网应用创新大赛总决赛在江苏无锡落幕，学校代表队获二等奖2项、三等奖1项。

22日　科技部党组书记、副部长王志刚一行来校调研科技工作，湖北省省长王国生、副省长郭生练，省政协副主席、科技厅厅长郭跃进，省政府秘书长王祥喜等参加调研。

22日　第七届全国高校GIS技能大赛落幕，学校代表队获二次开发组特等奖，以及二等奖2项和三等奖1项。

23日　由中国国家自然科学基金委员会、中国科学院和日本学术振兴会主办，自动化学院承办的"第三届科学与技术前沿国际会议"举行。

24日　教育部副部长鲁昕一行来校调研，考察了新校区建设工地，并对新校区规划建设工作给予肯定。教育部发展规划司副司长刘昌亚、直属高校基建处处长韩劲红，职成司巡视员王继平、副巡视员周为，湖北省教育厅厅长刘传铁、副厅长张金元，武汉市人民政府副秘书长雷勇生，武汉未来科技城建设管理办公室副主任明铭等参加调研。

24日　"第四届先进计算智能与智能信息处理国际研讨会"在学校召开。

25日　在第40届ACM国际大学生程序设计竞赛亚洲区域赛上，学校学子获铜牌1枚、优胜奖1项。

26日　中国人民武装警察部队黄金指挥部人才培养基地在学校落户。

27日　学校与日本神户大学联合登山队成功登顶西藏境内海拔6330米的未登峰哒日峰。

30日　第二届全国高校移动互联网应用开发创新大赛在学校举行。

31日　在第六届湖北省大学生服装秀大赛上，学校参赛作品《国色青花》获团体一等奖。

10月31日—11月1日　2015年"全国测绘科学与技术博士生论坛"在学校召开。

11月

3日　1956届校友、中国科学院院士、"嫦娥工程"首任首席科学家欧阳自远来校作题为《地外生命的探寻》《中国的探月梦》两场学术报告。

4日　解习农获批国家自然科学基金重大研究计划重点项目。

6日　校长王焰新应人民网邀请畅谈世界一流大学和学科建设。

14日　学校第七届全国校友分会会长、秘书长联谊会2015年年会在广州举行。

14日—15日　高校环境类课程教学系列报告会在学校举行。

20日　在第十四届"挑战杯"全国大学生课外学术科技作品竞赛决赛上，学校6件作品入围决赛，获二等奖1项、三等奖5项。

17日　中国(武汉)海外科技人才离岸创新创业中心在武汉未来科技城揭牌。该中心由武汉地质资源环境工业技术研究院承办,并注册成立了海智之星(武汉)科技服务有限公司负责运作。

20日　党委书记郝翔、校长王焰新赴京向教育部副部长郝平汇报"中约大学"筹建工作进展。郝平对学校相关工作表示肯定与支持。

20日　光明日报副总编辑、光明网总裁兼总编辑陆先高受邀为学校师生作题为《融媒体的内涵与外延》的讲座。

21日　湖北省精神文明建设委员会办公室公布2013—2014年度湖北省级文明单位名单,学校被授予"省级文明单位"称号。

23日　"中约大学"建设研讨会在学校召开。中约双方就建立"中约大学"筹建工作机构、合作共建"中约大学"路线图以及加强沟通协调等事项达成共识。

26日　武汉市委常委、东湖新技术开发区党工委书记胡立山带队到新校区建设工地调研,推动解决相关事项。

26日　人力资源社会保障部、全国博士后管理委员会公布2015年全国博士后综合评估结果,学校地质学、地质资源与地质工程博士后科研流动站获评"优秀"。

27日　共青团中央、全国学联下发《关于2015年全国大中专学生志愿者暑期"三下乡"社会实践活动的通报》,学校1支团队获评"全国优秀团队"、1支团队获评"全国百强实践团队",学校获评"全国大学生社会实践活动优秀单位"。

28日—30日　第三届全国地质工科院长论坛暨学科建设与人才培养研讨会在学校召开,来自南京大学、中南大学、吉林大学、同济大学、西北大学、中国地质大学(北京)、中国矿业大学(北京)、合肥工业大学和学校等17所高校的40多位专家等参加了本次论坛。

12月

1日　教育部科技发展中心公布2015年度高等学校科学研究优秀成果奖(科学技术)获奖名单,童金南团队项目"二叠纪末大灭绝-复苏期生物环境事件和过程"获自然科学一等奖。

2日　共青团中央学校部副部长石新明一行来校考察调研。

3日　学校成立新一届学术委员会,童金南任主任。

3日　湖北省委十八届五中全会宣讲团成员、省社科院党组书记张忠家来校作党的十八届五中全会精神宣讲报告。

3日　民建地大支部被民建湖北省委员会评为"先进基层组织"。

4日　科技部公布2015年数理领域16个、地学领域46个国家重点实验室评估结果,地质过程与矿产资源国家重点实验室获评"优秀",生物地质与环境地质国家重点实验室获评"良好",均顺利通过评估。

6 日　　中国地质学会第十五届青年地质科技奖评选结果揭晓,蒋宏忱、王璐获"银锤奖"。

6 日　　学校与美国纽约州阿尔弗莱德大学合办的孔子学院荣获"优秀孔子学院"称号。

7 日　　郝芳当选中国科学院院士,1983 届校友李家彪、1991 届校友武强当选中国工程院院士。

8 日　　中陕核工业集团二一一大队有限公司向学校捐赠两口完整的无放射性岩心。

12 日　　在 2015"高教社杯"全国大学生数学建模竞赛上,学校 1 个代表队获全国一等奖,3 个代表队获全国二等奖;2 个代表队获湖北省一等奖,5 个代表队获湖北省二等奖,3 个代表队获湖北省三等奖;学校获"优秀组织奖"。

15 日　　学校出台《中国地质大学(武汉)学术委员会章程(暂行)》。

19 日　　《2015 中国学术期刊国际国内影响力研究报告》公布,《地球科学(中文版)》、*Journal of Earth Science* 分别荣获"2015 中国最具国际影响力学术期刊"和"2015 中国国际影响力优秀学术期刊"称号。

24 日　　湖北省科技厅副厅长郑春白一行调研国家技术转移中部中心技术转移综合服务市场建设情况。

25 日　　共青团中央学校部、全国学联秘书处授予地球科学学院 X11144 班团支部、环境学院 040131 班团支部"全国高校践行社会主义核心价值观示范团支部"称号。

28 日　　赵新福获批国家自然科学基金重大研究计划重点项目。

28 日　　学校创新创业教育论坛暨大学生创新创业教育实践(孵化)基地入驻仪式在大学生创新创业教育中心举行。

30 日　　中建三局集团有限公司工程总承包公司出资 50 万元,在学校设立"中建三局奖学金",用于奖励和资助优秀本科生。

本月　　湖北省教育厅公布"湖北名师工作室"和"湖北产业教授"名单,童金南团队入选"湖北名师工作室",珠宝学院教授、武汉巧意科技有限公司董事长郝亮入选"湖北产业教授"。

2016 年

1 月

5 日　美国阿尔弗莱德大学莱恩·欧格斯比摄影作品《水之魅影》在图书馆二层展览。此次展览旨在响应国家汉办/孔子学院总部关于发挥孔子学院双向文化交流平台作用的号召，促进中美双边文化交流。

7 日　武汉市市长万勇，武汉市委常委、东湖新技术开发区党工委书记胡立山，武汉市政府秘书长彭浩及武汉市相关部门和城区负责人来校调研"武汉·中国宝谷"建设、氢能研究、"中约大学"筹建情况等，表示武汉市将全力解决学校在发展中面临的困难问题。

7 日　美国布莱恩特大学副校长塞得麦尔、杨洪一行来校调研学生事务管理工作。

12 日　中央电视台《新闻联播》"治国理政新实践·脱贫军令状"专题播出《精准扶贫：扶贫产业如何长效？》，报道了经济管理学院工商管理专业 2008 届校友、广西平果县海城乡党委书记曾维康扎身基层、服务脱贫的事迹。

15 日　按照中央、教育部党组和湖北省委统一部署，学校召开领导班子"三严三实"专题民主生活会，教育部科学技术司司长王延觉到会指导。

22 日　英语专业 1991 届校友刘鹏与宁波泰茂车业有限公司向学校捐赠 33 万元，注入"贝乐奖学金奖教金"，用于奖励外国语学院优秀本科生和研究生及在作出突出贡献的外国语学院教师。

25 日　第二届全国高校移动互联网应用开发创新大赛总决赛颁奖仪式在学校举行。学校"大学生高性能团队""信息所团队"分获一等奖和二等奖，学校获"最佳组织奖"。

26 日　爱思唯尔发布 2015 年中国高被引榜单，公布 38 个学术领域 1744 名最具世界影响力的中国学者。高山、刘勇胜、蒂姆·柯斯基、吴元保、谢树成、张宏飞、蒋少涌入选地球和行星科学学术榜，吴敏、何勇入选控制与系统工程学术榜。

28 日　梁杏主讲的"水文地质学基础"、刘佑荣主讲的"岩体力学"、钱同辉主讲的"高层建筑结构设计"、吴北平主讲的"测量学"、谢淑云主讲的"勘查地球化学"、张理主讲的"声乐"等课程，入选 2015 年度湖北高校省级精品资源共享课本科课程；李江敏主讲的"文化遗产与自然遗产"课程,入选湖北高校省级精品视频公开课。

29日　国家知识产权局批准学校成为首批"国家专利协同运用试点单位"。

2月

1日　唐辉明主讲的"地质类专业导论"课程入选教育部办公厅第八批精品视频公开课。

3日　共青团中央、全国学联授予地球物理与空间信息学院2015级硕士研究生钱瑞"2015年度中国大学生自强之星"称号。

25日　鄂州市委书记李兵一行来校调研,推进市校合作。

28日　党委统战部获评"2015年度全省统战工作成绩突出单位"。

29日　全国绿化委员会印发《关于表彰全国绿化模范单位和颁发全国绿化奖章的决定》,王建胜获"全国绿化奖章"。

3月

2日　中国驻纽约总领事馆教育参赞徐永吉,领事常全生、傅博一行访问美国纽约州阿尔弗莱德大学孔子学院,并与孔子学院外方院长黄志天、中方院长彭涛、教师和志愿者进行座谈。

3日　全国政协第十二届二次会议在北京开幕。全国政协委员、地球科学学院李长安积极向大会建言献策,受到中央电视台等媒体的关注。

9日　国家首批来华留学质量认证签约仪式在北京举行,副校长郝芳代表学校签约。

9日　学校和中国地质装备集团有限公司联合主办的"绿色智能地质装备产业论坛"在重庆举行。

19日　诺贝尔经济学奖得主、劳动经济学大师、伦敦政治经济学院克里斯托弗·皮萨里德斯(Christopher A. Pissarides)来校访问。

21日　广东南方数码科技股份有限公司向学校捐赠50套iData数据工厂专业软件。

22日　中国地质学会批准学校地貌学及第四纪地质学科传播专家团队为"全国科学传播专家团队",团队首席专家李长安被聘为"全国第四纪地质学学科首席科学传播专家"。

31日　由学校和湖北省科学技术协会联合共建的"湖北省创新人才与创新发展研究中心"揭牌。

本月　由中国科学技术协会组编、中国科学技术出版社出版的《中国科学技术专家传略·理学编·地学卷4》,收录了杨起、於崇文、张本仁、翟裕生、赵鹏大、殷鸿福等6位中国科学院院士的科学人生事迹。

4月

6日　张宏飞、帅琴、万军伟、罗忠文、高翔莲等5人获评学校第七届"教学名师"。

7日　学校与新疆吐鲁番市人民政府签署战略合作协议。

8日　"语言·大数据开放2016"大会在青岛举行,我国首个"语言大数据联盟"成立。学校为理事单位,是联盟的发起单位之一。

16日—17日　第二届"地大杯"校友足球赛在学校举行,7个校友分会足球队、155人参赛。上海校友会足球队获得冠军。

19日　校长王焰新一行赴北京,与中国科学院大气物理研究所所长朱江签署共建"大气科学菁英班"协议。

19日　经济管理工程专业1991届校友孙政权与共青城无极道青创服务有限公司向学校捐资100万元,设立"大学生创业孵化基金",支持在校大学生创新创业。

25日　学校关心下一代工作委员会荣获"全国教育系统关心下一代工作先进集体"称号,退休第九党支部书记杨士恭荣获"全国教育系统关心下一代工作先进工作者"称号。

25日—26日　第五届全国辅导员职业能力大赛第五赛区(豫、鄂、湘、赣、贵五省)复赛在贵州大学举行,环境学院辅导员杨雪获一等奖,地球科学学院辅导员赵得爱获优秀奖。

28日　学校成立"两学一做"学习教育工作协调小组。党委书记郝翔任组长,党委副书记朱勤文、傅安洲、成金华任副组长,党委部门负责人、各二级党组织书记为成员,全面协调推动学校"两学一做"学习教育工作。

5月

3日　中国共产党党员、中国科学院院士、国际著名地球化学家、英国皇家化学学会会士、国际地球化学学会会士、中国地质大学(武汉)高山教授因病逝世,享年54岁。

4日　学校以"大美中国"为主题创作的服装设计作品《山水中国美》、以"时代精神青年楷模"为主题参与创作的配乐诗朗诵《榜样的力量》,在中央电视台"五月的鲜花——筑梦青春"全国大中学生文艺会演中播出。

12日　宋海军、赵新福、李国岗、李长冬、蔡建超、刘勇、武彦斌、黄刚、胡守庚、高复阳等10人,获评学校第十二届"十大杰出青年"。

15日　学校与陕西省商洛市人民政府签署战略合作协议。根据协议,双方将实现优势互补,加强科技开发、人才培养培训、战略咨询、知识产权服务等方面的深度合作,建立长期、全面、深度的战略合作关系。

16日　科技部公布2015年创新人才推进计划入选名单,学校以地质过程与矿产资源国家重点实验室为依托,入选"创新人才培养示范基地"。

18日　吴振斌获评2016年"全国优秀科技工作者"。

20日　学校举办第十二届全国高校自动化系主任(院长)论坛。

28日　在中国工程机器人大赛暨国际公开赛上,学校4个学生团队参加工程创新设计、双足竞步项目交叉足赛等比赛,获一等奖1项、二等奖2项、优秀奖1项。

28日—29日　"2016年高校学生事务管理与评估国际学术研讨会"在学校召开。中国高教学会会长瞿振元、秘书长王小梅,以及来自美国、英国、韩国、马来西亚、泰国、菲律宾以及中国的150余名专家学者参加会议。

29日　学校大学生羽毛球队获第四届中国大学生羽毛球超级赛混合团体赛冠军。

6月

8日　1956届校友、中国科学院院士、"嫦娥工程"首任首席科学家欧阳自远回校,以《中国的探月梦》为题为师生作报告。

9日—10日　学校和澳门科技大学联合举办的"第三届月球与行星科学国际研讨会"在学校召开。

16日　首届"地大好声音"教职工歌唱比赛决赛举行,沈波获冠军。

23日—25日　由学校主办的"第八届国际地质流体大会"在武汉召开。

27日　全球SPE总部(Society of Petroleum Engineers,国际石油工程师协会)授予学校SPE学生分会2016年度"金质奖章"。

28日　湖北省委授予地球科学学院党委"湖北省先进基层党组织"称号。

7月

1日　学校举行庆祝中国共产党成立95周年学党史主题党日活动。

8日　学校在北京举行"十三五"规划专家咨询会,来自教育部、科技部、国土资源部、国家自然科学基金委、中国科学院地质与地球物理研究所、中国教育学会、中国高等教育学会和《中国教育报》等单位的专家学者出席咨询会。

10日　以"龙脉相传 青春中华"为主题的中华全国台湾同胞联谊会2016年台胞青年千人夏令营湖北分营开营仪式在学校举行。

12日　学校成立中约合作办学办公室,张立军任中约合作办学办公室主任。

16日—20日　"浩沙杯"第十六届全国大学生游泳锦标赛举行,学校代表队获9金3银4

铜,并获女子丙组团体总分第一、甲组团体总分前八。

19日　学校成立海洋学院,牟林任海洋学院副院长(主持工作)。

22日　全国教育科学规划领导小组办公室公布全国教育科学"十三五"规划2016年度课题立项名单。李祖超主持投标的国家重点项目"社会变迁过程中青少年价值观的发展与影响机制研究"获批立项,这是学校教师首次获批教育学国家级重点项目。

26日　在第十四届全国大学生攀岩锦标赛决赛上,学校代表队获得冠军5项、亚军2项、季军4项。

本月　中共湖北省委教育工作委员会授予离退休干部党委、资源学院党委、机关党委、学工处党支部、机关党委组织部党支部"高等学校先进基层党组织"称号。

8月

4日　在第四届全国高等学校大学生测绘技能大赛上,学校代表队获特等奖2个、一等奖2个、二等奖1个。

11日　在第二十届中国大学生羽毛球锦标赛上,学校代表队获女子乙A组团体亚军、女双亚军、男单第五名及男子团体甲B组第八名。

12日　中国科技期刊国际影响力提升计划办公室公布"中国科技期刊国际影响力提升计划"二期项目资助名单,*Journal of Earth Science* 获C类项目资助,连续三年,每年获资助经费50万元。

13日—19日　第十届中、日、韩三国大学生登山交流活动在日本东京、富山县举行,体育课部2名教师和6名户外专业学生参加登山活动。

14日　第九届全国大学生信息安全竞赛获奖名单公布,学校5件作品获奖,其中一等奖1项、二等奖3项、三等奖1项,王茂才获"优秀指导老师"。

22日　第十届中国青少年科技创新奖颁奖大会在人民大会堂举行。地球科学学院学生"行星科学研究团队"荣获"大学生小平科技创新团队"称号及4万元奖励。

30日　龚一鸣荣获湖北省第二届"楚天园丁奖"。

本月　学校162个项目获2016年度国家自然科学基金集中受理期资助,较上年度增幅9.5%,获总资助经费再超亿元。其中,邱华宁、胡祥云、马腾、胡新丽获批重点项目,吴元保获批国家杰出青年科学基金项目,童金南获批国际(地区)合作研究项目重点项目,严德天获批重大项目课题,宋海军、罗银河获批国家优秀青年科学基金项目。

9 月

1 日　成秋明当选国际地质科学联合会(IUGS)新任主席。

6 日　中国教育发展基金会向学校捐赠 80 万元,用于支持学校抗洪救灾。

7 日　学校召开"两学一做"学习教育推进会。

9 日　深圳前海兰湾投资管理有限公司向学校捐赠 250 万元,用于支持学校开展"7＋2"登山科考活动及体育学院登山户外运动相关活动。

11 日　在第二届"互联网＋"大赛湖北赛区现场赛上,学校 5 支参赛团队获 2 金 3 银。

12 日—18 日　第 14 届世界大学生羽毛球锦标赛在俄罗斯拉缅斯科耶市举行,公共管理学院学生杜芘与搭档获女双冠军、郭凯获男单季军。

17 日　程寒松团队与同济大学等单位共同研制出全球首台常温常压储氢·氢能汽车工程样车。

20 日—29 日　学校原创综合类作品集锦《魅力中华》经国家汉办遴选,赴美国纽约州阿尔弗莱德大学,罗德岛州布莱恩特大学、罗德岛大学,康涅狄格州中央康涅狄格州立大学等地进行巡演。

21 日　学校与武汉市人民政府、同济大学签署《共建氢能汽车产业创新发展平台合作协议》。签约之前,武汉市市长万勇会见了党委书记郝翔、校长王焰新以及材料与化学学院程寒松教授一行。

23 日　国务院学位委员会批准学校大气科学增列为一级学科硕士学位授权点。

26 日　国家科技基础平台中心主任叶玉江一行来校调研地质过程与矿产资源国家重点实验室,并参观新校区建设工地。

29 日　学校与中国石油化工股份有限公司江汉油田分公司勘探开发研究院共建的湖北省研究生工作站,入选湖北省人民政府学位委员会、省教育厅 2016 年新建研究生工作站。

29 日　湖北省人民政府举办国庆 67 周年招待会暨 2016 年度"编钟奖"颁奖仪式,学校美籍教授蒂姆·柯斯基荣获"编钟奖"。

30 日　中国地质调查局党组成员、副局长李金发一行来校考察调研。

10 月

2 日　2016 年度校友值年返校暨 1986 届校友毕业 30 周年返校活动在弘毅堂举行。1200 余名校友及家属欢聚一堂,追忆往昔峥嵘岁月,畅叙师生情、同学谊。

9 日　校长任期经济责任审计进点会召开。教育部财务司副司长郭鹏,教育部财务司审计处处长魏秦歌,审计组组长、教育部财务司审计处倪维宇,全体校领导及二级单位党政主要负责人参加会议。

9日 学校举行首届"大气科学菁英班"开学典礼。

10日—14日 第七届"竺可桢-南森国际研究中心"夏季讲习班在学校举行。

12日 教育部财务司副司长赵建军一行来校考察调研,并参观新校区建设工地。

12日—16日 第一届世界大学生攀岩锦标赛在上海举行,体育课部学生牛笛获个人全能亚军和攀石赛季军。

13日 武汉市副市长邵为民一行来校考察调研。

14日 地质教育研究分会第六届会员代表大会暨地质教育"十三五"规划交流研讨会在学校举行。

14日—16日 第四届全国大学生地质技能竞赛在学校举行,学校获"团体一等奖"。

16日 第一届"π-Frame杯"全国大学生勘探地球物理编程大赛决赛在北京国际会议中心落幕。学校参赛团队获二等奖1项、三等奖1项,学校获"优秀组织奖"。

20日 学校通过国家首批来华留学质量认证。

20日 学校与澳大利亚斯威本科技大学签署博士生联合培养协议。

23日 学校举行纪念长征胜利八十周年"长征路上"主题团日活动。

24日 校长王焰新与瑞士苏黎世联邦理工学院校长力诺·顾哲拉签署合作备忘录,与西班牙高等科学研究理事会主席埃米利奥·奥孔、萨拉戈萨大学校长约瑟·安东里奥·穆里洛和阿拉贡材料研究所所长哈维尔·坎波签署合作协议。

24日 学校教育部三峡库区地质灾害研究中心综合实验楼在恩施州巴东县通过竣工验收。

24日 教育部全国学生资助管理中心下发《2015年度学生资助工作绩效考评结果通报》,学校学生奖励与资助工作获得"优秀"。

28日 教育部党组书记、部长陈宝生来电,指导学校学习贯彻党的十八届六中全会精神。

29日 "导向 特色 创新——教育部名栏建设研讨会暨首届名栏建设颁奖大会"在北京联合大学召开。《中国地质大学学报(社会科学版)》获"名栏建设成就奖",其刊发的《我国生态文明建设理论与实践进展》被评为"名栏优秀论文",刘传红被评为"名栏建设优秀主编",编辑部获"名栏建设工作优秀组织奖"。

30日 在2016年中国机器人大赛暨"开源与机器智能发展"论坛上,学校学生"CUG机器人"足球队获得"机器人先进视觉赛"冠军、"FIRA仿真组"亚军。

本月 机械与电子信息学院学生设计作品《Pocket Wallet》获2016年度"日本优良设计奖"。

本月 中共中央、中央军委向1937年7月6日之前参加革命工作的健在的红军老战士和老同志颁发"中国工农红军长征胜利80周年纪念章",学校百岁老党员田苏获此殊荣。

11月

1日　著名地球化学家、地质教育家，中国科学院院士、中国地质大学教授张本仁在北京辞世，享年87岁。

1日—5日　第18届中国国际工业博览会在上海国家会展中心举行。学校"泰歌号"常温常压储氢氢能汽车项目获"高校展区优秀展品二等奖"，学校获"展会优秀组织奖"。

2日　教育部公布第五届全国教育科学研究优秀成果奖评选结果，黄少成、傅安洲、阮一帆的著作《政治教育学范畴研究》获评三等奖。

8日　湖北省知识产权局和学校签约共建"湖北省知识产权与创新发展研究院"。

10日　教育部思想政治工作司印发《关于公示第二批"全国高校实践育人创新创业基地"入选名单的通知》，学校获批成为高校主导型"全国高校实践育人创新创业基地"。

11日　"共和国的脊梁——科学大师名校宣传工程"工作座谈会在学校举行。中国科学技术协会党组成员、书记处书记王春法，湖北省委宣传部、省科学技术协会、11所高校负责人，党委书记郝翔、党委副书记傅安洲及相关专家参加座谈会。

12日　由中国地质大学校友会主办、上海校友分会承办的"首届地质资源环境高峰论坛暨校友会会长、秘书长联谊会"在上海举行。

12日—13日　"2016年中国户外教育与户外产业发展论坛"在学校举行。

13日　第六届中国教育机器人大赛在华中科技大学举行，学校10支参赛团队获一等奖4项、二等奖6项。

15日　逸夫博物馆通过由湖北省旅游委员会组织的国家AAAA旅游景区现场复核工作。

16日　在2016"Esri杯"中国大学生GIS软件开发竞赛·Web与移动应用开发组总决赛上，信息工程学院学生作品《Open Environment》获二等奖。

19日　2016年"创青春"中航工业全国大学生创业大赛终审决赛在电子科技大学落幕，学校6支参赛团队获1银5铜。

21日　国家自然科学基金委员会授予田永常"2011—2015年度国家自然科学基金依托单位基金管理先进工作者"称号。

22日—23日　中国学术期刊未来论坛在北京召开。《中国地质大学学报（社会科学版）》影响力指数198.436，位居全国综合性人文社科学报第10位；复合影响因子位居全国第5位，期刊综合影响因子位居全国第4位。《地球科学（中文版）》、*Journal of Earth Science*获评"2016中国最具国际影响力学术期刊"。

22日—25日　以电子科技大学副校长朱宏为组长的教育部本科教学工作审核评估专家组来校，对学校本科教学工作进行全面审核评估考察。

25日　在第八届全国高校GIS技能大赛上,学校代表队获一等奖2项、二等奖2项。

28日　焦养泉团队参与并历经4年制作完成的大型恐龙纪录片《大漠疑案——巴彦淖尔白垩纪恐龙王国》,在中央电视台科教频道《探索与发现》播出。

29日　2016年湖北省重大科技成果推介会资源环境专场在学校举办。

本月　吴敏负责的"复杂系统先进控制与智能自动化创新引智基地"入选2017年度"高等学校学科创新引智计划"(简称"111计划")。

12月

3日　地球科学学院申报的"武汉市主城区健康湖泊养成计划"项目获第三届中国青年志愿服务项目大赛银奖。

4日—5日　校长王焰新一行赴陕西省商洛市调研,看望在商洛市挂职的副校长王华,并推进校市合作。

6日　在第七届全国计算机仿真大赛决赛上,学校3支参赛团队获一等奖1项、二等奖2项,学校获"优秀组织奖"。

8日　赖旭龙担任国际牙形石学会——潘德尔学会新一任主席。

9日　学校举行"不忘初心　继续前行"纪念长征胜利80周年歌咏会、纪念"一二·九"暨纪念长征长跑活动。

10日　中国地质大学珠海校友会成立。

12日　湖北省教育厅公布2016年度湖北省普通本科高校"荆楚卓越人才"协同育人计划项目名单,学校测绘工程专业获批"荆楚卓越工程师"协同育人计划。

14日　学校登山队成功登顶南极洲最高峰——海拔4897米的文森峰。

16日　中国地质博物馆馆长贾跃明一行调研逸夫博物馆。

19日　团委"学生干部井冈山实践团"获评"'井冈情·中国梦'大学生暑期实践季专项行动全国优秀实践团队"。

19日　"佳源奖助学金"捐赠仪式在湖北省公安县举行。金属物探专业1983届校友龚树毅与湖北公安佳源水务有限公司将向学校每年捐赠40万元,连续捐赠25年,共计1000万元,用于资助学校950名有志青年学子。

22日　唐辉明主持的"重大工程滑坡灾变过程控制方法与关键技术"项目获湖北省科技进步奖一等奖。

22日—24日　第三届全国高校移动互联网应用创新大赛总决赛暨颁奖典礼在学校举行。

23日　斯伦贝谢公司向学校捐赠价值500万美元的Techlog井筒数据综合研究平台软件,数岩科技(厦门)股份有限公司向学校捐赠价值500万元的行业独创数字岩芯分析iCore

分析软件。

25日 学校登山队徒步抵达南极点。自2012年以来,用时4年多,学校登山队完成了世界七大洲最高峰的攀登和北极点、南极点的徒步穿越,成为世界上首支由在校师生组队实现这一壮举的大学登山队。

本月 材料与化学学院030131团支部、李四光学院201131团支部获评全国高校"活力团支部"。

2017 年

1月

6日　武汉市市长万勇来校考察调研,并看望从南极返回的登山队队员。

6日　学校"7+2"登山科考活动总结汇报大会在迎宾楼报告厅举行,13名参加"7+2"登山科考活动的师生获得表彰。

7日　湖北省攀岩队"省队校办"合作协议签字揭牌仪式暨湖北省第五届攀岩锦标赛在学校举行。

9日　2016年度国家科学技术奖励大会在人民大会堂举行。谢树成团队等完成的"显生宙最大生物灭绝及其后生物复苏的过程与环境致因"获国家自然科学奖二等奖。

14日—18日　国际教育学院派代表赴斯里兰卡首都科伦坡参加"斯里兰卡第三届留学中国教育展"。

24日　湖北省副省长郭生练,省政府副秘书长刘仲初,省高校工委书记、教育厅厅长刘传铁,省高校工委副书记孔祥恩一行来校慰问寒假留校学生。

24日　湖北省委办公厅、省政府办公厅对在全省第六轮"三万"活动和2016年度省驻农村工作队中涌现出的先进集体和个人进行表彰。学校"三万"工作组被评为全省"三万"活动"工作突出工作组",学校驻村工作队被评为"工作突出驻农村工作队"。

本月　民革地大支部被民革湖北省委员会评为"反映社情民意信息工作先进集体"。

2月

17日　中国地质调查局组织开展的2016年度省级地质调查院、省级地质环境监测机构、承担国家公益性地质调查项目的行业地勘单位和院校下设的地调院的评优结果揭晓,学校地质调查研究院获评"优秀",是全国唯一获得优秀的院校地调院。

18日　海洋学院青年教师雷超同来自中国、美国、法国、意大利、挪威、日本、印度等国家的33名科学家一起,在香港的招商局码头登上美国"决心号"大洋钻探船,奔赴南海执行国际大洋发现计划(IODP)367航次任务,探寻地球海陆变迁之谜。

22日　教育部科技发展中心公布2016年度高等学校科学研究优秀成果奖(科学技术)授奖项目名单。蒋国盛团队主持完成的项目"复杂地层钻探取心工艺技术及实验装置"获技术发明奖一等奖,胡楚丽参与完成的项目"对地观测传感网实时动态GIS及长江流域典型应用"获科技进步奖一等奖。

27日　爱思唯尔发布2016年中国高被引学者榜单,学校9位学者入选。地球科学学院高山、刘勇胜、蒂姆·柯斯基、吴元保、谢树成、张宏飞及资源学院蒋少涌入选地球和行星科学学术榜,自动化学院何勇、吴敏入选控制与系统工程学术榜。

28日　福建校友会在学校设立"明德"教育奖励基金,年度奖励总额10万元,用于奖励学校辅导员。

本月　档案馆通过湖北省档案局组织的2016年档案行政执法检查,成为全省6个优秀单位之一。

3月

2日　武汉市洪山区政协党组书记、主席王兰英一行,来校商谈"大学之城"建设事宜,推进区校深度融合。

2日　教育部办公厅公布全国高校"两学一做"支部风采展示活动评选结果。资源学院煤工系研究生636党支部作品《铸人铸魂　笃学笃行》获评"学生党支部工作案例特色作品",工程学院2014级大学生党支部作品《创"学习型"党支部　做合格党员》获评"学生党支部推荐展示特色作品"。

4日　第二届中国地质大学全球校友联谊会在广东省广州市召开。

6日　学校与陕西省凤县人民政府、中陕核工业集团211大队签署战略合作协议。

13日　2015级公共管理学院学生黄雅琼与搭档鲁恺获世界羽联顶级赛事全英公开赛混双冠军。

17日—20日　学校参加保加利亚"无国界"国际教育展,并与保加利亚国家与世界经济大学等6所知名院校及波兰华沙大学等2所知名院校签署合作备忘录。

17日　教育部公布2016年度普通高等学校本科专业备案和审批结果,学校地理空间信息工程专业获批;同时结合学校办学实际进行专业优化调整,撤销了动画专业。

18日　"首届国际青年学者地大论坛"在迎宾楼学术报告厅举行,来自60多个世界知名大学和研究机构的80余名青年才俊畅谈学术、共谋发展。

20日　中纪委驻教育部纪检组长、教育部党组成员王立英代表教育部党组宣布教育部党组的任免决定:何光彩任中国地质大学(武汉)党委书记,郝翔因年龄原因不再担任中国地质大学(武汉)党委书记。

24日 学校与国土资源部信息中心签署合作协议,共建国土资源战略研究重点实验室。

26日 在武汉广播电视台主办的"感动江城"2016年度人物颁奖典礼上,学校登山队获评"'感动江城'2016年度团队"。

3月28日—4月11日 学校代表团赴约旦开展交流访问与招生宣传工作。代表团先后访问了约旦高等教育与科研部、约旦教育部,参加了约旦第三届国际教育展,并深入当地多所高中进行招生宣讲。

29日 武汉市委宣传部、武汉市文明办等评选出首批武汉市文化公共设施开展学雷锋志愿服务示范单位,逸夫博物馆入选。

29日 全国政协委员、武汉市参事室参事、地球科学学院李长安被武汉市政府参事室授予"特别贡献奖"。

30日 学校"中巴经济走廊研究中心"揭牌。巴基斯坦驻华大使马苏德·哈里德,校长王焰新、副校长赖旭龙等参加揭牌仪式。

本月 经国务院批准,刘勇胜、李建威、李超、赵来时享受2016年政府特殊津贴。

4月

7日 环境学院2002届校友何妹与深圳市宇驰检测技术股份公司向学校捐赠50万元,设立"宇驰奖学金",用于奖励环境学院品学兼优、锐意创新、全面发展的优秀学生。

7日—9日 中国民主促进会中国地质大学(武汉)支部成员赴恩施自治州来凤县调研,为当地社会经济发展提供专业指导,并与来凤县人民政府签订友好关系协议书。

8日 第二届中国大学生极限飞盘联赛在武汉举行,学校极限飞盘协会"CUG队"获得冠军。

10日 滇西应用技术大学党委书记罗进忠、校长周跃一行来校,与学校领导及相关单位负责人就对口帮扶工作进行交流。按照教育部工作要求,滇西应用技术大学为学校对口帮扶的高校。

10日—11日 2017年湖北省科普讲解大赛在武汉举行,学校师生获二等奖、三等奖各1项,优秀奖2项。

11日 中国石油大港油田公司总经理赵贤正一行来校交流校企合作,与学校签署战略合作协议。

13日 教育部民族教育司副司长朱小杰一行来校调研少数民族学生教育培养工作。

13日 湖北省国防科技工业办公室主任张忠凯、副主任周峰来校调研。

17日 在2017年全国游泳冠军赛50米蛙泳、100米蛙泳两个项目上,体育课部学生闫子贝3次打破全国纪录并获2金1铜。

21日　中国国民党革命委员会湖北省委员会党员、工程学院倪晓阳获评"2016年度民革全省反映社情民意信息工作先进个人三等奖"。

24日　土库曼斯坦驻华大使齐娜尔·鲁斯捷莫娃率土库曼斯坦大使馆代表团，参加在学校举行的"土库曼斯坦与中国：新丝绸之路上的合作"圆桌会议暨"楚天-土库曼斯坦研究中心"揭牌仪式。

25日　第三届"湖北出版政府奖"评选结果揭晓。学校出版社出版的《中国重要经济区和城市群地质环境图集》(共6册)获"湖北出版政府奖图书奖"，《地球科学(中文版)》获"湖北出版政府奖期刊奖"。

28日　第16届"汉语桥"世界中文比赛大学生组（保加利亚赛区）比赛举行，学校合作建设的保加利亚大特尔诺沃大学孔子学院选派的选手迪米特·迪米特诺夫获冠军。这是大特尔诺沃大学孔子学院选派的选手连续三年获此项比赛冠军。

30日　在2017年羽毛球亚洲锦标赛上，公共管理学院学生黄雅琼与搭档获混双冠军，公共管理学院学生王懿律与搭档获混双季军。

本月　在全国大学生思想政治教育发展研究中心、光明日报社主办的第九届全国高校校园文化建设优秀成果评选中，学校申报的文化成果《以艰苦奋斗精神涵育大学文化建设》获特等奖。

5月

2日　《秭归县第十八届人大常委会第四次会议关于加强全县地质遗迹资源保护工作的决定》颁布实施，标志着国内第一个以保护野外地质教学点为主要内容的政府文件正式生效。该决定主要针对学校在秭归县确定的30条野外教学和科普路线上的48处地质遗迹、3处水文地质环境地质长期监测孔及4处滑坡遗迹实施永久性保护。

3日　澳大利亚国立大学副校长安德鲁·罗伯茨、驻华首席执行官孙查理一行来校访问。

3日　苏丹科尔多凡大学校长阿哈迈德·阿布达拉·阿格布一行来校访问。

4日　环境学院水资源与环境工程专业040131班团支部荣获2016年度"全国五四红旗团支部"称号，公共管理学院学生赵淼峰荣获2016年度"全省优秀共青团员"称号。

4日　根据学校登山队真实故事改编创作并由学校学生参与演出的原创情景剧《极限海拔》，在中央电视台2017年"五月的鲜花"全国大中学生文艺汇演中播出。

4日　校领导何光彩、王焰新、傅安洲一行赴新疆生产建设兵团，与兵团党委书记、政委孙金龙座谈交流。校地双方签署全面战略合作协议。根据协议，未来五年，双方将在平台共建、战略咨询、成果转化、技术转移、人才培养等领域开展全面战略合作。

8日　武汉市防震减灾宣传周启动仪式暨武汉高校防震减灾辩论赛决赛在弘毅堂举行，学校代表队获得冠军。

11日—12日　中央部属高校学生资助工作培训会在重庆大学召开,学工处副处长马彦周在会上作典型经验交流。

13日—14日　第三届"地大杯"校友足球赛在学校举行,11个校友分会足球队、248人参赛。武汉校友会足球队获得冠军。

15日　学校与宁夏回族自治区国土资源厅签署战略合作协议。

16日　三一重工副总经理、三一重机研究本院院长曹东辉一行来校交流,并与学校签订战略合作协议。

18日　湖北省人力资源和社会保障厅副厅长董长麒做客震旦讲坛,就"当前大学生就业形势和就业创业政策"话题与师生交流。

19日　学校集中学习全国全省宗教工作会议精神,并邀请湖北省民族宗教事务委员会副巡视员段绪光作专题宣讲报告。

20日　2017年武汉市科普讲解比赛暨全国科普讲解大赛武汉地区选拔赛结果揭晓,逸夫博物馆教师张莉、艺术与传媒学院学生高婕均获大赛一等奖。

23日　在第二十届"外研社杯"全国大学生英语辩论赛全国总决赛上,由经济管理学院2014级学生傅雨城、工程学院2015级学生杨昊楠组成的代表队获三等奖。

25日　人力资源和社会保障部、中国科学技术协会、科技部、国务院国有资产监督管理委员会公布"全国创新争先奖"获奖名单,谢树成荣获"全国创新争先奖状"。

25日　资源学院1994届校友吴泽友与广东天图投资管理有限公司向学校捐赠50万元,设立"天图奖学金",用于奖励资源学院优秀本科生开展国际交流与访学活动。

26日　"在汉高校校友总会联盟"成立大会举行,地球科学学院1996届校友、人福医药集团股份公司董事长王学海荣获武汉市首届"资智回汉杰出校友"称号。

27日　学校原创话剧《大地之光》在重庆大学虎溪校区学生活动中心大剧院演出。中国科学技术协会党组成员宋军,重庆市委副书记唐良智,重庆大学党委书记周旬,重庆大学校长、中国工程院院士周绪红,学校党委书记何光彩、党委副书记傅安洲等观看演出。

27日—29日　在2017年中国工程机器人大赛上,学校代表队获一等奖2项、二等奖6项、三等奖7项、优胜奖2项。

本月　我国首次海域可燃冰试采成功,1986届校友李金发、1988届校友叶建良为重要参与者。

6月

3日　学校丹霞山研学基地在广东韶关丹霞山世界地质公园挂牌。

8日　学校在弘毅堂举行纪念建团95周年暨2017年"新青年课堂"五四表彰大会。

8日　由学校与武汉音乐学院、湖北美术学院联合举办的"我爱你中国——庆祝香港回归祖国 20 周年三校联合艺术展演"在学校举行。

10 日　湖北省委宣传部副部长喻立平、湖北省委讲师团主任刘爱国、学校党委书记何光彩一行前往学校"理论热点面对面"示范点——湖北省英山县红山镇乌云山村调研,并召开示范点建设工作现场会。

13 日　教育部下发《关于公布 2017 年度国别和区域研究中心备案名单的通知》,学校申报的"约旦研究中心"和"土库曼斯坦研究中心"入选。

14 日　2017 年全国地质勘查一线专业技术人员能力提升高级研修班开班典礼在学校举行。国土资源部勘查司副司长王峰、人事司副司长张绍杰,湖北省国土资源厅副厅长夏亚灵,学校党委书记何光彩、副校长万清祥等参加开班典礼。

14 日　学校召开推进"两学一做"学习教育常态化、制度化工作布置会。

15 日　科技部公布 2016 年国家创新人才推进计划入选名单,吴元保入选"中青年科技创新领军人才"。

16 日　中国民主促进会武汉市委员会"李长安工作室"挂牌仪式在学校举行,民进武汉市委会主委孟晖为"李长安工作室"授牌。

20 日　湖北省环保厅副厅长李瑞勤一行来校,对学校申报的"土壤污染详查检测实验室"项目进行检查。

20 日　湖北省教育基金会向学校捐赠 50 万元,注入"助勤帮困基金",捐赠资金由湖北省教育基金会向湖北中烟工业有限责任公司筹集,用于激励学校经济困难学生自强不息、顺利完成学业。

21 日　中国科学技术协会科普活动中心副主任刘会强一行来校,调研逸夫博物馆"全国科普教育基地"建设工作。

24 日　国土资源部科技与国际合作司组织有关专家来校,对国土资源部法律评价工程重点实验室建设进行检查并通过验收。

24 日　学校"MapGIS 10.2 全品类 GIS 产品"项目获评首届"中国高校科技成果交易会优秀项目奖","管道本质安全检测"项目被评为"重点推荐项目"并进行展览。

24 日—26 日　由生物地质与环境地质国家重点实验室主办,中国科学院南京地质古生物研究所、中国科学院古脊椎动物与古人类研究所协办的"第四届地球生物学国际会议"在武汉召开。

本月　学校报送的《新时代农村孝文化传承与基层党组织作用研究》获评 2017 年度湖北省党的建设课题优秀调研成果一等奖。

7 月

2 日—8 日　应中华台北山岳协会邀请,学校和华中科技大学 13 名师生前往中国台湾进行登山交流活动。

5日—6日 校友温家宝到学校周口店实习站为师生作题为《我的大学》讲座,全面系统阐释"艰苦朴素 求真务实"校训精神的核心要义,与师生座谈交流,并参加太平山野外地质教学实习。

7日 中共中央组织部副部长、中央人才工作协调小组副组长周祖翼一行来校看望慰问院士和专家学者,并考察调研部分科技平台。

8日 中国地质大学湖南校友会成立。

11日 学校与中国国土资源航空物探遥感中心签署战略合作协议。

23日 第一届全国大学生山地户外挑战赛在陕西留坝县闭幕,学校代表队获乙组团体冠军。

26日 学校与中南工程咨询设计集团有限公司举行共建产学研基地签约仪式。

26日—27日 由中国登山协会主办、学校承办的"2017高校户外课程建设与人才培养研讨会"在学校举行。

27日 为表彰1984届校友、中国工程院院士马永生在油气勘探理论研究和生产实践领域的重要贡献,由何梁何利基金、中国科学院紫金山天文台和中国石化集团公司共同主办的"马永生星"命名仪式暨学术报告会在北京举行。国际编号为210292号的小行星正式命名为"马永生星"。

27日 陈望平当选美国地球物理联合会会士。

29日 学校172个项目获2017年度国家自然科学基金集中受理期资助,较上年度增幅18.6%,获资助项目数和直接资助金额均创历史新高。其中,胡超涌、王永标、张宏飞、焦玉勇、熊熊、王琪、吴敏获批重点项目,胡兆初获批国家杰出青年基金项目,蒋宏忱、赵葵东、蒂姆·柯斯基获批重大研究计划重点项目,曹淑云、汪在聪、娄筱叮、马瑞、蔡建超获批国家优秀青年基金项目。

31日 湖北省第三届"互联网+"大学生创新创业大赛在湖北工业大学举行,学校12个项目获得4金2银6铜。

8月

3日 出版社出版发行的《恩施大峡谷的故事》《地质探秘神农架》《湖北观赏石》《野外生存》4种图书入选"武汉市优秀科普作品"。

6日—11日 第14届亚洲海洋地质科学学会年度会议(AOGS)在新加坡举行,肖智勇受邀作青年杰出科学家报告。

9日 在第十三届全运会群众比赛攀岩决赛上,体育课部学生梁荣琪、牛笛获得两枚金牌。

19日　第三届全国能源经济学术创意大赛总决赛举行,经济管理学院学生郑丽蓉、姬西汶、普娟、李军辉参赛作品《降低PM2.5健康风险的支付意愿研究》获一等奖,孙涵获"优秀指导教师奖"。

20日　教育部公布2017年上半年中外合作办学项目审批结果,学校与加拿大滑铁卢大学合作举办的"地下水科学与工程专业本科教育项目"获批。

20日　中国地质学会第十六届青年地质科技奖评选结果揭晓,曹淑云获"金锤奖",文国军获"银锤奖"。

20日—21日　在第五届全国大学生水利创新设计竞赛上,环境学院3支参赛团队获一等奖1项、二等奖2项。

21日　武汉市委常委、东湖新技术开发区党工委书记程用文一行来校调研。

23日—27日　第22届FIRA(国际机器人联盟)机器人世界杯赛在中国台湾高雄举行,学校代表队获3项冠军、2项季军,参赛成绩位列国内高校第一名。

26日—27日　由学校与国家自然科学基金委员会地学部、巴东县人民政府联合主办的"首届巴东国际地质灾害学术论坛"在巴东县举行。论坛主题为"水库滑坡地质灾害防治"。

27日　体育课部学生牛笛作为第十三届全运会群众比赛项目获奖的运动员代表,参加全国群众体育先进和体育系统先进表彰大会,并受到中共中央总书记、国家主席、中央军委主席习近平的亲切接见。体育课部荣获"全国群众体育先进单位"称号。

30日　国家地理信息系统工程技术研究中心通过国家科技部专家组进行的现场验收。

本月　严春杰承担的国土资源公益性行业科研专项项目"离子交换技术在稀土选冶废液中的应用研究",获国土资源公益性行业科研专项2017年度"十大优秀成果"。

本月　蒂姆·柯斯基当选美国地质学会会士。

9月

1日—16日　第十三届全国学生运动会在浙江省杭州市举行,学校代表队获4金4银4铜,学校获"校长杯"。

3日　在第五届"东方杯"全国大学生勘探地球物理大赛上,学校两支研究生团队均获二等奖,学校获"优秀组织奖"。

6日　湖北省教育系统"喜迎十九大·欢庆教师节·展现新风采"文艺汇演活动在中南民族大学举行,学校原创舞蹈情景剧《登峰》获一等奖。

7日　机械与电子信息学院学生蔡雯敏、韩世豪、吕昭宇设计的作品《D3儿童胰岛素笔》,获2017年"詹姆士戴森设计奖"中国地区亚军。

8日　全国学生资助管理中心副主任涂义才一行来校调研学生资助工作。

8日　学校与深圳市地质局签署战略合作协议。

14日—16日　"太古宙构造样式的限定"国际学术会议在学校召开。

15日　全国工程专业学位研究生教育指导委员会公布第三届"全国工程专业学位研究生联合培养示范基地"名单，学校申报的"湖北省地理信息工程技术研究生工作站"获批。

16日　中国地质大学河北校友会成立。

16日—18日　学校"脚爬客"团队"互联网＋地学科普"项目获第三届中国"互联网＋"大学生创新创业大赛总决赛银奖。

18日　周建伟获评"2017年度湖北省师德先进个人"。

18日—20日　党委书记何光彩带队前往滇西应用技术大学开展对口帮扶工作，并与滇西应用技术大学签署对口帮扶合作协议。

21日　教育部、财政部、国家发展改革委员会印发《关于公布世界一流大学和一流学科建设高校及建设学科名单的通知》，公布世界一流大学和一流学科（简称"双一流"）建设高校及建设学科名单。学校入围一流学科建设高校名单，地质学、地质资源与地质工程2个一级学科入选"双一流"建设学科名单。

21日　"永芳基金"捐赠仪式在八角楼举行。该基金由中国科学院院士赵鹏大设立，以中国地质大学优秀党务工作者、赵鹏大院士夫人赵永芳老师的名字命名，金额50万元，用于激励学校潜心育人的优秀学生工作干部。

21日—25日　"第五届全国非线性大气——海洋科学研讨会"在学校举行。

22日　武汉市政协委员、市工商联常委、武汉盛帆电子股份有限公司董事长李中泽向学校捐赠100万元，用于支持学校绿色校园建设。

23日—24日　在第四届中国研究生石油装备创新设计大赛全国决赛上，学校代表队获一等奖1项、三等奖6项，张伟民、雷波获评"优秀指导老师"，学校获评"优秀组织单位"。

26日　学校与中国交通建设股份有限公司华中区域总部签署战略合作协议。

27日　国土资源部党组成员、副部长王广华一行来校调研。

28日　湖北省高校第四届老年人模特大赛在武汉科技大学举行，学校老年人协会"绿松石"时装队获得金奖。

28日—29日　湖北省台湾同胞第十次代表会议在武汉召开。会议选举产生了湖北省台湾同胞联谊会十届理事会，台盟成员、工程学院周岩当选理事。

10月

2日　2017年度校友值年返校暨1987届校友毕业30周年返校活动在弘毅堂举行。1700余名校友及家属欢聚一堂，追忆往昔峥嵘岁月，畅叙师生情、同学谊。

8日　学校与中国地质调查局沈阳地质调查中心签署战略合作协议。

9日　第三届"创新杯"全国大学生地球物理知识竞赛举行，地球物理与空间信息学院学生团队"物探精英"获一等奖。

10日　逸夫博物馆"三维网上数字博物馆"项目通过湖北省旅游发展委员会专家组验收。

10日　比利时瓦隆州外国投资总署副署长、海外首席运营官米歇尔·康蓬年一行来校访问。

11日　在第十六届全国高校广播宣传工作研讨会上,学校报送的专题类音频《毕业特别节目·信的故事》获一等奖,《历史广播剧·周郎顾曲》获二等奖。

17日　澳大利亚麦考瑞大学校长布鲁斯·道顿、副校长妮可·布里格一行来校访问。

19日　王安妮担任策划和导演的第十六届中国(武昌)辛亥首义文化节暨"说唱新变化　喜迎十九大"文艺晚会在湖北剧院举行。

20日　美国地球物理联合会(AGU)常务主任兼首席执行官 Christine McEntee、副主席 Brooks Hanson、AUG 学术刊物主编 Michael Liemohn 和 Minghua Zhang 一行来校交流。

21日—22日　第 42 届 ACM 国际大学生程序设计竞赛亚洲区域赛(沈阳站)现场赛举行,学校代表队获得银奖。

22日—23日　由学校牵头、蒋少涌作为首席科学家的"十三五"国家重点研发计划"深地资源勘查开采"专项——"我国稀有金属矿床形成的深部过程与综合探测技术示范",在学校举行项目启动会暨实施方案论证会。

27日　新校区图书馆建设项目主体结构封顶。

27日　第二届全国国土资源科普讲解大赛总决赛举行,地球科学学院学生姜昕获二等奖。

本月　学校新版数字校园信息门户正式上线运行。

11月

3日　牟林负责的国家重点研发计划"海洋环境安全保障"重点专项——"海上搜救关键技术研究与示范"项目启动。

3日　学校举行以"健康中国　腾飞地大"为主题的运动会开幕式暨65周年校庆体育嘉年华活动。

4日　中国地质大学第九届校友分会会长、秘书长联谊会暨第二届地质资源环境高峰论坛在北京举行。

4日　共青团中央、全国学联公布《2017 年全国大中专学生志愿者暑期"三下乡"社会实践活动优秀单位、优秀实践团队、优秀个人名单》,团委获评"优秀单位",李祖超获评"优秀个人"。

5日—7日　在首届全国煤炭地学大赛暨第六届全国矿业类高校地质学科发展论坛上,学校代表队获一等奖 4 项、二等奖 1 项、三等奖 1 项。

6 日　国家体育总局副局长赵勇一行来校调研体育(攀岩)工作,并为国家攀岩集训队(湖北)揭牌。

6 日　武汉地质资源环境工业技术研究院院长郝义国入选 2017 年"湖北产业教授"。

7 日　由学校与湖北省知识产权局联合共建的湖北省知识产权与创新发展研究院第一届一次理事会在国家技术转移中部中心物理平台召开。

7 日　帅传敏作为首席专家申报的"太阳能光伏扶贫运行机制的系统性评价与政策创新研究"项目获批 2017 年度国家社科基金重大项目。

9 日—12 日　2017 年亚太学生事务协会学术研讨及实践交流会在学校召开。

10 日　学校文化成果《阅读点亮校园 书香滋养心灵——中国地质大学(武汉)开展书香校园纪实》,获 2016 年度湖北省高校校园文化建设优秀成果一等奖。

11 日—12 日　"第三届古生物学青年学者论坛"在逸夫博物馆学术报告厅举行。

14 日　湖北省人民政府授予体育课部学生闫子贝"湖北省先进工作者"称号。

15 日　学习贯彻党的十九大精神湖北省委宣讲团报告会在学校举行,湖北省委宣讲团成员、省委常委、省委组织部部长于绍良作宣讲报告。

17 日　湖北省教育厅组织专家组对学校紧缺矿产资源湖北省协同创新中心进行验收评估。紧缺矿产资源湖北省协同创新中心获评"优秀"。

18 日　"第七批武汉百万校友资智回汉·中国地质大学专场"在武汉经济技术开发区举行,现场签约项目 30 个,签约项目投资 1 668.7 亿元。

18 日　学校与洪山区人民政府联合主办的"'武汉·中国宝谷'珠宝产业发展高峰论坛"举行。

18 日　第十五届"挑战杯"全国大学生课外学术科技作品竞赛在上海大学落下帷幕,学校代表队获一等奖 1 项、二等奖 1 项、三等奖 3 项。

18 日　学校出版社出版的《地质探秘神农架》和《青少年系列科普丛书》获中国地质学会第一届"优秀科普产品奖"。

18 日　"2017 年复杂系统先进控制与智能自动化学科创新引智基地国际学术研讨会"在学校举行。

22 日　李国昌、马严、陈琪撰写的论文《论编辑新发展观》,获中国编辑学会第 18 届年会高峰学术论坛一等奖。

22 日　教育部公布第一批全国中小学生研学实践教育项目评议结果,逸夫博物馆入选"全国中小学生研学实践教育基地"。

22 日　李祖超当选新一届湖北省研究生德育研究会副会长、刘世勇当选理事,学校成为新一届湖北省研究生德育研究会副会长单位。

22 日　孔少飞获 2017 年度"谢义炳青年气象科技奖""第五届中国气溶胶青年科学家奖"。

23 日　2017 年"欧洲科研创新中国行"武汉宣讲会在学校举行,来自法国、德国、荷兰、奥地利、克罗地亚等欧盟国家的科技官员围绕其国家支持科研创新的最新政策和项目计划作了宣讲。

23日　学校《地球科学（中文版）》和 Journal of Earth Science 进入2017年"中国国际影响力品牌期刊（自然科学与工程技术）"前10%，入选"国际影响力品牌期刊"，其中 Journal of Earth Science 进入前5%，入选"中国最具国际影响力学术期刊"；《中国地质大学学报（社会科学版）》影响力指数继续挺进全国高校学报前10，复合影响因子位居第6，综合影响因子位居第5。

24日　在第十七届全国大学生游泳锦标赛上，学校代表队获4金8银3铜。

25日　武汉市"百万大学生留汉创业就业工程"大型校园巡回招聘会中国地质大学（武汉）专场招聘会举行。

26日　"长江流域地质过程及资源环境研究计划"（简称"地学长江计划"）正式启动，这是学校面向长江经济带发起的战略性科技创新计划。

26日　中央电视台新闻频道"新闻直播间"栏目以《"地学长江计划"助力长江大保护》为题，对学校"地学长江计划"进行报道。

27日　校友王双明当选中国工程院院士。

28日　中国高校校报新闻奖、湖北高校校报新闻奖评选结果揭晓，学校4件新闻作品获中国高校校报新闻奖、9件新闻作品获湖北高校校报新闻奖。

28日　校友张宏福、侯增谦、潘永信当选中国科学院院士。

28日　比利时瓦隆布拉班特州州长古勒斯·迈赫一行访问学校，并与学校签署"中欧创业硕士"项目合作意向书。

28日　张地珂、刘国华撰写的论文《新形势下高校青年教师思想政治工作的困境与破题》，获"湖北省第三届青年教师发展论坛"征文比赛一等奖。

本月　科睿唯安（Clarivate Analytics）集团《基本科学指标》（Essential Science Indicators）最新数据显示，中国地质大学首次进入ESI计算机科学领域全球机构排名前1%。这是继地球科学、工程学、环境/生态学、材料科学、化学领域之后，中国地质大学第6个进入ESI全球机构排名前1%的学科。

本月　教育部全国学生资助管理中心公布《2016年度中央部属高校学生资助工作绩效考评结果通报》，学校学生奖励与资助工作获评"优秀"。

12月

1日　学习贯彻党的十九大精神湖北省委宣讲团报告会在学校举行，湖北省委宣讲团成员、中南财经政法大学党委书记栾永玉作宣讲报告。

1日　教育部科技发展中心公布2017年度高等学校科学研究优秀成果奖（科学技术）评

选结果,解习农、任建业、吕万军、姜涛及雷超等完成的"南海北部大陆边缘盆地动力学及其资源效应"项目获自然科学奖二等奖。

1日—3日 第四届全国高校移动互联网应用开发创新大赛全国总决赛在学校举行,学校代表队获一等奖。

8日—10日 "2017先进功能材料与原子力显微技术国际研讨会"在学校举行。

11日 刘刚、王力哲获批国家自然科学基金联合基金重点项目。

12日 学习贯彻党的十九大精神湖北省委宣讲团报告会在学校举行,湖北省委宣讲团成员、校长王焰新作题为《学习贯彻党的十九大精神 建设地球科学领域世界一流大学》的宣讲报告。

12日 《科学》官方网站采访并报道张明在高速远程滑坡启动机理方面的研究成果。

15日 湖北省教育厅公布"湖北名师工作室"名单,李宏伟团队入选"湖北名师工作室"。

20日 洪山区区委书记杨泽发、区长林文书一行来校,就深入推进区校共建"大学之城"进行调研。

24日 《光明日报》第五版"光明视野"整版以图文并茂的形式对学校牵头实施的"地学长江计划"进行深度报道。

28日 学校与湖北省国土资源厅签署战略合作协议。根据协议,双方将在国土资源规划、国土综合整治、土地调查、国土资源节约集约利用、矿产资源勘查开发利用以及人才培养、科研攻关等领域持续深入开展合作。

28日 教育部学位与研究生教育发展中心公布全国第四轮学科评估结果,中国地质大学的地质学、地质资源与地质工程被评为A+档,A+学科数量并列全国高校第22位。

28日 武汉地质资源环境工业技术研究院参与开发的"泰歌号"氢燃料电池发动机和"开沃·泰歌号"氢能城市客车量产车型在武汉未来科技城联合发布。

29日 学校举行"大学生乡村振兴学校"授牌暨启动仪式

本月 《地球科学(中文版)》被国家新闻出版广电总局推荐为第三届全国"百强报刊"。

2018 年

1 月

3 日　龚一鸣领衔的"地质学教师团队"入选首批"全国高校黄大年式教师团队"。

3 日　《地球科学（中文版）》荣获第四届中国出版政府奖提名奖。

10 日　中国地调局武汉地质调查中心主任刘同良、党委书记姚华舟一行来校访问交流，商讨推进"中南地质科技创新中心"建设和"地学长江计划"。

12 日　王焰新申报的"环境水文地质学科创新引智基地"入选 2018 年度"高等学校学科创新引智计划"（简称"111 计划"）。

19 日　爱思唯尔发布 2017 年中国高被引学者榜单，郑建平、蒂姆·柯斯基、蒋少涌、刘勇胜、吴元保、谢树成、张宏飞入选地球和行星科学学术榜，何勇、吴敏入选控制与系统工程学术榜。

23 日　学校召开干部教师大会，宣布教育部党组关于学校领导班子部分成员调整的决定：王林清任中国地质大学（武汉）党委常委、副书记，刘杰、刘勇胜任中国地质大学（武汉）党委常委、副校长。

25 日　为贯彻落实中央八项规定精神，根据《中共中央办公厅国务院办公厅关于进一步做好办公用房清理整改工作的通知》要求，学校出台改革性规范文件《中国地质大学（武汉）公用房管理办法（试行）》。

25 日　学校党委研究决定：成立地球科学科普研究与创作中心，挂靠科学技术发展院，胡圣虹为地球科学科普研究与创作中心主任（兼）。

26 日—27 日　中国共产党中国地质大学（武汉）第十二次代表大会召开。党委书记何光彩代表第十一届党委向大会作题为《高举习近平新时代中国特色社会主义思想伟大旗帜　全面开启地球科学领域国际知名研究型大学建设新征程》的工作报告。党委副书记、纪委书记成金华代表第十一届纪律检查委员会作题为《全面落实监督执纪问责　正风肃纪　为建设地球科学领域国际知名研究型大学提供坚强保障》的报告。大会选举马腾、王华、王甫、王林清、王焰新、成金华、刘杰、刘彦博、刘勇胜、李建威、何光彩、张玮、张宏飞、周爱国、胡圣虹、胡祥云、殷坤龙、唐辉明、唐勤、蒋少涌、喻芒清、傅安洲、储祖旺、赖旭龙、解习农等25人为党委委员；选举王芳、成金华、李宇凯、杨从印、余敬、张吉军、陈文武、高芸、陶继东、黄菊、隋红等11人为纪委委员。经选举和上级批复，学校第十二届党委常委会由王华、王林清、王焰新、成金华、刘杰、刘勇胜、何光彩、唐辉明、傅安洲、储祖旺、赖旭龙等11人组成；何光彩任党委书记，王焰新、成金华、唐辉明、王林清任党委副书记；成金华兼任纪委书记，陶继东任纪委副书记。

31日　英语专业1991届校友刘鹏与宁波泰茂车业有限公司捐赠33万元，注入"贝乐奖学金奖教金"，用于奖励外国语学院优秀本科生、研究生及作出突出贡献的教师。

2月

1日　地球科学学院010141班团支部获评全国高校"活力团支部"。

2日　学校22项教学成果获第八届湖北省教学成果奖，其中一等奖10项、二等奖7项、三等奖5项。

9日　环境学院入选第四批湖北省高校改革试点学院名单，成为继地球科学学院之后学校第二个获得省级改革试点的学院。

25日　教学综合楼项目通过竣工验收。教学综合楼于2015年3月开工建设，总建筑面积70 493平方米，总建筑高度77米，地下1层、地上19层，建有多媒体教室、同声传译室、语音室、多功能报告厅、视频会议室、办公室等。

27日　学校申报的"地球深部钻探与深地资源开发国际联合研究中心"被科技部认定为国家级国际科技合作基地（国家级国际联合研究中心类）。

28日　教育部考试中心、英国文化教育协会（British Council）批准学校新增雅思考点作为"用于英国签证及移民的雅思考试"（IELTS for UKVI）。该考点为华中地区第一家设置在高校的专注于打造高端UKVI雅思考试的考点。

3月

9日　中国地质大学校友会荣获武汉市"2017年度招商引资突出贡献集体一等奖"。

15日　城市地下空间工程专业、海洋工程与技术专业、数据科学与大数据技术专业通过2017年度普通高等学校本科专业备案。

20日　曹淑云、李建威、马睿、周建伟、戴光明、董范、郭关玉、王汉鸣、邓云涛、彭芳建等10人，获评学校首届"最美地大教工"。

22日　1957届校友、中国科学院院士张弥曼荣获"世界杰出女科学家奖"。

22日　国务院学位委员会印发《关于下达2017年审核增列的博士、硕士学位授权点名单的通知》。学校新增马克思主义理论、公共管理、控制科学与工程3个一级学科博士学位授权点,新增心理学一级学科硕士学位授权点,新增应用统计专业硕士学位授权点。

本月 教育部发文批复学校"地质探测与评估教育部重点实验室"立项建设。

4月

12日 王伟、郭小文、文章、江广长、唐启家、赵妍、魏周超、汪再奇、叶宇、刘丹等10人,获评学校第十三届"十大杰出青年"。

17日 经济管理学院工程管理专业2012届校友翁新强入选"荆楚楷模"年度人物。

18日 体育课部学生闫子贝在全国游泳冠军赛暨亚运会选拔赛男子50米蛙泳决赛中以27秒16的成绩夺冠,并打破全国纪录。

18日 丁华锋团队和三一重机有限公司联合研制的中国第一台具有自主知识产权的大型正铲液压挖掘机SY850H在江苏昆山下线交付。

21日 以"理想与信念"为主题的全国第五届大学生艺术展演活动在上海落幕,学校代表队获一等奖2项、优秀创作奖1项,学校获"高校优秀组织奖"。

27日 2018中国工程机器人大赛暨国际公开赛在学校举行,学校代表队获一等奖17项、二等奖19项。

28日 中国高等教育学会授予学校"中国高等教育博览会突出贡献奖单位"称号。

29日 经济管理学院学生王懿律与搭档黄东萍在2018年亚洲羽毛球锦标赛中获混双冠军。

5月

4日—6日 第四届"地大杯"校友足球赛在学校举行,16个校友分会足球队、300余人参赛。北京校友会足球队获得冠军。

5日 中国矿物岩石地球化学学会授予巫翔、袁松虎、左仁广、王伟等4人"第17届侯德封矿物岩石地球化学青年科学家奖"。

14日 地球科学学院2014级本科生王奉宇获评"第十三届中国大学生年度人物"。

20日 学校党委研究决定:成立党委教师工作部(正处级),与人事处合署办公;成立党委人才工作办公室(正处级);成立社会合作办公室(正处级),挂靠学校办公室;成立督查督办工作办公室(正处级),挂靠学校办公室;成立校史馆(正处级),与档案馆合署办公;成立未来城校区管理办公室(正处级);整合网络安全与信息化建设办公室、网络与教育技术中心职能,成立网络与信息中心(正处级)。

21日　湖北省副省长陈安丽一行来校调研科技创新和成果转化工作。

22日—25日　副校长刘勇胜率团访问比利时新鲁汶大学、布鲁塞尔自由大学、联投欧洲科技投资有限公司和中国-比利时高科技孵化园区，签署合作建设"中欧创业学院"协议。

5月26日—6月4日　香港大学地球科学系与学校共30名师生在秭归产学研基地开展"三峡地区地质、资源、环境野外教学和研究"联合野外实习活动。

27日　在2018年"创青春·汇得行"湖北省大学生创业大赛上，学校代表队获3金4银5铜，学校获"优胜杯"。

28日　在2018—2019年学年度中国政府奖学金评选中，学校申报的"地质、矿产、资源、环境等相关专业学科群——高校研究生项目"获批高校研究生奖学金项目，"'一带一路'地质、矿产、资源、环境国际学生本科生项目"获批"丝绸之路"奖学金项目。

28日　资源勘查工程、地质工程、水文与水资源工程3个专业通过2017年全国工程教育专业认证，认证时效为6年，即2018年1月至2023年12月。

本月　蒋少涌团队获2018年教育部自然科学奖一等奖。

本月　艺术与传媒学院2014级本科生党支部获评第二届全国高校"两学一做"支部风采展示活动学生党支部精品工作案例，数学与物理学院院直党支部获评教工党支部优秀微党课，地球物理与空间信息学院地球物理专业二班联合党支部获评学生党支部推荐展示特色成果。

6月

15日　中国岩石力学与工程学会科普教育基地在学校巴东野外综合试验场揭牌。

20日　学校SPE-CUG学生分会被美国国际石油工程师协会总部（简称"SPE"）授予"2018年度金质奖章"。

7月

5日—7日　由35所高校和浙江省地质勘查局联合发起的"地质＋"全国大学生创新创业教育联盟在学校成立。首届"地质＋"全国大学生创新创业大赛在学校举行。

9日　学校党委研究决定：聘任周爱国为校长助理。

10日　地球科学学院2014级本科生王奉宇获评"第十一届中国青少年科技创新奖"。

11日　学校附属武汉心理医院在武汉市精神卫生中心二七院区挂牌成立。

12日　学校与云南省人民政府签署省校战略合作协议。协议约定，省校双方将在人才培养、教育扶贫、学科和科研平台共建等方面开展合作，助推云南省早日实现民族团结进步示范区、生态文明建设排头兵和面向南亚东南亚辐射中心的发展目标。

14日 2018年海外华裔青少年"中国寻根之旅"湖北之旅夏令营在学校开营。

16日 体育学院学生牛潇潇获2018第44届"武汉7·16渡江节"抢渡赛女子组冠军。

21日—26日 由中国登山协会主办,学校与青海省体育局承办的2018海峡两岸青少年登山交流活动在青海省门源县岗什卡雪峰举行。海峡两岸大学生联合登山队成功登顶海拔5005米的岗什卡雪峰卫峰。

本月 在中共湖北省委教育工作委员会在全省高校中组织开展的"支部好案例、书记好党课、党员好故事"展评活动中,地球物理与空间信息学院地物二班联合党支部获评湖北省高校"支部好案例"二等奖,艺术与传媒学院2014级本科生党支部、经济管理学院旅游系党支部获评湖北省高校"支部好案例"三等奖,材料与化学学院材料系第二党支部、信息工程学院本科生第九党支部获评湖北省高校"支部好案例"优秀奖;地球科学学院构造地质系党支部获评湖北省高校"党员好故事"一等奖,学校驻竹山县秦古镇小河村工作队获评湖北省高校"党员好故事"二等奖,机械与电子信息学院2016-1研究生党支部获评湖北省高校"党员好故事"三等奖。

8月

4日 1984届校友、中国石油化工集团公司党组成员、副总经理、中国工程院院士马永生到周口店实习基地看望师生,并作题为《普光气田的发现和意义》的报告。

5日 在2018年世界羽毛球锦标赛上,公共管理学院2017级学生郑思维和2015级学生黄雅琼获混双冠军,体育学院2018级硕士研究生王懿律与搭档黄东萍获混双亚军。

16日 学校208个项目获2018年度国家自然科学基金集中受理期资助,获直接资助经费12 529万元,总资助经费连续四年过亿元。其中,谢树成获批创新研究群体项目,赖旭龙、肖龙、谢树成、任建业、刘慧获批重点项目,李超获批国家杰出青年科学基金项目,巫翔、唐辉明获批国家重大科研仪器研制项目,朱振利、朱宗敏、赵新福、於世为获批国家优秀青年科学基金项目。

26日 在第六届"东方杯"全国大学生勘探地球物理大赛决赛上,学校代表队获一等奖2项、二等奖1项、三等奖11项、优秀作品奖8项,顾汉明、刘少勇获评"优秀指导教师奖",学校获"优秀组织奖"。

9月

7日 殷鸿福院士荣获"荆楚好老师"特别奖。

10 日　殷鸿福院士荣获"2018 最美教师"称号。

14 日　李德威教授因病逝世，享年 56 岁。弥留之际，他在重症监护室写下"开发固热能，中国能崛起"。

16 日　在第五届全国大学生地质技能大赛上，学校代表队获 2 个单项特等奖、6 个单项一等奖、2 个单项二等奖和团体冠军，刘嵘获评"优秀指导教师"。

17 日　石油工程系党支部入选教育部首批全国高校"双带头人"教师党支部书记工作室建设名单。

17 日　学校研究决定：成立中国地质大学（武汉）心理科学与健康研究中心，挂靠马克思主义学院，李毅任主任。

22 日　中国地质大学 MBA 校友会成立。

26 日　学校研究决定：成立知识产权信息服务中心，知识产权信息服务中心与教育部科技查新工作站一体化运行，挂靠图书馆，程建萍任中心主任。

28 日　学校与武汉东湖新技术开发区管理委员会签约共建"国际创新创业基地"。

29 日　学校与重庆市人民政府签署战略合作协议。协议约定，市校双方将在人才培养、科学研究、产学研合作等方面开展深度合作，共建长江流域地质过程及资源环境研究计划（重庆中心）、重庆市自然资源大数据中心，共建中国地大重庆产业创新工业技术研究院，联合实施长江上游重要生态屏障保护和长江流域资源环境领域高端人才平台建设。

30 日　谢树成团队研究成果"地质微生物记录了极端环境事件"入选 2017 年度"中国古生物学十大进展"。

本月　校长王焰新率团参加在韩国大田市举办的"2018 国际水文地质学家协会大会"，先后访问韩国国立全北大学、汉阳大学，并拜访中国驻韩国大使馆。

10 月

2 日　2018 年度校友值年返校暨 1988 届校友毕业 30 周年返校活动在弘毅堂举行。3000 余名校友及家属欢聚一堂，追忆往昔峥嵘岁月，畅叙师生情、同学谊。

2 日　地球科学学院 1988 届校友捐赠 20 万元，设立"中国地质大学 1988 届地质地化系校友奖学金"。

8 日　"地学长江计划"联合科学考察出征仪式在学校举行。金振民院士带队赴三峡库区地质灾害野外观测基地、鄂西元古宇至第四系扬子克拉通盖层研究基地和神农架大九湖关键带野外观测基地等野外基地进行实地考察。

12 日　学校党委授予殷鸿福院士"教书育人楷模"称号。

14 日　中国地质大学丽水校友会成立。

15 日　在第四届中国"互联网＋"大学生创新创业大赛上，学校代表队获 1 银 3 铜。

16日　中国国家博物馆来校收藏李德威实物11件（套），分别是：中国地质调查成果奖二等奖证书、中国地球物理学会会员证、第十四届中国海峡项目成果交易会参会证、绘图尺（1套）、地质锤、罗盘、放大镜、水壶、红色外套、鞋子、野外记录簿等。

20日　2018年"共和国的脊梁——科学大师名校宣传工程"江苏汇演暨江苏省科学道德与学风建设教育活动在南京大学启动，学校原创话剧《大地之光》首场巡演。中国科学技术协会党组书记、常务副主席、书记处第一书记怀进鹏，江苏省委常委、宣传部部长王燕文，中国科学院院士方成、陈洪渊、吴培亨、祝世宁，中国工程院院士芮筱亭，南京大学党委书记张异宾，学校党委书记何光彩，以及师生代表等千余人观看首演。

21日　全国政协常委、人口环境资源委员会副主任姜大明一行来校考察调研。

21日　2018年度国家艺术基金"湖北竹山绿松石综合艺术人才培养项目"成果展在"武汉客厅"举办，这是学校首次获批的国家艺术基金人才培养项目。

22日　学校医院与武汉大学中南医院举行医疗联合体签约暨揭牌仪式。

23日　胡守庚申报的"长江经济带耕地保护生态补偿机制构建与政策创新研究"项目、成金华申报的"加快生态文明体制改革、建设美丽中国"项目获批国家社会科学基金重大项目。

25日　学校获评"教育部直属高校档案规范管理先进单位"，王根发获评"教育部直属高校档案工作优秀馆长"。

25日　地质探测与评估教育部重点实验室举行揭牌仪式。中国科学院院士殷鸿福，党委书记何光彩，校长王焰新，副校长刘勇胜，校长助理、实验室主任蒋少涌等在实验室1号楼前参加揭牌仪式。

27日　中国地质大学校友会第十届校友分会会长、秘书长联谊会暨第三届地质资源高峰论坛在辽宁举行。

28日　中国高等教育学会在北京航空航天大学召开军民融合教育研究分会成立大会。学校成为该分会首批理事单位，蒋少涌任理事。

30日　教育部印发《关于追授李德威同志"全国优秀教师"荣誉称号的决定》，号召全国广大教师和教育工作者以李德威教授为榜样，学习他心怀人民、至诚报国的大爱情怀，学习他执着探索、攻坚克难的科研精神，学习他爱教爱生、立德树人的师德风范，学习他淡泊名利、无私奉献的高尚情操。

11月

3日　在2018年"创青春"全国大学生创业大赛终审决赛上，学校代表队获1银2铜。

5日　学校与中国地质科学院岩溶地质研究所联合建设的"国家地质环境修复技术创新平台培育基地"，通过自然资源部科技发展司会同湖北省国土资源厅组织的专家评估。

6日　1957届校友、中国科学院院士张弥曼被授予何梁何利基金"科学与技术成就奖"。

7日　在中国教育电视台和高等教育出版社联合组织的"最美慕课——首届中国大学慕课精彩100评选展播活动"中,李江敏团队讲授的课程《文化遗产与自然遗产》获一等奖,戴光明和马钊讲授的课程《零基础学C语言》获三等奖。

7日　中国民主同盟中央委员会授予中国民主同盟地大委员会"民盟思想宣传工作集体"。

12日　学校团委获评"2018年全国大中专学生志愿者暑期'三下乡'社会实践活动优秀单位","燎原团队"获评"全国优秀团队"。

13日　学校党委研究决定:体育课部更名为体育学院,聘任董范为体育学院院长。

15日　学校与中国气象局签署《联合培养合作协议书》。协议约定,双方将围绕极端天气气候事件与地质灾害监测预警重点领域开展合作研究,组建创新团队,开展联合攻关;共同推进学校大气科学学科专业建设,培养气象发展急需人才;共建武汉极端天气气候与地质灾害联合研究中心以及大数据气象信息处理研究中心;建立局校合作联席会议制度,形成长效合作机制;中国气象局支持学校气象实践教学平台、教学基础设施、实习实训基地建设等。

16日　体育学院暨中国登山户外运动学院成立。国家体育总局登山运动管理中心主任、中国登山协会主席李致新,登山运动管理中心副主任、中国登山协会秘书长张志坚,湖北省体育局局长胡功民,西藏自治区体育局正厅级巡视员旺青格烈等参加成立仪式。

21日　吴敏当选2019年度电子电气工程师学会会士(IEEE FELLOW)。

24日　学校获评"2018年青少年高校科学营优秀组织单位",刘珩获评"2018年青少年高校科学营先进工作者"。

24日　学校与武汉精神卫生中心联合共建的心理科学与健康研究中心成立,武汉市心理医院院长李毅任中心主任。该研究中心具有心理学一级硕士点授予权,从事认知神经心理、事故与灾害创伤心理研究、心理健康大数据与社区管理研究等特色研究,建有中国地质大学附属武汉心理医院。

26日　湖北省委宣传部授予李德威"荆楚楷模"称号。

27日　学校党委研究决定:成立党委巡察工作领导小组,何光彩、王焰新任组长;领导小组下设办公室,作为巡察工作日常办事机构,与纪委办公室合署办公,陶继东任办公室主任(兼)。

本月　学校与日本九州大学签署合作协议。

本月　2018—2022年教育部高等学校教学指导委员会成立,学校14名教师入选,较上一届增加5人。其中,赖旭龙受聘为地质学类教指委主任委员,唐辉明受聘为地质类教指委主任委员,王焰新受聘为环境科学与工程类教指委副主任委员,章军锋受聘为地质学类教指委秘书长,夏庆霖受聘为地质类教指委秘书长,成金华受聘为经济学类教指委委员,赖忠平受聘为地理科学类教指委委员,李双林受聘为大气科学类专业教指委委员、解习农受聘为海洋科学类专业教指委委员,胡祥云受聘为地球物理学类专业教指委委员,杨明星受聘为材料类专业教指委委员,吴敏受聘为自动化类专业教指委委员,陈刚受聘为测绘类专业教指委委员,王占岐受聘为公共管理类专业教指委委员。

本月　纳米矿物材料及应用教育部工程研究中心、地理信息软件及其应用教育部工程中心获评合格、国土资源部资源定量评价与信息工程重点实验室通过评估。

12月

6日　湖北省委常委、省委宣传部部长、省委教育工委书记王艳玲来校调研学校学习贯彻全国教育大会精神情况，并召开师生座谈会。

8日　学校作为发起单位入选"首批科普研学联盟理事单位"，刘先国、黄爱武受聘为"首批科普研学导师"。

9日　在"华为杯"第十五届全国研究生数学建模竞赛上，学校代表队获一等奖3项、二等奖4项、三等奖11项。

12日　科技部公布2017年国家创新人才推进计划入选名单，王力哲、李超入选"中青年科技创新领军人才"。

13日　学校与湖北广播电视台签署协同育人合作协议。

17日　《地球科学（中文版）》和 Journal of Earth Science 入选"2018中国最具国际影响力学术期刊"。

17日　陈望平获批国家自然科学基金重大研究计划重点项目。

19日　学校荣获湖北省"生态园林式学校"称号。

21日　2018年高等教育国家级教学成果奖评审结果公布。赖旭龙牵头完成的《秭归地球科学科教融合实践教学基地建设与综合改革》、唐辉明牵头完成的《现代工程能力导向的地质工科人才培养模式创新与实践》和学校教师参与的《地理信息类专业3332教学体系的创建与实践》获二等奖。

22日　共青团湖北省委授予柴波"全省向上向善好青年"称号。

22日　2018—2022年教育部高等学校地质类专业教学指导委员会成立大会暨第一次全体委员会议在学校举行。党委书记何光彩，党委副书记、新一届地质类专业教学指导委员会主任唐辉明，以及来自全国33所高校的教指委成员和教师代表参会。

25日　学校与浙江省地质勘查局签署局校战略合作协议。协议约定，双方将按照"战略合作、共同发展、优势互补、资源共享"的原则，共同开展高层次人才培养、产学研协同创新、重大项目科技攻关和科技创新平台进一步发展等四个方面的战略合作。

27日　校长王焰新在本科教育教学工作会议上提出打造"严在地大"一流本科建设品牌。

29日　浙江省地矿建设有限公司向学校捐赠100万元，用于支持大学生开展"地质＋"创新创业大赛。

本月　材料与化学学院党委、工程学院工程地质与岩土工程系党支部、经济管理学院旅游管理系党支部入选首批"全国党建工作标杆院系"培育创建单位。

2019 年

1 月

6 日 学校巴东野外综合试验场被授予"中国产学研合作创新示范基地"。

8 日 赵珊茸讲授的"结晶学及矿物学"和帅琴讲授的"分析化学"课程,入选 2018 年国家精品在线开放课程。

9 日 学校研究决定:成立中国地质大学深圳海洋工程与技术中心,挂靠深圳研究院,牟林任主任。

11 日 2018—2019 华人教育家大会暨荣耀盛典在北京举行,赵鹏大、殷鸿福两位院士同时被授予"华人教育名家"称号。

15 日—16 日 学校与德国弗莱贝格工业大学签署合作协议。协议约定,学校应届本科毕业生可申请到弗莱贝格工业大学攻读英语授课的研究生课程,达到要求后可被授予该校硕士学位。

17 日 学校 9 位学者入选爱思唯尔发布的 2018 年中国高被引学者榜单。刘勇胜、蒂姆·柯斯基、郑建平、吴元保、谢树成、张宏飞、蒋少涌入选地球和行星科学学术榜,何勇、吴敏入选控制与系统工程学术榜。

18 日 艺术与传媒学院 2012 届校友次仁旦达当选"中国网事·感动 2018"年度网络人物。

18 日 学校研究决定:成立学生劳动教育工作领导小组,王焰新任组长,王林清、赖旭龙、刘勇胜任副组长;学生劳动教育工作领导小组下设办公室,邬海峰兼任办公室主任。

28 日 英语专业 1991 届校友刘鹏与宁波泰茂车业有限公司捐赠 34 万元,注入"贝乐奖学金奖教金",用于奖励外国语学院优秀本科生、研究生及作出突出贡献的教师。至此,该奖学金奖教金总金额达到 100 万元。

29 日 谢树成团队揭开万年以前中国东部降水之谜的科研成果入选 2018 年"湖北十大科技事件"。

2月

20日　中共中央总书记、国家主席、中央军委主席习近平在北京人民大会堂接见探月工程嫦娥四号任务参研参试人员代表,并发表重要讲话。肖龙受到接见。

3月

1日　中央文明办发布2月"中国好人榜",李德威入选"敬业奉献类好人"。

7日　宋海军团队成果"揭秘海洋生态系在二叠纪末大灭绝事件中的响应过程"入选2018年度"中国古生物学十大进展"。

7日　湖北省总工会授予外国语学院大学英语部"湖北省女职工建功立业标兵岗"称号。

11日　学校被教育部认定为首批高等学校科技成果转化和技术转移基地。

26日　学校研究决定:成立招生监察工作领导小组,成金华任组长;招生监察工作领导小组下设办公室,陶继东任办公室主任(兼),日常工作由监察处承担。

29日　学校与湖北省生态环境厅签约共建"湖北省大气复合污染研究中心"。

本月　经国务院批准,吴元宝、夏帆、王力哲、焦玉勇享受2018年政府特殊津贴。

4月

17日　学校研究决定:将实验室技术安全领导小组调整为实验室安全工作领导小组,何光彩、王焰新任组长,刘勇胜、王林清、刘杰任副组长;实验室安全工作领导小组下设实验室安全管理办公室,与实验室与设备管理处合署办公,徐四平任办公室主任(兼)。

19日　教育部党组书记、部长陈宝生一行来校考察调研。湖北省委常委、省委宣传部部长、省委教育工委书记王艳玲等参加调研。党委书记何光彩主持调研座谈会,校长王焰新汇报学校工作。陈宝生充分肯定了学校67年来取得的办学成就和"三步走"发展战略,勉励学校以习近平新时代中国特色社会主义思想为指导,深入学习贯彻党的十九大精神,深刻领会把握习近平总书记关于教育的重要论述的科学内涵和精神实质,认真贯彻落实全国高校思想政治工作会议、全国教育大会和学校思想政治理论课教师座谈会精神,全面贯彻党的教育方针,始终坚持社会主义办学方向,全面落实立德树人根本任务,扎根中国大地办好人民满意的大学。

19日　殷鸿福院士捐赠20万元,注入"殷鸿福院士金钉子奖学金",奖励学校在科技创新领域取得突出成绩的本科生和硕士研究生。

22日　徐世球被聘为自然资源部2019年度自然资源首席科学传播专家。

22日　由湖北省人民政府与中国社会科学院联合主办的"长江高端智库对话——迈向高质量发展的长江经济带"在武汉举行,学校举行主题为"生态环境大保护与长江经济带高质量发展"的平行分会场。

23日　学校与中铁十四局大盾构工程有限公司签署战略合作协议。

24日　中国地质调查局发布关于首批首席地质填图科学家遴选结果,王国灿、朱云海入选首批首席地质填图科学家,张雄华、骆满生入选首批图幅地质填图科学家。

24日　高山院士项目团队向学校捐赠50万元,设立"高山奖学金",用于奖励地质学领域优秀学生。

30日　经济管理学院工程管理专业2012届校友翁新强荣获"湖北青年五四奖章"。

本月　材料与化学学院2001届校友冯新亮当选欧洲科学院院士。

5月

7日　学校研究决定:成立学生美育工作领导小组,王焰新任组长,王林清、傅安洲、赖旭龙、刘勇胜任副组长;学生美育工作领导小组下设办公室,挂靠校团委,与学生艺术教育中心(副处级)合署办公,朱荆萨兼任办公室主任。

8日　中国工程院院士王双明受聘为学校学科杰出人才,并为师生作题为《西部煤炭开发与生态环境保护问题》的报告。

13日　中国地质大学深圳校友会成立。

15日—21日　第35届泛波罗的海世界大学生运动会在立陶宛·维尔纽斯举行,学校高水平游泳队为中国代表团获得7金2银2铜。

18日—19日　第五届"地大杯"校友足球赛在学校举行,17个校友分会足球队、300余人参赛。深圳校友会足球队获得冠军。

20日　地质系1989届校友、正东华企投资有限公司董事长陈海向学校捐赠50万元,设立"海基金",用于支持学校人才队伍建设。

24日　纪念马杏垣院士诞辰100周年座谈会在北京举行。《地球科学(中文版)》出版纪念马杏垣院士诞辰100周年专辑,专辑收录温家宝校友撰写的文章——《纪念马杏垣先生》。

28日　湖北省教育基金会向学校捐赠25万元,注入"助勤帮困基金",用于激励经济困难学生自强不息、顺利完成学业。

31日　梁庆九校友与武汉华睿智联企业管理有限公司向学校捐赠50万元,设立"机电华睿奖学金",用于奖励机械与电子信息学院优秀教师和学生。

6月

13日　学校2019年普通本科招生计划出台,计划招生4600人,新增智能科学与技术本科专业。

24日　福建校友会会长、机械设计及制造专业1996届校友卢禄华与厦门三烨清洁科技股份有限公司捐赠30万元,用于支持学校增设电梯及实验室改造。

25日　经广泛征求师生、校友及社会各界的意见和建议,学校决定将两个校区命名为"南望山校区"和"未来城校区"。南望山校区注册地址为:湖北省武汉市洪山区鲁磨路388号,邮编430074;未来城校区注册地址为:湖北省武汉市东湖新技术开发区锦程街68号,邮编430078。

27日　学校与新疆阿克苏地区行署签署战略合作协议。

28日　中国科学院院士赵鹏大获评科学中国人2018年度人物"杰出大学校长"。

28日　学校与云南省腾冲市签署战略合作协议。

本月　安全工程专业通过中国工程教育专业认证,认证时效为6年,即2019年1月至2024年12月。

本月　民盟中国地质大学(武汉)委员会获评高校基层组织"盟务工作先进集体",民盟盟员、计算机学院朱静获评高校盟员"盟务工作先进个人"。

7月

2日　学校召开干部教师大会。教育部人事司司长张东刚宣读教育部党组关于中国地质大学(武汉)党委书记职务任免决定:黄晓玫任中共中国地质大学(武汉)委员会委员、常委、书记;免去何光彩的中共中国地质大学(武汉)委员会书记、常委、委员职务。

14日　机械与电子信息学院博士生韩磊获评2018年度"中国大学生自强之星标兵",资源学院2016级本科生李丁获评2018年度"中国大学生自强之星"。

19日　教育部党组成员、副部长翁铁慧,教育部高校学生司司长王辉,学位管理与研究生教育司司长洪大用,思想政治工作司副司长张文斌,社会科学司副司长谭方正一行来校,调研学校"双一流"建设和思政工作。湖北省委常委、省委宣传部部长、省委教育工委书记王艳玲,湖北省教育厅党组书记、厅长陶宏等参加调研。党委书记黄晓玫主持座谈会。校长王焰新专题汇报了学校"双一流"建设和思政工作。翁铁慧对学校改革发展所取得的成绩予以肯定,在人才培养、学科建设、队伍建设、治理能力建设等方面提出要求。

19日—24日　在第23届中国大学生羽毛球锦标赛上,学校代表队获乙组男子团体第一

名、男子双打第一名、男子双打第二名、混合双打第三名、男子单打第五名、混合双打第五名和乙组女子双打第五名,学校获"体育道德风尚奖"。

31日 在第19届全国大学生田径锦标赛上,体育学院2015级本科生周艳萱获女子七项全能冠军。

8月

4日 1957届校友、中国科学院院士张弥曼到周口店实习站,与参加野外地质实习的师生代表座谈。

5日 学校入选教育部"2019年度全国创新创业典型经验高校"。

8日 在2019年全国大学生英语竞赛总决赛上,经济管理学院2018级本科生邓恬音获笔试特等奖、演讲特等奖和辩论赛二等奖。

16日 学校199个项目获2019年国家自然科学基金集中受理期资助,获直接资助经费10 686万元,获资助经费连续五年过亿元。其中,郑建平、王亮清、陈中强获批重点项目,王力哲获批国家杰出青年科学基金项目,刘勇胜获批国家重大科研仪器研制项目,焦玉勇获批重点国际(地区)合作研究项目,宗克清、王墩、李长冬获批国家优秀青年科学基金项目。

16日 在2019年世界攀岩锦标赛单项决赛上,体育学院2019级研究生牛笛获速度赛银牌,并以排名第十进入全能决赛,是中国队唯一进入全能决赛的队员。

16日 在第24届FIRA机器人世界杯大赛上,学校代表队获1项冠军、4项亚军、1项季军。

18日 在第18届世界游泳锦标赛大师赛上,体育学院教师赵菁获2金2银。

21日—25日 《地球科学(中文版)》《宝石和宝石学杂志》两期刊入选2019年北京国际图书博览会"庆祝中华人民共和国成立70周年精品期刊展"。

25日 未来城校区投入使用。材料与化学学院、环境学院、地理与信息工程学院、计算机学院、地质过程与矿产资源国家重点实验室、生物地质与环境地质国家重点实验室、地理信息系统国家工程技术研究中心等单位的师生陆续搬迁到未来城校区。

25日 在2019年瑞士巴塞尔羽毛球世锦赛上,公共管理学院2017级学生郑思维和2015级学生黄雅琼获混双组合冠军。

9月

4日 郑建平荣获"李四光地质科学奖科研奖"。

6日 杜远生荣获湖北省第三届"楚天园丁奖"。

9日　焦养泉荣获"全国模范教师"称号。

10日　学校与湖北省应急管理厅签署战略合作协议，成立"湖北省应急管理技术与培训中心"，推动应急管理理论创新、制度创新、科技创新和管理模式创新。

10日—11日　学校与中国地质调查局合作成立"中国-上海合作组织地学合作研究中心武汉学院"。

12日　学校召开"不忘初心 牢记使命"主题教育动员会。党委书记、主题教育领导小组组长黄晓玫作动员讲话。教育部直属高校"不忘初心 牢记使命"主题教育第八巡回指导组组长黄健柏讲话。校长王焰新主持会议。

16日—21日　首届亚洲大学生羽毛球锦标赛在台湾省新北市举行，学校代表队获2金1银3铜。

20日　金属物探专业1983届校友龚树毅与公安县佳源水务有限公司向学校捐赠40万元，注入"佳源奖助学金"，用于资助研究生科研及贫困本科生。

21日—23日　由中国科学技术协会、教育部、共青团中央、中国科学院、中国工程院共同主办，广东省科学技术协会、广东省教育厅、共青团广东省委、中国科学院广州分院和中山大学、深圳大学、汕头大学、广东医科大学等联合承办的"共和国的脊梁——科学大师名校宣传工程"广东会演活动在中山大学举行，学校原创话剧《大地之光》进行巡演。广东省人民政府副秘书长陈岸明、广东省教育厅厅长景李虎、广东省科学技术协会党组书记郑庆顺、中山大学校长罗俊，学校党委书记黄晓玫、党委副书记王林清等观看演出。

24日　王焰新获国际水文地质学家协会颁发的"应用水文地质奖"（Applied Hydrogeology Award）。

27日　控制科学与工程和公共管理两个一级学科获批设立博士后科研流动站。

29日　王伟获第十七届青年地质科技奖"金锤奖"。

30日　学校三峡库区地质灾害野外科学观测研究站获批为教育部野外科学观测研究站。

30日　2019年度"中国政府友谊奖"颁奖典礼在人民大会堂举行，学校美籍教授蒂姆·柯斯基获此殊荣并参加颁奖典礼。国务院总理李克强、副总理韩正会见蒂姆·柯斯基等外国专家并与其合影。

30日　学校与佛罗伦萨大学签署合作协议。

本月　学校党委报送的《习近平新时代中国特色社会主义思想农村大众化研究——基于湖北英山的调查》被评为湖北党的建设研究会2018年度调研课题优秀成果一等奖。

10月

2日　"奋斗筑梦新时代　深情守候地大人"2019年度校友值年返校暨1989届校友毕业30周年返校活动在弘毅堂举行。100多个班级、3800余名校友及家属欢聚一堂，追忆往昔峥

嵘岁月,畅叙师生情、同学谊,共同庆祝伟大祖国七十周年华诞。

11日—13日　首届全国大学生化学实验创新设计竞赛举行,学校代表队获一等奖。

12日—15日　第五届中国"互联网＋"大学生创新创业大赛总决赛举行,学校代表队获1银3铜。

18日—27日　第七届世界军人运动会在武汉举行,学校代表队获3金4银1铜。

20日　在2019年国际大学生类脑计算大赛上,地理与信息工程学院2015级博士生余芳文与昆士兰科技大学、澳大利亚机器人视觉中心合作完成的作品《Neuro SLAM:面向三维动态环境的类脑 SLAM 系统》获特等奖及30万元奖金。

21日　中国地质大学老挝校友会成立。

22日　中国地质大学加拿大卡尔加里校友会成立。

24日　中国地质大学越南校友会成立。

25日—28日　在第十一届全国水中健身操比赛上,学校代表队获集体徒手操、集体哑铃操、双人划手掌操、双人棒操4项冠军及团体总分第一名。

28日　"地球探测智能化技术教育部工程研究中心"获批立项。

本月　在湖北省第十八届党员教育电视片评选活动中,学校党委报送的党员教育片《"第一口沼气池"的故事》获评科教文化类一等奖,《中国的和平发展道路》获评科教文化类优秀奖。

11月

6日　王红梅获批国家自然科学基金重大研究计划重点项目。

12日　在第十六届"挑战杯"全国大学生课外学术科技作品竞赛终审决赛上,学校代表队获二等奖2项、三等奖3项。

12日　吴巧生申报的"中国战略性三稀矿产资源供给风险治理机制研究"项目获批2019年度国家社会科学基金重大项目。

15日　学校与中国-东盟地学合作中心、成都理工大学签署共建"中国-东盟地学合作中心东盟学院"协议,并举行揭牌仪式。

18日　殷鸿福院士被中国古生物学会授予"终身成就荣誉"。

20日　在第十六届中国研究生数学建模竞赛上,学校代表队获一等奖1项、二等奖6项、三等奖8项、成功参与奖13项。

22日　王焰新、成秋明,校友彭建兵、肖文交当选中国科学院院士。

30日　中国地质大学山东校友会成立。

12月

2日 成金华获批国家自然科学基金重大项目课题,成建梅获批联合基金重点支持项目。

3日 学校紧缺战略矿产资源协同创新中心、地质调查研究院与四川省地质调查院签订战略合作协议。

7日 中国地质大学校友会第十一届校友分会会长、秘书长联谊会暨第四届地质资源高峰论坛在深圳举行。党委书记黄晓玫、副校长傅安洲、党委副书记王林清,28个海内外校友分会的会长、秘书长代表以及深圳校友代表300人参加。

9日 学校与日本名古屋工业大学举行合作谅解备忘录签字仪式。

11日 学校研究决定:成立地质环境修复产业技术创新中心、排水环境治理装备产业技术创新中心、贵金属首饰数字化设计与制造产业技术创新中心,首轮建设周期为2020年12月1日至2023年12月1日。

12日 王华获批国家自然科学基金联合基金重点支持项目。

16—18日 "关键金属成矿作用国际研讨会"(International Symposium on Critical Metal Mineralization)在学校召开。

21日 地理与信息工程学院揭牌。

22日 湖北省毛泽东诗词研究会2019年会暨"毛泽东诗词与新中国"学术研讨会在学校召开。

24日 "中国地质大学(武汉)-中国地质调查局武汉地质调查中心(中南地质科技创新中心)研究生工作站"成立。

25日 学校十二届第41次党委常委会审议通过《地球科学领域国际知名研究型大学建设中长期战略规划》(简称《规划》)。《规划》以"美丽中国 宜居地球:迈向2030"为战略主题,明确新阶段学校的办学使命、奋斗目标、指导原则和战略重点,描绘学校"三步走"发展战略"第二步"的发展蓝图,即在实现"地球科学一流、多学科协调发展"的阶段性办学目标的基础上,到2030年把学校建设成为地球科学领域国际知名研究型大学。

25日 学校明确由社会合作办公室承担学校定点扶贫和对口支援(援建)等任务。

29日 学校党委研究决定:将精神文明建设工作领导小组调整为精神文明建设委员会,并成立相应专项工作委员会,黄晓玫、王焰新任主任,傅安洲、成金华、唐辉明、赖旭龙、王华、王林清、刘杰、刘勇胜、储祖旺、蒋少涌、周爱国任副主任;精神文明建设委员会下设办公室,与党委宣传部合署办公,办公室主任由党委宣传部主要负责人兼任,并设兼职副主任1名。

31日 学校16个专业入选国家级一流本科专业建设点、2个专业入选省级一流本科专业建设点。

31日　电子信息工程系2006届校友律国军与武汉沃隆云网通信技术股份有限公司向学校捐赠50万元,用于建设光纤高端器件与设备实验室、作为奖教金与学生科技活动基金。

31日　环境学院党委获评第二批"全国党建工作标杆院系"培育创建单位,经济管理学院经济学系党支部、体育学院学生联合党支部、地球科学学院地质学国家基地班本科生党支部获评第二批"全国党建工作样板支部"培育创建单位。

2020年

1月

10日 唐辉明主持完成的"重大工程滑坡动态评价、监测预警与治理关键技术"成果获2019年国家科学技术进步二等奖,学校作为第三完成单位参与中国海洋石油集团有限公司的"渤海湾盆地深层大型整装凝析气田勘探理论技术与重大发现"成果获2019年国家科技进步一等奖。

10日 学校举办"不忘初心 牢记使命"主题教育总结大会。党委书记黄晓玫作总结报告。她指出,学校"不忘初心 牢记使命"主题教育聚焦深入学习贯彻习近平新时代中国特色社会主义思想根本任务,坚持将学习教育、调查研究、检视问题、整改落实贯穿结合、一体推进,切实把"规定动作"做到位,把"自选动作"做出特色,推动主题教育高质量开展,实现了理论学习有收获、思想政治受洗礼、干事创业敢担当、为民服务解难题、清正廉洁作表率的目标,达到了预期目的。校长王焰新主持会议。教育部直属高校"不忘初心 牢记使命"主题教育第八巡回指导组组长黄健柏、教育部高校党建工作联络员谢守成以及第八巡回指导组成员等出席。

22日 学校召开新型冠状病毒肺炎疫情防控暨应急处置工作会议,传达学习习近平总书记、李克强总理以及教育部党组、湖北省委对新型冠状病毒肺炎疫情的重要指示和文件要求,研究部署学校疫情防控工作。学校成立新冠肺炎疫情防控领导小组,党委书记黄晓玫、校长王焰新任组长,其他校领导、党委常委、校长助理为副组长,指挥调度全校疫情防控工作。学校新冠肺炎疫情防控领导小组办公室设在学校办公室,统筹协调全校疫情防控工作,全面落实上级和学校各项决策部署。

22日 学校研究制定《关于新型冠状病毒肺炎疫情防控暨应急处置的工作方案》,为科学有效应对处置校园疫情提供了制度保障。从即日起,学校果断采取封闭管理措施,严格校门管控,暂停各类聚集性活动,师生非必要不进出校园,及时阻断疫情传播链。

23日 武汉市新冠肺炎疫情防控指挥部发布1号通告,自上午10时起,全市城市公交、地铁、轮渡、长途客运暂停运营,机场、火车站离汉通道暂时关闭。当天,学校在汉教职工人数为2014人,滞留在校学生524人,其中外国留学生473人。

27日 湖北省教育厅人事处处长梅亚平一行3人来校检查指导疫情防控工作。

28日 学校收到校友和社会人士多笔捐赠:王利民捐赠一次性口罩20 000只,长江商学院湖北校友会和赵路苗等50名热心人士捐赠医用口罩20 000只、磷酸奥司他韦颗粒600盒、板蓝根200包、84消毒液30瓶、连花清瘟胶囊50盒,厦门大学EMBA2019级学生捐赠医用护目镜50个、耳温枪10个。

30日 教育部党组成员、副部长孙尧致电党委书记黄晓玫,代表教育部党组和陈宝生部长,对奋战在抗击疫情一线的学校教职员工表示慰问。

30日 武汉市洪山区政协主席王兰英、人大副主任苏民益一行来校检查指导疫情防控工作。

30日 校友李幅菊捐赠医用口罩20 000只,长江商学院湖北校友会捐赠红外线额温枪100个,厦门大学EMBA2019级学生捐赠医用护目镜204个。

本月 在学校党委统一领导下,全校上下迅速行动,成立社区应急突击队、楼栋封控突击队、物资配送突击队、环境消杀突击队、密接人员隔离突击队、老同志照护服务突击队等10余个战时应急队伍,有条不紊地组织开展值班值守、后勤保障、环境消杀、社区服务等疫情防控工作。党委书记黄晓玫、校长王焰新多次查看校门管控情况,慰问抗疫工作人员,其他校领导作为战时应急队伍负责人参与一线抗疫工作。

本月 来自13个不同国家的来华留学生组成地大"钢铁侠"丝路国际志愿服务队(简称"钢铁侠"志愿者团队),留在武汉,同中国人民一起守望相助、共克时艰。在老师们的带领下,"钢铁侠"志愿者团队协助学校开展物资搬运、订餐送饭、超市团购、人员联络、校园消杀、协助撤侨等工作,成为战疫中一个特殊的"逆行者"群体。

本月 学校陆续收到海内外校友和社会各界捐赠的一次性医用口罩几万只、一次性医用橡胶手套几千双、水银体温计几千个、防护服近千件、护目镜上百个、额(耳)温枪百余支、84消毒液6桶(25kg/桶)、75%医用酒精40瓶(60mL/瓶)。

2月

6日 自然资源部党组成员、中国地质调查局局长钟自然致电校长王焰新,代表中国地质调查局对学校师生表示关心和慰问,叮嘱学校全力做好疫情防控工作,支持学校渡过难关。

8日 安徽省地矿局党委书记、局长朱学文和重庆地勘局副局长王旌骅分别致电学校领导,对师生员工表达关心慰问,支持学校疫情防控工作。

9日 教育部党组成员、副部长钟登华致电党委书记黄晓玫,了解学校疫情防控工作开展情况,代表部党组问候全校师生员工,向参与疫情防控的广大干部职工表示慰问,叮嘱学校压实责任、抓好落实、守护师生安全、校园安宁。

10日 学校网上开课,本科生开学上课。

11日 研究生课程开始线上教学。

13日 洪山区第二巡回督察组组长刘光平一行4人检查指导地大社区疫情防控工作。刘光平对地大社区的防疫工作给予肯定,要求学校、社区以及市区直单位下沉到社区的防控工作队坚定信心,加大防控工作力度,把工作做细做实,共同打赢疫情防控阻击战。

16日 学校决定对地大社区楼栋实行封控管理。多批次的楼栋封控突击队承担了全面精准掌握住户信息、畅通信息传递渠道,为封控楼栋居民配送生活物资、转运生活垃圾、取送药品、圈存天然气等基本生活保障任务。

2月19日—3月18日 武汉东湖新技术开发区新冠肺炎疫情防控指挥部致函学校,根据相关法律规定和市、区防控指挥部要求,即日起征用学校未来城校区部分学生宿舍,作为外地援鄂医疗队驻地。党委书记黄晓玫、校长王焰新指示:为驰援武汉的医疗队提供服务保障,责任重大、使命光荣,承担任务的部门和同志必须提高政治站位、狠抓任务落实,做好服务保障工作,充分展现地大人的工作作风。征用期间,未来城校区承担了陕西、福建、海南3支援鄂医疗队共计319名医护人员在汉期间的驻地保障工作。

21日 教育部发布《2019年普通高等学校本科专业备案和审批结果的通知》,学校土地整治工程专业获批。

22日 武汉市副市长刘子清及武汉东湖新技术开发区管理委员会有关负责人赴未来城校区看望慰问援鄂医疗队。

25日 湖北省副省长肖菊华、省政府副秘书长卢军、省教育厅副厅长张金元一行来校检查指导疫情防控工作,重点检查了封控管理、保卫值班、物资供应、留学生公寓管理、社区居委会等工作开展情况,看望慰问在校留学生和疫情防控一线工作人员。

本月 浙江省地矿建设有限公司捐赠20万元,用于支持学校开展疫情防控工作。

本月 中国职业技术教育学会会长、教育部原副部长鲁昕,中国观赏石协会会长、国土资源部原副部长寿嘉华等领导致电学校,对教职员工表示关心和慰问。河北地矿局党组致函慰问全校师生,向学校捐赠紧缺防疫物资。河北省地矿局四队组织400余位职工向学校捐赠5万余元。商洛市市长郑光照,副市长武文罡、周秀成转达当地政府对学校教职员工的问候,并捐赠了10 000个口罩和100件防护服。深圳地质局局长周金文筹集2000个KF94口罩、100套防护服、50个护目镜捐献给学校。河北地矿局捐赠900双手套、100个KF80口罩、10套防护服。中国地质大学(北京)致电学校表示慰问,首批捐赠200套防护服和护目镜。浙江省地质勘察局党委书记、局长张金根致电学校表示慰问,委托浙江省第一地质大队向学校捐赠20万元。浙江省第十一地质大队(温州)地大学子捐赠80桶消毒液、18桶75%酒精。与学校签署战略合作协议的景德镇市浮梁县委县政府发来慰问电,浮梁县国控集团向学校捐赠10万元。

中国石油化工股份有限公司总裁马永生院士、副总地质师兼勘探开发研究院院长金之钧院士,国家自然科学基金委副主任侯增谦院士,中国科学院青藏高原研究所所长陈发虎院士,城市环境研究所所长朱永官院士,教育部巡视工作办公室主任何光彩,中国地质大学(北京)党委书记马俊杰,重庆地勘局局长蒋宜茂,地球环境研究所所长刘禹,中国地质调查局西安地调中心主任李志忠,山西地质勘查局党组书记、局长彭东晓,济南市自然资源和规划局副局长许宗生,四川省地矿局罗会江等纷纷来电,关心、支持学校抗疫工作。

3月

2日　陕西地矿集团有限公司捐赠50万元,用于支持学校开展疫情防控工作。

3日　武汉东湖新技术开发区管理委员会副主任李首文到未来城校区检查指导疫情防控工作,看望慰问援鄂医疗队队员和学校工作人员。

5日　教育部公布中外合作办学项目审批结果,学校与美国伊利诺伊理工大学合作举办的计算机科学与技术专业本科教育项目获批。

8日　武汉东湖新技术开发区管理委员会副主任李首文再次赴未来城校区看望援鄂医疗队,并向全体女医护人员致以节日问候。

11日　中央指导组防控组的社区防控专家叶财德、流行病学调查专家孟双、消杀专家江宁,武汉市新冠肺炎疫情防控指挥部疾控专家董一文,到学校检查指导疫情防控工作。

12日　学校社会科学首次进入ESI全球前1%,这是继地球科学、工程学、环境/生态学、材料科学、化学、计算机学科之后,学校第7个进入ESI全球机构排名前1%的学科。

12日　洪山区第二巡回督查组组长刘光平、关山街道办事处主任王洪春一行来校检查指导疫情防控工作。刘光平对学校疫情防控工作予以肯定,强调要继续保持对疫情的警惕性不降低、防控要求不降低、防控力度不降低,把工作做细做实,分期分批做好"无疫情小区"创建工作,共同打赢疫情防控阻击战。

17日　党委书记黄晓玫、副校长刘杰赴未来城校区,看望慰问援鄂医疗队,代表学校向福建、海南、陕西援鄂医疗队全体医护人员表示衷心感谢和崇高敬意,并祝愿英雄们平安凯旋。武汉东湖新技术开发区管理委员会主任陈平赴未来城校区为第一批凯旋的海南援鄂医疗队送行,武汉市公安局东湖新技术开发区分局派骑警全程护送医疗队前往武汉天河机场。

18日　武汉市政协副主席谭仁杰、武汉未来科技城建设管理办公室副主任明铭赴未来城校区为即将凯旋的陕西、福建援鄂医疗队送行,武汉市公安局东湖新技术开发区分局派骑警全程护送医疗队前往武汉天河机场。

24日　武汉东湖新技术开发区新冠肺炎疫情防控指挥部批准未来城校区体育馆和科教楼六、科教楼七建设项目复工。这三个项目是东湖新技术开发区第一批复工项目。

30日　国务院学位委员会审议批准学校体育学动态调整为一级学科硕士学位授权点。

本月　北京市二十一世纪公益基金会捐赠30万元,用于支持学校开展疫情防控工作。

4月

2日 "地下水修复技术转化中试基地"入选湖北省科技成果转化中试基地备案管理名单。

2日 学校作为发起单位之一,与澳大利亚新南威尔士大学等40所在气候变化研究领域享有盛誉的国内外著名高校一起成立"国际大学气候联盟"。

7日 赖旭龙、盛桂莲与合作单位研究人员完成的"世界首例大熊猫古基因组"成果入选2019年度"中国古生物学十大进展"。

8日 武汉市开放离汉通道,武汉解封。学校科学制定疫情防控工作预案,对校园公共区域进行全面消杀,同时严守防疫关口,加强生活服务保障,为分批次错峰复工复学作准备。

2月—4月 在学校党委的坚强领导下,各战时应急队踊跃投身疫情防控第一线,为打赢学校疫情防控阻击战打下了坚实基础。物资配送突击队连续66天、累计出动1500余人次,共计为社区居民配送生活物资12万件,总重量200余吨。环境消杀队承担南望山校区、未来城校区10多处下沉式垃圾站、600多个户外垃圾桶、家属区、确诊及疑似病例家中、食堂、菜场、超市、邮局周边、经营门面、校园公共区域以及学校隔离观察区的消杀工作。校园巡逻巡查突击队由学校领导带队,坚持每天校园巡查,检查校门管控情况,劝阻人员聚集,提醒居民佩戴口罩。老同志照护服务突击队做好对离退休老同志、孤寡老人、生病老人的照护服务和生活保障工作,受到老同志的一致好评。防疫物资采购发放管理小组,精心筹措、采购、发放、管理防疫物资,确保防疫物资安全、使用及时到位,为学校抗疫提供有力物资保障。

本月 朱振利获2020年度国家自然科学基金委员会与英国皇家学会、英国医学科学院"牛顿高级学者基金"项目资助。

5月

14日 学校与黄冈市签署新一轮战略合作协议。

21日 金属物探专业1983届校友龚树毅与公安县佳源水务有限公司向学校捐赠40万元,注入"佳源奖助学金",用于资助研究生科研及贫困本科生学习。

27日 2020珠峰高程测量登山队成功登顶世界第一高峰——珠穆朗玛峰,校友次落和袁复栋分别作为登山队队长、攀登队队长登顶。

28日 学校研究决定:成立学校企业体制改革清算工作领导小组,王焰新任组长,傅安洲、成金华、赖旭龙、刘杰任副组长。

29日 学校与中国地质调查局签署战略合作协议。协议约定,双方将以加快推进地质调查工作转型升级发展为目标,在人才培养、学科建设、科技创新、地学研究等方面开展深入合作,形成"产学研用"深度融合的地质科技全链条发展模式,提升地质调查事业支撑服务党和国家事业全局的能力和水平,助力实现世界一流的新型地质调查局和世界一流地质院校建设目标。

本月　学校克服疫情困难,顺利完成2000余名硕士研究生和500余名博士研究生的入学远程复试工作,完成近7000名本硕博毕业生的在线毕业答辩工作。

本月　学校组织开展开学前全员核酸检测,累计检测8000余人,结果均为阴性,为复工复学提供了安全健康的校园环境。

6月

4日　汪在聪、孔少飞、周克清、黄田野、姚夏晶、胡楚丽、张保成、冯如意、周黎、李少杰等10人,获评学校第十四届"十大杰出青年"。

8日　"中国气象局-中国地质大学(武汉)极端天气气候与水文地质灾害研究中心"落户学校。

13日　"中国地质调查局-中国地质大学联合研究生院"揭牌,中国地质调查局副局长李金发和校长王焰新共同为联合研究生院揭牌。

13日　第十届中国石油工程设计大赛总决赛举行,学校代表队获特等奖1项、一等奖1项、三等奖6项。

15日　湖北省教育厅公布"湖北名师工作室"名单,戴光明团队入选"湖北名师工作室",戴光明被授予"湖北名师"称号。

19日　党委书记黄晓玫以《汇聚爱国强国的磅礴力量——新时代青年学生的使命与担当》为题,为全校学生讲授"返校复学第一课"。

26日　学校举行2020年毕业典礼暨学位授予仪式,中国科学院院士、校长王焰新以《幸福与磨难》为题,深情寄语2020届毕业生。

28日　第四届"湖北出版政府奖"评选结果揭晓。出版社出版的《南海西科1井碳酸盐岩生物礁储层沉积学》(共4册)获"湖北出版政府奖图书奖",《地球科学(中文版)》获"湖北出版政府奖期刊奖",王淑华获"湖北出版政府奖编辑奖"。

29日　煤田地质专业1994届校友熊友辉与四方光电股份有限公司向学校捐赠400万元,用于校史馆建设。

本月　学校先后迎来两批毕业班学子近4600人返校,校领导深入宿舍看望返校毕业生。学校举行线上线下开学典礼、入学教育及毕业典礼等活动,顺利完成学生开学、毕业离校等各项工作。

本月　学校荣获"2017—2019年度湖北省平安校园"称号。

2月—6月　学校推出8期《疫情防控—地大声音》信息简报,收集来自校内师生意见建议140余份。学校在第一时间将信息报送给教育部、湖北省委省政府、武汉市委市政府相关部门和内参杂志,其中40余份成果受到上级部门领导批示和采纳,并被新华社智库报告、人民日报内参等选用。

7月

7日　学校研究决定:成立"三定"工作领导小组,黄晓玫、王焰新任组长,刘勇胜、傅安洲任副组长;"三定"工作领导小组下设办公室,人事处处长兼任办公室主任,设专职副主任1名,成员包括党委组织部、人事处、财务处、发展规划处相关工作人员。

12日　学校研究决定:成立绩效分配改革领导小组,黄晓玫、王焰新任组长,傅安洲、刘勇胜任副组长;绩效分配改革领导小组下设办公室,财务处处长兼任办公室主任。

12日　徐世球被聘为武汉市公园协会自然教育分会会长,王焰新、李长安、徐世球被聘为武汉市自然教育首席专家,刘福江、顾松竹、汪潇被聘为武汉市自然教育专家。

15日　学校党委印发《关于开展办学思想大讨论的通知》,提出以"提升治理能力　深化综合改革　推进研究型大学建设"为主题,在全校范围内开展办学思想大讨论。办学思想大讨论围绕提升学校治理能力和治理水平这条主线,梳理学校治理理念、机制、方式和手段,聚焦校院两级治理创新、人才培养体系优化、学术和学科治理优化、营造卓越文化氛围、汇聚和优化资源配置等关键问题,解放思想,凝聚共识,推动深化治理创新和综合改革,更好地推进"十四五"改革发展和研究型大学建设。

22日　学校与宜昌市人民政府签署新一轮市校战略合作协议。

23日　学校与潜江市人民政府签署新一轮市校战略合作协议。

28日　学校党委研究决定:将网络安全与信息化建设工作领导小组调整为网络安全和信息化工作领导小组,黄晓玫、王焰新任组长,王华、傅安洲、王林清、刘杰任副组长;网络安全和信息化工作领导小组下设办公室(简称"网信办"),设在网络与信息中心,办公室主任由副校长王华兼任,副主任由网络与信息中心、党委宣传部、学校办公室主要负责人兼任。

本月　逸夫博物馆荣获科技部"2019年全国科技活动周重大示范活动先进单位"和中国科学技术协会"2019年全国科普日优秀活动先进单位"。

本月　勘查技术与工程专业通过中国工程教育专业认证,认证时效为6年,即2020年1月至2025年12月。

本月　蔺洁获国际地质分析家协会"青年科学家奖",这是我国科研工作者第一次获得该奖项。

7月—9月　学校克服疫情影响,多次调整野外实习教学计划,顺利完成10个学院210余名教师、2200余名学生的野外教育教学和实习实践。党委书记黄晓玫、校长王焰新等校领导多次到秭归等实践教学基地指导。

8月

3日　王力哲团队获2020年度中国指挥与控制学会科学技术进步二等奖。

23日　在第三届全国大学生国土空间规划技能大赛决赛上,学校代表队获一等奖,王占岐获评"优秀指导教师"。

26日　在第十五届全国大学生智能汽车竞赛上,学校代表队获一等奖3项、二等奖1项。

29日　在第十三届全国大学生信息安全竞赛上,学校代表队获一等奖1项、三等奖1项,宋军获评"优秀指导老师"。

31日　学校与湖北省地球物理勘探大队签订框架合作协议,并举行产学研基地揭牌仪式。

本月　陈华文手绘的20幅《武汉战"疫"》钢笔画被中国国家博物馆收藏。

9月

2日　学校获批"编钟艺术"教育部中华优秀传统文化传承基地。

8日　陈刚荣获"荆楚好老师"称号。

9日—10日　深圳市工勘建设集团有限公司首席科学家陈宜言来校,参加客座教授聘任仪式并向学校捐赠寿山石。

11日—13日　2020年中国攀岩联赛在山东省泰安市举行,体育学院2019级研究生牛笛获女子标准速度赛金牌,体育学院2018级本科生潘愚非获男子攀石金牌。

14日　第六届"互联网＋"大学生创新创业大赛湖北省复赛举行,学校代表队获2金5银7铜。

16日　"紧缺战略矿产资源省部共建协同创新中心"获教育部批准,中心建设期为2021—2024年。

17日　地质学入选国家首批基础学科拔尖学生培养计划2.0基地

18日　教育部党组第八巡视组巡视学校党委工作动员会召开。巡视组组长陈德文作动员讲话。教育部巡视办相关负责人提出工作要求。党委书记黄晓玫作表态发言。校长王焰新主持会议。巡视组副组长陈宏及巡视组全体成员出席会议,学校领导班子成员参加会议。学校党委委员、纪委委员及师生代表列席会议。

19日　2020年武汉市"全国科普日"活动举行。逸夫博物馆获评"武汉市十佳科普教育基地",徐世球荣获"武汉市十佳科技志愿者",顾松竹完成的《跟地质学家去旅行》、刘福江完成的《青少年系列科普丛书》、范陆薇完成的《变魔术的宝石》获评"武汉市十佳科普读物"。

21日　单红峰获评"湖北省优秀共产党员"。

21日　学校党委研究决定:将扶贫攻坚领导小组调整为脱贫攻坚领导小组,黄晓玫、王焰新任组长,刘杰、唐辉明、成金华任副组长;脱贫攻坚领导小组办公室设在社会合作办公室,办公室主任由社会合作办公室主任兼任。

22日　教育部校长经济责任审计进点会召开。审计组组长、教育部财务司副司长华成刚,副组长、教育部财务司审计处副处长吴海鹏、项目主审、武汉大学审计处处长张长文,审计组全体成员,全体校领导及二级单位党政主要负责人参加会议。

22日　许峰获评"武汉市抗击新冠肺炎疫情先进个人"。

25日　龚文平获中国地质学会工程地质专业委员会第五届"谷德振青年奖"。

26日　在2020中国攀岩联赛林芝站比赛上,体育学院教师梁荣琪、研究生牛笛、本科生潘愚非分获男子、女子速度赛和男子难度赛金牌。

30日　湖北省副省长张文兵一行考察中部知光技术转移有限公司,调研国家知识产权运营公共服务平台高校运营(武汉)试点平台建设。

本月　单红峰获评"湖北省抗击新冠肺炎疫情先进个人"。

本月　姚尧获国际计算机协会ACM SIGSPATIAL China中国分会"新星奖"。

本月　随着经济管理学院师生及各入驻单位2020级3370名研究生新生迁入,未来城校区全面启用,达到万人办学规模。

本月　学校获国家自然科学基金集中受理期项目179项,获直接资助经费9 506.3万元。其中,唐辉明、夏帆获批重大项目,李长冬获批重大项目课题,蒋少涌、童金南、王华沛、李小凡获批重点项目,袁松虎、赵军红获批国家杰出青年科学基金项目,赵来时、喻建新、Hans Jensen Thybo、吕万军获批重大研究计划重点支持项目,王焰新、胡新丽获批重点国际(地区)合作研究项目,陈界宏、黄咸雨获批联合基金项目重点项目,李建慧、张传科、文章获批国家优秀青年科学基金项目。

10月

2日　2020年度校友节在云端举行,共计3000余人次参加线上活动。

7日　学校党委研究决定:成立党委审计委员会,黄晓玫、王焰新任组长,成金华、唐辉明、傅安洲、周爱国任副组长;审计委员会办公室设在审计处,办公室主任由审计处处长兼任。

15日　学校与十堰市人民政府签署战略合作协议。

22日　王红梅、刘慧、何卫红荣获"湖北省百名优秀女性科技创新人才"称号,帅琴荣获"湖北省女性科技创新人才"称号。

27日—28日　学校原创话剧《大地之光》首次面向社会在深圳保利剧院演出。

28日　在第十二届全国高校GIS技能大赛上,学校代表队获高级开发组特等奖1项、一等奖1项、"华为云精英奖"1项,郭明强获评"最佳指导老师"和"高校GIS新锐"。

31日　学校与自然资源部稀土稀有稀散矿产重点实验室签署战略合作协议。

本月　王焰新院士主持的"长江中游环境地学产业学院实践与示范"项目、焦玉勇主持的"地下工程新工科人才培养实践创新平台建设探索与实践"项目、李波主持的"三融合视域下机电类教师队伍体系构建与优化研究"项目、沈传波主持的"新工科背景下资源勘查工程专业改造升级的探索与实践"项目入选教育部第二批"新工科"研究与实践项目。

11月

1日　中国职业技术教育学会珠宝教育专业委员会在武汉成立,挂靠学校。教育部原副部长、中国职业技术教育学会会长鲁昕以《在传承创新中华优秀传统文化中坚定职教文化自信》为题作报告。会议选举朱勤文为中国职业技术教育学会珠宝教育专业委员会第一届会长。

1日　中国矿物岩石地球化学学会授予熊庆"第18届侯德封矿物岩石地球化学青年科学家奖"。

3日　党委书记黄晓玫、校长王焰新受邀与山西省委书记楼阳生就深化省校合作进行交流。山西省委副书记、省长林武,副省长贺天才,副校长赖旭龙、刘杰等参加会议。王焰新与贺天才代表双方签署战略合作协议。协议约定,双方将在地热能、煤层气等清洁高效资源勘查开发及相关产业、高水平科研平台建设等领域开展深度合作,建立政产学研用合作新模式。

4日　在第八届"东方杯"全国大学生勘探地球物理大赛上,学校代表队获一等奖2项、二等奖1项、三等奖9项,学校获评"优秀组织奖"。

12日　学校举行抗击新冠肺炎疫情表彰大会,授予学校抗疫突击队(含各类突击队9个)、学校办公室等20个单位"抗击新冠肺炎疫情先进集体"称号,授予刘东杰等303人"抗击新冠肺炎疫情先进个人"称号。

13日　学校入选教育部教育融媒体建设试点单位。

19日　地质探测与评估教育部重点实验室举行2020年度学术委员会会议。

20日　中央精神文明建设指导委员会授予学校第二届"全国文明校园"称号。

24日　学校16门课程入选首批国家级一流本科课程。"地质学基础"等2门课程入选国家线上一流课程,"结晶学及矿物学"等3门课程入选国家线上线下混合一流课程,"工程地质学基础"等11门课程入选国家线下一流课程。

25日　王力哲、佘锦华当选2021年度电子电气工程师学会会士(IEEE FELLOW),王力哲同时获评全国高校GIS论坛"创新人物奖"。

28日　学校举行战略发展委员会成立大会暨第一次工作会议。中国科学院院士、中国科学院地质与地球物理研究所朱日祥应邀担任主任委员,29位两院院士、教育名家、杰出人才和杰出校友代表应邀担任委员。学校战略发展委员会办公室设在发展规划处。

本月　李建威获评"2020年湖北十佳师德标兵"。

12月

5日　中国地质大学吉林校友会成立。

6日　2020年湖北省大学生游泳锦标赛暨全国学运会大学组游泳项目选拔赛举行,学校代表队在乙组比赛中获14金12银8铜及男女乙组团体总分第一名。

8日　国家主席习近平同尼泊尔总统班达里互致信函,共同宣布珠穆朗玛峰最新高程为8 848.86米。学校陈刚等教师,李致新、王勇峰、张志坚、次落、袁复栋、宋红、李璞、赵岩、德庆欧珠、次仁旦达、赵佳明等校友,作为前线指挥、登山队员及后勤保障人员,参与了2020珠穆朗玛峰高程测量活动。校友次落、袁复栋成功登顶珠峰,为测量珠峰身高作出了重要贡献。

10日　湖北省教育基金会向学校捐赠25万元,注入"助勤帮困基金",用于激励经济困难学生自强不息、顺利完成学业。

18日　刘珩获评"全国科普工作先进工作者"。

19日　探月工程嫦娥五号任务月球样品交接仪式在京举行,中共中央政治局委员、国务院副总理刘鹤出席并讲话。肖龙、赖旭龙参加仪式。

21日　逸夫博物馆获评国家二级博物馆。

22日　学校举行首批产业技术创新中心授牌仪式,为地质环境修复产业技术创新中心、排水环境治理装备产业技术创新中心、贵金属首饰数字化设计与制造产业技术创新中心授牌。

23日　学校颁发第一届本科教学卓越奖。龚一鸣、帅琴获评"卓越名师奖",王国庆、谢淑云、吕新彪、姚光庆、成建梅、王亮清、袁晏明、郝国成、徐景田、付丽华、李志明、马钊、刘良辉获评"卓越教师奖",李益龙、李占轲、戴煜、安剑奇、陶惟、狄丞获评"卓越新秀奖",地球科学学院秭归本科地质实践教学团队、材料与化学学院材料物理性能与表征技术教学团队、环境学院地下水科学专业基础课教学团队、地理与信息工程学院地理信息类课程教学团队、数学与物理学院大学物理云教学团队获评"卓越团队奖"。

28日　学校召开第一届学术委员会总结暨第二届学术委员会成立大会。童金南任第二届学术委员会主任委员,王华、李建威、吴敏、胡守庚、赖旭龙任副主任委员。

本月　地质学、地质资源与地质工程、环境科学与工程3个博士后科研流动站获评"全国优秀博士后科研流动站"。

2020年

本年

新冠肺炎疫情暴发后,学校党委始终把师生的身体健康和生命安全放在首位,坚决贯彻落实上级疫情防控工作部署及要求,全面加强对疫情防控工作的领导,充分发挥领导核心和政治核心作用,成立领导小组、工作专班和抗疫突击队等,冲锋在前,担当作为,各级党组织和党员众志成城抗击新冠肺炎疫情,将党旗在抗疫一线高高飘扬,保证了学校正常教学秩序和各项工作顺利进行。

广大校友、海外友人、兄弟高校等踊跃捐款捐物,支持学校新冠肺炎疫情防控工作。清华大学、浙江大学、湖南大学、同济大学、东南大学、中国地质大学(北京)、中国矿业大学、天津大学、华中师范大学、郑州大学、苏州大学、合肥工业大学、塔里木大学、南京理工大学等兄弟高校通过图文书画等形式表达关心慰问。美国布莱恩特大学、阿尔弗莱德大学、美国加州大学、美国加州大学伯克利分校、美国伊利诺伊理工大学、美国爱达荷州地调所、日本东北大学、澳大利亚迪肯大学、加拿大滑铁卢大学、意大利佛罗伦萨大学、意大利米兰比可卡大学、德国弗莱贝格工业大学、瑞士苏黎世理工学院、西班牙国家研究理事会、国际水文地质学家协会、QS全球教育集团等海外高校和学术机构的领导、院士专家纷纷通过电话、邮件等方式表达深切慰问。越南驻华大使馆致函慰问,巴基斯坦驻华使馆来校慰问,保加利亚著名画家、孔子学院总部/国家汉办高级顾问普拉门·勒格科斯图普向学校发来作品,表达对正在抗击疫情的中国人民的良好祝愿。海内外校友纷纷行动、积极奔走,累计为学校捐款400余万元,捐赠各类防疫物资4万余件;累计为湖北省、武汉市捐赠各类战疫款物近8000余万元。

"钢铁侠"志愿者团队的抗疫事迹被媒体挖掘后,中国中央电视台《新闻联播》《新闻直播间》《朝闻天下》,中国国际电视台法语频道、中国国际广播电台英语频道、人民网、人民日报国际、中国日报等各级新媒体、融媒体平台对"钢铁侠"志愿服务队进行深入报道,取得了广泛的社会关注和较好的社会反响。《"钢铁侠"战疫日记》获全国高校"共抗疫情·爱国力行"主题宣传教育和网络文化成果三等奖;"钢铁侠"志愿服务照片入选"抗击新冠肺炎疫情专题展览";三个国际学生的抗疫故事被《感知中国·我们的抗疫故事》选录;"钢铁侠"抗疫事迹作为中宣部国家全景式抗疫重点图书代表人物唯一的留学生素材被采纳。

2021年

1月

4日 机械设计及制造专业1996届校友卢禄华与厦门三烨清洁科技股份有限公司捐赠40万元，设立"新烨环保奖励金"，用于学校购置相关清洁技术实验设备、奖励环境清洁科技创新方面有突出贡献的师生。

7日 金属物探专业1983届校友龚树毅与公安县佳源水务有限公司捐赠40万元，注入"佳源奖助学金"，用于资助研究生科研及贫困本科生。

11日 山西省副省长贺天才一行来校考察调研，推动落实山西省与学校战略合作协议内容、共建山西研究院等事宜。

11日 学校召开法治工作会议。教育部政策法规司司长邓传淮、法制办公室处长翟刚学线上参会。党委书记黄晓玫以《全面加强法治工作 推进治理体系和治理能力现代化》为主题作大会报告，对学校加强法治工作进行部署。校长王焰新主持会议。

17日 学校新一届学科建设委员会第一次全体会议召开。

18日—23日 学校召开"十四五"规划编制研讨会。会议围绕党的领导与治理改革、人才培养、师资队伍建设、科学研究和社会服务、文化传承创新、国际交流合作、办学规模和基础条件等展开讨论，科学谋划学校"十四五"规划蓝图。

22日 教育部体制改革专家组组长、华中科技大学副校长湛毅青一行来校考察调研。

22日 顾松竹完成的著作《跟地质学家去旅行》获2019年"全国优秀科普作品奖"。

本月 孔少飞、娄筱叮入选共青团湖北省委组建的"青年宣讲团"。

本月 民进地大支部获评民进湖北省委员会"履职能力建设先进集体"。

2月

18日 湖北省委、省政府召开湖北省科技创新大会。学校作为第一完成单位获湖北省科

学技术奖励 9 项,其中一等奖 2 项、二等奖 4 项、三等奖 3 项;作为参与单位获湖北省科学技术奖励 7 项,其中一等奖 1 项、二等奖 2 项、三等奖 4 项。

23 日　校长王焰新一行赴中国地质调查局广州海洋地质调查局推进合作,签署共建联合研究院合作协议。

22 日　教育部办公厅发布《关于公布 2020 年度国家级和省级一流本科专业建设点名单的通知》,学校 8 个专业入选国家级一流本科专业建设点,10 个专业入选省级一流本科专业建设点。

25 日　湖北省政协主席黄楚平、省政协秘书长翟天山一行来校,看望省政协委员、学校党委书记黄晓玫,全国政协委员、校长王焰新,全国政协委员童金南。

本月　九三学社地大委员会获评九三学社湖北省委员会"先进基层组织"。

3 月

1 日　学校新增应急管理、应急技术与管理两个本科专业。

2 日　徐明撰写的论文《大数据时代的隐私危机及其侵权法应对》获教育部第八届高等学校科学研究优秀成果奖(人文社会科学)"青年成果奖"。

12 日　宋海军、代旭等完成的《二叠纪—三叠纪大灭绝事件对生物古地理格局的影响》、谢树成与合作单位完成的《三叠纪—侏罗纪之交气候变化与森林火灾事件:来自中国华南的化石证据》两项成果入选 2020 年度"中国古生物学十大进展"。

12 日　2020 年湖北省高校新闻奖评选结果揭晓,学校新闻作品获一等奖 6 项、二等奖 7 项、三等奖 4 项。

16 日　学校召开党史学习教育动员大会,深入学习贯彻习近平总书记在党史学习教育动员大会上的重要讲话精神,按照党中央和教育部党组、湖北省委部署安排,对全校开展中国共产党成立 100 周年庆祝活动和党史学习教育进行动员部署。党委书记黄晓玫作动员讲话,校长王焰新主持会议。

18 日　学校印发《中国地质大学(武汉)学术委员会章程》。

18 日　刘先国获评"第五届湖北省科普先进工作者"。

24 日　长江实验室建设推进会在学校召开。生态环境部长江流域监管局局长徐翀、湖北省生态环境厅副厅长李国斌,校领导王焰新、赖旭龙等参加会议。

29 日　教育部党史学习教育高校第十巡回指导组组长欧可平、副组长罗中枢一行来校指导工作。

本月　2017 级博士生大明、2019 级博士生杜和曼、2017 级本科生杨康获教育部 2020 年"中国政府优秀来华留学生"称号。

本月　校友张犇、孔耀祖入选"全国大学生就业创业典型人物"。

本月　经国务院批准,龚一鸣、胡祥云、王占岐享受2020年政府特殊津贴。

本月　学校选送作品《逆行者之歌》获湖北省第二十届党员教育电视片观摩评比优秀奖。

本月　资源勘查工程专业教学团队等4个教学团队获2020年湖北省高等学校"省级教学团队"称号,地球物质科学系等4个基层教学组织获"省级优秀基层教学组织"称号。

4月

1日　宋海军获"湖北青年五四奖章"。

6日　学校与华为技术有限公司举行"智能基座"产教融合协同育人基地签约仪式。

8日　由中国非洲研究院、中共湖北省委外事工作委员会办公室、中国地质大学(武汉)共同举办的"第四届中国讲坛"在学校举办。本次论坛以"武汉非洲留学生抗疫故事"为主题,在武汉的非洲留学生讲述了他们参与抗击新冠肺炎疫情的实践与经验。

9日　学校与中国石油化工集团有限公司在北京签署战略合作协议。协议约定,双方将在人才培养、科技研发等方面加强合作,为保障国家能源安全作出贡献。

12日　以"英雄的湖北:浴火重生,再创辉煌"为主题的外交部湖北全球特别推介会在外交部南楼蓝厅举行。学校3名留学生代表——贝宁籍博士生大明、俄罗斯籍博士生安娜、孟加拉籍博士生安兵结合自身经历,讲述中国抗疫故事。

13日　环境学院党委申报的党建案例"注入红色基因铸魂育人"入选2019—2020年度"湖北十大党建案例"。

13日　学校驻十堰市竹山县秦古镇小河村扶贫工作队获评"湖北省脱贫攻坚先进集体"。

13日　湖北省人民政府颁发首届湖北专利奖,窦斌团队完成的专利"一种干热岩储层裂缝形成方法"和胡兆初团队完成的专利"一种激光剥蚀信号在线平滑装置"获金奖。

15日　全国劳动模范、全国五一劳动奖章、大国工匠年度人物获得者谭文波做客震旦讲坛,为师生作报告。

16日　首届湖北省高校教师教学创新大赛在武汉大学落幕。周建伟获正高组二等奖,姚夏晶获副高组三等奖,环境地质学课程群教学团队获"优秀基层教学组织奖",学校获"优秀组织奖"。

22日　王焰新院士当选国际地球化学协会会士(IAGC Fellow)。

24日　地球科学学院2017级本科生刘一龙作为青年嘉宾登上央视《开讲啦》栏目。

25日　《安全与环境工程》首次进入中国科学引文数据库核心库,成为三大科技类核心期刊。

27日　地质力学专业1987届校友陈行时、水文与水资源工程专业2009届校友刘佳伟、环境工程专业2006届硕士毕业生徐方、地质工程专业2009届校友王杜江、地质工程专业2017届硕士毕业生梅金华、市场营销专业2007届校友熊伟获"全国五一劳动奖章"。

5月

4日　《人民日报》专版刊登《本专科生国家奖学金获奖学生代表名录》，2017级自动化学院本科生柯帅作为国家奖学金本专科学生优秀百人代表之一入选。

7日—10日　首届中国国际消费品博览会在海南国际会展中心举行，学校自主研发的"海百合"智能音乐情感机器人参加展会。

8日—12日　在全国第六届大学生艺术展演活动中，大学生艺术教育中心第五元素合唱团获艺术表演类一等奖，学校获"优秀组织奖"。

9日　在湖北省第十三届"挑战杯"大学生课外学术科技作品竞赛终审决赛上，学校代表队获一等奖5项、二等奖7项，学校获"优胜杯"。

14日　学校印发《中共中国地质大学（武汉）委员会关于进一步深化改革的意见》，要求推进更高水平开放、更深层次改革、更高质量创新，为实现地球科学领域国际知名研究型大学建设目标奠定坚实基础；实施"232工程"，即优化两类结构（学科专业、机构岗位），完善三大机制（人力资源管理、资产管理、校院两级管理），强化两个保障（党的全面领导、信息化建设），通过2~3年努力，全面提升办学优势和治校能力，促进内涵建设，努力实现办学规范、治理高效、水平卓越，推动学校高质量发展。学校成立深化改革领导小组，党委书记黄晓玫、校长王焰新任组长，其他校领导、党委常委、校长助理任副组长，领导小组下设6个专项工作组，重点围绕加强党的全面领导、深化学科专业改革、深化人才培养改革、强化治理能力建设、深化资源管理改革、提升信息化建设水平等开展工作。

14日—16日　在第三届全国大学青年教师地质课程教学比赛上，申添毅获特等奖，陈思获一等奖，王连训获二等奖，学校获"优秀组织奖"。

15日—16日　第六届"地大杯"校友足球赛在学校举行，16个校友分会足球队、500余人参赛。湖北校友会足球队获得冠军。

17日　在第十七届"挑战杯"全国大学生课外学术科技作品竞赛红色专项赛上，学校学生作品《红色路上的外语人——湖北红色景点英译现状调研》获一等奖。

20日　地质探测与评估教育部重点实验室通过教育部组织的以中国科学院院士孙和平为组长的专家组验收。

20日　第六届"国际青年学者地大论坛"主论坛在南望山校区北区音乐厅举行。

22日—23日　在第十一届中国石油工程设计大赛总决赛上，学校代表队获一等奖1项、二等奖3项、三等奖5项，钟志等8位教师获评"优秀指导教师"，刘睿获评"大赛组织工作先进个人"。

24日　学校与武汉金龙集团合作协议签订仪式暨长江流域碳中和产业技术创新中心揭牌仪式举行。

25日　乌拉圭驻华大使费尔南多·卢格里斯、乌拉圭驻上海总领事莱昂纳多·奥利维拉·德·安德烈一行来校访问。

27日　湖北欧美同学会留英分会成立大会举行，党委副书记唐辉明当选湖北欧美同学会留英分会首届会长。

28日　在第六届全国大学生测井技能大赛上，地球物理与空间信息学院4名本科生组成的代表队获非石油高校本科生组特等奖。

本月　民盟地大委员会获评民盟湖北省委员会"纪念民盟成立80周年先进集体"。

6月

2日　湖北省第七届高校青年教师教学竞赛结果公布，丁洁、戴煜、高翥分别获文史组、理科组和工科组三等奖，熊秦怡获外语组优秀奖，校工会获"优秀组织奖"。

5日　全球大地构造中心第四届学术年会暨"板块构造启动与演化"学术研讨会在学校举行。

5日　学校党委理论学习中心组赴鄂豫皖苏区首府开展党史学习教育实践研学活动。

10日　北斗导航系统副总设计师、中国科学院院士杨元喜到地质探测与评估教育部重点实验室指导工作，并做客学校"名家论坛"，为师生作题为《创新驱动——北斗卫星导航系统发展》学术报告。

11日　地质探测与评估教育部重点实验室召开学术委员会会议，并产生了第二届学术委员会。

19日　在第四届全国大学生国土空间规划技能大赛总决赛上，公共管理学院2018级本科生朱颜玙、程昊楠、胡楷淳、黄昊迪参赛作品《红色文旅，生态秣坡——商丘市民权县双塔镇秣坡村村庄规划》获一等奖，胡守庚、杨剩富获评"优秀指导教师"。

21日　"百年奋斗路　颂歌献给党"庆祝中国共产党成立100周年编钟音乐会在南望山校区北区音乐厅举行。湖北省地质局党委书记、局长胡道银，湖北省委宣传部副部长余红岚，共青团湖北省委副书记方清忠，武汉音乐学院党委书记李端阳、院长胡志平，湖北省歌剧舞剧院国家一级作曲万传华，学校党委书记黄晓玫、校长王焰新、副校长傅安洲、党委副书记王林清以及相关职能部门负责人、师生代表参加活动。胡道银、余红岚、方清忠、李端阳、万传华与王焰新共同为"编钟艺术"教育部中华优秀传统文化传承基地揭牌。

23日　湖北省委常委、省委组织部部长李荣灿一行来校看望慰问"全国模范教师"焦养泉和离休干部于新洲。

25日　72名在党50年老党员获"光荣在党50年"纪念章。

27日　中国地质大学甘肃校友分会成立。

27日—30日　第二十四届中国大学生羽毛球锦标赛丁组（超级组）在成都举行，学校代表队获 2 金 1 银 1 铜。

28 日　学校"与党同行　初心如磐"庆祝中国共产党成立 100 周年办学成就展在南望山校区东区教学综合楼前举行。百米展板汇聚千余幅照片，从党的建设与思想政治工作、师资队伍、人才培养、学科布局、科学研究、社会服务、国际交流合作、文化建设、美丽校园等多个视角回顾学校的办学历史和成就。教育部党史学习教育高校第十巡回指导组组长欧可平，在校校领导，学校党史学习教育领导小组办公室成员，各二级党组织书记、职能部门负责人、师生代表等 400 余人参加展览开幕式。

30 日　在第十二届全国大学生红色旅游创意策划大赛初赛上，李会琴指导的"山河逐梦队"学生团队获"红色精神微讲解"类华中赛区一等奖。

30 日　中共湖北省委授予谢丛姣"全省优秀共产党员"称号。

30 日　学校举行赵鹏大院士执教 70 年主题座谈会。中国科学院院士赵鹏大，党委书记黄晓玫、校长王焰新等学校领导，张锦高、郝翔、赵克让、姚书振等学校老领导，资源学院师生代表，相关单位负责人等参会。

本月　谢淑云团队申报的课程"地球科学概论"、窦斌团队申报的课程"工程伦理"分别入选教育部首批普通本科教育、研究生教育课程思政示范课程，相应团队和成员获评课程思政教学名师和团队。

本月　软件工程、测绘工程专业通过中国工程教育专业认证，水文与水资源工程、地质工程、资源勘查工程专业通过工程教育专业认证中期审核。至此，学校共有 7 个专业通过工程教育专业认证。

7月

2 日　学校印发《中国地质大学（武汉）管理与服务机构改革方案》，坚持以优化协同高效为基本原则，科学设置管理与服务机构，优化部门职能，推动学校机构改革。主要内容包括：

（1）人才培养：组建本科生院，党委学生工作部与本科生院合署办公，党委武装部、李四光学院挂靠本科生院；重新组建研究生院，党委研究生工作部与研究生院合署办公；保留国际教育学院，国际教育学院与国际合作处合署办公；保留远程与继续教育学院，自然资源管理学院挂靠远程与继续教育学院，撤销继续教育与网络信息党总支部，设置远程与继续教育学院党总支部；学生就业创业指导处更名为学生就业指导处。

（2）科学研究：保留科学技术发展院，先进技术研究院、地球科学科普研究与创作中心、学术委员会办公室挂靠科学技术发展院；组建高等研究院，设置高等研究院党委。

（3）国际合作：保留国际合作处，港澳台事务办公室与国际合作处合署办公，孔子学院工作办公室、丝绸之路学院、中约合作办学办公室挂靠国际合作处。

（4）发展战略规划：教育研究院独立设置并归入教学单位，重新组建发展规划与学科建设处。

(5)社会服务:重新组建校友与社会合作处,深圳研究院、浙江研究院等驻外平台挂靠校友与社会合作处。

(6)人力资源:组建人力资源部,党委教师工作部、党委人才工作办公室与人力资源部合署办公。

(7)财务与资产:组建财务与资产管理部,国有资产监督管理委员会办公室、国有经营性资产监督管理委员会办公室、采购与招标管理中心挂靠财务与资产管理部。

(8)实验室与设备管理:保留实验室与设备管理处。

(9)信息化工作:网络与信息中心更名为信息化工作办公室,纳入学校职能部门管理。

(10)校园建设:组建校园规划与基建处,保留资源环境科技创新基地暨新校区建设指挥部。

(11)保卫保障:重新组建后勤保障部,保留后勤党委设置;重新组建安全保卫部。

(12)综合管理:保留学校办公室,政策法规办公室更名为综合改革与政策法规办公室,学校党委办公室、校长办公室、保密委员会办公室、综合改革与政策法规办公室与学校办公室合署办公,维护稳定工作办公室、督查督办工作办公室挂靠学校办公室;保留未来城校区管理办公室。

(13)组织、统战:党委统战部与党委组织部合署办公,党委党校与党委组织部合署办公,机关党委挂靠党委组织部。

(14)宣传:保留党委宣传部。

(15)纪检监察及审计:保留纪委办公室、监察处、党委巡察办公室,监察处、党委巡察办公室与纪委办公室合署办公,监督检查室挂靠纪委办公室;保留审计处。

(16)离退休、群团:离退休干部处更名为离退休工作处,离退休干部党委更名为离退休工作党委;工会、团委独立设置。

(17)发展支持:组建图书档案与文博部,三馆党总支部更为名图书档案与文博部党总支部;保留出版社,保留出版社党总支部设置;保留期刊社,保留期刊社党总支部设置;保留武汉中地大资产经营有限公司,保留武汉中地大资产经营有限公司党总支部设置;保留医院,保留医院党总支部设置;保留附属学校,保留附属学校党总支部设置。

(18)临时设置机构:设立校庆工作办公室。

7日 学校十二届党委第68次常委会召开。会议研究决定:陶继东任综合改革与政策法规办公室主任(正处级)兼学校办公室副主任;陈文武任党委统战部部长(兼);唐勤任纪委副书记兼纪委办公室主任、监察处处长、党委巡察办公室主任;周建伟任本科生院常务副院长;邬海峰任本科生院副院长(兼)、党委武装部部长(兼);严嘉任学生就业指导处处长;胡祥云任科学技术发展院常务副院长兼地球科学科普研究与创作中心主任;徐绍红任发展规划与学科建设处处长;杨从印任财务与资产管理部部长;甘义群任港澳台事务办公室主任(兼);陈华荣任校友与社会合作处处长;王耀峰任校园规划与基建处处长;李门楼任离退休工作党委书记;

蔡楚元任离退休工作处处长;代清风任安全保卫部部长;徐岩任后勤党委书记;王文起任后勤保障部部长;周刚任地球科学学院党委书记;马彦周任地球物理与空间信息学院党委书记;刘世勇任外国语学院党委书记;张宽裕任公共管理学院党委书记;李国昌任计算机学院党委书记;隋明成任远程与继续教育学院党总支书记(兼);赵来时任高等研究院党委书记;胡圣虹任高等研究院常务副院长兼地质调查研究院院长;帅斌任图书档案与文博部党总支部书记;刘先国任图书档案与文博部部长;毕克成任出版社党总支部书记(兼)、总编辑(兼);王海花任医院党总支部书记。

8日　学校召开师生干部大会,宣布教育部党组关于学校领导班子部分成员职务任免的决定:周爱国任中国地质大学(武汉)党委常委、副校长;免去傅安洲中国地质大学(武汉)党委常委、副校长职务。

8日　学校脱贫攻坚总结表彰暨乡村振兴工作推进会召开。党委组织部等10个单位获评"脱贫攻坚优秀组织单位",富硒农业团队等10个团队获评"脱贫攻坚突出贡献团队",梁本哲等20人获评"脱贫攻坚先进个人"。

9日　国家能源集团董事长王祥喜一行来校调研,与学校领导及相关单位负责人围绕强化校企合作、服务行业发展等进行座谈交流。

9日　2021年湖北省大中专学生志愿者暑期文化科技卫生"三下乡""返家乡"社会实践活动出征仪式暨"大学生长江大保护行动计划"启动仪式在学校举行。

10日　在2021年湖北省科普讲解大赛决赛上,机械与电子信息学院学生韦意获二等奖和"2021湖北省十佳科普使者"称号,艺术与传媒学院教师丁洁、学生李虹佳获三等奖,学校获"优秀组织奖"。

12日　国家航天局探月与航天工程中心在北京举行嫦娥五号任务第一批月球科研样品发放仪式。汪在聪、何琦领到了第一批月球样品(CE5C0400),共200毫克。

13日—14日　学校召开深化改革与"十四五"规划研讨会。会议凝聚"更高水平开放、更深层次改革、更高质量创新"的办学共识,围绕优化结构布局、优化运行机制、优化保障体系三个方面,解放思想、立足现实,重点研究解决当前制约学校发展最突出和紧迫的问题,扎实推进深化改革,对标"双一流"建设总体目标,落实学校"三步走"战略安排,编制好"十四五"规划,全力推进高质量、现代化、研究型大学建设。党委书记黄晓玫作题为《聚力深化改革　推动"十四五"高质量发展》的动员报告。深化改革6个专项工作组、"十四五"规划编制3个专项组以及地球科学学院等22个学院进行了报告交流,与会人员围绕相关主题进行了8场分组讨论和大会报告。校长王焰新作深化改革与学院"十四五"规划点评总结。

15日—18日　第八届湖北省大学生结构设计竞赛暨第十四届全国大学生结构设计竞赛湖北省分区赛在学校举行。学校代表队获一等奖1项、二等奖3项,学校获"优秀组织奖"。

16日—21日　学校举办"研究型大学建设暨党史学习教育中层干部培训班"。50余名干部学员赴全国干部教育培训浙江大学基地参加培训。

17日　第十四届全国学生运动会闭幕,学校第七次获"校长杯"。

17日　学校召开第二轮"双一流"建设工作推进会,制定新一轮"双一流"建设方案,设置"6+3"学科建设项目,推动形成高校、产业、科技创新协同发展、深度融合的新局面。

20日　湖北省教育厅公布2021年度省级一流本科课程名单,学校24门课程获批。

23日　自然资源部办公厅发布《关于公布重点实验室建设名单的通知》,学校牵头申报的"深部地热资源重点实验室"获批。

23日　学校印发《领导干部经济责任审计实施办法》。

29日　学校申报的"国家环境保护水污染溯源与管控重点实验室"获生态环境部批准立项。

30日　第七届中国国际"互联网＋"大学生创新创业大赛湖北省复赛落幕,学校代表队获6金2银10铜,金奖总数和获奖总数再创新高。

本月　中共湖北省委教育工作委员会授予经济管理学院党委、地球科学学院地球化学系党支部、保卫处党支部、医院党总支部、学校办公室党支部、工程学院勘察与基础工程系党支部"高等学校先进基层党组织"称号。

8月

8日　东京奥运会闭幕。学校8名学子随中国代表团出征,其中体育学院2018级硕士研究生王懿律获羽毛球混双比赛金牌,公共管理学院2019届、2021届校友黄雅琼、郑思维获羽毛球混双比赛银牌,体育学院2018级硕士研究生闫子贝获男女4×100m混合泳接力银牌。

18日　学校206个项目获2021年度国家自然科学基金集中受理期资助,获直接资助经费11 223万元,获资助面上项目首次突破百项大关。其中,张仲石获批国家杰出青年科学基金项目,马昌前、吴元保、李建威、蒋恕、解习农、李超获批重点项目,杨江海、李辉、张伟军、刘双获批国家优秀青年科学基金项目。

23日　湖北省第十一次归侨侨眷代表大会在武汉开幕。项伟获评"全省归侨侨眷先进个人",王力哲获"湖北省梁亮胜侨界科技奖励基金"表彰,学校侨联获评"全省侨联系统先进集体"。

24日　学校26个项目入选教育部2021年第一批产学合作协同育人项目。

24日　学校第十二届党委第70次常委会召开。会议研究决定:陶继东任保密委员会办公室主任(兼);王力哲任研究生院常务副院长;王甫任党委研究生工作部部长兼研究生院副院长;马腾任实验室与设备管理处处长;隋明成任自然资源管理学院执行院长(兼)。

25日　未来校区获批"武汉市碳中和先锋示范创建单位"。

25日　湖北省教育厅发布"十四五"湖北省高等学校优势特色学科(群)建设名单。学校申报的城市地灾防控与地下空间开发、地质环境保护与生态修复、智能地球探测、绿色纳米矿物新材料、资源环境安全与管理等5个学科群获批。

26日—27日　在第二届全国大学生化学实验创新设计竞赛总决赛上,学校代表队获一等奖。

9月

13日　在第六届湖北青年志愿公益项目大赛公益创业赛决赛上,大学生艺术教育中心选送的作品《"科学精神　薪火相传"文化传承志愿服务项目》以总分第一的成绩获公益创业赛金奖,学校获"优秀组织奖"。

14日　《宝石和宝石学(中英文)》《中国地质大学学报(社会科学版)》入选2021中国精品期刊展,并在中国共产党建党100周年主题宣传精品期刊区域展出。

15日—27日　在第十四届全国运动会上,学校代表队在攀岩、羽毛球、游泳等项目中获5金2银3铜。

26日　自然资源部矿业权管理司司长谢承祥、副司长朱振芳一行来校调研自然资源部深部地热资源重点实验室建设情况。

26日　首届全国教材建设奖揭晓。赵珊茸主编的《结晶学及矿物学》、赵鹏大和魏俊浩主编的《矿产勘查理论与方法》获全国优秀教材二等奖,地球科学学院获"全国教材建设先进集体"。

29日　学校十二届第18次党委全委会审议通过《中国地质大学(武汉)"十四五"事业改革与发展总体规划》。

29日　在2021湖北省大学生创业大赛上,地球物理与空间信息学院博士生王中鹏团队获"创业之星"称号,并获15万元的创业扶持资金。

30日　岩矿分析专业1982届校友李忠荣与龙岩市永翠慈善基金会捐赠300万元,用于校史馆建设。

30日　邓宏兵获评第二届"湖北省最美社科人"。

30日　中国地质调查局西安地质调查中心主任李志忠一行来校调研。

本月　国务院学位委员会办公室批准学校自主设置遥感科学与技术、健康地学、人工智能与地球探测、绿色矿业、自然灾害与应急管理、自然资源与国土空间规划、碳中和与高质量发展管理、地学大数据等8个交叉学科博士学位点。

本月　陈鑫鑫等106名同学获国家公派资助赴国外攻读博士学位和公派联合培养博士。这是自2007年国家启动该项目以来,学校获得资助人数最多的一年。

10月

2日　1990届、1991届校友5000余人次参与云端返校活动。

7日—8日　党委书记黄晓玫、副校长王华一行前往巴东县,调研学校巴东科教基地维修改造项目建设和野外试验场运行情况,并与巴东县人民政府对接共建实践教学基地、野外观测研究基地和研究生支教团等事项。

10日　李长安入选武汉市2021年第三季度"武汉楷模"。

11日　科技部公布国家野外科学观测研究站,学校"湖北巴东地质灾害国家野外科学观测研究站"获批建设。

11日—21日　国际电信联盟物联网和智慧城市研究组全会召开。会议审议通过陈能成团队代表中国牵头制定的ITU-T国际标准《智慧城市时空信息服务的功能和元数据》。

12日　安剑奇获教育部首届全国高校自动化类专业青年教师讲课(说课)竞赛一等奖。

12日—15日　在第七届中国国际"互联网+"大学生创新创业大赛总决赛上,学校代表队获1金2银5铜,创历史最好成绩。

13日　"中国地质大学(武汉)打造施甸县杨家社区科教融合创新试验基地"项目,入选教育部第一批直属高校服务乡村振兴创新试验培育项目。

13日—17日　在第十四届全国大学生结构设计大赛上,学校代表队获二等奖1项,学校获"优秀组织奖"。

14日　未来技术学院及人工智能研究院成立,吴敏任未来技术学院院长。

14日　在第十届全国大学生金相技能大赛上,学校代表队获团体二等奖1项,个人一等奖1项、二等奖2项,徐林红和赵权获"优秀指导教师奖"。

17日　在第三届全国大学生土地国情调查大赛上,学校代表队获特等奖1项、一等奖1项。

19日　学校党委审议通过学校新一轮"双一流"建设方案以及地质学、地质资源与地质工程"一流学科"建设方案;审议通过《2021年度科级干部聘任及轮岗交流实施办法》《学校管理与服务单位内部机构设置建议方案》等。

22日　由自然资源部中国地质调查局主办的首届"中国-非洲地调局长论坛"举行,副校长赖旭龙受邀作《打造"留学中国"品牌暨非洲地学人才培养现状及展望》主旨报告。

22日—24日　在第五届全国油气地质大赛决赛上,学校代表队获二等奖1项、三等奖4项,学校获"优秀组织奖"。

23日　"建党百年中国反贫困历程与经验研讨会"在学校举行。

25日　湖北省科学技术厅公布2020年湖北省优秀科普作品名单。学校出版社出版的《湖北地质博物馆》《山》《"雪龙"啊,你慢些游——南极科学考察科普丛书》《变魔术的宝石》《边游边学——黄冈大别山世界地质公园路边地质故事》等5本图书入选。

25日　学校获批教育部"全国高校毕业生就业能力培训基地"。

26日　第17次李四光地质科学奖颁奖大会在北京举行,1997届校友云露、2008届校友唐文春获"李四光地质科学奖野外奖"。

26日　国务院学位委员会批准学校新增资源与环境专业学位博士点、金融专业学位硕士点。

30日　中国地质大学绍兴校友分会成立。

11月

1日　学校与中国交通建设股份有限公司签署战略合作协议。

3日　中共中央、国务院在北京人民大会堂召开2020年度国家科学技术奖励大会,由国防科技大学和学校等单位联合申报的成果《自主可控高性能地理信息系统关键技术与应用》获国家科学技术进步二等奖,谢忠、万波分别排名第二、第九。

4日　学校与烽火通信科技股份有限公司签署战略合作协议。

5日　党委书记黄晓玫、副校长刘杰一行赴十堰市洽谈深化校地合作,并与十堰市委书记胡亚波等座谈。

7日　学校70周年校庆工作动员大会在南望山和未来城两校区同步举行。党委书记黄晓玫、校长王焰新共同发布70周年校庆标识,启动70周年校庆网站。党委副书记王林清宣读校庆大使聘任决定,并为校庆大使颁发聘书。

7日　新华社《瞭望》新闻周刊以《培育未来创新人才　共建美丽中国》为题,刊发对党委书记黄晓玫的专访。

7日　在第三届湖北省高校学术搜索挑战赛决赛上,学校代表队获一等奖,程惠兰、余思琨获评"优秀指导老师",学校获评"优秀组织奖"。

8日　学校党委审议并原则通过学校《"百人计划"实施方案(2021年修订版)》。

10日　湖北省生态环境厅厅长吕文艳一行到未来城校区调研,并为湖北省大气复合污染研究中心揭牌。

14日　在第46届国际大学生程序设计竞赛亚洲区域赛上,学校代表队获金奖,这是学校首次在亚洲区域赛事中获此荣誉。

15日　学校知识产权贯标通过《高等学校知识产权管理规范》国家标准审核认证,成为湖北省首家通过认证的高校。

16日　2021年度全国高校学籍学历注册和管理工作视频会议召开。副校长王华以《全面提升学籍学历全过程管理工作水平》为题,介绍学校的相关经验做法。

18日　谢树成、邓军、校友朱敏当选中国科学院院士,孙友宏、校友谢玉洪当选中国工程院院士。

19日　中国大学生数学建模竞赛获奖名单公布,学校代表队获一等奖3项、二等奖5项,这是学校历年来在该竞赛中取得的最好成绩。

21日　学校与中国长江三峡集团有限公司共建的国家环境保护水污染溯源与管控重点

实验室召开学术委员会成立大会。

25日　学校党委审议并原则通过《中国地质大学(武汉)章程(2021年修订版)》。

26日　教育部发布《关于全国普通高校毕业生就业创业工作典型案例名单的公告》,学校申报的《"四全"理念凝共识　同心抗疫促就业》案例入选。

26日　2021年湖北新时代文明实践志愿服务项目大赛决赛在武汉举行,学校选送的"心系党史党情　传播红色之声"项目在决赛中获金奖。

26日—28日　"第三届巴东国际地质灾害学术论坛"在学校举办。

29日　教育部发布2021年度基础学科拔尖学生培养计划2.0基地名单,学校地球物理学入选。至此,学校已有地质学、地球物理学两个基础学科入选拔尖学生培养计划2.0基地。

30日　殷鸿福院士获"湖北省杰出人才奖"。

30日　丹东百特仪器有限公司向学校捐赠50万元,设立"百特奖学金",用于奖励纳米矿物材料及应用教育部工程研究中心或与矿物材料中心开展合作研究取得创新成果的青年学子。

30日　湖北省人民政府副秘书长覃道明来校,以《以史为鉴　开创未来——深入学习领会党的十九届六中全会精神》为题,为师生宣讲党的十九届六中全会精神。

12月

3日　湖北省网络攻防演习总结会召开,学校获评"2021年度等级保护工作先进单位"。

6日　学校与陕西省安康市人民政府签署战略合作协议。

6日　徐德义申报的"战略性矿产资源产业链供应链安全的国家战略研究"获批2021年度国家社会科学基金重大项目。张伟申报的"绿色金融推动碳中和目标实现的理论体系、政策框架与创新路径研究"获批2021年度国家社会科学基金重点项目。

7日　湖北省委常委、省委组织部部长李荣灿来校宣讲党的十九届六中全会精神,并调研学校党建工作。

9日　魏周超、周克清、葛健、金贵等4名青年教师成为湖北省首批青年拔尖人才培养对象,培养周期3年。

10日　宋海军获批国家自然科学基金重大研究计划重点支持项目。

10日　学校在山东省济宁市与济宁市人民政府、山东省地质矿产勘查开发局签署战略合作协议。

14日　学校战略发展委员会第二次工作会议召开。

17日　王力哲、甘义群获批国家自然科学基金联合基金项目重点支持项目区域创新发展联合基金。

19日　2021年全国大学生电子设计竞赛获奖名单公布,学校代表队获一等奖2项、二等奖 3 项，获湖北省一等奖 6 项、二等奖 2 项、三等奖 4 项。

20 日　夏帆获批国家自然科学基金国际（地区）合作与交流—组织间合作研究项目。

21 日　湖北省教育基金会向学校捐赠 20 万元，注入"助勤帮困基金"，用于激励经济困难学生自强不息、顺利完成学业。

22 日　"第七届国际青年学者地大论坛"主论坛以"云直播"方式举行。

22 日　学校关心下一代工作委员会获评"全国教育系统关心下一代工作先进集体"。

22 日　在第十三届全国舞龙舞狮锦标赛上，学校女子舞龙队获自选套路冠军。

25 日　在华为中国大学生 ICT 大赛 2021 全国总决赛上，学校两支代表队分获创新赛一等奖和三等奖。

26 日　煤田地质专业 1994 届校友熊友辉与四方光电股份有限公司捐赠 300 万元，用于校史馆建设。

27 日　《工程地球物理学报》首次入选"中国科技核心期刊"，并被中国科技论文与引文数据库收录。

27 日—31 日　在第二十三届中国国际高新技术成果交易会上，学校展品《便携式常压辉光放电微等离子体重金属分析仪》获"优秀产品奖"，学校获"优秀组织奖"和"优秀展示奖"。

29 日　学校出版的《漫游矿物世界》《江山地学科普丛书（3 册）》《至暗历劫——显生宙五次生物大灭绝》《玩转世界地质公园科普丛书（2 册）》4 种图书入选 2021 年自然资源部优秀科普图书。

30 日　学校与中国工商银行湖北分行在未来城校区举行智慧校园建设合作签约仪式。

31 日　学校与中国地质调查局武汉地质调查中心合作建设的湖北省级研究生工作站揭牌。

本月　国际教育学院组织申报的《美国课堂情境下的国际中文教学案例库建设》《COVID-19 背景下保加利亚中文教育现状、问题及对策》等 4 项国际中文教育创新项目获教育部资助立项，总经费近百万元。

本月　全国哲学社会科学规划办公室公布新一轮国家社会科学基金学术期刊资助入选名单，《中国地质大学学报（社会科学版）》入选。

本月　未来城校区图书馆建设项目获评"2020—2021 年度国家优质工程奖"。

本年

学校党委始终把疫情防控作为一项重大政治任务来抓，本年经受住了国内本土疫情多点散发的考验，实现全年学校零疫情、师生零感染，有效维护了校园正常的教学生活秩序，有力保障了师生生命健康。学校组织开展疫情防控沙盘演练、隔离点建设、防控物资储备等工作，坚持人、物、环境同防，特别是加强校门管理及对重点人员管控，加强对公共卫生传染病的预防,压实责任,确保疫情防控要求落地落实。全年开展4次全员核酸检测超10万人次,启动师生定期核酸抽检;地大社区共排查出从中高风险区和国内重点地区返汉人员1816人次,送政府集中隔离550余人次,学校隔离及居家健康监测1200余人次;持续推进新冠病毒疫苗接种工作,共计接种7.5万剂次;审批发放防疫物资近39万元。坚持每日发布疫情防控简报,全年发布9期疫情防控专项通知,并及时向教育部和属地政府报送疫情防控信息。

2022年

1月

5日　学校与湖南华菱涟源钢铁有限公司共建的中国地质大学（武汉）校外实践教育基地、研究生联合培养基地和产业技术创新中心揭牌仪式在湖南娄底涟钢举行。

7日　学校召开党史学习教育总结会议，在校校领导、全体中层正职干部、各民主党派人士代表、教师党支部书记代表、学生党支部书记代表、离退休教职工代表、党史学习教育领导小组办公室人员等参会。校长王焰新主持会议。党委书记黄晓玫作学校党史学习教育总结报告。黄晓玫指出，学校党委扎实开展党史学习教育主题活动，完成了《中国地质大学（武汉）关于深入推进党史学习教育　开展庆祝中国共产党成立100周年系列活动的实施方案》部署的66项工作任务，党员干部师生经历了深刻的政治教育、思想淬炼、精神洗礼，党组织的创造力、凝聚力、战斗力大大提升，有力促进了党建思政与学校事业发展深度融合，学校各项事业发展取得新进展。她强调，要不断巩固拓展党史学习教育成果，推动党史学习教育常态化机制建设，持续推动学校高质量发展。

7日　中共湖北省委组织部发布《关于全省第二十一届党员教育电视片观摩交流活动获奖情况的通报》，学校4部党员教育电视片获表彰。

7日　学校与武汉市精神卫生中心合作建设的湖北省级研究生工作站挂牌仪式暨心理健康与交叉学科学术交流会举行。副校长赖旭龙、武汉市精神卫生中心院长李毅参加仪式并为工作站揭牌。

7日　王力哲当选国际光学工程学会会士。

7日　中国非金属矿工业协会致函学校，由纳米矿物材料及应用教育部工程研究中心牵头、联合材料与化学学院等单位申报的"中国非金属矿行业矿物功能材料重点实验室"获得认定并授牌。该实验室是中国非金属矿行业首个重点实验室。

10日　陈华文完成的绘本《英雄之城：武汉战"疫"图记》由中国少年儿童出版社出版，并被列为"中国共产党人精神谱系"主题出版物推荐书单。

10日　由共青团中央、农业农村部联合举办的首届"全国乡村振兴青年先锋"评选结果揭晓,机械与电子信息学院2011届校友钟贤当选。

17日 中国大学MOOC网发布2021年度课程榜单,王国念主持的《英语语音》慕课在外语学科中位列第三。

19日—22日 政协湖北省第十二届委员会第五次会议召开,邓宏兵获评"湖北省优秀政协委员"。

27日 工业和信息化部、教育部联合公示2021年"5G+智慧教育"应用试点项目入围名单,学校牵头申报的"5G+生态文明教育示范建设"项目入选,为湖北省高校唯一入选项目。

本月 由沈俊、喻建新、冯庆来、谢树成以及中国科学院南京古生物研究所组成的科研团队,在三叠纪-侏罗纪之交陆地生态系统古环境研究上取得新进展,相关成果在《自然·通讯》杂志上发表。

2月

2日—4日 以"迎接冰雪之约 奔向美好未来"为主题的北京冬奥会火炬传递在北京、延庆、张家口3个赛区进行,校友李久林、陈波参加本次火炬传递。李久林担任第104棒火炬手,陈波担任第35棒火炬手。

2日 王凯平发布个人演奏全新专辑《巴赫大提琴组曲全集——中提琴无伴奏版》。

7日 中国科学技术协会发布《关于2021—2025年全国科普教育基地第一批认定名单的公示》,学校湖北巴东地质灾害国家野外科学观测研究站、逸夫博物馆入选。

9日 《辽宁日报》、光明网等媒体专题报道经济管理学院2013届校友齐怀远志愿服务三届冬奥会的事迹。

14日 教育部公布第二轮"双一流"建设高校及建设学科名单,学校地质学、地质资源与地质工程2个一级学科再次入选。

15日 教育部办公厅公布首批虚拟教研室建设试点名单,由龚一鸣、唐辉明、王焰新分别牵头组建的地球生物学课程虚拟教研室、地质工程专业虚拟教研室、环境工程专业(地质环境方向)虚拟教研室入选。

22日 教育部思想政治工作司、中央网信办网络社会工作局公布第五届全国大学生网络文化节和全国高校网络教育优秀作品推选展示活动入选名单,学校师生获5项奖励。

23日 教育部思想政治工作司公布2022年高校思想政治工作培育建设项目入选名单,学校申报的《聚焦学科特色 涵养卓越品格 着力构建新时代文脉相传的校园景观文化育人体系》入选"2022年高校思想政治工作精品项目",王林清申报的《高校生态德育理论与实践》入选"2022年高校思想政治工作研究文库"。

24日 胡文勤被聘为"湖北青年创业导师"。

3月

1日　学校秭归产学研基地入选"湖北省第二批中小学生研学实践营地"。

3日　学校获批"湖北省高校心理健康教育示范中心"。

3日　岩矿分析专业1982届校友李忠荣与龙岩市永翠慈善基金会捐赠200万元,用于校史馆建设。

3日　2021年度湖北省高校新闻奖评选结果揭晓,学校新闻作品获一等奖8项、二等奖6项、三等奖3项。

7日　2022年度国家出版基金资助项目评审揭晓,出版社申报的《中国黄河中上游流域自然资源图集》《长江经济带环境地质和生态修复》入选。

9日　教育部免去周爱国中国地质大学(武汉)党委常委、副校长职务。

10日　谢树成团队研究成果《古生物脂类对不同古气候因子的重建和示踪》、童金南团队研究成果《古—中生代之交大气二氧化碳浓度升高与陆地生态系统扰动》,入选2021年度"中国古生物学十大进展"。

10日　教育部办公厅公布第三批全国党建工作示范高校、标杆院系、样板支部培育创建单位名单,学校党委入选"全国党建工作示范高校"培育创建单位,环境学院"张国旗班"党支部、工程学院勘察与基础工程系党支部入选"全国党建工作样板支部"培育创建单位。

14日　石油工程专业2020届校友王军获中央电视台举办的"2022中国诗词大会"季军。

15日　殷鸿福院士捐赠50万元,注入"金钉子奖学金"。至此,"金钉子奖学金"总金额超过110万元。

24日　由窦斌主讲,胡祥云、祁士华、李永涛、郑君、马火林等讲授的《地热工程学》慕课登陆中宣部"学习强国"平台,面向全社会开放。

24日　由李江敏团队主讲的课程"文化遗产与自然遗产"第一集在武汉教育电视台《科学讲堂》栏目播出。

26日　由王焰新院士担任项目负责人的国家重点研发计划变革性技术关键科学问题专项"劣质地下水改良的原位调控理论与技术研究"项目启动会暨实施方案论证会在学校召开。

31日　张荣红主持的项目《基于荆楚文化青铜器和绿松石的文创产品创意设计人才培养》获国家艺术基金2022年度立项资助。

4月

3日　王力哲获2022年国际地球科学与遥感学会(IEEE GRSS)区域领导奖(Regional

Leader Award)。

6日 《人民政协报》报道对全国政协委员、中国科学院院士、校长王焰新的访谈《"双一流"建设：要与新时代人才强国战略"无缝对接"》。

9日 首届中非文明对话大会举行。国际学生联合会主席、学校非洲贝宁籍博士生大明代表在华非洲青年作题为《文明传承与青年责任》的报告。

9日—10日 中国环境科学学会第九次全国会员代表大会举行，王焰新院士当选第九届理事会副理事长。

11日 由湖北省委宣传部组织评选的"荆楚楷模"2022年1月至2月上榜人物名单揭晓，李长安入选。

12日 全国高校思想政治工作优秀案例征集活动评选结果公布，学校报送的3个辅导员工作案例分获二等奖、三等奖和优秀奖。

18日 娄筱叮获2022年"湖北青年五四奖章"。

25日 逸夫博物馆入选由中国科协青少年科技中心、中国青少年科技辅导员协会联合启动的"科创筑梦助力双减科普行动试点单位"。

28日 1987届校友王贵玲、1992届校友阳国运、1994届校友孙红林、2005届校友黄文娟获2022年"全国五一劳动奖章"。

30日 陈刚父子成功登上海拔8 848.86米的珠穆朗玛峰，为校庆70周年献礼。

5月

3日 2012届地质工程专业研究生校友王杜江、2018级运动训练学研究生王懿律获"中国青年五四奖章"。

4日 "巅峰使命2022"珠峰科考13名科考登山队员全部登顶。担任登顶科考小组组长的是学校2016届校友德庆欧珠。

5日 学校党委研究决定：副校长刘勇胜兼任高等研究院院长。

10日 材料与化学学院2011届校友刘攀飞被中央宣传部、人力资源和社会保障部评为"2021年最美基层高校毕业生"。

12日 学校党委研究决定：李四光学院独立建制；同意通过关于完善未来技术学院建制与运行模式的报告；同意组建碳中和创新发展研究院。

13日 湖北省高校党建工作现场推进会在未来城校区举行。中共湖北省委教育工作委员会专职副书记、省教育厅党组成员张幸平以及湖北省80多所高校的党委组织部部长、院系党组织书记等参会。

14日—15日 在第二届湖北省高校教师教学创新大赛上，谢淑云团队获正高组二等奖，冯迪团队获中级及以下组二等奖，学校获"优秀组织奖"。

15日　第十二届市场调查与分析大赛全国总决赛成绩揭晓,学校代表队获一等奖1项、三等奖3项。

19日　《攀登》雕塑落成剪彩仪式在南望山校区北区攀登广场举行。

20日　学校"第八届国际青年学者地大论坛"举行。本次论坛主题为"云览未来"。

20日　在第六届全国大学生地质技能大赛上,学校代表队获一等奖4项、二等奖2项,刘嵘、任利民获"优秀指导教师奖",学校获"优秀组织奖"。

21日　由学校承办的"海亮杯"2021—2022学年全国中学生地球科学奥林匹克竞赛决赛暨第一届全国中学校长论坛在线上举行。

30日　学校召开下基层察民情解民忧暖民心实践活动动员大会,在校校领导、党委常委、校长助理,各管理与服务机构主要负责人,各二级党组织书记、副书记参会。党委书记黄晓玫传达全省教育系统党员干部下基层察民情解民忧暖民心实践活动的动员部署会精神并作动员讲话,要求在开展实践活动的过程中突出学校特色,与创建"全国党建工作示范高校"、"十四五"规划和新一轮"双一流"建设、深化改革、70周年校庆等重要任务结合起来,推进巡视、审计和校内巡察问题整改,促进教代会提案办理,推动学校事业高质量发展。

本月　湖北省委人才办、省人社厅公布2022年"院士专家企业行"名单,王焰新院士等11名教授专家入选。

6月

2日　徐世球入选武汉市2022年度"最美科技工作者"。

2日　学校与广州南沙经济技术开发区签署协议,共建"广州南沙地大滨海研究院"。

6日　湖北省知识产权局党组书记、局长周德文一行来校,调研知识产权工作及国家知识产权运营公共服务平台高校运营(武汉)试点平台建设情况。

6日　资源勘查课程虚拟教研室入选教育部第二批虚拟教研室建设试点名单。

7日　教育部办公厅公布2021年度国家级和省级一流本科专业建设点名单,学校10个专业入选国家级一流本科专业建设点,13个专业入选省级一流本科专业建设点。至此,学校共有国家级专业建设点34个,省级专业建设点17个,占全校本科专业的74%。

8日　共青团中央授予资源学院2010届校友欧阳永棚2022年"全国向上向善好青年"称号。

12日　地球化学动力学家、矿床地球化学家、地质教育家、中国科学院院士、中国地质大学教授於崇文在北京逝世,享年98岁。

15日　2012届海洋地质专业博士毕业生唐勇连任联合国大陆架界限委员会委员,任期为2023年至2028年。

15日　湖北省副省长肖菊华、省政府副秘书长丁辉、省教育厅副厅长周启红、省发改委副主任守同发、省科技厅副厅长杜耘一行到未来城校区考察调研。

15日 共青团湖北省委公布2022年"湖北向上向善好青年"名单，龚文平、李欢欢入选。

17日 王力哲、蒂姆·科斯基当选新一届欧洲科学院外籍院士。

18日 学校宁夏校友会成立。

18日 由国家留学基金管理委员会主办、学校与湖北教育国际交流协会外国留学生教育管理专业委员会承办的"感知中国：全国来华留学生博士论坛暨丝路博士论坛"举行。

25日 学校23项科技成果获2021年湖北省科学技术奖，其中作为第一完成单位获奖19项、作为参与单位获奖4项。

28日 以陈先锋为组长的教育部检查组一行5人来校开展实验室安全现场检查。

28日 由学校主办的"中国-挪威海洋大学联盟学术研讨会"以线上线下相结合的方式举行，副校长赖旭龙致辞，3000余人通过网络平台参加会议。

29日 陈中强团队联合英国布里斯托大学、美国南加州大学，以及赵来时团队等国内外合作者开展的关于海洋生物复苏的研究成果在线发表在《科学·进展》上。

29日 学校与中国人民解放军中部战区总医院签署战略合作协议。协议约定，双方将联合培养高水平学生、进行高水平科技创新和加强医疗合作。

本月 教育部高等教育司发布2022年高等教育中外教材比较研究项目立项名单，吴元保主持的"地球化学中外教材比较研究"项目入选"一般项目"。

本月 向敬伟、李蔚然、杨明、余尚蔚、张伟军、沈俊、宗小峰、陈思、雷晓庆、龚文平等10人，获评学校第十五届"十大杰出青年"。

7月

2日 湖北省经济和信息化厅副厅长郭涛一行前往学校位于光谷葛店科技园内的葛店试验厂调研。

2日 教育部学生司副司长吴爱华等来校调研"宏志助航计划"和2022届毕业生就业工作。

4日 学校巴东科教基地正式投入使用。

9日—16日 学校举办第二期中层干部素质能力提升研讨班。40余名中层干部前往全国干部教育培训浙江大学基地开展为期一周的学习。

10日—17日 学校举办第一期科级干部培训班。76名管理干部前往全国干部教育培训浙江大学基地开展为期一周的学习。

11日 中国地质调查局自然资源综合调查指挥中心2022年分析测试培训（基础班）在未来城校区开班。

13日 学校第二次大学生长江源科考出征仪式举行，由17名青年学生和19名老师组成的科考队奔赴长江源头开展为期10天的科学考察。

17日　由湖北省教育工委、省教育厅主办,学校湖北省高校辅导员培训基地承办的2022年湖北省新任辅导员试岗履职培训班在南望山校区开班。

17日　中国地质大学美国校友会成立。

21日　"庆祝香港回归祖国25周年"霍英东教育基金会第18届高等院校青年科学奖及教育教学奖颁奖活动举行,宋海军获青年科学奖二等奖。

23日　党委书记黄晓玫、副校长王华,青海格尔木市副市长李玉芳等,在长江源村党群服务中心参加"中国地质大学(武汉)大学生乡村振兴学校实践基地"挂牌仪式。

27日　国家教育行政学院党委书记、常务副院长侯慧君一行6人来校调研。

27日　陈华文主导创作的彩色绘本《攀登者》完成,人民网、中国新闻网、中国日报网、光明网等媒体予以报道。

27日　云南省委常委、昆明市委书记刘洪建一行到武汉地质资源环境工业技术研究院调研。

29日　第十三届全国高校地理学联合野外实习在学校开幕。

29日　中国地质大学山西校友会成立。

29日　教育部办公厅等八部门公布首批"大思政课"实践教学基地名单,"中国地质大学(武汉)逸夫博物馆＋宜昌秭归实习基地"入选。

29日—30日　在第八届中国国际"互联网＋"大学生创新创业大赛湖北省复赛决赛上,学校参赛团队获9金2银4铜,金奖获奖数位列湖北省高校第三。

30日　在校庆倒计时100天之际,学校70周年校庆吉祥物——酷格(英文名:CUGer)正式发布。

本月　《科技期刊世界影响力指数(WJCI)报告(2021)》发布,《安全与环境工程》在全球54种安全科学技术、灾害及其防治学科期刊中排名38位,位列Q3区;在全球74种环境工程学期刊中排名61位,位列Q4区。

本月　学校中标"湖北省第一次全国自然灾害综合风险普查综合评估与区划项目",项目总经费996.8万元。该项目由吕新彪、李世祥牵头,地质调查研究院、公共管理学院、地理与信息工程学院部分教师作为技术骨干参与。

8月

5日　工业和信息化部、国家药品监督管理局公布人工智能医疗器械创新任务揭榜单位评审结果,由学校联合武汉大学等单位申报的"消化道内窥镜影像辅助诊断软件"(内镜精灵)项目,揭榜挂帅医疗智能辅助诊断产品方向课题,为湖北省唯一入选项目。

5日—7日　由ACM SIGSPATIAL中国分会和ACM SIGMOD中国分会主办、学校承办的"第三届中国空间数据智能学术会议"在武汉召开。

9日 第十三届全国高校地理学联合野外实习闭幕式在学校秭归产学研基地举行。

10日 国家知识产权局党组成员、副局长卢鹏起,国家知识产权局运用促进司副司长彭文,湖北省知识产权局党组书记、局长周德文一行到中部知光技术转移有限公司,调研学校知识产权运营市场化平台暨国家知识产权运营公共服务平台高校运营(武汉)试点平台建设情况。

12日 殷坤龙获湖北省第四届"楚天园丁奖"。

12日 校长王焰新、党委副书记王林清、副校长刘勇胜一行赴武汉东湖新技术开发区管理委员会,与武汉东湖新技术开发区管理委员会主任张勇强、副主任黄峰、总经济师陈华奋等就共建中国地质大学国际创新创业基地进行洽商交流。

15日—20日 党委书记黄晓玫、校长王焰新、副校长刘勇胜率学校办公室、党委宣传部、本科生院、科学技术发展院、校友与社会合作处、地理与信息工程学院、地质调查研究院等单位负责人赴京开展访企拓岗活动,走访看望在京部分校友。黄晓玫一行先后走访了北京城建集团、中国铁建股份有限公司、中国铝业集团有限公司、中国煤炭科工集团有限公司、航天宏图信息技术股份有限公司、莱伯泰科科技有限公司等企业,围绕人才培养、学生实习就业、科研平台建设、科技成果转化、青年人才双向挂职锻炼等会商校企合作。

17日 校领导黄晓玫、王焰新、刘勇胜一行走访中国地质调查局,与自然资源部党组成员、中国地质调查局局长钟自然,中国地质调查局党组成员、副局长李金发,全国政协常委、中国地质调查局副局长李朋德等,就进一步深化战略合作、推进地学人才培养和学科发展等进行交流。

17日 党委书记黄晓玫、校长王焰新先后向自然资源部党组书记、部长王广华,生态环境部党组书记、副部长孙金龙,生态环境部部长黄润秋,教育部党组书记、部长怀进鹏等汇报学校事业发展情况以及70周年校庆工作安排等。王广华、孙金龙、黄润秋、怀进鹏等部领导表示,将一如既往地支持学校发展,勉励学校为国家高等教育事业和经济社会发展作出新的更大贡献。

18日 学校与中国海洋石油集团有限公司在京签署战略合作协议。党委书记黄晓玫、校长王焰新与中国海洋石油集团有限公司党组副书记、总经理李勇座谈交流。副校长刘勇胜、中国海洋石油集团有限公司副总经理周心怀代表双方签署协议。协议约定,双方将在人才培养、科学研究、技术创新等方面开展全面合作,建立长期、稳定的全面战略合作伙伴关系,为保障国家能源安全作出贡献。

19日 校领导黄晓玫、王焰新、刘勇胜一行赴北京大学,与北京大学党委书记郝平,党委常委、副校长张平文等围绕地球科学国际前沿、国家重大需求以及校际合作等进行交流。

22日 中国地质学会第十八届青年地质科技奖评选结果揭晓,文章获"银锤奖"。

24日 学校举行干部教师大会。校长王焰新宣读中共教育部党组关于唐忠阳、成金华职务任免的通知:唐忠阳任中共中国地质大学(武汉)委员会委员、常委、副书记、纪律检查委员会书记；免去成金华中共中国地质大学（武汉）委员会副书记、常委、纪律检查委员会书记职务。

24日—26日　湖北省第八届高校青年教师教学竞赛在中南财经政法大学举行。陈思、马强分获工科组、理科组一等奖，张地珂获外语组二等奖。

27日　广西校友会成立15周年纪念大会暨乡村振兴高峰论坛在南宁举行。副校长刘杰和广西校友会会长陈海共同为"广西校友之家"揭牌。

30日　全国"人民满意的公务员"和"人民满意的公务员集体"表彰大会在京举行。2005届法学专业校友、现任浙江省宁波市鄞州区人民法院邱隘人民法庭副庭长黄文娟，2010届行政管理专业校友、现任吉林省委办公厅一处处长郭俊荣获全国"人民满意的公务员"称号；2001届行政管理专业校友、现任教育部学生服务与素质发展中心副主任唐小平所在的教育部高校学生司毕业生就业处荣获全国"人民满意的公务员集体"称号。

31日　湖北省科学技术协会第十次代表大会在武汉召开。学校科学技术协会获评"湖北省科协系统先进集体"，许南茜获评"湖北省科协系统先进工作者"。

本月　学校227个项目获2022年国家自然科学基金集中受理期资助，获直接资助经费13 032万元，获批数量和经费总额创历史新高。其中，何卫红、黄春菊、苏现波、余家国、熊熊、余涛获批重点项目，胡祥云获批国际（地区）合作与交流重点项目，巫翔、宁伏龙、李军获批国家杰出青年科学基金项目，王全荣、刘成利、董燕妮、孙启良获批国家优秀青年科学基金项目。

后 记

今日云景好，水绿秋山明。在中国地质大学即将迎来70周年校庆前夕，学校启动了中国地质大学70年大事记编纂工作，并成立了编纂委员会（简称编委会）。经过编委会全体人员一年多的努力，《中国地质大学大事记（1952—2022）》一书就要付梓了。

为校记事，责任在肩。编委会全体同仁深感使命光荣、责任重大，秉承实事求是的原则，以现有档案和史料为依托，注重历史考据和史料收集，尽量做到点面结合、用笔精准，力求章法有度、文字精炼。在编纂工作期间，编委会制定了详细的工作方案，邀请了华中师范大学余子侠教授等专家作指导，多次召开编纂工作研讨会，进一步明确了大事记的入选标准、写作方法、具体格式等。

本次大事记的编写是在《地大60年（1952—2012）》的基础上，重点补充了学校南迁办学、定址武汉的艰难历程等校史研究的最新考据成果和2012年以来办学治校的重要史实。同时，编委会还充分参考了学校前期编撰的重要成果，如学校《大事记（五卷本）》《励精图治五十秋》《中国地质大学史（1952—2012）》《中国地质大学（武汉）年鉴（2012—2021）》等，并充分调阅学校馆藏历史档案和史料。在编纂工作期间，编委会还得到了教育部办公厅、自然资源部办公厅、湖北省档案馆的大力支持。在此，特别向编纂以上成果的同仁和提供支持的单位表示衷心感谢！

编委会成员主要由学校办公室、图书档案与文博部（校史馆）工作人员组成。其中，王方负责编写1952—1991年大事记，侯祖兵负责编写1992—2011年、2021—2022年大事记，杨贵仙负责编写2012—2014年大事记，李悦负责编写2015—2017年大事记，张磊负责编写2018—2020年大事记。邓云涛、朱丹、李周波负责汇总和校订。侯志军、帅斌进行统筹和把关。全体校领导、党委常委、校长助理对本书进行了审定。在大事记编纂过程中，参加讨论和修改的同仁还有（排名不分先后）：蔡楚元、汪再奇、吴堂高、张建华、张信军、尚东光、魏海勇、胡肖、袁江、单华生、段平忠、冷再心、路金阁、江广长、龙涛、李少杰、林莉、陈磊、刘春芝、霍少孟等。

后 记

为进一步做好编纂工作、提升编纂质量，编委会还特别邀请（排名不分先后）：赵延明、赵鹏大、殷鸿福、张锦高、郝翔、何光彩、赵克让、杨昌明、姚书振、邢相勤、丁振国、朱勤文、傅安洲、万清祥、刘彦博等学校老领导和曾在学校工作多年的领导，以及学校相关部门负责人对本书给予了指导。学校出版社编辑舒立霞对本书的出版发行付出了诸多心血。可以说，《中国地质大学大事记(1952—2022)》既是编纂团队共同努力的结果，也是学校集体智慧的结晶。

由于经验和能力的欠缺，再加上部分历史档案资料的流失，本书在关于校史资料的收集、选用、处理和考证过程中难免存在疏漏和不妥之处，敬请广大读者不吝赐教、批评指正，以便于我们在今后的工作中予以改正、弥补缺憾。

编　者

2022 年 8 月